运筹学

Operational Research

主　编　王媛媛　艾　平

副主编　李　强　晏水平

参　编　张衍林　赵　龙　陈望学　张晏彬　齐昱山

华中科技大学出版社
http://press.hust.edu.cn
中国·武汉

内 容 简 介

　　本书系统地阐述了运筹学的主要构成体系,共十章,主要内容包括线性规划、对偶理论和灵敏度分析、运输问题、整数规划、目标规划、动态规划、网络分析、网络计划技术、存储论、排队论。

　　本书旨在突出运筹学的应用性,在内容上力求阐明概念和数学模型的实际含义,通过大量的实例来介绍各种常见模型和数学方法的应用。本书引入了 LINGO 软件、"管理运筹学"软件,简单介绍了这两种软件在模型求解中的应用,并配以例题和视频进行讲解,方便读者使用现代化的方法进行模型求解。本书每一章都配有课后习题,读者通过练习可以加强对知识的掌握。

　　本书可供大专院校、成人教育、函授学院的专科生、本科生作为教材或教学参考书使用,也可以供专业人员作为自学参考书使用。

图书在版编目(CIP)数据

运筹学 / 王媛媛,艾平主编. -- 武汉 : 华中科技大学出版社,2024. 7. -- ISBN 978-7-5772-0797-1

Ⅰ. O22

中国国家版本馆 CIP 数据核字第 2024MM1682 号

运筹学
Yunchouxue

王媛媛　艾　平　主编

策划编辑:彭中军

责任编辑:刘　静

封面设计:孢　子

责任监印:朱　玢

出版发行:华中科技大学出版社(中国·武汉)　　　　电话:(027)81321913
　　　　　武汉市东湖新技术开发区华工科技园　　　　邮编:430223

录　　排:武汉创易图文工作室

印　　刷:武汉市洪林印务有限公司

开　　本:787mm×1092mm　1/16

印　　张:22.5

字　　数:582 千字

版　　次:2024 年 7 月第 1 版第 1 次印刷

定　　价:69.00 元

前　言

　　运筹学是研究优化问题的一门学科,其目的是根据问题的需要,通过分析与运算,为问题的解决提供科学的决策依据,以做出综合性的合理安排,使有限的资源发挥最大的效益。自 20 世纪 50 年代以来,运筹学的研究与实践在我国得到长足的发展,在工程建设、企业管理、系统规划以及国民经济发展等多个领域发挥了巨大的作用,从而使运筹学成为实现管理现代化的有力工具。为适应现代化管理的需要,作为一门优化决策的学科,运筹学受到了人们前所未有的重视,"运筹学"课程逐渐成为工程管理、企业管理、交通运输、系统科学、信息技术、应用数学等专业的基础课程之一。

　　本书旨在突出应用性,力求做到由浅入深,以各种实际问题为背景,采用富有启发性的例子说明从实际问题导出各类模型的抽象过程,通过几何分析和其他直观的手段,说明模型求解的基本思路,并在此基础上详尽地阐述求解方法和求解过程。在给出实际问题的数学描述时,注重模型的建立及其求解结果的经济意义和有关概念的解释,既避免过多过烦琐的数学证明,又对基本概念、基本理论、数学运算和逻辑推理予以足够的重视,从而保证了教材的系统性,使读者便于接受、理解。

　　本书在张衍林、艾平主编的《运筹学》(武汉:华中科技大学出版社,2009)的基础上做了修订。同时,为更好地适应我国高等院校相关专业教学的需要,作者结合教学、科研工作,在前期的版本上做了修改和完善,增加了一些扩展知识和 LINGO 软件的学习内容,并在附录中介绍了"管理运筹学软件"的使用方法,由此形成了该新形态教材。

　　本书编委以王媛媛(华中农业大学)为主,并有艾平(华中农业大学)、李强(华中农业大学)共同参与完成了本书的主要编写工作,还有赵龙、陈望学、张晏彬、齐昱山等几位参编人员在本书的编写过程中做了有益的工作。本书由王媛媛负责拟定大纲,由王媛媛、赵龙负责统稿,陈望学参与校稿。华中科技大学出版社彭中军编辑对本书提出了不少宝贵的意见和建议,在此表示衷心的感谢。

　　由于编者水平有限,书中疏漏之处在所难免,恳请读者提出批评和改进意见。

编　者

2024 年 1 月

目　　录

绪　　论

1. 什么是运筹学

运筹学(operational research,OR)是用数学方法研究各种系统最优化问题、寻找"最优方案"的学科,它是系统工程的基础理论之一。人们潜意识中都有追求最优的思想,如趋利避害、寻找最简单的路径等,但是随着科学技术的发展和社会工业化程度的提高,特别是从小工业时期进入大工业时期后,单凭经验判断很难实现最优决策,因此需要运用一定科学的理论、方法和技术来辅助决策,运筹学就是这样的一门学科。

运筹学着重发挥已有系统的效能,应用数学模型求得各种广义资源合理运用的最优方案,其对象可以是工业、农业、商业、交通运输、国防等领域中的各种系统,其方法是应用数学语言来描述实际系统,建立数学模型并据此求得最优解。运筹学是一门在实践中应用较广泛的学科,在诸多行业都能运用其模型方法来辅助进行优化决策。

运筹学作为运用性科学,不同于技术研究。运筹学的研究始于 1938 年,在英国称之为 operational research。1942 年美国人开始从事这方面研究,多用 operations research。最初被引入我国时也曾被称为"作业研究",最后的中文译名借用了《史记·高祖本纪》中汉高祖所说的"夫运筹策帷帐之中,决胜于千里之外,吾不如子房"里"运筹"两字作为这门学科的名称。

2. 运筹学的产生与发展

运筹学是第二次世界大战期间在英国首先出现的。当时英、美为对付德国的空袭,英国科学家发明了雷达,并在英国建立了雷达站。雷达技术在理论上是可行的,能探测到 160 km 以外的飞机,但实际运用时却并不好用,不能很好地与高炮配合击中目标。于是英国为了研究"如何最好地运用空军及新发明的雷达保卫国家",在 1940 年 8 月由获得诺贝尔奖的物理学家布莱克特教授领导建立了一个由各领域的专家组成的交叉学科小组,包括物理学家、数学家、生理学家、天文学家、军事家等,研究工作从空军扩展到海军和陆军,该小组即为最早的运筹学小组。其研究内容涉及:将雷达信息传送给指挥系统及武器系统的最佳方式;雷达与防空武器的最佳配置;对探测、信息传递、作战指挥、战斗机与防空火力的协调等。运筹学小组通过对这些问题的解决大大提高了英国军方的防空能力,随后在对抗德国对英伦三岛的狂轰滥炸中发挥了极大的作用。因此有"二战"史学家说,如果没有该技术,可能英国在一开始就被击败了。不久,美国也成立了类似的小组。第二次世界大战期间,这方面的研究成功地解决了许多非常复杂的战略和战术问题,比如飞机出击的时间和队形、商船护航的规模、水雷的布置、对深水潜艇的袭击及战略轰炸等大量问题,都取得了非常显著的效果。

运筹学在军事上的巨大成功,引起了人们的广泛关注。第二次世界大战以后,从事这些研究的许多专家转到了经济部门、民营企业、大学或研究单位,这使运筹学的研究得到了新的发展,从而运筹学在工业、农业、经济和社会问题等各领域都有应用,并产生很多分支,如数学规划、图论、排队论、存储论、对策论、决策论等。从此,运筹学作为一门学科便逐步形成并迅速地发展起来。

20 世纪 50 年代中期,钱学森、许国志等人将运筹学引入我国,并有华罗庚等一大批数学家加入运筹学的研究队伍。研究者们结合我国国情将运筹学在国内加以推广应用,例如:粮食部门为解决粮食调运问题,提出"图上作业法";在解决邮递员合理投递路线问题时,提出"邮路问题解法";图论用于线路布置和计算机设计等方面;排队论用于矿山、港口、电信等领域。这些应用都加快了运筹学的发展和运用。

自 20 世纪运筹学诞生以来,运筹学仍在不断发展和完善。促进运筹学迅速发展的主要原因有如下几点。

（1）现代科学技术和生产发展的需要。随着社会的发展,各类系统中面临的管理问题日趋大型化和复杂化,仅凭人们的经验难以实现最优管理及决策,因此必然要求实现管理的科学化和综合化,这对各系统的运行效果产生重大影响。因此,在激烈的市场经济竞争中,必须科学地组织和寻求最优策略,以获得最佳的系统运行效果,这些都促进了运筹学的发展。

（2）以电子计算机作为计算工具。计算机的迅速发展,为运筹学提供了有力的计算工具,奠定了运筹学发展的物质基础。在一切可能方案中寻找最优方案,往往需要进行大量的计算,这些计算由人工完成几乎是不可能的。电子计算机解决了运筹学模型的运算问题,从而铺平了运筹学实际应用的道路,使得运筹学模型可以在各行各业中广泛地使用。

由此可以看到,尽管人们很早就有了寻求最优的朴素思想,在我国数千年的文明中,还出现了很多经典的应用,如田忌赛马、沈括行军运粮、丁谓修复皇宫等,但是直到近代,社会化生产的发展才使得经营生产活动日趋复杂,全社会对科学的管理决策产生了强烈的需求,并且数学的发展为运筹学的发展提供了理论基础,计算机的出现为运筹学的发展提供了物质基础,运筹学才应运而生,并作为一门学科蓬勃发展起来。

随着科学技术和生产力的发展,运筹学已渗入很多领域,发挥着越来越重要的作用。与此同时,运筹学本身也在不断发展,现在已经是一门包括诸多分支的学科,如数学规划(包含线性规划、非线性规划、整数规划、组合规划等)、图论、网络流、决策论、排队论、可靠性理论、存储论、对策论、搜索论、模拟论等。

20 世纪 70 年代后期,人们开始大力提倡在各个领域中应用系统工程。而作为系统工程主要基础理论之一的运筹学,也就更加受到重视。我国目前许多高等院校开设了运筹学课程,有的还设置了运筹学专业,并培养运筹学专业的研究生。管理类和财经类专业把运筹学作为一门重要的必修课。运筹学的应用和推广对经济和社会的发展作出了积极的贡献。

3. 各分支简介

运筹学按所解决问题性质上的差别,将实际的问题归结为不同类型的数学模型。这些不同类型的数学模型构成了运筹学的各个分支。下面简要地对运筹学的主要分支进行介绍。

数学规划解决的主要问题是在给定条件下,按照某一衡量指标来寻找最优方案。它可以表示成求函数在满足约束条件下的极大值、极小值问题。最简单的一种问题就是线性规划。约束条件和目标函数都是呈线性关系的规划就称为线性规划。线性规划及其解法——单纯形法的出现,对运筹学的发展起到了重大的推动作用。许多实际问题都可以转化为线性规划问题来解决,而单纯形法又是一个行之有效的算法,加上计算机的出现,使得一些大型复杂的实际问题的解决成为现实。

非线性规划是线性规划的进一步发展和继续。许多实际问题如设计问题、经济平衡问题都属于非线性规划的范畴。非线性规划扩大了数学规划的应用范围,同时也给数学工作者提出了许多基本理论问题,使数学中的凸分析、数值分析等也得到了发展。还有一种规划问题与时间有关,这种规划称为动态规划。近年来在工程控制、物理技术和通信的最佳控制问题中,动态规划也已经成为经常使用的重要工具。

数学规划的内容还包括整数规划、目标规划、随机规划和模糊规划等,适用于不同特点问题的建模。

图论是一个古老而又十分活跃的分支,它是网络技术的基础。用图描述,可以解决很多复杂的工程设计及管理决策的最优化问题。例如,完成工程任务的时间最少、距离最短、费用最省等问题。图论在数学、工程技术及经营管理等各方面受到了越来越广泛的重视。

存储论是运筹学中专门用于研究与存储有关的问题的一个分支,它的研究目的是回答采取怎样的存储策略在满足系统需求的同时,使的总存储费用最小问题。例如在存储系统中,确定进货量的多少、进货周期等问题。

排队论是运筹学的又一个分支,它也称为随机服务系统理论,它的研究目的是回答如何改进服务机构或组织被服务的对象,使得某种指标达到最优的问题。例如,一个港口应该有多少个码头、一个工厂应该有多少维修人员等。

此外,还有决策论、对策论、可靠性理论等分支,在此不再一一叙述。

4. 运筹学的研究特点与步骤

1) 运筹学的研究特点

(1) 系统的整体优化。运筹学不是对孤立的决策行为进行评价,而是把系统内所有重要的决策行为相互作用结合起来评价,立足于总体利益,寻找优化协调方案。

(2) 多学科的配合。有效的管理涉及多方面的内容,专家们来自不同的学科领域,多学科的配合及协调很重要。

(3) 模型方法的应用。运筹学的应用总是对研究的实际问题建立模拟的数学模型。

2) 运筹学的研究步骤

(1) 分析与表述问题。归纳决策的目标及制订决策时在条件和时间等方面的限制,明确问题的边界、环境及变量是否可控制,是不是决策变量,可否有效度量等。

(2) 建立模型。模型的正确建立是运筹学研究的关键,模型的建立也是一门艺术。建立模型的好处:一是使问题的描述规范化,将对问题各方面的研究转化为对模型的研究;二是建立模型后可通过输入各种数据,分析各因素,建立一套有逻辑的分析问题的方法;三是模型的建立为计算机的使用架设了桥梁。

(3) 对问题求解。可依次求出最优解(最希望得到的解),或次最优解,或满意解。复杂模型的求解多采用计算机,由决策者提出对解的精度要求。

(4) 对解进行检验。解的检验是通过控制解的变化过程决定对解是否要作一定的改变,是否已经得到了满意或最优的方案。

(5) 建立对解的有效控制。观察模型的使用范围,确定最优解保持稳定时的参数变化范围,一旦外界条件超出,应及时修正。

(6) 方案实施。根据求出的解给出决策方案,并根据实施过程中可能遇到的具体问题及具体情况作出调整或修改。

第 1 章　线 性 规 划

【基本要求、重点、难点】

基本要求

(1) 能根据实际问题列出线性规划的数学模型。

(2) 掌握线性规划的图解法及其几何意义。

(3) 理解线性规划的标准型和规范型。

(4) 掌握单纯形法原理。

(5) 掌握运用单纯形表计算线性规划的步骤和解法。

(6) 能运用大 M 法和二阶段法求解线性规划问题。

(7) 掌握任何基可行解表及单纯形表的对应关系。

重点　运用单纯形表计算线性规划的步骤和解法。

难点　基可行解表及单纯形表的对应关系。

人们在实践中,经常会遇到在有限的资源(如人力、原材料、机器时数、土地、资金等)的情况下,如何合理安排,使产值或利润达到最大;或者对于给定的任务,如何统筹安排现有的资源,使之花费最小的成本或代价予以实现的决策问题。线性规划就是用以解决这类问题的重要方法。

线性规划的基本特点就是在满足一定约束条件下,使预定的目标达到最优。现在线性规划已不仅仅是一种数学理论和方法,而且成了现代化管理的重要手段,是帮助经营管理者作出科学决策的一种有效的数学技术。

1.1　线性规划的发展

1. 早期(20 世纪 30 年代至 40 年代)

线性规划(linear programming)是运筹学中一个主要的分支,从 20 世纪 40 年代以来,在理论上日趋完善与成熟,在应用上也日益广泛。最早研究这方面问题的是苏联数学家康托洛维奇(L. V. Kantorovich),他在 1939 年就建议用线性数学模型来探讨提高组织和生产的效率的问题。美国数学家丹齐格(G. B. Dantzig)在 1947 年提出了单纯形(simplex)算法和许多相关的理论,为线性规划奠定了理论基础。他和他领导的小组在以后的十多年里又继续提出了许多有关线性规划的问题和方法。与此同时,欧洲和其他国家的学者对这方面也进行了大量的研究,充实并丰富了线性规划的内容,使它具备了坚实的理论基础和众多的应用实例。

2. 中期(20 世纪 50 年代至 70 年代)

该阶段是线性规划发展的黄金时期,从单纯形法问世到现在,尽管中间有种种修改,但它始终是求解线性规划问题的重要方法。虽然也提出过许多其他方法,除了针对一些特殊情况而设计的算法以外,大多数不如单纯形法有效。

在这段时期内,线性规划迅速推广,并在其他学科中得到了良好的应用。如在整数规划、目标规划、非线性规划、网络流、随机规划、对策论等其他分支中都可以利用线性规划的理论来进行求解和论证。在 20 世纪 50 年代,线性规划已经成了经济学家分析经济问题的重要工具,在这方面苏联的康托洛维奇和美国的库普曼斯(T. C. Koopmans)的贡献尤为突出,他们在 1957 年一起获得诺贝尔经济学奖。随着电子计算机的发展,线性规划已广泛地用于工业、农业、商业、交通运输和管理等各个领域。

3. 新发展时期(20 世纪 70 年代至今)

经过中期的黄金发展时期后,尽管线性规划连同单纯形法的用途越来越广泛,但是从 20 世纪 70 年代初开始它们受到了新的挑战。

1972 年克利(Klee)设计了一个病态的例子,如有 n 个变量和 $2n$ 个约束不等式,使得单纯形法求解的时间指数增长,这样促使人们去寻找其他的线性规划解法。1979 年苏联博士哈奇扬提出椭球算法,1984 年在美国贝尔实验室工作的印度数学家卡马卡又提出了一个多项式的新算法——内点算法,这些都促进了对线性规划的研究。随着目标规划、非线性规划的产生及发展,目标规划、非线性规划在一些范围内替代了线性规划的应用。但是随着线性规划理论的成熟,其数学模型越来越易于建立,时至今日线性规划仍然是应用最为广泛的一种方法。

1.2 线性规划问题及其数学模型

1.2.1 线性规划

生产实践中的许多问题都可以归结为线性规划问题,下面先考察几个典型的例子,这样有助于理解线性规划的实际背景。

例 1.1(产品组合问题) 一个单位需要做产品的月生产计划,该单位主营产品为Ⅰ,Ⅱ两种产品,生产这两种产品要消耗 A,B,C,D 四种资源,每件Ⅰ,Ⅱ产品分别对四种资源的消耗量及一个月之内四种资源的提供量如表 1-1 所示。产品Ⅰ的利润为 2 元/件,产品Ⅱ的利润为 3 元/件。问如何安排生产,才能使该单位本月的利润最大?

表 1-1

资　　源	产　品		计划内资源提供量
	Ⅰ	Ⅱ	
A	2	2	12
B	1	2	8
C	4	0	16
D	0	4	12

解 此问题可以用如下数学模型描述。

设变量 假设 x_1, x_2 分别表示在计划期内产品Ⅰ,Ⅱ的产量,x_1, x_2 是生产计划中要决定的,称为决策变量。

列出约束 因为资源 A 的提供量为 12,这是一个限制条件(不可控制的量),所以在确定Ⅰ,Ⅱ产品的产量时,要考虑不能超过资源 A 能提供的量,即可以用不等式表示为

A 资源的约束　　　　　　　　　　$2x_1 + 2x_2 \leqslant 12$

同理,对 B,C,D 资源的限制可表示如下。

B 资源的约束　　　　　　　　　　$x_1+2x_2 \leqslant 8$

C 资源的约束　　　　　　　　　　$4x_1 \leqslant 16$

D 资源的约束　　　　　　　　　　$4x_2 \leqslant 12$

另外,对于安排生产来说,x_1,x_2 不可能为负数(负数无意义),因为线性规划的所解问题一般为实际问题,变量多为非负数。这样得到一般线性规划都具有的一类约束,即非负约束:

$$x_1 \geqslant 0, \quad x_2 \geqslant 0$$

分析目标　该工厂的目标是在不超过所有资料限制的条件下,确定产量 x_1,x_2,以便得到最大的利润。若用 z 表示利润,则求 $z=2x_1+3x_2$ 最大。

综上所述,该生产问题可归纳为使目标达到最大(以后用 max 表示),即

$$\max z = 2x_1 + 3x_2$$

要满足约束条件(s. t. 为 subject to 的缩写)

$$\text{s. t.} \begin{cases} 2x_1+2x_2 \leqslant 12 \\ x_1+2x_2 \leqslant 8 \\ 4x_1 \leqslant 16 \\ 4x_2 \leqslant 12 \\ x_1,x_2 \geqslant 0 \end{cases}$$

例 1.2　某农场有男劳力 22 人、女劳力 10 人,要求在一日内完成割麦任务 30 亩,且使除草的亩数最多,已知一个男劳力每天能割麦 1.5 亩,除草 2 亩;一个女劳力一天能割麦 2 亩,除草 1.4 亩。问如何安排现有劳力,既能完成割麦任务,又能使除草的亩数最多?

解　设男劳力分配割麦和除草的人数分别为 x_1,x_2,女劳力分配割麦和除草的人数分别为 x_3,x_4,根据劳力数的供需平衡关系和题意知,目标函数为

$$\max z = 2x_2 + 1.4x_4 \quad (\text{除草亩数最多})$$

$$\text{s. t.} \begin{cases} x_1+x_2=22 & (\text{男劳力平衡}) \\ x_3+x_4=10 & (\text{女劳力平衡}) \\ 1.5x_1+2x_3=30 & (\text{完成 30 亩小麦收割}) \\ x_1,x_2,x_3,x_4 \geqslant 0 \end{cases}$$

1.2.2　线性规划模型及其标准形式

1. 线性规划模型的特征

从上面例子可以看出线性规划的以下特征。

(1) 每一个问题都用一组未知数($x_1,x_2,\cdots,x_n$)表示某一方案,这组未知数的一组定值就代表一个具体方案,通常要求这些未知数取值是非负的,称这组未知数为决策变量。

(2) 用一组不等式或等式来描述有限的资源和决策变量之间的关系,这种限制决策变量取值范围的条件称为约束条件(记为 s. t.)。

(3) 每一个问题都有一个目标要求,它往往表达为决策变量的函数关系,称为目标函数。由于讨论的问题不同,目标函数可以是求最大值或最小值。

约束条件是线性等式或不等式,目标函数为线性函数的规划问题称为线性规划问题。

2. 线性规划的数学模型

(1) 线性规划的一般数学模型。

线性规划的一般数学模型为

$$\max(\text{或 min})z = c_1 x_1 + c_2 x_2 + \cdots + c_n x_n \tag{1.1}$$

$$\text{s. t.}\begin{cases} a_{11}x_1 + a_{12}x_2 + \cdots + a_{1n}x_n \leqslant (=,\geqslant)b_1 \\ a_{21}x_1 + a_{22}x_2 + \cdots + a_{2n}x_n \leqslant (=,\geqslant)b_2 \\ \qquad\qquad\qquad\vdots \\ a_{m1}x_1 + a_{m2}x_2 + \cdots + a_{mn}x_n \leqslant (=,\geqslant)b_m \end{cases} \tag{1.2}$$

$$x_1, x_2, \cdots, x_n \geqslant 0 \tag{1.3}$$

其中，c_j（常数，$j=1,2,\cdots,n$）称为目标系数，a_{ij}（常数，$i=1,2,\cdots,m$；$j=1,2,\cdots,n$）称为技术系数，b_i（常数，$i=1,2,\cdots,m$）称为右端项。

上述式子中，式(1.1)是线性函数，称为线性规划的目标函数(objective function)。式(1.2)与式(1.3)称为线性规划的约束条件(constraint conditions)，其中，式(1.3)又称为非负条件(non-negativity conditions)。

于是线性规划问题可以看成是在满足约束条件式(1.2)与式(1.3)的情况下，求一组变量 $x_1, x_2, \cdots, x_n$ 的取值，使得目标函数式(1.1)能求得极值的规划问题。

以上表达式在书写时比较麻烦，所以有时用以下几种简洁的表达式。

用和式表示，即

$$\max(\min)z = \sum_{j=1}^{n} c_j x_j$$

$$\text{s. t.}\begin{cases} \sum\limits_{j=1}^{n} a_{ij}x_j \leqslant (=,\geqslant)b_i \quad (i=1,2,\cdots,m) \\ x_j \geqslant 0 \quad (j=1,2,\cdots,n) \end{cases}$$

或用矩阵表示为

$$\max(\min)z = \boldsymbol{CX}$$

$$\text{s. t.}\begin{cases} \boldsymbol{AX} \leqslant (=,\geqslant)\boldsymbol{b} \\ \boldsymbol{X} \geqslant 0 \end{cases}$$

其中

$$\boldsymbol{A} = \begin{bmatrix} a_{11} & a_{12} & \cdots & a_{1n} \\ a_{21} & a_{22} & \cdots & a_{2n} \\ \vdots & \vdots & & \vdots \\ a_{m1} & a_{m2} & \cdots & a_{mn} \end{bmatrix}, \quad \boldsymbol{b} = \begin{bmatrix} b_1 \\ b_2 \\ \vdots \\ b_m \end{bmatrix}, \quad \boldsymbol{C} = \begin{bmatrix} c_1 \\ c_2 \\ \vdots \\ c_n \end{bmatrix}^{\mathrm{T}}, \quad \boldsymbol{X} = \begin{bmatrix} x_1 \\ x_2 \\ \vdots \\ x_n \end{bmatrix}$$

(2) 线性规划模型的标准形式。

由上面讨论的情况来看，线性规划问题可以有各种不同的形式。目标函数有的要求实现最大化，有的要求实现最小化；约束条件可以是"$\leqslant$"的形式，也可以是"$\geqslant$"的形式，还可以是"$=$"的形式。这种多样性给讨论问题带来不便。为了便于以后讨论，本书中规定线性规划问题的标准形式为目标函数求最大化，所有约束都为等式约束，即

$$\max z = c_1 x_1 + c_2 x_2 + \cdots + c_n x_n$$

$$\text{s. t.}\begin{cases} a_{11}x_1 + a_{12}x_2 + \cdots + a_{1n}x_n = b_1 \\ a_{21}x_1 + a_{22}x_2 + \cdots + a_{2n}x_n = b_2 \\ \qquad\qquad\qquad\vdots \\ a_{m1}x_1 + a_{m2}x_2 + \cdots + a_{mn}x_n = b_m \\ x_1, x_2, \cdots, x_n \geqslant 0 \end{cases}$$

其中 $\qquad\qquad b_i \geqslant 0 \quad (i=1,2,\cdots,m)$

或缩写成

$$\max z = \sum_{j=1}^{n} c_j x_j$$

$$\text{s. t.} \begin{cases} \sum_{j=1}^{n} a_{ij} x_j = b_i & (i = 1, 2, \cdots, m) \\ x_j \geqslant 0 & (j = 1, 2, \cdots, n) \end{cases}$$

标准形式的主要特征如下。

① 目标函数为最大化（max）；

② 所有的约束条件都是等式；

③ 所有的约束方程的右端项都非负；

④ 所有决策变量都非负。

3. 线性规划问题的标准化（非标准型转化为标准型）

一个一般形式的线性规划可以通过以下方法转换为标准型。

（1）将极小化目标函数变为极大化目标函数。

原来为求极小化的目标函数等价于求原目标函数相反值的极大值，也就是将目标函数反号即可，亦即

$$\min z = \boldsymbol{CX} \quad 与 \quad \max z' = -\boldsymbol{CX}$$

的解等价，其中，$z = -z'$，故将求得的目标值反号得到原问题的解。

（2）将约束条件为"$\leqslant$"的形式变成标准形式。

若约束条件为"$\leqslant$"的不等式，可在"$\leqslant$"的左边加入一个非负变量，把原"$\leqslant$"改成"$=$"，其性质不变，同时此变量在目标函数中系数为零，该变量称为松弛变量。

（3）将约束条件为"$\geqslant$"的形式变成标准形式。

若约束条件为"$\geqslant$"的不等式，可在"$\geqslant$"的左边减去一个非负变量，把原"$\geqslant$"改成"$=$"，其性质不变，同时此变量在目标函数中系数为零，该变量称为剩余变量（也可称松弛变量）。

（4）决策变量有非正约束。如果 $x_j \leqslant 0$，则用非负变量 x_j' 代替，使 $x_j = -x_j'$。

（5）决策变量符号不受限制，即为 $x_j > 0$、$x_j < 0$ 或 $x_j = 0$。当碰到变量无非负约束时，可以用两个非负的新变量之差来代替。将变量 x_j 写成 $x_j = x_j' - x_j''$，新变量 x_j' 和 x_j'' 为非负变量，而 x_j 的符号由 x_j' 和 x_j'' 的大小来共同决定。

（6）决策变量有上、下界，即要求 $a \leqslant x_j \leqslant b$。对于这种情况，可对上、下界分别进行处理，引进新变量使之等于原变量减去下限值，这样下限值变为零，满足标准形式的非负要求。如决策变量要求为 $a \leqslant x_j \leqslant b$，则以 $x_j = x_j' + a$ 代替 x_j。$0 \leqslant x_j' \leqslant b - a$，$x_j'$ 满足非负要求，并用新变量 x_j' 替换目标函数和约束条件中所有原变量 x_j，再将上限约束 $x_j' \leqslant b - a$ 作为一个新增加的约束条件，并化为等式。

在上述六种转换中，方法（1）、（2）、（3）、（6）经常用到，特别是方法（1）、（2）、（3）用得较多，而方法（4）、（5）在对偶规划中才用。

例 1.3 将下列线性规划问题化成标准形式。

$$\min z = -3x_1 + 2x_2$$

$$\text{s. t.} \begin{cases} x_1 + x_2 \leqslant 1 \\ 2x_1 + 3x_2 \geqslant 4 \\ x_1, x_2 \geqslant 0 \end{cases}$$

解　标准型为

$$\max z' = 3x_1 - 2x_2 + 0x_3 + 0x_4$$

$$\text{s. t.} \begin{cases} x_1 + x_2 + x_3 = 1 \\ 2x_1 + 3x_2 - x_4 = 4 \\ x_1, x_2, x_3, x_4 \geqslant 0 \end{cases}$$

例 1.4　将下列线性规划问题化为标准形式。

$$\max z = x_1 + 2x_2 + 4x_3$$

$$\text{s. t.} \begin{cases} 2x_1 + x_2 + 3x_3 = 20 \\ 3x_1 + x_2 + 4x_3 = 25 \\ 2 \leqslant x_3 \leqslant 6 \\ x_1, x_2 \geqslant 0 \end{cases}$$

解　以 $x_3' = x_3 + 2$ 代入,问题化为

$$\max z = x_1 + 2x_2 + 4x_3' + 8$$

$$\text{s. t.} \begin{cases} 2x_1 + x_2 + 3x_3' = 14 \\ 3x_1 + x_2 + 4x_3' = 17 \\ x_3' \leqslant 4 \\ x_1, x_2, x_3' \geqslant 0 \end{cases}$$

将变量 x_3' 的上限约束化为等式,得到标准形式,为

$$\max z = x_1 + 2x_2 + 4x_3' + 0x_4 + 8$$

$$\text{s. t.} \begin{cases} 2x_1 + x_2 + 3x_3' = 14 \\ 3x_1 + x_2 + 4x_3' = 17 \\ x_3' + x_4 = 4 \\ x_1, x_2, x_3', x_4 \geqslant 0 \end{cases}$$

1.3　线性规划的图解法

1.3.1　图解法的适用范围及作用

适用范围　只用于解两个变量的线性规划,这是因为两个变量可以用平面图形表示。三个变量的线性规划就要作立体图,作图困难且不清晰。至于四个及四个变量以上的线性规划,就无法用图形表示。

作用　简单直观,主要有助于了解线性规划的概念及求解原理,同时还有助于对线性规划问题的分析。

1.3.2　图解法的方法及步骤

现对上述例 1.1 进行图解。在以 x_1, x_2 为坐标轴的直角坐标系中,非负条件 $x_1 \geqslant 0$,代表包括 x_2 轴和它的右半平面;非负条件 $x_2 \geqslant 0$,代表包括 x_1 轴和它的上半平面。这两个条件同时存在时,则为第一象限。

同理,例 1.1 的每一个约束条件都代表一个半平面。如约束条件 $x_1 + 2x_2 \leqslant 8$ 为以直线

$x_1 + 2x_2 = 8$ 为边界的左下方的半平面。若有一点同时满足 $x_1 \geqslant 0, x_2 \geqslant 0$ 及 $x_1 + 2x_2 \leqslant 8$ 的条件,则该点必然落在由这三个半平面交成的区域内。

如图 1-1 中的阴影部分所示,例 1.1 所有的约束条件相应的半平面相交的区域是 $OQ_1Q_2Q_3Q_4$。

区域 $OQ_1Q_2Q_3Q_4$ 中的每一个点(包括边界点)都是这个线性规划问题的一个解(又称可行解),因而区域 $OQ_1Q_2Q_3Q_4$ 是例 1.1 线性规划问题的解集合(称为可行域)。

现分析目标函数 $z = 2x_1 + 3x_2$,将其变形为 $x_2 = -\dfrac{2}{3}x_1 + \dfrac{z}{3}$,在坐标平面 x_1Ox_2 上,它可表示为斜率为 $-\dfrac{2}{3}$、纵轴截距为 $\dfrac{z}{3}$ 的一族平行直线,位于同一直线上的点,具有相同的目标函数值 z,因而称它为等值线(见图 1-2 中的虚线)。当 z 值由小变到大时,直线 $x_2 = -\dfrac{2}{3}x_1 + \dfrac{z}{3}$ 沿其法线方向向右上方移动。当移动到点 Q_2 时,可行域内截距最大,因此 z 的取值也最大,如图 1-2 所示,这就得到例 1.1 的最优解,点 Q_2 的坐标为 $(4,2)$,即 $x_1 = 4, x_2 = 2$,代入 $x_2 = -\dfrac{2}{3}x_1 + \dfrac{z}{3}$,于是可计算出 $z = 14$。

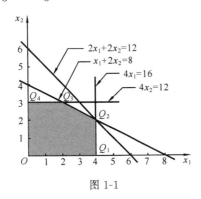

图 1-1

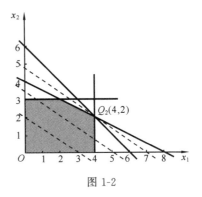

图 1-2

以上分析说明该单位的最优生产计划方案是:在计划期内生产 4 件产品 Ⅰ、2 件产品 Ⅱ,可得到最大利润 14 元($x_1 = 4, x_2 = 2, z^* = 14$)。

1.3.3　几种特殊线性规划的图解

一般来说,线性规划问题有单一的最优解,但有时也会遇到一些特殊情况,下面看看这些特殊情况的图解。

1. 多重最优解

例 1.5　用图解法解下列线性规划问题:

$$\max z = 6x_1 + 10x_2 \tag{1.4}$$

$$\text{s. t.} \begin{cases} 2x_1 + x_2 \leqslant 60 & (1.5) \\ 3x_1 + 5x_2 \leqslant 150 & (1.6) \\ x_1, x_2 \geqslant 0 & (1.7) \end{cases}$$

解　根据约束条件式(1.5)、式(1.6)、式(1.7)，在坐标平面 $x_1 O x_2$ 上作出可行域，如图 1-3 所示。

将等值线 $x_2 = -\dfrac{6}{10}x_1 + \dfrac{z}{10}$ 向右上方移动(因求 max z)，直到与可行域 $AOBC$ 相切为止，此时等值线与多边形可行域 $AOBC$ 的 AC 边相切，所以 AC 线段上的点集合都是最优解，其最优解有无穷多个，即有多重最优解，其 max z =300。

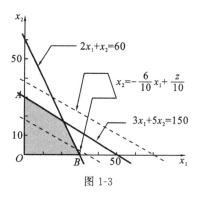

图 1-3

2. 无界解

例 1.6　用图解法求解下列线性规划问题：

$$\max z = 3x_1 + 2x_2 \tag{1.8}$$

$$\text{s. t.} \begin{cases} x_1 + x_2 \geqslant 1 & (1.9) \\ x_1 - 3x_2 \geqslant -3 & (1.10) \\ x_1, x_2 \geqslant 0 & (1.11) \end{cases}$$

解　根据约束条件式(1.9)、式(1.10)、式(1.11)及目标，将可行域及等值线作在图中，如图 1-4 所示。

从图 1-4 中可以看出，其可行域是无界的，要求目标函数最大，而目标函数的等值线可以向着增加方向无限移过去，从而目标函数值 z 是无穷大。

无界解出现的原因是各约束条件没有围成一个封闭的可行域，可行域是发散的，因而目标函数无法在一个发散的区域内找到最优值，并不是没有解，而是无法求得一个有限的最优解。

建模中若出现无界解，则需要通过调整或增加约束条件，以构成一个为凸集的可行域。

3. 无解(无可行域)

例 1.7　用图解法求解下列线性规划问题：

$$\max z = x_1 + 3x_2 \tag{1.12}$$

$$\text{s. t.} \begin{cases} x_1 + x_2 \leqslant 10 & (1.13) \\ 2x_1 + x_2 \geqslant 30 & (1.14) \\ x_1, x_2 \geqslant 0 & (1.15) \end{cases}$$

解　将约束条件式(1.13)、式(1.14)作在图 1-5 中，从图中可以看出，约束条件式(1.13)与约束条件式(1.14)无重合区域，即没有完全满足所有条件的可行域，所以此题无解。

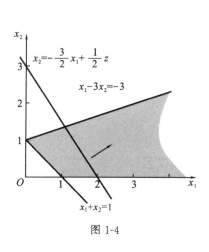

图 1-4

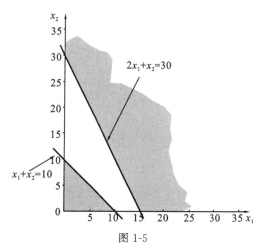

图 1-5

无解出现的原因是有相互矛盾的约束,约束条件之间没有交集,因而没有形成可行域。数学建模中若出现无解,则需要通过调整约束条件,产生可行域。

综上所述,对线性规划解的情况可归纳如下。

$$
\text{线性规划的解}
\begin{cases}
\text{有解}\begin{cases}\text{有唯一最优解}\\\text{有多重最优解}\end{cases}\\
\text{无解}\begin{cases}\text{无界解}\\\text{无可行域（真正无解）}\end{cases}
\end{cases}
$$

1.4　线性规划解的基本概念及基本性质

1.4.1　基本概念及求解原理

设一般线性规划的标准型为

$$\max z = \sum_{j=1}^{n} c_j x_j \tag{1.16}$$

$$\text{s. t.}\begin{cases}\displaystyle\sum_{j=1}^{n} a_{ij} x_j = b_i & (i=1,2,\cdots,m) \\[2mm] x_j \geqslant 0 & (j=1,2,\cdots,n)\end{cases}$$

$$\tag{1.17}$$
$$\tag{1.18}$$

定义 1　可行解、可行域

满足约束条件式(1.17)和式(1.18)的解 $\boldsymbol{x}=(x_1,x_2,\cdots,x_n)^{\mathrm{T}}$,称为线性规划问题的可行解,所有可行解的集合称为可行域。

定义 2　基、基向量、基变量

　　　　非基、非基向量、非基变量

设 $\boldsymbol{A}$ 是约束方程组 $m\times n$ 的系数矩阵 $(m\leqslant n)$：

$$
\boldsymbol{A}=\begin{bmatrix}
a_{11} & a_{12} & \cdots & a_{1n} \\
a_{21} & a_{22} & \cdots & a_{2n} \\
\vdots & \vdots & & \vdots \\
a_{m1} & a_{m2} & \cdots & a_{mn}
\end{bmatrix}
$$

其秩为 m,$\boldsymbol{B}$ 是矩阵 $\boldsymbol{A}$ 中 $m\times m$ 的非奇异子矩阵 $(|\boldsymbol{B}|\neq0)$,则称 $\boldsymbol{B}$ 是线性规划问题的一个基。

也就是说,矩阵 $\boldsymbol{B}$ 由 m 个线性无关的列向量组成。不失一般性,可设矩阵 $\boldsymbol{B}$ 为

$$
\boldsymbol{B}=\begin{bmatrix}
a_{11} & a_{12} & \cdots & a_{1m} \\
a_{21} & a_{22} & \cdots & a_{2m} \\
\vdots & \vdots & & \vdots \\
a_{m1} & a_{m2} & \cdots & a_{mm}
\end{bmatrix}=[\boldsymbol{P}_1,\boldsymbol{P}_2,\cdots,\boldsymbol{P}_m]
$$

称 $\boldsymbol{P}_j(j=1,2,\cdots,m)$ 为基向量,与基向量 $\boldsymbol{P}_j$ 相对应的变量 x_j 为基变量,否则称为非基、非基向量及非基变量。

奇异矩阵

线性独立

定义 3　基本解

为了进一步讨论线性规划问题的解,现在研究约束方程组(1.17)的求解问题(即纯线性方程组问题),从而得到基本解的概念。

假设该方程组系数矩阵 $\boldsymbol{A}$ 的秩为 m,设 $m < n$,则它有无穷多个解,假设前 m 个变量的系数列向量是线性无关的,这时式(1.17)可表示为

$$\begin{bmatrix} a_{11} \\ a_{21} \\ \vdots \\ a_{m1} \end{bmatrix} x_1 + \begin{bmatrix} a_{12} \\ a_{22} \\ \vdots \\ a_{m2} \end{bmatrix} x_2 + \cdots + \begin{bmatrix} a_{1m} \\ a_{2m} \\ \vdots \\ a_{mm} \end{bmatrix} x_m = \begin{bmatrix} b_1 \\ b_2 \\ \vdots \\ b_m \end{bmatrix} - \begin{bmatrix} a_{1,m+1} \\ a_{2,m+1} \\ \vdots \\ a_{m,m+1} \end{bmatrix} x_{m+1} - \cdots - \begin{bmatrix} a_{1n} \\ a_{2n} \\ \vdots \\ a_{mn} \end{bmatrix} x_n$$

或

$$\begin{bmatrix} a_{11} & a_{12} & \cdots & a_{1m} \\ a_{21} & a_{22} & \cdots & a_{2m} \\ \vdots & \vdots & & \vdots \\ a_{m1} & a_{m2} & \cdots & a_{mm} \end{bmatrix} \begin{bmatrix} x_1 \\ x_2 \\ \vdots \\ x_m \end{bmatrix} = \begin{bmatrix} b_1 \\ b_2 \\ \vdots \\ b_m \end{bmatrix} - \begin{bmatrix} a_{1,m+1} & \cdots & a_{1n} \\ a_{2,m+1} & \cdots & a_{2n} \\ \vdots & & \vdots \\ a_{m,m+1} & \cdots & a_{mn} \end{bmatrix} \begin{bmatrix} x_{m+1} \\ x_{m+2} \\ \vdots \\ x_n \end{bmatrix}$$

或

$$\sum_{j=1}^{m} \boldsymbol{P}_j x_j = \boldsymbol{b} - \sum_{j=m+1}^{n} \boldsymbol{P}_j x_j \qquad (1.19)$$

方程组(1.19)的基为

$$\boldsymbol{B} = \begin{bmatrix} a_{11} & a_{12} & \cdots & a_{1m} \\ a_{21} & a_{22} & \cdots & a_{2m} \\ \vdots & \vdots & & \vdots \\ a_{m1} & a_{m2} & \cdots & a_{mm} \end{bmatrix} = [\boldsymbol{P}_1, \boldsymbol{P}_2, \cdots, \boldsymbol{P}_m]$$

设 $\boldsymbol{X}_B$ 是对应这个基的基变量(向量),即

$$\boldsymbol{X}_B = [x_1, x_2, \cdots, x_m]^{\mathrm{T}}$$

若令方程组(1.19)的非基变量 $x_{m+1} = x_{m+2} = \cdots = x_n = 0$,则方程组(1.19)中仅有 $x_1 \sim x_m$ 共 m 个变量,方程组(1.19)中共有 m 个等式约束,采用高斯消去法,可求出一个唯一解,即

$$\boldsymbol{X} = [x_1, x_2, \cdots, x_m]^{\mathrm{T}}$$

通常,称此解为**基本解**,也可简称为**基解**。

基解具有以下特点:

(1) 基解的非零分量的数量小于或等于约束方程数目 m;

(2) 由基解的定义可知(线性方程组的解)基解是约束方程的交点;

(3) 基解只满足式(1.17),不一定满足非负约束条件,因此基解中的非零分量有可能是负数(相当于图解法中第二、三、四象限的交点);

(4) 一个线性规划问题的基解的个数是有限的,不超过 C_n^m 个。

例 1.8　下面是一个线性规划问题的约束方程组,以此为例说明。

$$\begin{cases} x_1 - x_2 - x_3 - 3x_4 - x_5 = 5 \\ x_1 - 2x_2 + x_3 - 4x_4 + 2x_5 = 2 \\ x_1 - 3x_2 + 4x_3 - 2x_4 + 7x_5 = 1 \end{cases}$$

解　该约束方程组的系数矩阵为

$$\boldsymbol{A} = \begin{bmatrix} 1 & -1 & -1 & -3 & -1 \\ 1 & -2 & 1 & -4 & 2 \\ 1 & -3 & 4 & -2 & 7 \end{bmatrix} = [\boldsymbol{P}_1, \boldsymbol{P}_2, \boldsymbol{P}_3, \boldsymbol{P}_4, \boldsymbol{P}_5]$$

容易验证,秩(A)=3,由于矩阵 A 的秩小于变量的个数,因此,方程组有无穷多个解。矩阵 A 中任意 3 个线性无关列向量可构成一个基。

又可证明,变量 x_1,x_2,x_3 的系数列向量 P_1,P_2,P_3 是线性无关的,所以由 P_1,P_2,P_3 组成的矩阵是线性规划的一个基,即

$$B_1=[P_1,P_2,P_3]=\begin{bmatrix}1 & -1 & -1 \\ 1 & -2 & 1 \\ 1 & -3 & 4\end{bmatrix} \quad (|B_1|\neq 0)$$

与基 B_1 对应的变量 x_1,x_2,x_3 是基变量,列向量 P_1,P_2,P_3 是基向量;而剩余的变量 x_4,x_5 是非基变量,P_4,P_5 是非基向量。

把方程组改写为

$$\begin{cases}x_1-x_2-x_3=5-(-3x_4-x_5) \\ x_1-2x_2+x_3=2-(-4x_4+2x_5) \\ x_1-3x_2+4x_3=1-(-2x_4+7x_5)\end{cases}$$

令非基变量 $x_4=x_5=0$,可求得方程组的一个解 $X^{(1)}=[14,7,2,0,0]^T$。这个解就是对应于基 B_1 的基解。

易证 x_2,x_3,x_4 的系数列向量 P_2,P_3,P_4 也是线性无关的,即

$$B_2=[P_2,P_3,P_4]=\begin{bmatrix}-1 & -1 & -3 \\ -2 & 1 & -4 \\ -3 & 4 & -2\end{bmatrix}$$

也是线性规划问题的一个基,相应的 x_2,x_3,x_4 是 B_2 的基变量,令非基变量 $x_1=x_5=0$,可解得另一基解 $X^{(2)}=[0,-7,-4,2,0]^T$。

由此可以看出,有一个基就有一个基解与之对应。此线性规划问题的基解的个数不超过 $C_5^3=10$。

定义 4　基可行解和可行基

满足等式约束式(1.17)的解,称为基解。

满足非负约束条件式(1.18)的基解,称为基本可行解,通常也简称为基可行解。相应的基 B 称为可行基。

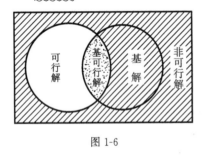

图 1-6

定义 5　最优解

满足式(1.16)、式(1.17)、式(1.18)的解称为最优解。

从上述定义可以看出可行解、基解、基可行解及非可行解的关系,如图 1-6 所示。

可行解是可行域内的所有点,基解是顶点(包括负值的顶点),基可行解则为只含大于 0 的顶点。

1.4.2　线性规划解的基本性质

1. 凸性概念

(1)凸集。

如果集合 D 中任意两点 X_1,X_2 的连线上所有点也都在集合 D 中,则称 D 为凸集,即对

任意两点 $X_1,X_2 \in D$ 及满足条件 $0 < a < 1$ 的实数 a,恒有 $X = aX_1 + (1-a)X_2 \in D$,称 D 为凸集。

例如,凸多边形、圆、球体、六面体等都是凸集,而圆环、空心球等都不是凸集,从直观上讲,凸集边缘没有凹陷部分,内部没有空洞,如图 1-7 所示,图 1-7(a)、(b)是凸集,图 1-7(c)、(d)不是凸集。

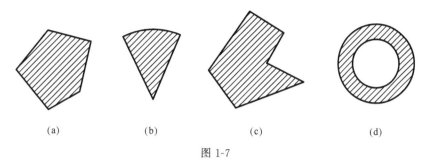

(a)   (b)   (c)   (d)

图 1-7

(2)顶点。

如果凸集 D 中的点 X,不能成为 D 中任何连线的内点,则称 X 为 D 的顶点。

2. 线性规划解的性质

定理 1 线性规划的可行域是凸集。

证 设线性规划为

$$\max z = CX$$

$$\text{s. t.} \begin{cases} AX = b \\ X \geqslant 0 \end{cases}$$

其可行域为

$$D = \{X \mid AX = b, X \geqslant 0\}$$

又设 $X_1 \in D, X_2 \in D$ 是 D 中任意两个可行解,且 $X_1 \neq X_2$,则有 $AX_1 = b$ 和 $AX_2 = b$ 及 $X_1 \geqslant 0, X_2 \geqslant 0$。

令 X 是 X_1,X_2 连线上的任意一点,即

$$X = aX_1 + (1-a)X_2 \quad (0 < a < 1)$$

于是有 $\quad AX = A[aX_1 + (1-a)X_2] = aAX_1 + (1-a)AX_2 = ab + (1-a)b = b$

又 $X_1 \geqslant 0, X_2 \geqslant 0, a > 0, 1-a > 0$,所以 $X = aX_1 + (1-a)X_2 \geqslant 0$,因此 $X \in D$。证毕。

定理 2 线性规划的可行解是基可行解的充要条件是 X 的非零分量所对应的系数列向量是线性无关的。

证 必要性。由基可行解的定义可知。

充分性。不妨设可行解 $X = [x_1, x_2, \cdots, x_k, 0, \cdots, 0]^T$,非零分量所对应的系数列向量 $P_1, P_2, \cdots, P_k$ 线性无关,则有 $k \leqslant m$(因为秩$(A) = m$)。

当 $k = m$ 时,这组向量恰好构成一个基,从而 X 为相应的基可行解。

当 $k < m$ 时,可从其余的 $n-k$ 个列向量中找出 $m-k$ 个列向量与 $P_1, P_2, \cdots, P_k$ 构成最大线性无关的向量组,其对应的解恰好为 X,由定义知,它也是基可行解。

定理 3 线性规划的基可行解 X 对应线性规划可行域的顶点。

本定理需要证明:X 是可行域顶点$\Leftrightarrow X$ 是基可行解。可采用反证法,即证明:X 不是可行

域的顶点⇔X 不是基可行解。

证明从略。

该定理给出了线性规划基可行解与可行域顶点的等价关系,建立了线性规划基可行解的代数表达与其几何意义之间的联系。

定理 4　若线性规划有最优解,则一定在基可行解中实现(即最优解在可行域顶点上实现)。

证明从略。

该定理表明:在寻找线性规划的最优解时,只需要在基可行解中去寻找,结合定理 3,即为最优解在可行域的各个顶点上求得,这样,只需要比较可行域的顶点,可行域内其他点则不需要计算。

1.5　单 纯 形 法

单纯形法的出现大大促进了线性规划的应用与发展,虽然后来又出现了内点算法、椭球算法等多种线性规划的解法,但单纯形法依然是应用最广的一种方法。单纯形法由丹齐格于1947 年首先提出,是解线性规划的通用有效算法。下面将介绍它的原理及计算步骤。

1.5.1　单纯形法原理

由 1.4 节中的定理 4 可知,线性规划的最优解只需在有限个基可行解(顶点)中去寻找。然而当约束方程的个数 m 和决策变量的个数 n 都很大时,要穷举所有的基可行解来求取最优解几乎是不可能的。例如,当 $m=20,n=50$(不算很大)时,至多可能有 $C_n^m = \dfrac{50!}{20! \times 30!} \approx 4.7 \times 10^{13}$ 个基可行解,假定计算机每秒钟可以求出 10^4 个基可行解,每天按 24 小时计算,则把所有的基可行解都求出来大约需要 149 年,显然这是没有实用价值的。

单纯形法则是从一基可行解出发,只搜索那些比已知基可行解“更好”的基可行解,显著提高了求解问题的效率,从而使求解大中型线性规划问题变得现实可行。

单纯形法的思路是从一个基可行解出发,根据判别准则,判别是否为最优解,如果不是最优解,按一定的规则求出另一个更好的基可行解,再作判别,如果还不是最优解,再求出更好一些的基可行解,以此类推,直到获得最优解为止。这一过程可以用图 1-8 来表示。

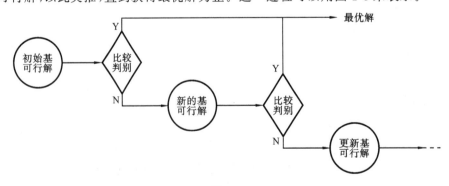

图 1-8

这里需要解决的关键问题是以下两个。

(1) 判别准则,即如何判断当前解是否已是最优解。

(2) 若未求得最优解,下一步如何转换到另一个更优的解。

具体步骤如下。

设系数矩阵 A 中前 m 列为可行基,用高斯法总可以化为如下形式(秩 $(A) = m$):

$$\text{s.t.} \begin{cases} x_1 + a'_{1,m+1}x_{m+1} + \cdots + a'_{1n}x_n = \bar{b}_1 & (1.20) \\ x_2 + a'_{2,m+1}x_{m+1} + \cdots + a'_{2n}x_n = \bar{b}_2 & (1.21) \\ \qquad\qquad\qquad\qquad\qquad\qquad \vdots \\ x_m + a'_{m,m+1}x_{m+1} + \cdots + a'_{mn}x_n = \bar{b}_m & (1.22) \end{cases}$$

假设:$x_i (i = 1, 2, \cdots, m)$ 为基变量,$x_j (j = m+1, \cdots, n)$ 为非基变量,C_{Bi} 为基变量目标系数,C_j 为非基变量目标系数。

将非基变量移至方程右边得

$$x_i = \bar{b}_i - \sum_{j=m+1}^{n} a'_{ij}x_j \quad (i = 1, 2, \cdots, m) \tag{1.23}$$

由基解的定义可知,令非基变量 $x_j = 0$ 便得到 $x_i = \bar{b}_i (i = 1, 2, \cdots, m)$,即为基可行解 $(\bar{b}_i \geqslant 0)$。该结果是令 $x_j = 0$ 产生的,那么,令 $x_j = 0$ 是否正确呢?

作如下分析:保留 x_j,即考察当 $x_j > 0$ 时对目标值 z 的作用,根据上述假设,目标函数可写为

$$z = \sum_{i=1}^{m} C_{Bi}x_i + \sum_{j=m+1}^{n} C_j x_j \tag{1.24}$$

将式 (1.23) 代入式 (1.24) 得

$$z = \sum_{i=1}^{m} C_{Bi}\left(\bar{b}_i - \sum_{j=m+1}^{n} a'_{ij}x_j\right) + \sum_{j=m+1}^{n} C_j x_j = \sum_{i=1}^{m} C_{Bi}\bar{b}_i - \sum_{i=1}^{m} \sum_{j=m+1}^{n} C_{Bi}a'_{ij}x_j + \sum_{j=m+1}^{n} C_j x_j$$

$$= \sum_{i=1}^{m} C_{Bi}\bar{b}_i + \sum_{j=m+1}^{n} \left(C_j - \sum_{i=1}^{m} C_{Bi}a'_{ij}\right)x_j$$

令 $z_0 = \sum_{i=1}^{m} C_{Bi}\bar{b}_i$;$\delta_j = C_j - \sum_{i=1}^{m} C_{Bi}a'_{ij}$,则

$$z = z_0 + \sum_{j=m+1}^{n} \delta_j x_j \tag{1.25}$$

其中,z_0 为现行基可行解对应的目标值,$\sum_{j=m+1}^{n} \delta_j x_j$ 为假若不令非基变量为零时,对目标值的作用。

分析式 (1.25) 可以得出,对求最大值 (max) 而言,只要当 $\delta_j > 0$ 时,对应的非基变量 $x_j > 0$,就会使目标值 z 在 z_0 的基础上增加,即现行基可行解不是最优解;相反,当 $\delta_j \leqslant 0$ 时,对应的非基变量 $x_j > 0$,就会使目标值 z 在 z_0 的基础上减小(或不变),即现行基可行解为最优解(非基变量不能再进入基变量)。通常,称 δ_j 为检验数。由此分析得到如下最优性判别定理。

定理 5 如果所有检验数都小于或等于零,即

$$\delta_j \leqslant 0 \quad (j = m+1, m+2, \cdots, n)$$

则与之相应的基可行解为最优解。

证 $\delta_j \leqslant 0 (j = m+1, m+2, \cdots, n)$ 成立,并注意到可行解的非负性,有

$$z = z_0 + \sum_{j=m+1}^{n} \delta_j x_j \leqslant z_0$$

所以 z_0 为最优目标值,对应的基可行解为最优解。证毕。

由定理 5 可得到最优性判别准则:

(1) 当所有检验数 $\delta_j \leqslant 0$ 时,对应的基可行解为最优解;

(2) 当存在检验数 $\delta_j > 0$ 时,对应的基可行解不是最优解。

1.5.2　单纯形法的计算步骤

下面根据图 1-8 的思路,结合前面的例 1.1 来介绍单纯形法的表格计算步骤。

$$\max z = 2x_1 + 3x_2$$

$$\text{s.t.} \begin{cases} 2x_1 + 2x_2 \leqslant 12 \\ x_1 + 2x_2 \leqslant 8 \\ 4x_1 \leqslant 16 \\ 4x_2 \leqslant 12 \\ x_1, x_2 \geqslant 0 \end{cases}$$

第一步:对原线性规划引入松弛变量,将其化成标准形式。

本例引入 x_3, x_4, x_5, x_6 四个松弛变量。

$$\max z = 2x_1 + 3x_2 + 0x_3 + 0x_4 + 0x_5 + 0x_6$$

$$\text{s.t.} \begin{cases} 2x_1 + 2x_2 + x_3 = 12 \\ x_1 + 2x_2 + x_4 = 8 \\ 4x_1 + x_5 = 16 \\ 4x_2 + x_6 = 12 \\ x_1, x_2, x_3, x_4, x_5, x_6 \geqslant 0 \end{cases}$$

第二步:建立初始单纯形表,确定初始基,求出初始基可行解。

根据基的性质(要求线性无关),一般为了避免证明线性无关,选取单位矩阵作为初始基,本例中选取 P_3, P_4, P_5, P_6 四列为基,对应的松弛变量 x_3, x_4, x_5, x_6 为基变量,x_1, x_2 为非基变量。

令非基变量 $x_1 = x_2 = 0$,即得初始基可行解为

$$X^{(0)} = [0, 0, 12, 8, 16, 12]^{\text{T}}, \quad z^{(0)} = 0$$

将化标准形式后的线性规划填入单纯形表,右端项常数移置 b 列;同时,把初始基变量 x_3, x_4, x_5, x_6 依次填入 X_B 列,并将其相应的基变量系数填入 C_B 列(注意 C_B 随 X_B 的更换而更换);把 $z^{(0)} = 0$ 填入左下角。于是得到初始单纯形表,如 1-2 所示。

表 1-2

C_B	X_B	$c_j \rightarrow$ b	2 x_1	3 x_2	0 x_3	0 x_4	0 x_5	0 x_6	θ $\downarrow$
0	x_3	12	2	2	1	0	0	0	
0	x_4	8	1	2	0	1	0	0	
0	x_5	16	4	0	0	0	1	0	
0	x_6	12	0	4	0	0	0	1	
z		0							$\leftarrow \delta_j$

表中第 1 行 c_j 为目标函数系数，$z = C_B X_B$ 即基变量系数乘基可行解之和，这里为 $z = 0 \times 12 + 0 \times 8 + 0 \times 16 + 0 \times 12 = 0$，将 0 填入 b 列的下面，实际上令非基变量为零时，X_B 列与 b 列相等，就是初始基可行解。

第三步：计算检验数 δ_j，判别最优性，确定换入基变量和换出基变量。

$$\delta_j = c_j - \sum_{i=1}^{m} C_{Bi} a_{ij} \tag{1.26}$$

按式(1.26)可以算出 x_1 对应的 δ_1 为

$$\delta_1 = c_1 - (C_{B1} a_{11} + C_{B2} a_{21} + C_{B3} a_{31} + C_{B4} a_{41}) = 2 - (0 \times 2 + 0 \times 1 + 0 \times 4 + 0 \times 0) = 2$$

同理，可求得

$$\delta_2 = 3, \quad \delta_3 = 0, \quad \delta_4 = 0, \quad \delta_5 = 0, \quad \delta_6 = 0$$

显然，$\delta_1 = 2 > 0$，$\delta_2 = 3 > 0$，根据定理 5 及最优性判别准则可知此基可行解不是最优解。只要存在 $\delta_j > 0$，此基可行解就不是最优解，应确定新的基可行解，其方法是将现行基与非基（基以外的系数列向量组成的矩阵）交换一列，即先从非基中确定换入基向量，对应的变量为换入基变量，然后从基中确定换出基向量，对应的变量为换出基变量。

(1) 换入基变量的确定方法如下。

在 $\delta_j > 0$ 中，选取

$$\max_j \{\delta_j \mid \delta_j > 0\} = \delta_k \quad (j = 1, 2, \cdots, n)$$

δ_k 所在列为换入基向量，记为 P_k，称为主元列，对应的变量为换入基变量，记 x_k。

本例中，$\max\{2, 3\} = 3 = \delta_2$，即 P_2 为主元列，对应的变量 x_2 为换入基变量。

(2) 换出基变量的确定方法如下。

由基的定义可知，基中的列向量数为 m，对应的基变量个数也是 m，由于现行基可行解不是最优解，因此要换基，前面确定了换入基变量及换入基向量，这里必须在原基变量中确定一个换出基变量，对应的列为换出基向量，其确定的方法如下。

计算 θ_i 值，即

$$\theta_i = \frac{b_i}{a_{ik}} \bigg|_{a_{ik} > 0} \tag{1.27}$$

其中，b_i 为常数列的元素，a_{ik} 为主元列 P_k 中的元素；$a_{ik} > 0$ 为计算条件，即只计算 a_{ik} 大于零的，a_{ik} 小于或等于零的不计算（其实际意义为"a_{ik} 小于或等于零"，表示 b_i 对 x_k 没有限制）。

为了保证新的基可行解非负，选取

$$\min_i \{\theta_i\} = \theta_l \quad (i = 1, 2, \cdots, m)$$

其中，θ_l 所在的行称为主元行。主元行在 X_B 中所在的变量为换出基变量，该变量所对应的系数列向量为换出基向量。

主元行与主元列交叉的元素 a_{lk} 称为主元素。

本例的 θ_l 计算如下。

$$(\theta_1, \theta_2, \theta_3, \theta_4)^T = \left(\frac{12}{2}, \frac{8}{2}, -, \frac{12}{4}\right)^T = (6, 4, -, 3)^T$$

$$\min_i \{\theta_i\} = 3 = \theta_4$$

即第 4 行为主元行,它与主元列(第 2 列)交叉的元素 $a_{42}=4$ 为主元素,x_6 为换出基变量。

把计算的 $\delta_j(j=1,2,\cdots,n)$ 和计算的 $\theta_i(i=1,2,\cdots,m)$ 分别填入单纯形表的最下行和最右列,并把主元素用[]括起来,如表 1-3 所示。

表 1-3

$c_j \rightarrow$			2	3	0	0	0	0	θ
C_B	X_B	b	x_1	x_2	x_3	x_4	x_5	x_6	$\downarrow$
0	x_3	12	2	2	1	0	0	0	6
0	x_4	8	1	2	0	1	0	0	4
0	x_5	16	4	0	0	0	1	0	——
0	x_6	12	0	[4]	0	0	0	1	3
z		0	2	3	0	0	0	0	$\leftarrow\delta_j$

第四步:迭代计算(求出新的基可行解)。

由第三步已经确定了新的基和新的基变量,现在的任务就是要计算出新的基可行解,这里的迭代方法仍然采用初等变换的方法。将迭代的结果填入单纯形表 1-4 的 Ⅱ 中,其具体做法如下。

(1)X_B 中用换入基变量代替换出基变量,相应的 C_B 中的系数也随之替换。

本例是在 X_B 中用换入基变量 x_2 代替换出基变量 x_6,同时,在 C_B 中的第 4 个元素用 x_2 的目标系数 3 代原 x_6 的目标系数 0。

(2)约束方程的迭代。

约束方程的迭代主要是把第 k 列主元的系数列向量 $\boldsymbol{P}_k$ 变换成主元素为 1 的单位向量,即

$$\boldsymbol{P}_k=\begin{bmatrix} a_{1k} \\ a_{2k} \\ \vdots \\ [a_{lk}] \\ \vdots \\ a_{mk} \end{bmatrix} \xrightarrow{\text{初等变换为}} \begin{bmatrix} 0 \\ 0 \\ \vdots \\ [1] \\ \vdots \\ 0 \end{bmatrix}$$

根据高斯的初等变换原理,迭代后的新约束方程包括右端的常数部分的计算可用下式算,即

$$a_{ij}'=\begin{cases} a_{ij}-\dfrac{a_{lj}}{a_{lk}}\cdot a_{ik} & (i\neq l) \\[3mm] \dfrac{a_{lj}}{a_{lk}} & (i=l) \end{cases} \tag{1.28}$$

其中,a_{ij}' 为新单纯形表中各元素,其他元素均为旧单纯形表中的元素。

在本例中的迭代为

$$\boldsymbol{P}_2=\begin{bmatrix} 2 \\ 2 \\ 0 \\ [4] \end{bmatrix} \left.\begin{cases} \text{第 4 行除 4} \\ \text{第 4 行除 4 后}\times(-2)\text{加到第 1 行} \\ \text{第 4 行除 4 后}\times(-2)\text{加到第 2 行} \end{cases}\right\} \quad \text{得} \quad \boldsymbol{P}_2'=\begin{bmatrix} 0 \\ 0 \\ 0 \\ 1 \end{bmatrix}$$

将行变换的结果填入表 1-4 的 Ⅱ 中。

表 1-4

迭代	C_B	X_B	b	x_1	x_2	x_3	x_4	x_5	x_6	θ_i
		$c_j \rightarrow$		2	3	0	0	0	0	$\downarrow$
I	0	x_3	12	2	2	1	0	0	0	6
	0	x_4	8	1	2	0	1	0	0	4
	0	x_5	16	4	0	0	0	1	0	—
	0	x_6	12	0	[4]	0	0	0	1	3
		z	0	2	3	0	0	0	0	$\leftarrow\delta_j$
II	0	x_3	6	2	0	1	0	0	$-\dfrac{1}{2}$	3
	0	x_4	2	[1]	0	0	1	0	$-\dfrac{1}{2}$	2
	0	x_5	16	4	0	0	0	1	0	4
	3	x_2	3	0	1	0	0	0	$\dfrac{1}{4}$	—
		z	9	2	0	0	0	0	$-\dfrac{3}{4}$	$\leftarrow\delta_j$
III	0	x_3	2	0	0	1	-2	0	$\dfrac{1}{2}$	4
	2	x_1	2	1	0	0	1	0	$-\dfrac{1}{2}$	—
	0	x_5	8	0	0	0	-4	1	[2]	4
	3	x_2	3	0	1	0	0	0	$\dfrac{1}{4}$	12
		z	13	0	0	0	-2	0	$\dfrac{1}{4}$	$\leftarrow\delta_j$
IV	0	x_3	0	0	0	1	-1	$-\dfrac{1}{4}$	0	
	2	x_1	4	1	0	0	0	$\dfrac{1}{4}$	0	
	0	x_6	4	0	0	0	-2	$\dfrac{1}{2}$	1	
	3	x_2	2	0	1	0	$\dfrac{1}{2}$	$-\dfrac{1}{8}$	0	
		z	12	0	0	0	$-\dfrac{3}{2}$	$-\dfrac{1}{8}$	0	$\leftarrow\delta_j$

（3）新目标值 z 的计算。

新基可行解的目标值的计算就是将基可行解（即 $\boldsymbol{X}_B = \boldsymbol{b}$）代入目标函数，得

$$z = \sum_{i=1}^{m} C_{Bi} X_{Bi} = \sum_{i=1}^{m} C_{Bi} \bar{b}_i$$

本题中此基可行解的目标值为

$$z = 0 \times 6 + 0 \times 2 + 0 \times 16 + 3 \times 3 = 9$$

基可行解为

$$\boldsymbol{X}_B = [x_3, x_4, x_5, x_2]^{\mathrm{T}} = [6, 2, 16, 3]^{\mathrm{T}}$$

（4）新单纯形表 II 中检验数行 δ_j 的计算。

为了判别新的基可行解，同样需要计算 δ_j，然后按判别准则进行判别，不过这里的检验数

δ_j 的计算方法有两种。

方法一　直接用式(1.26)

$$\delta_j = c_j - \sum_{i=1}^m C_{Bi} a_{ij}$$

进行计算。这种方法适用于从初始单纯形表到最终单纯形表的所有单纯形表的检验数的计算。

方法二　可以把检验行看作约束方程的扩展行,参加约束方程一起进行初等交换,同时也可以得到目标值,但此目标值的符号刚好与 $z = \sum_{i=1}^m C_{Bi} X_{Bi} = \sum_{i=1}^m C_{Bi} \bar{b}_i$ 的计算符号相反,绝对值相等。这种方法适用于除初始单纯形表外的其他所有单纯形表检验数的计算。它为计算机计算单纯形表提供了方便。

(5) 反复进行第三步和第四步,直到满足最优性判别准则(所有 $\delta_j \leqslant 0$)为止。每重复一次就是变换一次基,求出一个基可行解,由于每次代换基可行解是沿着使目标值 z 增加的方向进行的,因此经过远远小于 C_n^m 的有限次迭代后便可以得到线性规划的最优解。

本例在初始单纯形表后迭代了 3 次就得到最优解,即 $X_B^* = [x_3, x_1, x_6, x_2]^T = [0, 4, 4, 2]^T$ 或 $X^* = [x_1, x_2, x_3, x_4, x_5, x_6]^T = [4, 2, 0, 0, 0, 4]^T$,$z^* = 14$,其具体计算过程填入表 1-4 中的 Ⅰ,Ⅱ,Ⅲ,Ⅳ 栏中。

1.5.3　带有人工变量的单纯形法

例 1.9　现有线性规划问题:

$$\max z = 3x_1 - x_2 - x_3$$

$$\text{s. t.} \begin{cases} x_1 - 2x_2 + x_3 \leqslant 11 \\ -4x_1 + x_2 + 2x_3 \geqslant 3 \\ -2x_1 + x_3 = 1 \\ x_1, x_2, x_3 \geqslant 0 \end{cases}$$

前面讲到线性规划的标准型时,提到在约束条件"≤"左边加松弛变量,在约束条件"≥"左边减去松弛变量(剩余变量),在约束条件"="两边不加减变量即可化成标准型。例如,上述线性规划问题可化为

$$\max z = 3x_1 - x_2 - x_3 + 0x_4 + 0x_5$$

$$\text{s. t.} \begin{cases} x_1 - 2x_2 + x_3 + x_5 = 11 \\ -4x_1 + x_2 + 2x_3 - x_4 = 3 \\ -2x_2 + x_3 = 1 \\ x_1, x_2, \cdots, x_5 \geqslant 0 \end{cases}$$

在 1.5.2 小节中,建立初始单纯形表时,首先要确定基可行解的基及基变量,要确定基就是要找出一组线性无关的系数列向量。因为单位矩阵的各列向量是线性无关的,所以一般取单位矩阵作为初始基,单位矩阵对应的变量为初始基变量。

但是从上面化成的标准型中找不到单位矩阵,需要在原约束条件"≥"左边减去松弛变量后再加上一个变量,同样,在原约束条件"="左边也加上一个变量。这些使等式平衡所加的变量称为人工变量。例如,上述约束条件加松弛变量和人工变量后化为

$$\text{s. t.} \begin{cases} x_1 - 2x_2 + x_3 + x_5 = 11 \\ -4x_1 + x_2 + 2x_3 - x_4 + x_6 = 3 \\ -2x_1 + x_3 + x_7 = 1 \\ x_1, x_2, \cdots, x_7 \geq 0 \end{cases}$$

其中,x_4, x_5 为剩余变量和松弛变量,x_6, x_7 为人工变量。

因为人工变量是为了得到单位矩阵,而不是为了不等式平衡而人为地加到约束方程中的变量,所以要先用它作为初始基变量,然后要求将它们从基变量中逐渐替换掉,使之成为非基变量,即使它们均为零,否则将破坏等式的平衡。它们只起确定初始基的作用。

下面介绍两种处理人工变量的方法。

方法一 大 M 法(矛盾法)。

在一个线性规划的大于或等于和等于约束条件中,加入人工变量后(为了构成单位矩阵作初始基),这些人工变量的目标函数系数应如何处理,其目标函数的取值才不受到影响呢?一般来说,只有在迭代过程中把人工变量从基变量中换出去,让它成为非基变量(即为 0)即可。为此就必须假定人工变量在目标函数中的价值系数为 $-M$(M 为足够大的正数),这样对于要求实现目标函数最大化的问题来讲,只要基变量中还存在人工变量,目标函数就不可能实现最大化。对目标函数要求实现最小化时,在目标函数中给人工变量规定一个很大的正系数(M),其理由与前面相同。

于是在上述线性规划中加入松弛变量和人工变量,得到

$$\max z = 3x_1 - x_2 - x_3 + 0x_4 + 0x_5 - Mx_6 - Mx_7$$

$$\text{s. t.} \begin{cases} x_1 - 2x_2 + x_3 + x_5 = 11 \\ -4x_1 + x_2 + 2x_3 - x_4 + x_6 = 3 \\ -2x_1 + x_3 + x_7 = 1 \\ x_1, x_2, \cdots, x_7 \geq 0 \end{cases}$$

把 M 看作很大的正数,按单纯形法的步骤进行计算,其计算过程填入表 1-5 中。

从最终单纯形表中可以得到所有 $\delta_j \leq 0$,满足最优性判别准则,于是得到最优解 $z^* = 2$。

$$\boldsymbol{X}^* = [x_1, x_2, x_3, x_4, x_5, x_6, x_7]^{\mathrm{T}} = [4, 1, 9, 0, 0, 0, 0]^{\mathrm{T}}$$

方法二 两阶段法。

两阶段法是处理人工变量的另一种方法,这种方法是将加入人工变量后的线性规划问题分两段求解。

第一阶段:判断原线性规划问题是否存在基可行解,并确定出继续迭代的初始基。其方法是,先求解以下线规划问题:

$$\min w = x_6 + x_7$$

$$\text{s. t.} \begin{cases} x_1 - 2x_2 + x_3 + x_5 = 11 \\ -4x_1 + x_2 + 2x_3 - x_4 + x_6 = 3 \\ -2x_1 + x_3 + x_7 = 1 \\ x_1, x_2, \cdots, x_7 \geq 0 \end{cases}$$

其中,x_6, x_7 是人工变量。

也就是约束条件是原约束条件不变,将目标函数变换成对人工变量和求极小值。

用单纯形法对上述问题求解,将计算过程填入表 1-6 中。

表 1-5

C_B	X_B	b	x_1	x_2	x_3	x_4	x_5	x_6	x_7	θ_i
	$c_j \rightarrow$		3	-1	-1	0	0	$-M$	$-M$	$\downarrow$
0	x_5	11	1	-2	1	0	1	0	0	11
$-M$	x_6	3	-4	1	2	-1	0	1	0	$\dfrac{3}{2}$
$-M$	x_7	1	-2	0	[1]	0	0	0	1	1
	z	$-4M$	$3-6M$	$-1+M$	$-1+3M$	$-M$	0	0	0	$\leftarrow \delta_j$
0	x_5	10	3	-2	0	0	1	0	-1	—
$-M$	x_6	1	0	[1]	0	-1	0	1	-2	1
-1	x_3	1	-2	0	1	0	0	0	1	—
	z	$-M-1$	1	$-1+M$	0	$-M$	0	0	$-3M+1$	$\leftarrow \delta_j$
0	x_5	12	[3]	0	0	-2	1	2	-5	4
-1	x_2	1	0	1	0	-1	0	1	-2	—
-1	x_3	1	-2	0	1	0	0	0	1	—
	z	-2	1	0	0	-1	0	$-M+1$	$-M-1$	$\leftarrow \delta_j$
3	x_1	4	1	0	0	$-\dfrac{2}{3}$	$\dfrac{1}{3}$	$\dfrac{2}{3}$	$-\dfrac{5}{3}$	
-1	x_2	1	0	1	0	-1	0	1	-2	
-1	x_3	9	0	0	1	$-\dfrac{4}{3}$	$\dfrac{2}{3}$	$\dfrac{4}{3}$	$-\dfrac{7}{3}$	
	z	2	0	0	0	$-\dfrac{1}{3}$	$-\dfrac{1}{3}$	$-M+\dfrac{1}{3}$	$-M+\dfrac{2}{3}$	$\leftarrow \delta_j$

表 1-6

C_B	X_B	b	x_1	x_2	x_3	x_4	x_5	x_6	x_7	θ_i
	$c_j \rightarrow$		0	0	0	0	0	-1	-1	$\downarrow$
0	x_5	11	1	-2	1	0	1	0	0	11
-1	x_6	3	-4	1	2	-1	0	1	0	$\dfrac{3}{2}$
-1	x_7	1	-2	0	[1]	0	0	0	1	1
	w	-4	-6	1	3	-1	0	0	0	$\leftarrow \delta_j$
0	x_5	10	3	-2	0	0	1	0	-1	—
-1	x_6	1	0	[1]	0	-1	0	1	-2	1
0	x_3	1	-2	0	1	0	0	0	1	—
	w	-1	0	1	0	-1	0	0	-3	$\leftarrow \delta_j$
0	x_5	12	3	0	0	-2	1	2	-5	
0	x_2	1	0	1	0	-1	0	1	-2	
0	x_3	1	-2	0	1	0	0	0	1	
	w	0	0	0	0	0	0	-1	-1	$\leftarrow \delta_j$

若得到了 $w=0$，即 $x_6=0$，$x_7=0$，则说明所有的人工变量都变换为非基变量，这表示原问题已得到了一个基可行解，并求出了原问题的初始基可行解。于是只需要将第一阶段最终计算表中的目标函数行 c_j 的数值，换成原问题的目标函数的系数，并取消人工变量列。这就得

到了求解原问题的初始单纯形表,然后再进行第二阶段求解。

各阶段的计算方法及步骤与以前讲的单纯形法完全相同。

$$x_1=0, \quad x_2=1, \quad x_3=1, \quad x_5=12, \quad x_4=x_6=x_7=0$$

因为人工变量 $x_6=x_7=0$($w=0$),所以 $\boldsymbol{X}=[0,1,1,0,12]^{\mathrm{T}}$ 是原问题的初始基可行解。于是可以开始第二阶段的计算。

第二阶段:将表 1-6 中的 c_j→行的 $(0,0,0,0,0,-1,-1)$ 换成 $(3,-1,-1,0,0,0,0)$,并把人工变量 x_6,x_7 所对应的两列去掉,重新按式(1.26)计算 δ_j,然后按单纯形法计算,见表 1-7。

从表 1-7 中得到原问题的最优解为

$$x_1=4, \quad x_2=1, \quad x_3=9$$

目标函数值 $z=2$,与大 M 法结果相同。

表 1-7

C_B	X_B	b	$c_j \rightarrow$ 3 x_1	-1 x_2	-1 x_3	0 x_4	0 x_5	θ_i ↓
0	x_5	12	[3]	0	0	-2	1	4
-1	x_2	1	0	1	0	-1	0	—
-1	x_3	1	-2	0	1	0	0	—
	z	-2	1	0	0	-1	0	←δ_j
3	x_1	4	1	0	0	$-\dfrac{2}{3}$	$\dfrac{1}{3}$	
-1	x_2	1	0	1	0	-1	0	
-1	x_3	9	0	0	1	$-\dfrac{4}{3}$	$\dfrac{2}{3}$	
	z	2	0	0	0	$-\dfrac{1}{3}$	$-\dfrac{1}{3}$	←δ_j

1.5.4　单纯形法计算中遇到的一些特殊问题

实际应用单纯形法解线性规划时,可能会出现一些特殊问题,下面就这些问题进行讨论。

(1)无界解问题(作无解处理)。当确定主元列后,该列的元素 a'_{ik} 均小于或等于零时,按 θ 规则 $\left(\theta_i=\dfrac{b_i}{a'_{ik}}\bigg|_{a'_{ik}>0}\right)$ 计算不出 θ_i 值,即对换入基变量无限制,则此题为无界解。于是有如下定理。

定理 6　如果某个非基变量 x_k 的检验数 $\delta_k>0$,但是 $\overline{\boldsymbol{P}}_k$ 的元素都小于或等于零,即

$$a'_{ik}\leqslant 0 \quad (i=1,2,\cdots,m)$$

则线性规划的可行域无上界,目标函数值也无上界,没有最优解。

证　设 $x_k=\lambda>0$,其余非基变量取零值,于是由式(1.23)可知

$$\boldsymbol{X}_B=\overline{\boldsymbol{b}}-\overline{\boldsymbol{P}}_k\cdot\lambda$$

当 $\overline{\boldsymbol{P}}_k\leqslant 0$ 时,对任何 $\lambda>0$,$\boldsymbol{X}_B\geqslant 0$(可行解)并且相应的目标值由式(1.25)可知

$$z=z_0+\delta_k\cdot\lambda$$

于是,当 $\lambda\rightarrow+\infty$ 时 $z\rightarrow+\infty$,即无上界。

(2)无可行域存在问题(真正无解)。由于无可行域是因大于约束与小于约束矛盾所致,因此在大 M 法中,最后 $\delta_j\leqslant 0$。但 $\boldsymbol{X}_B$(基变量)中仍然存在人工变量,或在两阶段法中第一阶段的 $w\neq 0$(即基变量中存在人工变量)时,此题为无解(无可行域存在)。于是得到如下定理。

定理 7　如果在大 M 法或两阶段法的第一阶段中,最终单纯形表的 $\delta_j\leqslant 0$($j=1,2,\cdots,$

n)，但 X_B 中仍然存在人工变量，则此题为无解(无可行域存在)。

证　由于人工变量是在约束方程平衡后加入的，若在满足最优性判别准则后，X_B 中仍存在人工变量，这就说明，至少有一个人工变量取值为正，于是破坏了原问题的平衡，即破坏了解的可行性。

（3）多解问题。最优性判别准则是所有 $\delta_j \leqslant 0$，当非基变量的检验数 $\delta_j = 0$ 时，此线性规划问题有多重最优解。

根据式(1.25)得

$$z = z_0 + \sum_{j=m+1}^{n} \delta_j x_j$$

当 $\delta_j = 0$ 时，将对应的非基变量作为换入基变量，经迭代，X_B 发生了变化，但 $z = z_0$ 仍不改变，所以称这种情况的解为多重解。下面举例说明。

例 1.10　解下列线性规划问题：

$$\max z = 3x_1 + 2x_2$$

$$\text{s. t.} \begin{cases} -x_1 + 2x_2 \leqslant 4 \\ 3x_1 + 2x_2 \leqslant 14 \\ x_1 - x_2 \leqslant 3 \\ x_1, x_2 \geqslant 0 \end{cases}$$

解　用单纯形法求解。如表 1-8 所示，其中第 Ⅲ，Ⅳ 步迭代给出了目标值相同($z = 14$)的两个不同解。

表 1-8

迭代	C_B	X_B	b	$c_j \rightarrow$ 3 x_1	2 x_2	0 x_3	0 x_4	0 x_5	θ_i ↓
Ⅰ	0	x_3	4	-1	2	1	0	0	—
	0	x_4	14	3	2	0	1	0	$\frac{14}{3}$
	0	x_5	3	[1]	-1	0	0	1	3
		z	0	3	2	0	0	0	←δ_j
Ⅱ	0	x_3	7	0	1	1	0	1	$\frac{7}{1}$
	0	x_4	5	0	[5]	0	1	-3	1
	3	x_1	3	1	-1	0	0	1	—
		z	9	0	5	0	0	-3	←δ_j
Ⅲ	0	x_3	6	0	0	1	$-\frac{1}{5}$	$\left[\frac{8}{5}\right]$	$\frac{30}{8}$
	2	x_2	1	0	1	0	$\frac{1}{5}$	$-\frac{3}{5}$	—
	3	x_1	4	1	0	0	$\frac{1}{5}$	$\frac{2}{5}$	10
		z	14	0	0	0	-1	0	←δ_j
Ⅳ	0	x_5	$\frac{15}{4}$	0	0	$\frac{5}{8}$	$-\frac{1}{8}$	1	
	2	x_2	$\frac{13}{4}$	0	1	$\frac{3}{8}$	$\frac{1}{8}$	0	
	3	x_1	$\frac{5}{2}$	1	0	$-\frac{1}{4}$	$\frac{1}{4}$	0	
		z	14	0	0	0	-1	0	←δ_j

（4）存在 2 个以上的 $\max\{\delta_j > 0\}$ 问题。确定换入基变量的方法是与 $\max\{\delta_j > 0\}$ 对应的非基变量作为换入基变量，现在存在 2 个以上的这样的检验数，此时一般可以任选一个，选择不同只是迭代次数有所不同，而最终结果是唯一的。

（5）存在 2 个以上的 $\min\{\theta_i\}$ 问题。此问题属退化问题（即导致某些基变量的值为零）。出现此问题，要按摄动原理处理，即取几个 $\min\{\theta_i\}$ 中对应的 X_B 中下标较大的基变量作为换出基变量，否则将会使迭代次数增加，下面以例 1.11 说明。

例 1.11　求解下列的线性规划问题：

$$\max z = 2x_1 + \frac{3}{2}x_3$$

$$\text{s. t.} \begin{cases} x_1 - x_2 \leqslant 2 \\ 2x_1 + x_3 \leqslant 4 \\ x_1 + x_2 + x_3 \leqslant 3 \\ x_1, x_2, x_3 \geqslant 0 \end{cases}$$

解　加入松弛变量 x_4, x_5, x_6 化为标准形式后，列初始单纯形表如表 1-9 所示。

表 1-9

$c_j \to$			2	0	$\frac{3}{2}$	0	0	0	θ_i $\downarrow$
C_B	X_B	b	x_1	x_2	x_3	x_4	x_5	x_6	
0	x_4	2	1	−1	0	1	0	0	2→
0	x_5	4	2	0	1	0	1	0	2→
0	x_6	3	1	1	1	0	0	1	3
	z	0	2↑	0	$\frac{3}{2}$	0	0	0	←δ_j

$\min\{\theta_i\} = \theta_1 = \theta_2 = 2$，即有 2 个相同的最小 θ 值，x_4 和 x_5 都可以作换出基变量，按摄动原理，取 x_5 作换出基变量，只经过 2 次迭代便得到结果，其计算过程见表 1-10。反之，如果不按摄动原理取 x_5 作换出基变量，而取 x_4 作换出基变量，则需要经过 4 次迭代才得到结果，如表 1-11 所示。

表 1-10

		$c_j \to$		2	0	$\frac{3}{2}$	0	0	0	θ_i $\downarrow$
迭代	C_B	X_B	b	x_1	x_2	x_3	x_4	x_5	x_6	
	0	x_4	0	0	−1	$-\frac{1}{2}$	1	$-\frac{1}{2}$	0	—
Ⅰ	2	x_1	2	1	0	$\frac{1}{2}$	0	$\frac{1}{2}$	0	4
	0	x_6	1	0	1	$\left[\frac{1}{2}\right]$	0	$-\frac{1}{2}$	1	2
		z	4	0	0	$\frac{1}{2}$	0	−1	0	←δ_j
	0	x_4	1	0	0	0	1	−1	1	
Ⅱ	2	x_1	1	1	−1	0	0	1	−1	
	$\frac{3}{2}$	x_3	2	0	2	1	0	−1	2	
		z	5	0	−1	0	0	$-\frac{1}{2}$	−1	←δ_j

表 1-11

迭代	C_B	X_B	b	x_1	x_2	x_3	x_4	x_5	x_6	θ_i ↓
	$c_j \to$			2	0	$\frac{3}{2}$	0	0	0	
I	2	x_1	2	1	-1	0	1	0	0	—
	0	x_5	0	0	[2]	1	-2	1	0	0
	0	x_6	1	0	2	1	-1	0	1	$\frac{1}{2}$
		z	4	0	2	$\frac{3}{2}$	-2	0	0	←δ_j
II	2	x_1	2	1	0	$\frac{1}{2}$	0	$\frac{1}{2}$	0	4
	0	x_2	0	0	1	$[\frac{1}{2}]$	-1	$\frac{1}{2}$	0	0
	0	x_6	1	0	0	0	1	-1	1	—
		z	4	0	0	$\frac{1}{2}$	0	-1	0	←δ_j
III	2	x_1	2	1	-1	0	1	0	0	2
	$\frac{3}{2}$	x_3	0	0	2	1	-2	1	0	—
	0	x_6	1	0	0	0	[1]	-1	1	1
		z	4	0	-1	0	1	$-\frac{3}{2}$	0	←δ_j
IV	2	x_1	1	1	-1	0	0	1	-1	
	$\frac{3}{2}$	x_3	2	0	2	1	0	-1	2	
	0	x_4	1	0	0	0	1	-1	1	
		z	5	0	-1	0	0	$-\frac{1}{2}$	-1	←δ_j

观察这个计算进程可以看到,在计算 x_4 出基的表 1-11 中,Ⅰ,Ⅱ给出了基可行解 $x_1=2$, $x_2=0$,$x_6=1$。这里基变量 $x_2=0$,即 b 列中出现零。

一个或多个基变量为零的基可行解称为**退化基可行解**。线性规划的退化问题指基可行解中基变量有零值的问题。当约束条件方程组常数项 b 中有零时,基变量就为零,使问题退化。而常数项没有零时,则为此值相同所引起,因此最小比值相同就可能会产生退化。当基变量为零值(常数项为零)而出现退化时,继续迭代得不到目标函数的改善,当然减低了单纯形法的效率。单纯形法在中间的几次迭代中可能没有改善目标函数,但是最后还是得到最优解。有人对这个问题进行过讨论,并举例说明,单纯形法可以无穷尽地迭代下去而得不到最优解。这种现象称为循环。然而,实际问题中很少出现这种循环现象。对理论上退化而循环的现象,已经有了结论:退化是经常出现的,而循环则是较少出现的。

(6) 求最小化问题。前面均是以求目标函数最大作标准介绍单纯形法,但是最小化与最大化的区别仅仅是检验数的区别,其他均相同,min 问题的判别准则和换入基变量的确定正好与 max 问题相反,下面的表 1-12 列出了它们的区别。

表 1-12

检 验 数	标 准 型	
	$\max z = CX$ $ZX = b$ $X \geqslant 0$	$\min z = CX$ s. t. $\begin{cases} AX = b \\ X \leqslant 0 \end{cases}$
δ_j	所有 $\delta_j \leqslant 0$ 为最优 取 $\max\{\delta_j > 0\}$ 为主元列	所有 $\delta_j \geqslant 0$ 为最优 取 $\min\{\delta_j < 0\}$ 为主元列

(7) 单纯形法计算的规律。① 基变量对应的检验数均为零。② 主元列中存在零元素时，在下一个迭代表中该零元素所在的行与上一个迭代表相同（即照抄）；主元行中存在零元素时，在下一个迭代表中该零元素所在的列与上一个迭代表相同（即照抄）。

图 1-9 所示对可能遇到的问题的解题步骤作了简单归纳，由图 1-9 可以一目了然地看出各种情况，同时图 1-9 对编单纯形法计算程序也有一定的帮助。

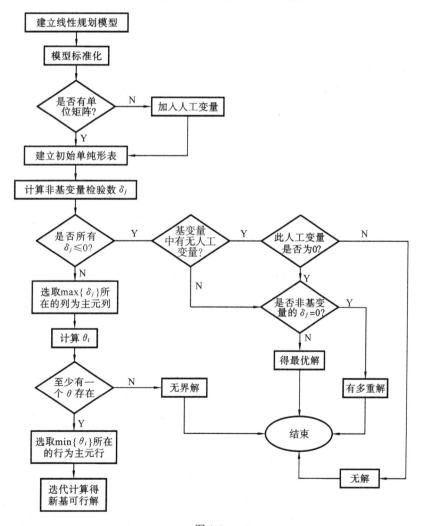

图 1-9

1.6 线性规划的应用举例

线性规划的应用十分广泛,下面举一些例子说明。

1.6.1 线性规划的应用条件

在生产和经营管理中,常常要研究两类问题:一是如何以最少的投入换取最多的产出;二是如何在一定的资源条件下,寻求创造最多产值的途径。线性规划可以解决这些问题。一般来说,应用线性规划解决上述问题应该满足下列条件。

(1)决策者必须有一个想达到的目标(如利润最大或成本最小),并能用线性函数描述目标。

(2)为达到这个目标存在多种方案。

(3)要达到的目标是在一定约束条件下实现的,这些约束条件可用线性等式或不等式描述(其中包括非负约束条件)。

1.6.2 线性规划的建模技术

1. 决策变量的确定

建立模型时,首先要解决的问题就是决策变量的设定,如果决策变量设定正确,则约束表达就会十分顺畅,反之则会十分困难。前面的例子所研究的决策变量都属于单层次的简单决策变量,在现实系统中常常用到多层次组合决策变量。

例如,某县土地按自然条件分肥田、一般田、瘠田三种,种植品种有水稻、玉米、棉花三类,要求确定一个种植方案,即三种条件下三种作物分别的种植量。当做该县的种植决策时,一共需要 $x_1 \sim x_9$ 共 9 个变量才能表达决策方案,而 9 个变量也可以采取由两个层次的二元组合产生的双下标组合决策变量 x_{ij},表示 i ($i=1,2,3$)类土地种植 j ($j=1,2,3$)种作物的面积数,更利于模型的理解,更便于模型的建立,如表 1-13 所示。

表 1-13

土 地	品 种		
	水稻 1	玉米 2	棉花 3
肥田 1	x_{11}	x_{12}	x_{13}
一般田 2	x_{21}	x_{22}	x_{23}
瘠田 3	x_{31}	x_{32}	x_{33}

有时候,当双下标组合决策变量还不足以有效表达时,还可以考虑应用到多组变量,如例 1.12。

例 1.12 某厂生产甲、乙、丙三种产品,都需要通过 A,B 两道工序加工,A 工序在设备 A_1 或 A_2 上完成,B 工序在 B_1,B_2 或 B_3 三种设备上完成,已知产品甲可在 A,B 任何一种设备上加工;产品乙可在任何规格的 A 设备上加工,但完成 B 工序时,只能在 B_1 设备上加工;产品丙只能在 A_2 和 B_2 设备上加工。加工单位产品所需要的工序时间及其他的数据见表 1-14。试安排使该厂收益最大的最优生产计划。

表 1-14

设 备	产 品			设备有效台时 /h	设备加工费 /(元/h)
	甲	乙	丙		
A_1	5	10		6 000	0.05
A_2	7	9	12	10 000	0.03
B_1	6	8		4 000	0.06
B_2	4		11	7 000	0.11
B_3	7			4 000	0.05
原料费/(元/件)	0.25	0.35	0.50		
售价/(元/件)	1.25	2.00	2.80		

解 设 x_{ij} 为在 A_i, B_j 两台设备上加工的甲的件数，y_{ij} 为在 A_i, B_j 两台设备上加工的乙的件数，u_{ij} 为在 A_i, B_j 两台设备上加工的丙的件数，则

$$目标函数＝总利润－总加工费$$

表示为

$$\max z=(1.25-0.25)\times(x_{11}+x_{12}+x_{13}+x_{21}+x_{22}+x_{23})$$
$$+(2.00-0.35)(y_{11}+y_{21})+(2.80-0.50)u_{22}-0.05[5(x_{11}+x_{12}+x_{13})+10y_{11}]$$
$$-0.03[7(x_{21}+x_{22}+x_{23})+9y_{21}+12u_{22}]-0.06[6(x_{11}+x_{21})+8(y_{11}+y_{21})]$$
$$-0.11[4(x_{12}+x_{22})+11u_{22}]-0.05[7(x_{13}+x_{23})]$$

按照设备台时写出约束条件，为

$$s.t. \begin{cases} 5(x_{11}+x_{12}+x_{13})+10y_{11}\leqslant 6\,000 \\ 7(x_{21}+x_{22}+x_{23})+9y_{21}+12u_{22}\leqslant 10\,000 \\ 6(x_{11}+x_{21})+8(y_{11}+y_{21})\leqslant 4\,000 \\ 4(x_{12}+x_{22})+11u_{22}\leqslant 7\,000 \\ 7(x_{13}+x_{23})\leqslant 4\,000 \\ x_{ij}\geqslant 0, y_{ij}\geqslant 0, u_{ij}\geqslant 0 \end{cases}$$

2. 建模中不追求过分的简化、抽象

在例 1.12 中，目标函数为

$$\max z=1\times(x_{11}+x_{12}+x_{13}+x_{21}+x_{22}+x_{23})+1.65(y_{11}+y_{21})+2.3u_{22}$$
$$-0.05[5(x_{11}+x_{12}+x_{13})+10y_{11}]-0.03[7(x_{21}+x_{22}+x_{23})+9y_{21}+12u_{22}]$$
$$-0.06[6(x_{11}+x_{21})+8(y_{11}+y_{21})]-0.11[4(x_{12}+x_{22})+11u_{22}]$$
$$-0.05[7(x_{13}+x_{23})]$$

以上目标函数完全可以通过合并而进一步简化，但是并不提倡在最初给出模型时进行太多的简化，因为通过以上未简化的目标函数可以很清楚地看出是表达"目标函数＝总利润－总加工费"的含义，有利于对模型的理解。

3. 建模中尽量选取适应范围大的模型

建模中选取适应范围大的模型，避免人为使得模型代表性变窄，下面以例 1.13 说明。

例 1.13 一个公司需要在 1～4 月内租用仓库，仓库租用合同可以签订 1 个月、2 个月、3 个月和 4 个月，合同期限长度不同则对应的租金也不同。每月对仓库面积的需求和合同签订

期限对应租金分别由表 1-15 和表 1-16 中数据给出。试求在满足需求下使得总租金最低的租用方案。

表 1-15

月　　份	1 月	2 月	3 月	4 月
所需仓库面积/m²	15	10	20	12

表 1-16

合 同 期 限	1 个月	2 个月	3 个月	4 个月
租金/(元/m²)	2 800	4 500	6 000	7 300

解　这里尝试建立模型,首先设变量 x_{ij} 为第 i 个月签订的租用期为 j 个月的面积数,i,$j=1,2,\cdots,4$,可将变量表示如下。

1 月:$x_{11},x_{12},x_{13},x_{14}$。

2 月:x_{21},x_{22},x_{23}。

3 月:x_{31},x_{32}。

4 月:x_{41}。

目标函数为

$$\min z = 2\ 800(x_{11}+x_{21}+x_{31}+x_{41})+4\ 500(x_{12}+x_{22}+x_{32})$$
$$+6\ 000(x_{13}+x_{23})+7\ 300x_{14}$$

根据每个月需求列出约束条件,为

$$\text{s. t.}\begin{cases} x_{11}+x_{12}+x_{13}+x_{14} \geqslant 15 \\ x_{12}+x_{13}+x_{14}+x_{21}+x_{22}+x_{23} \geqslant 10 \\ x_{13}+x_{14}+x_{22}+x_{23}+x_{31}+x_{32} \geqslant 20 \\ x_{14}+x_{23}+x_{32}+x_{41} \geqslant 12 \\ x_{ij} \geqslant 0 \quad (i,j=1,2,\cdots,4;i+j \leqslant 5) \end{cases}$$

以上建立的模型正确吗?

以上变量设定其实隐含有如果租用,则必须使用的意思,因此对于 x_{ij} 而言,有 $i+j \leqslant 5$,已经包含了一个人为的简化假设。但实际上对于求最低租金来说,也可以租而不用,所以也可以如下设定变量。

1 月:$x_{11},x_{12},x_{13},x_{14}$。

2 月:$x_{21},x_{22},x_{23},x_{24}$。

3 月:$x_{31},x_{32},x_{33},x_{34}$。

4 月:$x_{41},x_{42},x_{43},x_{44}$。

这样设定变量没有加入约束条件 $i+j \leqslant 5$,即租了必用的假设,至于"租了必用"是否有利于求最低租金,则让模型优化给出结论,若求出的最优解中 $x_{24},x_{33},x_{34},x_{42},x_{43},x_{44}$ 等变量等于 0,则租了必用有利的假设成立,反之则不成立,因此模型更具有一般性。此处模型建立方法相同,不再给出。

4. 约束条件的分析

某些问题的约束条件必须经过分析组合才能明确。

例 1.14 某工厂基建中预制钢筋混凝土构件,需截成三种长度的钢筋各 1 000 根。A 组长 1.5 m,B 组长 2.1 m,C 组长 2.9 m。这些钢筋的质地型号、直径均相同。现已购进原材料长 7.4 m 的此类钢筋若干根,问怎样截料,才能使所用原材料最少?

解 先提出对长 7.4 m 的原料钢筋按规定尺寸下料的几种截取方法,表 1-17 中列出 5 种截法供选择,由表可知,第 1 种截法不剩料头,节省原料,但不能满足长 2.1 m 的 B 组钢筋所需,故需要和其他截法配合下料。

表 1-17

截 法 编 号	(A组)可截成 1.5 m 根数	(B组)可截成 2.1 m 根数	(C组)可截成 2.9 m 根数	剩余料头 长度/m	原材料钢筋 长度/m
1	3	0	1	0	7.4
2	1	0	2	0.1	7.4
3	2	2	0	0.2	7.4
4	0	2	1	0.3	7.4
5	1	1	1	0.9	7.4

现在的问题归结为如何按照 1,2,3,4,5 五种截法,各截多少根长 7.4 m 的钢筋原料,才能满足截成长 1.5 m,2.1 m,2.9 m 钢筋各 1 000 根的要求,同时使用原料根数最少。

先按问题要求选取决策变量 $x_j (j=1,2,3,4,5)$,设 x_1 代表按照第 1 种截法耗用的长 7.4 m 的原料钢筋数,x_2,x_3,x_4,x_5 分别代表采用第 2,3,4,5 种截法所耗用原料根数,则截出 A,B,C 三组不同长度钢筋成品的根数如下。

A 组:截成长 1.5 m 的根数为 $3x_1+x_2+2x_3+0x_4+x_5$。

B 组:截成长 2.1 m 的根数为 $0x_1+0x_2+2x_3+2x_4+1x_5$。

C 组:截成长 2.9 m 的根数为 $1x_1+2x_2+0x_3+1x_4+1x_5$。

要配成 1 000 套成品钢筋,则有如下约束方程组:

$$\text{s.t.} \begin{cases} 3x_1+x_2+2x_3+x_5 \geqslant 1\,000 & (\text{A 组钢筋量约束}) \\ 2x_3+2x_4+x_5 \geqslant 1\,000 & (\text{B 组钢筋量约束}) \\ x_1+2x_2+x_4+x_5 \geqslant 1\,000 & (\text{C 组钢筋约束}) \\ x_j \geqslant 0 \ (j=1,2,3,4,5) & (\text{非负约束}) \end{cases}$$

本例的目标函数是使总钢筋原料用量最少,故有

$$\min z = x_1+x_2+x_3+x_4+x_5 \tag{1.29}$$

经计算,求得最优解为

$$x_1=300, \quad x_2=100, \quad x_3=0, \quad x_4=500, \quad x_5=0, \quad z=900$$

最优方案表明,按第 1 种截法截出长 1.5 m 的钢筋 900 根,长 2.9 m 的钢筋 300 根;按第 2 种截法截出长 1.5 m 的钢筋 100 根,长 2.9 m 的钢筋 200 根;按第 4 种截法截出长 2.1 m 的钢筋 1 000 根,长 2.9 m 的钢筋 500 根;第 3,5 种截法在优化过程中被淘汰。以上各种成品总和恰好满足长 1.5 m,2.1 m,2.9 m 的三种钢筋各 1 000 根的要求,共耗用长 7.4 m 的原料钢筋 900 根,这一结果是最节约的方案。

由此可见,下料问题的组合约束条件虽然不太复杂,但在约束方程的构思方面却有可借鉴之处,就是按照问题性质、事物逻辑,事先设想若干剖析方案(如 5 种截法)作为解决问题的突

破口,然后从中找出能反映实体系统的约束条件。

又如,分析一个水资源系统的线性规划问题。需要考虑以下约束条件。

(1) 以水流的连续方程式作为约束条件。如图 1-10 所示,设以 D_1,D_2 分别代表甲、乙两水库的泄水流量,D_3 为汇流后的流量,I_3 为灌溉引水流量,D_4 为流入防洪区的流量。设不考虑输水损失,则水流的连续方程式为

$$D_1 + D_2 = D_3, \quad D_3 = D_4 + I_3$$

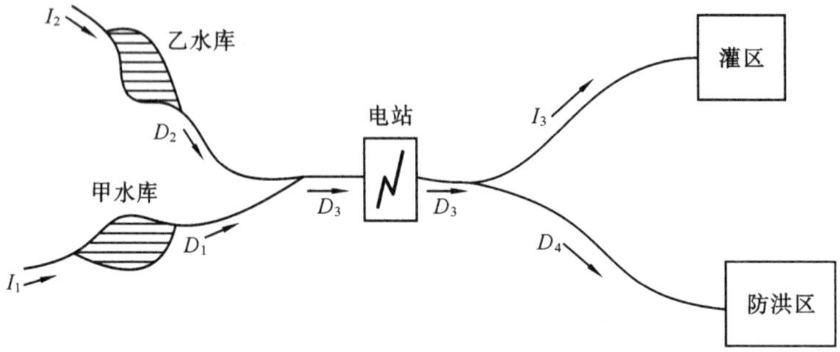

图 1-10

(2) 以水量平衡方程式为约束条件。设 $\bar{I}_1$,$\bar{I}_2$ 分别为甲、乙两水库的时段平均进库流量,$\bar{D}_1$,$\bar{D}_2$ 分别为甲、乙两水库的时段平均泄水流量,ΔS_1,ΔS_2 为时段 t 内甲、乙两水库的蓄水量,则水量平衡方程式为

$$\bar{I}_1 t - \bar{D}_1 t = \Delta S_1$$
$$\bar{I}_2 t - \bar{D}_2 t = \Delta S_2$$

(3) 以功能界限为约束条件。在水资源系统中,各类工程设施都有其最大功能限度。诸如一个灌区的面积不会超过耕地面积,一个水库的容量必受到地形条件、淹没程度和经济效果的制约,河道、灌渠也不能超过河道、灌渠的输水能力等,线性规划模型中的约束方程组一定要体现上述性质。一般用不等式约束表示优化中的设计功能不超过最大功能限度。

(4) 以物理函数关系为约束条件。水电站的发电量应等于工作水头、泄水流量和单位换算系数的连乘积,水库汇流量是蓄水深度和泄水建筑物尺寸的函数,排涝流量是排涝面积和排涝模数的乘积,灌溉用水量是灌溉面积和单位灌溉面积用水量的乘积等,类似的物理函数关系,可按照规划任务要求,构造出相应的约束方程。

(5) 其他约束条件。其他约束条件包括工程相互依存关系的约束条件和政策性的约束条件等。工作相互依存的关系的例子是只有修建了水库之后才能修建水电站、开发灌区等。

政策性约束,如保护革命文物、重要城市、名胜古迹、生态环境等,必须修建或不修建哪些都要列出政策性约束条件方程式。

对以上介绍的各类约束条件,要根据问题的性质、资料占有情况、设计精度要求等统一考虑之后,选出最实用的若干个约束条件,列成等式或不等式约束条件式,加上设计变量的非负约束条件就构成了约束条件方程组,连同目标函数方程就构成一个完整的线性规划数学模型。

以上只是通过几例说明了线性规划模型建立时一些技巧或者说应注意的地方,具体掌握还需要通过大量的实际练习来实现。

1.6.3 线性规划的应用举例

模型 1 一个环境保护问题

例 1.15 已知某条河的流域,有两个化工厂如图 1-11 所示,流经工厂 1 的河水流量为每天 500 万立方米,在两工厂之间有一径流量为每天 200 万立方米的支流汇入。已知工厂 1 每天排入工业污水 2 万立方米,工厂 2 每天排入工业污水 1.4 万立方米。根据环境保护要求,河水中污水含量应低于千分之二。又知,从工厂 1 排出的污水再流到工厂 2,有 20% 的污水能自然净化。为达到环境保护的要求,这两个工厂还需各处理一部分污水。若工厂 1 处理污水成本为 1 000 元/万立方米,工厂 2 处理污水成本为 800 元/万立方米。问在达到环境要求的条件下,每个工厂各应处理多少污水,使总的费用最少?

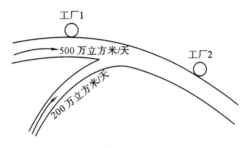

图 1-11

解 本问题显然是以环境保护为约束条件,以最小费用为目标函数。设工厂 1 处理污水 x_1 万立方米,工厂 2 处理污水 x_2 万立方米,即

$$\min z = 1\,000x_1 + 800x_2$$

从工厂 1 到工厂 2 之间,河水中污水含量要小于或等于 $\dfrac{2}{1\,000}$,即

$$\frac{2-x_1}{500} \leqslant \frac{2}{1\,000}$$

流往工厂 2 后,河水中污水含量仍需小于或等于 $\dfrac{2}{1\,000}$,即

$$\frac{0.8(2-x_1)+(1.4-x_2)}{500+200} \leqslant \frac{2}{1\,000}$$

所以

$$0.8x_1 + x_2 \geqslant 1.6$$

每个工厂处理的污水量必须小于排放污水量,即 $x_1 \leqslant 2, x_2 \leqslant 1.4$。

将以上条件整理化简得下列线性规划:

$$\min z = 1\,000x_1 + 800x_2$$

$$\text{s. t.} \begin{cases} x_1 \geqslant 1 \\ 0.8x_1 + x_2 \geqslant 1.6 \\ x_1 \leqslant 2 \\ x_2 \leqslant 1.4 \\ x_1, x_2 \geqslant 0 \end{cases}$$

用图解法或单纯形法解此题得最优解为 $x_1 = 1, x_2 = 0.8, \min z = 1\,640$,即工厂 1、工厂 2

各应处理 1 万立方米、0.8 万立方米污水,使总的费用最少,为 1 640 元。

模型 2　供水管道优选

例 1.16　如图 1-12 所示,某地水源取自某水库,水库涵洞底标高为 45 m,到调节水池距离为 1 470 m,调节水池最高水位为 35 m(高差为 10 m),该段距离中要求输水 $Q = 174$ L/s,另一段,从调节水池输水到某水厂距离为 4 780 m,调节水池低水位标高为 30 m,水厂水池标高为 17.5 m(高差为 12.5 m),要求输水 $Q = 116$ L/s。可供铺设的输水管有四种不同口径,它们的单位长度造价及水头损失列于表 1-18 中。问应怎样选择这四种不同口径的输水管进行铺设,既能保证供水又使造价最低?

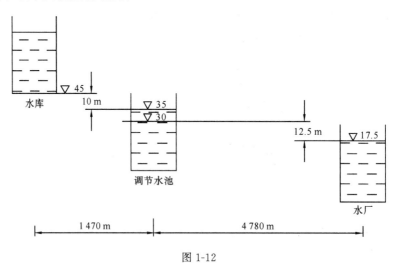

图 1-12

表 1-18

管径 D/mm	单价/(元/m)	单位长度水头损失	
		$Q = 174$ L/s 时的水头损失 h/($\times 10^{-3}$ m)	$Q = 116$ L/s 时的水头损失 h/($\times 10^{-3}$ m)
$\phi 600$	110	0.873	0.419
$\phi 500$	70	2.160	1.030
$\phi 400$	54	6.760	3.120
$\phi 300$	36	31.000	13.800

解　对于第一段(即水库—调节水池),1 470 m 距离中,设 $\phi 600$ mm,$\phi 500$ mm,$\phi 400$ mm,$\phi 300$ mm 口径输水管铺设长度分别为 x_1, x_2, x_3, x_4(m)。显然,有

$$x_1 + x_2 + x_3 + x_4 = 1\ 470$$

另外,还要求输水 $Q = 174$ L/s,通过该段时总的水头损失不超过 10 m,即

$$0.873 \times 10^{-3} x_1 + 2.16 \times 10^{-3} x_2 + 6.76 \times 10^{-3} x_3 + 31 \times 10^{-3} x_4 \leqslant 10$$

而要求输水管道铺设的总造价最低,即

$$\min z = 110 x_1 + 70 x_2 + 54 x_3 + 36 x_4$$

这是一个线性规划问题。用单纯形法求解得

$$x_1 = x_2 = 0, \quad x_3 = 1\,467.41, \quad x_4 = 2.59, \quad \min z = 79\,333.4$$

即对第一段 1 470 m,ϕ400 mm 口径的输水管铺设 1 467.41 m,ϕ300 mm 口径的输水管铺设 2.59 m,总造价最低,为 79 333.4 元。

同理,对于第二段(即调节水池—水厂),在 4 780 m 距离中,再设 ϕ600 mm,ϕ500 mm,ϕ400 mm,ϕ300 mm 口径的输水管铺设长度分别为 x_1, x_2, x_3, x_4(m),则有

$$\min z = 110x_1 + 70x_2 + 54x_3 + 36x_4$$

$$\text{s. t.} \begin{cases} x_1 + x_2 + x_3 + x_4 = 4\,780 \\ 0.419x_1 + 1.03x_2 + 3.12x_3 + 13.8x_4 \leqslant 12.5 \\ x_1, x_2, x_3, x_4 \geqslant 0 \end{cases}$$

用单纯形法求解得

$$x_1 = 0, \quad x_2 = 1\,154.83, \quad x_3 = 3\,625.17, \quad x_4 = 0, \quad \min z = 276\,597.3$$

即对第二段 4 780 m,ϕ400 mm 口径的输水管铺设 3 625.17 m,ϕ500 mm 口径的输水管铺设 1 154.83 m,总造价最低,为 276 597.3 元。

模型 3　连续投资问题

例 1.17　某部门在今后 5 年内考虑给下列项目投资,已知

项目 A 从第 1 年到第 4 年每年初需要投资,并于次年末回收本利 115%;

项目 B 在第 3 年初需要投资,到第 5 年末能回收本利 125%,但规定最大投资额不超过 4 万元;

项目 C 在第 2 年初需要投资,到第 5 年末能回收本利 140%,但规定最大投资不超过 3 万元;

项目 D 在 5 年内每年初可购买公债,于年底归还,还增加利息 6%。

该部门现有资金 10 万元,问它应如何确定给这些项目每年的投资额,使到 5 年末这部门拥有的资金的本利息额为最大?

解　确定变量　这是一个连续投资问题,与时间有关,但在这里设法利用线性规划问题,静态地进行处理。

以 x_iA($i = 1, 2, \cdots, 5$)表示第 i 年初给项目 A 的投资额;类似地,以 x_iB, x_iC, x_iD 分别表示第 i 年初给项目 B,C,D 的投资额。根据给定的条件,将变量列于表 1-19 中,空格处表示变量取零值。

表 1-19

项目	第 1 年	第 2 年	第 3 年	第 4 年	第 5 年
A	x_1A	x_2A	x_3A	x_4A	
B			x_3B		
C		x_2C			
D	x_1D	x_2D	x_3D	x_4D	x_5D

约束条件　投资额等于部门拥有的奖金额,由于项目 D 每年都可以投资,并且 1 年后即能回收本息,因此该部门每年都应把资金全部投出去,部门不应当有剩余的滞留资金。

第 1 年:该部门年初拥有 100 000 元,有

$$x_1A + x_1D = 100\,000$$

第 2 年:因为第 1 年的项目 A 投资要到第 2 年末才能收回,所以该部门在第 2 年初拥有资金额仅为项目 D 在每年回收的本息 $x_1D(1+6\%)$。于是第 2 年的投资分配为

$$x_2A+x_2C+x_2D=1.06x_1D$$

第 3 年:第 3 年初的资金额为 $x_1A(1+15\%)+x_2D(1+6\%)$。于是第 3 年的投资分配为

$$x_3A+x_3B+x_3D=1.15x_1A+1.06x_2D$$

第 4 年:同以上分析,可得

$$x_4A+x_4D=1.15x_2A+1.06x_3D$$

第 5 年:为

$$x_5D=1.15x_3A+1.06x_4D$$

此外,对于项目 B,C 的投资有限额的规定,即

$$x_3B\leqslant40\ 000$$
$$x_2C\leqslant30\ 000$$

目标函数　问题要求是在第 5 年末该部门手中拥有的资金额达到最大,于是目标函数可表示为

$$\max z=1.15x_4A+1.40x_2C+1.25x_3B+1.06x_5D$$

这样将上述分析结果整理如下。

$$\max z=1.15x_4A+1.40x_2C+1.25x_3B+1.06x_5D$$

$$\text{s. t.}\begin{cases} x_1A+x_1D=100\ 000 \\ -1.06x_1D+x_2A+x_2C+x_2D=0 \\ -1.15x_1A-1.06x_2D+x_3A+x_3B+x_3D=0 \\ -1.15x_2A-1.06x_3D+x_4A+x_4D=0 \\ -1.15x_3A-1.06x_4D+x_5D=0 \\ x_3B\leqslant40\ 000 \\ x_2C\leqslant30\ 000 \\ x_iA,x_iB,x_iC,x_iD\geqslant0 \quad (i=1,2,\cdots,5) \end{cases}$$

用单纯形法计算结果为

第 1 年:$x_1A=34\ 783$ 元　　　　　$x_1D=65\ 217$ 元

第 2 年:$x_2A=39\ 130$ 元　　　　　$x_2C=30\ 000$ 元　　　　　$x_2D=0$

第 3 年:$x_3A=0$　　　　　　　　　$x_3B=40\ 000$ 元　　　　　$x_3D=0$

第 4 年:$x_4A=43\ 999$ 元　　　　　$x_4D=0$

第 5 年:$x_5D=0$

到第 5 年末该部门拥有奖金本利总额为 142 599 元,即盈利利率为 42.6%。

模型 4　运输调度问题

例 1.18　设有甲、乙、丙三个运输车队服务 A_1,A_2,A_3,A_4,A_5 五个公司,三个运输车队的车辆保有量、五个公司对车辆的需要量以及各车队到各公司的距离如表 1-20 所示,试编制一个合理的车辆调度方案,使得总空行程为最少。

表 1-20

运输 车队	A₁		A₂		A₃		A₄		A₅		保有量
	距离	分派量	距离	分派量	距离	分派量	距离	分派量	距离	分派量	
甲	8	x_{11}	16	x_{12}	5	x_{13}	15	x_{14}	8.8	x_{15}	20
乙	6.5	x_{21}	15	x_{22}	15	x_{23}	7	x_{24}	8	x_{25}	45
丙	6	x_{31}	8.5	x_{32}	10	x_{33}	13	x_{34}	19	x_{35}	35
需要量	15		20		25		25		15		100

注：① 距离单位为公里；② 需要量和保有量单位为台。

解　各单位需要量之和与各车队保有量之和平衡，于是有下列数学模型：

$$\min z = 8x_{11} + 16x_{12} + 5x_{13} + 15x_{14} + 8.8x_{15} + 6.5x_{21} + 15x_{22} + 15x_{23}$$
$$+ 7x_{24} + 8x_{25} + 6x_{31} + 8.5x_{32} + 10x_{33} + 13x_{34} + 19x_{35}$$

$$\text{s.t.} \begin{cases} x_{11} + x_{12} + x_{13} + x_{14} + x_{15} = 20 \\ x_{21} + x_{22} + x_{23} + x_{24} + x_{25} = 45 \\ x_{31} + x_{32} + x_{33} + x_{34} + x_{35} = 35 \\ x_{11} + x_{21} + x_{31} = 15 \\ x_{12} + x_{22} + x_{32} = 20 \\ x_{13} + x_{23} + x_{33} = 25 \\ x_{14} + x_{24} + x_{34} = 25 \\ x_{15} + x_{25} + x_{35} = 15 \\ x_{ij} \geqslant 0 \end{cases}$$

由于车辆保有量与公司的需要量平衡，即

$$\sum_{i=1}^{3} \sum_{j=1}^{5} x_{ij} = \sum_{j=1}^{5} \sum_{i=1}^{3} x_{ij} = 100$$

因此上述方程中只有 $3+5-1=7$ 个独立方程。在这些方程中任意去掉一个，然后用单纯形法求得如下结果（实际上也可用运输问题表上作业法求解）：

$$x_{13} = 20, \quad x_{21} = 5, \quad x_{24} = 25, \quad x_{25} = 15$$
$$x_{31} = 10, \quad x_{32} = 20, \quad x_{33} = 5, \quad z = 710$$

也就是说：甲车队派 20 辆到 A₃ 公司；乙车队派 5 辆到 A₁ 公司，派 25 辆到 A₄ 公司，派 15 辆到 A₅ 公司；丙车队派 10 辆到 A₁ 公司，派 20 辆到 A₂ 公司，派 5 辆到 A₃ 公司，总行程最小，为 707.5 km。

模型 5　饲料配方问题

关于饲料配方问题，主要是根据当地饲料资源，求出一个既满足动物营养要求又使饲料成本（价格）最低的配方。显然，这一问题可以用线性规划解决。在这里要指出的是：对于不同地区，饲料资源种类不一样，饲料配方也不一样，关键是要掌握这种方法，在实际中灵活应用。下面举鱼的饲料配方的一个例子。

例 1.19　鱼的饲料资源是：玉米、麸皮、棉籽饼、豆饼、酒糟、草粉、葵花饼、大麦。根据鱼的生长要求，1 kg 饲料中必含成分如表 1-21 所示，其中除粗纤维是上限外，其他均为下限，添加剂占 5%。另外，查有关标准得到各种品种的营养含量，如表 1-21 所示。

表 1-21

成　分	品　种								1 kg 饲料须含量/(g/kg)
	玉米 x_1	麸皮 x_2	棉籽饼 x_3	豆饼 x_4	酒糟 x_5	草粉 x_6	葵花饼 x_7	大麦 x_8	
	价格/(元/kg)								
	1.3	1.1	0.8	1.8	0.05	0.05	0.6	1.6	
粗蛋白	70	109	350	391	69	13.4	346	75	234
粗脂肪	46	37	60	71	16	11.2	128	17	72.4
钙	3.1	1.6	4	5.8	0.6		3.3	1.2	3
磷	21	9.8	11.6	13.2	0.6		10	3.3	12.5
粗纤维	15	89	101	45	38	107	146	14	67.8

解　设定变量,如表 1-21 所示。

目标:求 $\sum\limits_{i=1}^{8}$(价格 $\times x_i$) 最小。

约束:

(1) 营养要求约束;

(2) 资源特点约束(例如,当地玉米多,希望占 30% 以上,棉籽饼因有棉籽饼酚不能超过 5% 等);

(3) 总量约束,$\sum\limits_{i=1}^{8} x_i = 1 -$ 添加剂。

具体列出模型(配制 1 kg 混合饲料)如下:

$$\min z = 1.3x_1 + 1.1x_2 + 0.8x_3 + 1.8x_4 + 0.05x_5 + 0.05x_6 + 0.6x_7 + 1.6x_8$$

$$\text{s.t.} \begin{cases} 70x_1 + 109x_2 + 350x_3 + 391x_4 + 69x_5 + 13.4x_6 + 346x_7 + 75x_8 \geqslant 234 \\ 46x_1 + 37x_2 + 60x_3 + 71x_4 + 16x_5 + 11.2x_6 + 128x_7 + 17x_8 \geqslant 72.4 \\ 3.1x_1 + 1.6x_2 + 4x_3 + 5.8x_4 + 0.6x_5 + 3.3x_7 + 1.2x_8 \geqslant 3 \\ 21x_1 + 9.8x_2 + 11.6x_3 + 13.2x_4 + 0.6x_5 + 10x_7 + 3.3x_8 \geqslant 12.5 \\ 15x_1 + 89x_2 + 101x_3 + 45x_4 + 38x_5 + 107x_6 + 146x_7 + 14x_8 \leqslant 67.8 \\ x_1 \geqslant 0.3 \\ x_3 \leqslant 0.05 \\ x_1 + x_2 + x_3 + x_4 + x_5 + x_6 + x_7 + x_8 = 0.95 \\ x_1, x_2, \cdots, x_8 \geqslant 0 \end{cases}$$

求解结果为

$$x_1 = 0.3 （玉米 30\%）$$

$$x_4 = 0.312\,9 （豆饼 31.29\%）$$

$$x_7 = 0.337\,1 （葵花饼 33.71\%）$$

$$z = 1.155 （单位:元/kg）$$

模型 6 水资源规划问题

例 1.20 某流域拟修建水库一座,已知设计年水库蓄上游来水量为:旱季 1.1 亿立方米,雨季 2.5 亿立方米。水库下游有一支流汇入,支流来水量为:旱季 0.5 亿立方米,雨季 0.9 亿立方米。灌区引水口在支流汇入干流的下游,计划旱季引水量占全年引水量的 65%,雨季引水量占全年引水量的 35%。根据水利技术经济分析,灌区每引水 1 亿立方米,可灌溉农田 20 万亩,年收益 600 万元;水库每蓄水 1 亿立方米,灌区须分摊年费用 100 万元(包括工程折旧、管理维修等费用)。问水库修建多大规模,灌区引水量多少,才能使经济效益最大?该流域示意图如图 1-13 所示。

解 本例要求确定的两项指标是水库规模和灌区引水量。

水库规模:以水库蓄水量表示,记 x_1,单位以亿立方米计。

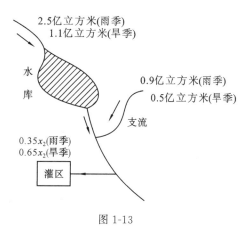

图 1-13

灌区引水量:记 x_2,单位以亿(10^8)立方米计。

根据水库雨季蓄水、旱季放水的特点,可知

$$x_1 \leqslant 2.5$$

于是水库雨季泄水量为 $2.5 - x_1$,旱季泄水量为 $1.1 + x_1$。

灌区引水量与水库及支流的供水量应满足如下关系:

雨季 $\qquad 0.35x_2 \leqslant (2.5 - x_1) + 0.9$

旱季 $\qquad 0.65x_2 \leqslant (1.1 + x_1) + 0.5$

同时,x_1, x_2 必须满足非负约束条件。

其目标函数为

$$\max z = 600x_2 - 100x_1$$

$$\text{s. t.} \begin{cases} x_1 \leqslant 2.5 \\ x_1 + 0.35x_2 \leqslant 3.4 \\ -x_1 + 0.65x_2 \leqslant 1.6 \\ x_1, x_2 \geqslant 0 \end{cases}$$

用图解法可得

$$x_1 = 1.65 \text{ 亿立方米}$$

$$x_2 = 5 \text{ 亿立方米}$$

$$\max z = 2\,835 \text{ 万元}$$

模型 7 产品配套问题

例 1.21 某联合企业有三个厂生产同一种产品。每件产品由 4 个 Ⅰ 号零件和 3 个 Ⅱ 号零件组成。这两种零件需耗用 A,B 两种原材料,其供应量分别为 300 kg 和 500 kg。由于三个厂拥有的设备及工艺条件不同,每个工班原材料耗用量和零件产量也有所不同,具体情况如表 1-22 所示。问三个厂应各开多少工班,才能使该产品的配套数达到最大?

表 1-22

厂	每班用料数/kg		每班生产零件数	
	A 材料	B 材料	Ⅰ号零件	Ⅱ号零件
一厂	8	6	7	5
二厂	5	9	6	9
三厂	3	8	8	4

解 设 x_1, x_2, x_3 分别是一厂、二厂、三厂所开的工班数,那么,可以得到两个原材料限制条件,即

$$8x_1 + 5x_2 + 3x_3 \leqslant 300$$
$$6x_1 + 9x_2 + 8x_3 \leqslant 500$$

这三个厂所生产的Ⅰ号零件总数为 $7x_1 + 6x_2 + 8x_3$,所生产的Ⅱ号零件总数为 $5x_1 + 9x_2 + 4x_3$。值得注意的是,这里的目的不是生产各种零件的总数最多,而是要求配套的产品数量最大。已知每件产品需要Ⅰ,Ⅱ两种零件的配套比例为 4:3,因此产品的最大产量不会超过 $\dfrac{7x_1 + 6x_2 + 8x_3}{4}$ 和 $\dfrac{5x_1 + 9x_2 + 4x_3}{3}$ 中较小的一个。于是,目标函数应该是使 $z = \min\left\{\dfrac{7x_1 + 6x_2 + 8x_3}{4}, \dfrac{5x_1 + 9x_2 + 4x_3}{3}\right\}$ 尽可能地大。

可以看出,这个目标函数不是线性函数,可以通过适当的变换将其变成一个线性函数。

令

$$y = \min\left\{\frac{7x_1 + 6x_2 + 8x_3}{4}, \frac{5x_1 + 9x_2 + 4x_3}{3}\right\}$$

则该式与下面两个不等式等价:

$$\frac{7x_1 + 6x_2 + 8x_3}{4} \geqslant y$$
$$\frac{5x_1 + 9x_2 + 4x_3}{3} \geqslant y$$

于是,本例的线性规划模型可以表示如下:

$$\max z = y$$
$$\text{s. t.} \begin{cases} 8x_1 + 5x_2 + 3x_3 \leqslant 300 \\ 6x_1 + 9x_2 + 8x_3 \leqslant 500 \\ 7x_1 + 6x_2 + 8x_3 - 4y \geqslant 0 \\ 5x_1 + 9x_2 + 4x_3 - 3y \geqslant 0 \\ x_1, x_2, x_3, y \geqslant 0 \end{cases}$$

模型 8 种植业计划问题

例 1.22 某乡拟制定今年秋作物种植计划。现有可利用资源:耕地 10 万亩、化肥 4 500 吨、水 3 600 万立方米。拟种植旱稻、玉米、棉花三种主要作物。已知每亩旱稻需化肥 50 千克、水 400 立方米,净收益 50 元。每亩玉米需化肥 25 千克、水 300 立方米,净收益 40 元。每亩棉花需化肥 75 千克、水 300 立方米,净收益 60 元。问怎样合理安排以上三种作物的种植面积,才能获取最多的总净收益。

解 设 x_1, x_2, x_3 依次代表旱稻、玉米、棉花的种植面积(以万亩为单位),引进松弛变量

x_4, x_5, x_6, 可写出线性规划模型的标准形式。

求变量 $x_i(j=1, 2, \cdots, 6)$, 满足

$$\max z = 50x_1 + 40x_2 + 60x_3$$

$$\text{s. t.} \begin{cases} x_1 + x_2 + x_3 + x_4 = 10 \\ 50x_1 + 25x_2 + 75x_3 + x_5 = 450 \\ 400x_1 + 300x_2 + 300x_3 + x_6 = 3\,600 \\ x_i \geqslant 0 \ (j=1, 2, \cdots, 6) \end{cases}$$

经计算可得最优解:

$$x_1 = 0, \quad x_2 = 6 \text{ 万亩}, \quad x_3 = 4 \text{ 万亩}, \quad x_6 = 6 \text{ 万亩}, \quad x_4 = x_5 = 0$$
$$\max z = 480 \text{ 万元}$$

该乡种植业布局的优化方案为:不种旱稻,种玉米 6 万亩,种棉花 4 万亩,总净收益 480 万元。同时,还剩余水资源 600 万立方米。

线性规划模型包括决策变量 x_i 的选取、约束方程组的构造和目标函数的建立三个组成部分。本例选用 x_1, x_2, x_3 为三种作物的种植面积,单位可用万亩,也可用总耕地的百分数。前者意义明确;后者在耕地等数据变动(实际工作中常遇此现象)时,可以减少或避免再次计算,适应性强。

本例的约束方程组 $\sum a_{ij}x_j \leqslant b_i(i, j=1, 2, 3)$, 所有的 a_{ij} 都是资源消耗系数,如 $a_{31}=400$, $a_{32}=300, a_{33}=300$ 分别代表每万亩旱稻、玉米、棉花要耗用水 400 万立方米、300 万立方米、300 万立方米,模型中所有 b_i 都是资源总量;目标函数是求三种作物最优种植面积条件下的最大总净收益 $\max z$(万元)。必须注意的是,这一组最优解并不是唯一的,如果继续迭代,可得另一组最优解为

$$x_1 = 6 \text{ 万亩}, \quad x_2 = 3 \text{ 万亩}, \quad x_3 = 1 \text{ 万亩}, \quad x_4 = x_5 = x_6 = 0$$
$$\max z = 480 \text{ 万元}$$

也就是说,种植旱稻 6 万亩、玉米 3 万亩、棉花 1 万亩,同样可获得总净收益 480 万元,但此时全部资源(耕地、化肥、水)都已用完。从节约资源角度来分析,后一方案不如前一方案,采用前一方案可把剩余的 600 万立方米水留作他用。但后一方案从丰富作物品种、满足社会需要等方面看仍有参考价值,应统筹评估得失,以定取舍,这是线性规划后的再决策问题。

模型 9 林业计划问题

例 1.23 某林业场安排林业种植计划,可供选择的树种有刺槐、杨树、油松、苹果、核桃。已知每亩刺槐、杨树、油松的年产木材量分别为 0.4 立方米、0.5 立方米、0.3 立方米,木材调拨外运能力为 3.5 万立方米,又知苹果、核桃的亩产量分别为 400 千克、300 千克,市场销售能力为每年 3 000 万千克,产量超限将造成积压损耗。各树种的每亩年净收益为刺槐 28 元、杨树 32 元、油松 26 元、苹果 100 元、核桃 70 元。该分场共有林地 10 万亩。问如何制定树种结构优化方案?

解 设 x_1, x_2, x_3, x_4, x_5 分别代表刺槐、杨树、油松、苹果、核桃的种植面积(万亩)。

林地限制:五个树种的总种植面积不得超过林场总林地面积 10 万亩,故有

$$x_1 + x_2 + x_3 + x_4 + x_5 \leqslant 10$$

木材调拨外运能力限制:年产木材量不宜超过木材调拨外运能力 3.5 万立方米,故有

$$0.4x_1 + 0.5x_2 + 0.3x_3 \leqslant 3.5$$

果品销售量限制:苹果、核桃年产量之和不宜超过 3 000 万千克,故有

$$400x_4 + 300x_5 \leqslant 3\,000$$

目标函数为五个树种的最大年总净收益,即

$$\max z = 28x_1 + 32x_2 + 26x_3 + 100x_4 + 70x_5$$

引入松弛变量 x_6,x_7,x_8 分别代表林地面积、外运木材量和果品销售量的松弛,可列出线性规划的标准型。

求 $x_j(j=1,2,\cdots,8)$,满足

$$\max z = 28x_1 + 32x_2 + 26x_3 + 100x_4 + 70x_5$$

$$\text{s.t.} \begin{cases} x_1 + x_2 + x_3 + x_4 + x_5 + x_6 = 10 \\ 0.4x_1 + 0.5x_2 + 0.3x_3 + x_7 = 3.5 \\ 400x_4 + 300x_5 + x_8 = 3\,000 \\ x_j \geqslant 0 \ (j=1,2,\cdots,8) \end{cases}$$

经计算,得最优解为

$$x_1 = 0, \quad x_2 = 2.5, \quad x_3 = 0, \quad x_4 = 7.5$$
$$x_5 = 0, \quad x_6 = 0, \quad x_7 = 2.25, \quad x_8 = 0$$
$$\max z = 830$$

优化方案为种植杨树 2.5 万亩,苹果 7.5 万亩,可得最大利润,为 830 万元。

模型 10　水资源分配问题

我国北方地区水资源紧缺,不能满足工农业发展和人民生活的需要。开源节流是解决途径之一,但开源工程,每引水 1 立方米,需投资 3 元左右,远途引取长江、黄河之水,代价会更高。因此,必须做好节源工作。

我国北方地区,农业用水占淡水取用量的 80%,且利用率很低。据统计,每从水源引出 1 万立方米水,田间农作物利用率不到 50%,尚有潜力可挖。

例 1.24　××省××市(北方城市)水资源供需配置模型。

(1) 供水情况。

××省××市水源紧缺,几乎全靠地下水灌溉。编制水资源供需规划主要以节约水作为建模指导思想。经分析,中旱年($P=75\%$)可利用水量为 12 927 万立方米。该市的需水情况如下。

① 工业用水。该市工业包括造纸、机械、食品、预制(构件)、腐竹制造、其他 6 项,各行业所占工业产值比例和万元产值需水定额见表 1-23。

表 1-23

行　　业	行业产值占工业产值比例	万元产值需水量/立方米
造纸工业	0.013 25	1 380
机械工业	0.204 36	111.4
食品工业	0.037 19	511
预制(构件)工业	0.026 93	180
腐竹制造工业	0.138 79	127
其他工业	0.579 48	30
合　计	1.000 00	

工业产值 1990 年为 10 416 万元,2000 年为 37 203 万元。

以 1990 年为例,工业需水量为

$$10\ 416 \times (0.013\ 25 \times 1\ 380 + 0.204\ 36 \times 111.4 + 0.037\ 19 \times 511 + 0.026\ 93 \times 180$$
$$+ 0.138\ 79 \times 127 + 0.579\ 48 \times 30)\ 立方米 = 104.069\ 万立方米$$

② 城乡人民生活用水。城乡人民生活用水以每人每天平均用水 0.03 立方米计,年用水量为 801.394 万立方米。

③ 牧业用水。每头牧畜日用水量以 0.01 立方米计,预测 1990 年牧业用水量为 313.9 万立方米。

以上三项非农业用水的总和见表 1-24。因其数量远较农业用水为少,且要求保证程度较高,故应尽量满足供应。

表 1-24

年　份	工业用水 W_1/万立方米	城市人民生活用水 W_2/万立方米	牧业用水 W_3/万立方米	非农业用水 $W = (W_1 + W_2 + W_3)$/万立方米
1985 年	50.010	779.643	237.983	1 068.636
1990 年	104.069	801.394	313.90	1 219.363
1995 年	212.865	931.376	394.20	1 538.441
2000 年	371.703	1 070.199	475.96	1 917.862

④ 农业用水。根据预测,今后农业用水的需要量很大,故只能以供定需,谋求节水对策,以 1990 年为例,按中旱年 12 927 万立方米的水资源量减去表 1-24 中的 1990 年非农业用水 1 219.363 万立方米,其差数 11 707.637 万立方米就是农业可用水量,也是本模型水资源的限制量。

(2) 农业用水最优分配的线性规划模型。

① 选择决策变量。农业用水对象为小麦、玉米、经济作物、果树四项,其用水对策定为井灌、喷灌、滴灌、雨养(即不灌)四项,经过两层次二元组合,得出 16 个决策变量 $x_1 \sim x_{16}$,见表 1-25。

表 1-25

用 水 对 象	用 水 对 象			
	小麦/万亩	玉米/万亩	经济作物/万亩	果树/万亩
井灌	x_1	x_5	x_9	x_{13}
喷灌	x_2	x_6	x_{10}	x_{14}
滴灌	x_3	x_7	x_{11}	x_{15}
雨养	x_4	x_8	x_{12}	x_{16}

表 1-25 中,x_1 代表小麦井灌面积,x_{15} 代表果树滴灌面积,其余类推。

其中对于每个决策变量都有相应的取值范围,见表 1-26。

表 1-26

用 水 对 象	用 水 对 象			
	小麦/万亩	玉米/万亩	经济作物/万亩	果树/万亩
井灌	$7.8 \leqslant x_1 \leqslant 33.8$	$2.4 \leqslant x_5 \leqslant 9.8$	$3.2 \leqslant x_9 \leqslant 11.9$	$x_{13} \leqslant 2$
喷灌	$20.9 \leqslant x_2 \leqslant 64.4$	$4.6 \leqslant x_6 \leqslant 18.4$	$6.6 \leqslant x_{10} \leqslant 23.9$	$1.1 \leqslant x_{14} \leqslant 3.9$
滴灌	$x_3 \geqslant 12.5$	$x_7 \geqslant 3.5$	$x_{11} \geqslant 4.1$	$x_{15} \geqslant 0.9$
雨养	—	—	—	—

② 建立约束方程组如下。

$$
\text{s.t.} \begin{cases}
\sum_{i=1}^{16} x_i \leqslant 127.1 & \text{（总面积限制）} \\
x_1 + x_2 + x_3 + x_4 \leqslant 77 & \text{（小麦面积限制）} \\
\left. \begin{array}{l} x_1 \leqslant 33.8 \\ x_1 \geqslant 7.8 \end{array} \right\} & \text{（小麦井灌面积限制）} \\
\left. \begin{array}{l} x_2 \leqslant 64.4 \\ x_2 \geqslant 20.9 \end{array} \right\} & \text{（小麦喷灌面积限制）} \\
x_3 \geqslant 12.5 & \text{（小麦滴灌面积限制）} \\
x_5 + x_6 + x_7 + x_8 \leqslant 20 & \text{（玉米面积限制）} \\
\left. \begin{array}{l} x_5 \leqslant 9.8 \\ x_5 \geqslant 2.4 \end{array} \right\} & \text{（玉米井灌面积限制）} \\
x_7 \geqslant 3.5 & \text{（玉米滴灌面积限制）} \\
\left. \begin{array}{l} x_6 \leqslant 18.4 \\ x_6 \geqslant 4.6 \end{array} \right\} & \text{（玉米喷灌面积限制）} \\
x_9 + x_{10} + x_{11} + x_{12} \leqslant 26 & \text{（经济作物面积限制）} \\
\left. \begin{array}{l} x_9 \leqslant 11.9 \\ x_9 \geqslant 3.2 \end{array} \right\} & \text{（经济作物井灌面积限制）} \\
\left. \begin{array}{l} x_{10} \leqslant 23.9 \\ x_{10} \leqslant 6.6 \end{array} \right\} & \text{（经济作物喷灌面积限制）} \\
x_{11} \geqslant 4.1 & \text{（经济作物滴灌面积限制）} \\
x_{13} + x_{14} + x_{15} + x_{16} \leqslant 4.1 & \text{（果树面积限制）} \\
x_{13} \leqslant 2 & \text{（果树井灌面积限制）} \\
\left. \begin{array}{l} x_{14} \leqslant 3.9 \\ x_{14} \geqslant 1.1 \end{array} \right\} & \text{（果树喷灌面积限制）} \\
x_{15} \geqslant 0.9 & \text{（果树滴灌面积限制）} \\
210x_1 + 110x_2 + 70x_3 + 190x_5 + 100x_6 + 60x_7 + 200x_9 & \text{（水资源量限制）} \\
\quad + 100x_{10} + 70x_{11} + 180x_{13} + 95x_{14} + 60x_{15} \leqslant 11\,707.637 & \\
x_j \geqslant 0 \ (j = 1, 2, \cdots, 16) &
\end{cases}
$$

水资源限制约束条件式中变量的系数为水资源消耗系数,如 x_1 的系数 210 表示井灌每万亩小麦耗水 210 万立方米。

③ 建立目标函数(总纯收益最大)如下。

$$\max z = 60x_1 + 55x_2 + 50x_3 + 35x_4 + 52x_5 + 47x_6 + 44x_7 + 30x_8 + 100x_9 + 90x_{10}$$
$$+ 85x_{11} + 60x_{12} + 600x_{13} + 550x_{14} + 520x_{15} + 350x_{16}$$

目标函数中各系数均为每万亩土地净收益(万元),均经过农田水利灌溉经济计算得来,喷灌、滴灌相比井灌效率系数低,这是因为单位投资和管理费用较大。

以上模型经过上机运算,迭代 24 次,得出最优解为

$$x_1 = 7.8 \text{ 万亩}$$ （小麦井灌面积）
$$x_2 = 20.9 \text{ 万亩}$$ （小麦喷灌面积）
$$x_3 = 44.457 \text{ 万亩}$$ （小麦滴灌面积）
$$x_4 = 3.843 \text{ 万亩}$$ （小麦雨养面积）
$$x_5 = 2.4 \text{ 万亩}$$ （玉米井灌面积）
$$x_6 = 4.6 \text{ 万亩}$$ （玉米喷灌面积）
$$x_7 = 13 \text{ 万亩}$$ （玉米滴灌面积）
$$x_8 = 0$$ （玉米雨养面积）
$$x_9 = 3.2 \text{ 万亩}$$ （经济作物井灌面积）
$$x_{10} = 6.6 \text{ 万亩}$$ （经济作物喷灌面积）
$$x_{11} = 16.2 \text{ 万亩}$$ （经济作物滴灌面积）
$$x_{12} = 0$$ （经济作物雨养面积）
$$x_{13} = 2 \text{ 万亩}$$ （果树井灌面积）
$$x_{14} = 1.2 \text{ 万亩}$$ （果树喷灌面积）
$$x_{15} = 0.9 \text{ 万亩}$$ （果树滴灌面积）
$$x_{16} = 0$$ （果树雨养面积）
$$\max z = 9\ 506.9 \text{ 万元}$$ （总净收益最大）

上述机算最优配水方案的优点是:喷灌、滴灌面积较大,井灌面积较小。因为井灌用水定额较大,造成水资源紧缺,难以满足大部分面积的井灌需要,喷灌、滴灌用水虽省,但投资较大,群众也不太习惯,所以只能逐步发展。

1.7 LINGO 在线性规划中的应用

1.7.1 LINGO 简介

LINGO 是 linear interactive and general optimizer 的缩写,即交互式的线性和通用优化求解器,由美国 LINDO 系统公司(LINDO System,Inc.)开发的求解数学规划系列软件中的一个(其他软件包括 LINDO,GINO,What's Best 等)。该公司根据用户信息、线性和非线性规划的理论和方法及计算机发展的需要不断推出 LINGO 新的版本。目前,LINGO 已成为世界上最为流行的最优化软件之一。

LINGO 语言是一个综合性的工具,使建立和求解数学优化模型更容易、更有效。LINGO

提供了一个完全集成的软件包,包括强大的优化模型描述语言、一个全功能的建立和编辑模型的环境,以及一套快速内置的求解器,能够有效地解决大多数优化问题。LINGO 在我国已经有了相当多的用户。它的基本特点如下。

1. 代数模型语言

LINGO 支持强大的基于集合的建模语言,使得用户能够高效、紧凑地表示数学规划模型。多数模型可以用 LINGO 的内置脚本进行迭代求解。

2. 方便的数据选项

LINGO 将用户从费时费力的数据管理中解脱出来。它允许用户直接从数据库和电子表格中获取信息并建立模型。同样,LINGO 能把解输出到数据库或电子表格中,更容易生成用户选择的应用报告。完整的模型与数据的分离,可以提高模型的维护性和扩展性。

3. 模型交互性或创建交钥匙工程的应用

利用 LINGO 可以建立或求解模型,也可以直接从所写的应用中直接调用 LINGO。为了提高模型的交互性,LINGO 提供了一个完整的建模、求解和分析模型的环境。为了构建交钥匙解决方案,LINGO 带有可调用的 DLL 和 OLE 接口,可以从用户编写的应用程序中调用它们。也可以从调用 Excel 宏或数据库应用程序中调用 LINGO。LINGO 当前包括 C/C++、Fortran、Java、C♯. NET、VB. NET、ASP. NET、Visual Basic、Delphi 和 Excel 的编程实例。

4. 广泛的文档和帮助

LINGO 提供了所有需要快速启动和运行的工具。LINGO 用户手册描述了程序的命令和功能,给出了所有类型的线性、整数和非线性优化问题的综合建模文档,还提供了许多现实世界的建模实例供用户修改和扩展。

5. 强大的求解器和工具

LINGO 提供了一套全面、快速的内置求解器,可以求解线性、非线性(凸与非凸)、二次、二次约束和整数优化。用户不用指定或加载一个单独的求解器,因为 LINGO 读取公式后会自动选择一个合适的求解器。

结合运筹学中主要的优化问题类型,本书将使用 LINGO 求解常见的运筹学优化模型,主要包含线性规划、灵敏度分析、运输问题、整数规划、目标规划、动态规划、图论与网络、排队论、存储论、对策论等。

LINGO 简介

1.7.2　LINGO 软件界面及菜单介绍

本书以 LINGO 18.0 版本为例进行讲解。

1. LINGO 软件界面

启动 LINGO 后,在主菜单上弹出标题为"Lingo Model-Lingo1"的窗口,如图 1-14 所示。该窗口称为模型窗口。可以在该窗口内输入小型规划模型。

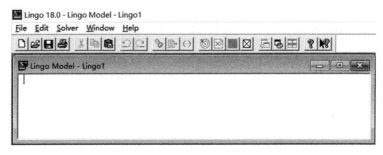

图 1-14

2. LINGO 软件工具栏

LINGO 软件工具栏如图 1-15 所示。

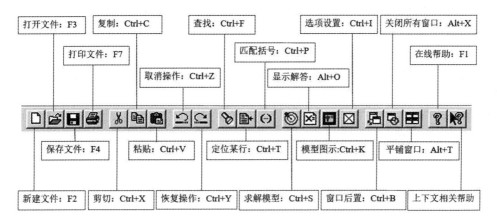

图 1-15

3. 文件(File)菜单

LINGO 文件菜单如图 1-16 所示。

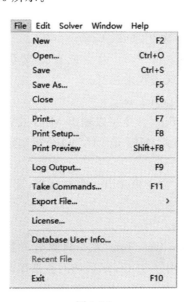

图 1-16

（1）新建（New）。

在文件菜单中单击"New"命令或直接按 F2 键可以创建一个新的模型窗口。在这个新的模型窗口中能够输入所要求解的模型。

（2）打开（Open）。

在文件菜单中单击"Open"命令或直接按 F3 键可以打开一个已经存在的文本文件。这个文件可能是一个模型文件。

（3）保存（Save）。

在文件菜单中单击"Save"命令或直接按 F4 键可以将当前活动窗口（最前台的窗口）中的模型结果、命令序列等保存为文件。

（4）另存为（Save As）。

在文件菜单中单击"Save As"命令或直接按 F5 键可以将当前活动窗口中的内容保存为文本文件，文件名为在"另存为…"对话框中输入的名称。利用这种方法可以将任何窗口的内容如模型、求解结果或命令保存为文件。

（5）关闭（Close）。

在文件菜单中单击"Close"命令或按 F6 键将关闭当前活动窗口。如果这个窗口是新建窗口或已经改变了当前文件的内容，LINGO 系统将会提示是否想要保存改变后的内容。

（6）打印（Print）。

在文件菜单中单击"Print"命令或直接按 F7 键可以将当前活动窗口中的内容发送到打印机。

（7）打印设置（Print Setup）。

在文件菜单中单击"Print Setup"命令或直接按 F8 键可以将文件输出到指定的打印机。

（8）打印预览（Print Preview）。

在文件菜单中单击"Print Preview"命令或直接按 Shift＋F8 组合键可以进行打印预览。

（9）输出到日志文件（Log Output）。

从文件菜单中单击"Log Output"命令或直接按 F9 键可以打开一个对话框，用以生成一个日志文件，存储接下来在"命令窗口"中输入的所有命令。

（10）提交 LINGO 命令脚本文件（Take Commands）。

在文件菜单中单击"Take Commands"命令或直接按 F11 键可以将 LINGO 命令脚本（command script）文件提交给系统进程来运行。

（11）输出特殊格式文件（Export File）。

在文件菜单中单击"Export File"命令可以输出 MPS 或者 MPI 格式文件。其中，MPS 是 IBM 开发的数学规划文件标准格式，MPI 是 LINDO 公司制定的数学规划文件格式。

（12）授权（License）。

在文件菜单中单击"License"命令将弹出一个对话框，要求输入所使用 LINGO 软件的授权码信息。

（13）用户基本信息（Database User Info）。

在文件菜单中单击"Database User Info"命令将弹出一个对话框，要求输入用户名（User）和密码（Password），这些信息在用@ODBC 函数访问数据库时要用到。

（14）退出（Exit）。

在文件菜单中单击"Exit"命令或直接按 F10 键可以退出 LINGO 系统。

4．编辑(Edit)菜单

LINGO 编辑菜单如图 1-17 所示。

恢复(Undo)、剪切(Cut)、复制(Copy)、粘贴(Paste)等都是常规命令,不做赘述。

(1) 选择性粘贴(Paste Special)。

该命令用于把 Windows 剪贴板中的内容插入光标所在位置,下面举例说明它的功能和用法。

例　将某运输模型的已知数据保存到名为"运输模型.xls"的 Excel 文件中,然后按以下步骤操作。

① 在 Excel 文件中用鼠标选中数据表所在的区域 B2:K9,如图 1-18 所示,单击"复制"命令或按 Ctrl+C 组合键将选中的内容复制到 Windows 剪贴板中。

Edit	Solver	Window	Help
Undo			Ctrl+Z
Redo			Ctrl+Y
Cut			Ctrl+X
Copy			Ctrl+C
Paste			Ctrl+V
Paste Special...			
Select All			Ctrl+A
Find...			Ctrl+F
Find Next			Ctrl+N
Replace...			Ctrl+H
Go To Line...			Ctrl+T
Match Parenthesis			Ctrl+P
Paste Function			▶
Select Font...			Ctrl+J
Insert New Object...			
Links...			
Object Properties			Alt+Enter
对象(O)			

图 1-17

	A	B	C	D	E	F	G	H	I	J	K
1											
2			V1	V2	V3	V4	V5	V6	V7	V8	AI
3		W1	6	2	6	7	4	2	5	9	60
4		W2	4	9	5	3	8	5	8	2	55
5		W3	5	2	1	9	7	4	3	3	51
6		W4	7	6	7	3	9	2	7	1	43
7		W5	2	3	9	5	7	2	6	5	41
8		W6	5	5	2	2	8	1	4	3	52
9		DJ	35	37	22	32	41	32	43	38	

图 1-18

② 回到 LINGO 的运输模型窗口,将光标定位到数据段,单击"Paste Special"命令,弹出如图 1-19 所示的"选择性粘贴"对话框。

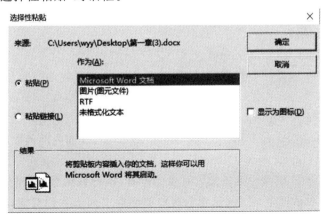

图 1-19

在该对话框的左侧有"粘贴"和"粘贴链接"两个复选项,但只能选择其中一个。两者的共同点是,在模型的光标位置显示剪贴板中的内容,即 Excel 文件中被选中的数据区的具体数据(见图 1-20),这些被插入模型中的内容能起到方便浏览的作用。如果关闭 LINGO 程序再重新打开,仍然能看到插入的内容。用鼠标双击插入的内容,会自动打开 Excel,从而可对它们进行编辑。需要指出的是,它们不参与 LINGO 程序的运行,也不会与 LINGO 模型中的任何变量发生关系,LINGO 程序运行时将完全忽略它们的存在。不同点是:如果选择"粘贴",则如果原始数据文件(存放数据的 Excel 文件)中的数据发生了变化,插入剪贴板的内容并不随改而变;而如果选择"粘贴链接",则在插入剪贴板的内容与原始数据文件之间直接建立了链接关系,当修改原始数据文件中的数据时,LINGO 模型中的插入内容也会随之而变化,即能够自动更新。此外,在建立了这种链接关系之后,可以随时用"Edit|Links"命令来修改这个链接的属性。

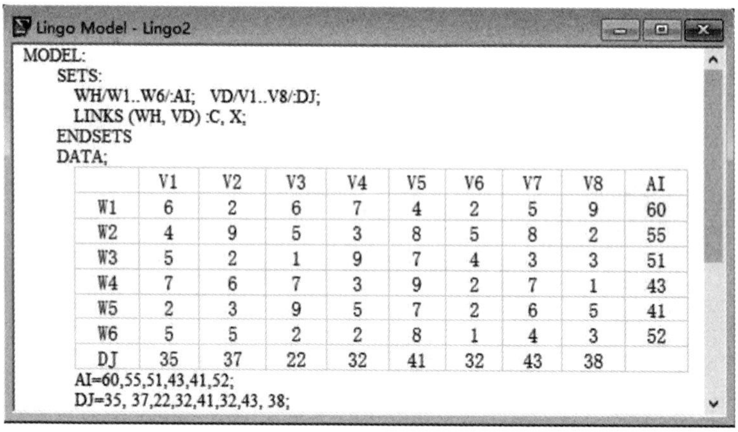

图 1-20

在"选择性粘贴"对话框的右边有"显示为图标"复选项,如果选中它,则在 LINGO 程序插入一个图标,不显示具体内容。如果想看内容,则双击该图标。

(2) 全选(Select All)。

从编辑菜单中单击"Select All"命令或按 Ctrl+A 组合键可选定当前窗口中的所有内容。

(3) 光标移到某一行(Go To Line)。

该命令的功能是将光标移到某指定行,运行该命令,将弹出一个对话框,在其中输入数字,如输入 6,光标将移到第 6 行。

(4) 匹配括号(Match Parenthesis)。

在 LINGO 程序中选择一个开括号,运行该命令可以为当前选中的开括号查找匹配的闭括号。

(5) 粘贴函数(Paste Function)。

从编辑菜单中单击"Paste Function"命令可以将 LINGO 的内部函数粘贴到当前插入点。

(6) 插入新对象(Insert New Object)。

将光标放到 LINGO 模型中准备插入对象的位置,执行该命令,弹出如图 1-21 所示"插入对象"对话框。在该对话框中,选择"新建",对象类型框中列出各种对象,选择需要的一种,插入模型中的当前位置;选择"由文件创建",可以将盘上已有文件作为链接对象插入当前位置。

如果选择了"显示为图标",则在 LINGO 模型的当前位置出现一个表示链接的图标,如果想浏览其具体内容,只需双击该图标即可。

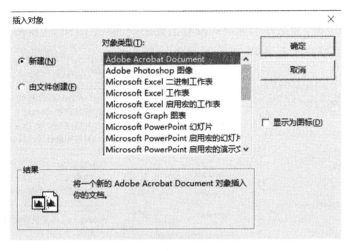

图 1-21

该命令与"Paste Special"命令在功能上有类似之处,区别是"Paste Special"命令可以与外部对象(已经复制到剪贴板)的一部分建立链接关系,而"Insert New Object"命令可以与整个对象建立链接关系。

(7) 连接(Links)。

该命令用于修改模型内插入对象的链接性质。

注　LINGO 编译并运行模型时将忽略与外界对象的任何链接。

(8) 对象的性质(Object Properties)。

在模型中选择一个链接或嵌入对象,用该命令可以查看和修改这个对象的属性,包括对象的显示、对象的源、打开源、更改源、断开链接等。

5. Solver 菜单

LINGO 中的 Solver 菜单如图 1-22 所示。

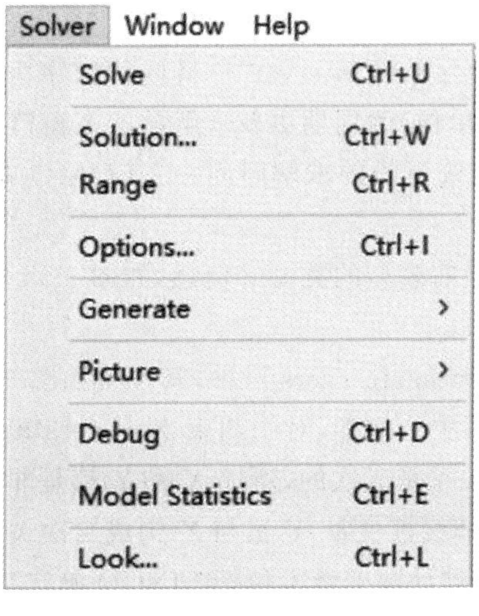

图 1-22

（1）求解模型（Solve）。

在 Solver 菜单中单击"Solve"命令、单击"Solve"按钮或按 Ctrl＋U 组合键可以将当前模型送入内存进行求解。

在执行求解命令时，如果在编译期间没有出现错误，那么 LINGO 将调用适当的求解器来求解模型，并出现求解器状态窗口，如图 1-23 所示。

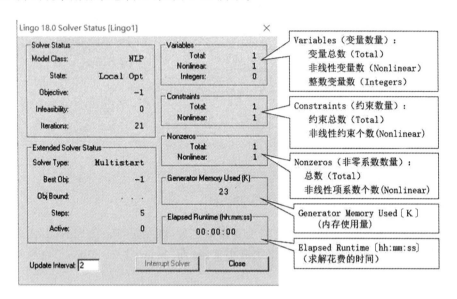

图 1-23

求解器状态窗口对于监视求解器的进展和模型大小是有用的。求解器状态窗口提供了一个中断求解器按钮（Interrupt Solver），单击它会导致 LINGO 在下一次迭代时停止求解。在绝大多数情况下，LINGO 被中断时能够给出到目前为止的最好解。

注 在中断求解器的求解后，必须小心解释当前解，因为这些解可能根本就不是最优解，可能也不是可行解，或者对线性规划模型来说就是无价值的。

在中断求解器按钮的右边有关闭按钮（Close），单击它可以关闭该窗口，关闭该窗口之后可以在任何时间通过选择 Window|Status Window 再次打开。

在中断求解器按钮左侧"Update Interval"栏目内的数字为更新时间间隔。LINGO 将以由该数字指定的时间（以秒为单位）为周期更新求解器状态窗口。也可以随意设置该栏目内的数字，不过若设置为 0，则将导致更长的求解时间——LINGO 花费在更新上的时间会超过求解模型的时间。

求解器状态窗口还包括当前模型的类型等信息，如图 1-24 所示。

① 变量数量（Variables）。

Variables 有 Total、Nonlinear、Integers 三种，其含义如图 1-23 所示。非线性变量至少处于某一个约束中的非线性关系中。例如，对于约束 $X+Y=100$，X 和 Y 都是线性变量。对于约束 $X*Y=100$，X 和 Y 的关系是二次的，所以 X 和 Y 都是非线性变量。对于约束 $X*X+Y=100$，X 是二次方，所以是非线性变量；Y 虽与 X 构成二次关系，但与 $X*X$ 这个整体是一次关系，因此 Y 是线性变量。被计数变量不包括 LINGO 确定为定值的变量。例如，$X=1$，$X+Y=3$，这里 X 是 1，由此可得 Y 是 2，所以 X 和 Y 都是定值，模型中的 X 和 Y 都分别用 1 和

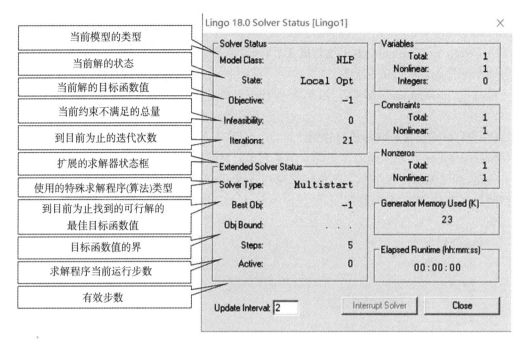

图 1-24

2 代换掉。

② 约束数量(Constraints)。

Constraints 包括 Total 和 Nonlinear 两种。非线性约束中至少有一个非线性变量。如果一个约束中的所有变量都是定值,那么该约束就被剔除出模型,不计入约束总数中。

③ 非零系数数量(Nonzeros)。

Nonzeros 包括 Total 和 Nonlinear 两种。

④ 内存使用量(Generator Memory Used〔K〕)

Generator Memory Used〔K〕显示当前模型的内存使用量,单位为千字节(K)。可以通过使用 Solver|Options 命令修改模型的最大内存使用量。

⑤ 求解花费的时间(Elapsed Runtime〔hh:mm:ss〕)。

Elapsed Runtime〔hh:mm:ss〕显示求解模型到目前为止所耗用的时间。求解花费的时间可能受到系统中别的应用程序的影响,显示格式是"时:分:秒"。

⑥ 求解器状态(Solver Status)。

Solver Status 显示当前模型求解器的运行状态,它有以下一些栏目。

a. Model Class:当前模型的类型。

该栏目可能显示:LP(线性规划),QP(二次规划),ILP(整数线性规划),IQP(整数二次规划),PILP(纯整数线性规划),PIQP(纯整数二次规划),NLP(非线性规划),MIP(混合整数规划),INLP(整数非线性规划),PINLP(纯整数非线性规划)。

注 以 I 开头表示 IP(整数规划),以 PI 开头表示 PIP(纯整数规划)。

b. State:当前解的状态。

该栏目可能显示以下信息。

Global Optimum:总体最优值。

Local Optimum：局部最优值。

Feasible：可行。

Infeasible or Unbounded：不可行或无界，通常需要关闭"预处理"选项后重新求解模型，以确定模型究竟是不可行还是无界。

Locally Infeasible：局部不可行，尽管可行解可能存在，但是 LINGO 并没有找到一个可行解。

Cutoff：目标函数的截断值被达到。

Numeric Error：求解器因在某约束中遇到无定义的算术运算而停止求解。

通常，如果返回值不是 0,4 或 6,那么解将不可信，几乎不能用。@status()函数仅被用在模型的数据部分，用于输出数据。

例：

```
model:
min=@sin(x);
data:
@text()=@status();
enddata
end
```

计算结果中的 6 就是@status()返回的结果，表明最终解是局部最优解。

注　如果模型没有非线性约束，那么局部最优解也就是全局最优解。如果模型有一个或多个非线性约束，那么局部最优解不一定就是全局最优解，也许存在一个比目前找到的局部最优解更优的解，只是本算法找不到它。

c. Objective：当前解的目标函数值。

该栏目显示当前解的目标函数值，如果模型中没有目标函数，则显示 N/A。

d. Infeasibility：当前约束不满足的总量。

该栏目显示模型中被违反的约束条件的数量（违反变量限制的约束不计在内）。该栏目显示实数（即使该值为 0，当前解也可能不可行，因为这个量中没有专虑用上下界命令形式给出的约束）。

e. Iterations：到目前为止的迭代次数。

一次选代包括以下动作：先找到一个当前值为零的变量，假如让它非零时结果变优，则不断增大它的值，直到一个约束将变为不可行或另一个变量的值被"赶"向零。之后，迭代重新开始，一般来说，模型的规模越大，求解所需的迭代次数越多，每次迭代的时间也会越长。

⑦ 扩展的求解器状态框（Extended Solver Status）。

Extended Solver Status 显示 LINGO 中特殊求解程序（算法），包括分支定界求解器（Branch and Bound Solver）、全局优化求解器（Global Solver）和多个初始点求解器（Multistart Solver）的求解程序（算法）的运行状态。该框中的栏目仅当这些求解器运行时才会更新。各栏目的含义如下。

a. Solver Type：使用的特殊求解程序（算法）类型。

使用的特殊求解程序（算法）类型如下：B-and-B,分支定界算法；Global,全局最优求解程序；Multistart:用多个初始点求解的程序。分支定界算法用来求解整数规划，全局最优求解程序和用多个初始点求解的程序专门用于求解非线性规划模型。许多非线性规划模型是非凸或者(并且)非光滑的,那些依赖于局部搜索过程的非线性算法往往收敛于一个局部的最优解,它可能不是全局最优解,甚至有可能与全局最优解相差甚远,全局最优求解程序和用多个初始点求解的程序是针对这类情况而采用的特殊求解程序。

b. Best Obj:到目前为止找到的可行解的最佳目标函数值。

该栏目显示当前找到的可行解的最佳目标函数值。

c. Obj Bound:目标函数值的界。

该界限给出了改善目标函数的程度,所得最佳目标函数值不会超过该界限。假如运行过程中当前目标函数值已经十分接近该界限,而算法还在无休止地运行,用户可以选择中断算法以节省时间。

d. Steps:求解程序当前运行步数(显示非负整数)。

该栏目显示的内容与当前的算法有关,具体如下。

对 B-and-B 程序:显示分枝数。

对 Global 程序:显示子问题数。

对 Multistart 程序:显示初始点数。

e. Active:有效步数。

该栏目显示当前的有效步数。

如果模型有语法错误,则弹出一个标题为"LINGO Error Message"(错误信息)的窗口,见图 1-25,指出在哪一行有什么样的错误,每种错误都有一个编号,可以参照提示来修改。改正错误后再求解,如果语法通过,LINGO 会用内部所带的求解程序求出模型的解,然后弹出一个标题为"LINGO Solver Status"(求解状态)的窗口,其内容为变量个数、约束条件个数、优化状态、非零变量个数、耗费内存、求解所花时间等信息。单击 Close 关闭该窗口,出现标题为"Solution Report"(解的报告)的信息窗口,显示优化计算的步数、优化后的目标函数值,并列出各变量的计算结果等。

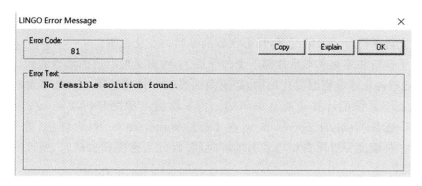

图 1-25

(2) 求解结果(Solution)。

在 Solver 菜单中单击"Solution"命令、单击"Solution"按钮或直接按 Ctrl+W 组合键可以打开求解结果的对话框,如图 1-26 所示。这里可以指定查看当前内存中求解结果的那些内容。LINGO 允许选择文本方式或图表方式查看求解的结果。如果选择文本方式,则弹出求解结果窗口,用文本方式显示常量和变量的值;如果选择图形方式,则有柱状图(Bar)、折线图(Line)和饼图(Pie)三种图形供选择。

注 为了方便阅读灵敏度分析报告,在程序中对每个约束条件都给定一个用方括号括其

```
Solution Report - Lingo1
Global optimal solution found.
Objective value:                              32000.00
Infeasibilities:                              0.000000
Total solver iterations:                             0
Elapsed runtime seconds:                          0.12

Model Class:                                        LP

Total variables:                      3
Nonlinear variables:                  0
Integer variables:                    0

Total constraints:                    4
Nonlinear constraints:                0

Total nonzeros:                       6
Nonlinear nonzeros:                   0


                                Variable           Value        Reduced Cost
                                      X1        160.0000            0.000000
                                      X2        0.000000            100.0000
                                      XL        0.000000            0.000000

                                     Row    Slack or Surplus      Dual Price
                                     OBJ        32000.00            1.000000
                                     ONE        100.0000            0.000000
                                     TWO        120.0000            0.000000
                                  WORKER        0.000000            200.0000
```

图 1-26

来的标号。

LINGO 只是把最近一次运行“Solve”命令之后的结果报告放在内存中，执行“Solution”命令只能显示内存中的结果报告，因此如果模型的运行时间很长，运行结果来之不易，宜将结果报告以文件形式保存到磁盘上，以便以后查阅。

(3) 灵敏度分析(Range)。

该命令用于产生当前模型的灵敏度分析报告。灵敏度分析报告内容包括：

① 在最优解保持不变的情况下，目标函数的系数的变化范围；

② 在影子价格和缩减成本系数都不变的前提下，约束条件右边的常数的变化范围。

灵敏度分析是在求解模型时作出的，必须激活灵敏度计算功能才会在求解时计算灵敏度值，在默认状态下灵敏度计算功能是关闭的。为了激活灵敏度分析功能，必须执行 Solver|Options 命令，选择 General Solver Tab，在 Dual Computations 列表框中，选择 Prices and Ranges 选项。灵敏度分析耗费相当多的求解时间，因此当速度很关键时，就没有必要激活灵敏度分析功能。

例如以下模型：

```
[obj]  max=200*x1+300*x2;
[one]  x1<=100;
[two]  x2<=120;
[worker] x1+2*x2<=160;
```

产生的灵敏度分析报告如图 1-27 所示。

(4) 选项(Options)。

在 LINGO 主菜单下的 Solver 二级菜单中单击 Options 命令，弹出如图 1-28 所示的参数设置对话框。该对话框中含有如下 9 个选项卡(页面)：Nonlinear Solver(非线性求解器)、

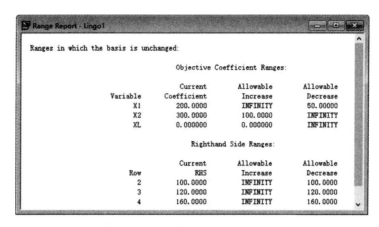

图 1-27

Integer Pre-Solver(整数预处理程序)、Integer Solver(整数求解器)、Global Solver(全局求解器)、Model Generator(模型生成器)、SP Solver(优化求解器)、Interface(界面)、General Solver(通用求解器)、Linear Solver(线性求解器)。每个选项卡内有多个参数或选项,用户可以按照自己的意愿对这些参数的默认设置进行修改,界面选项卡中各个选项的具体功能可以参阅书后参考文献[8]。

修改完参数以后,如果单击"应用"按钮,则新的设置马上生效;如果单击"OK"(确定)按钮,则新的设置马上生效,同时关闭该窗口;如果单击"Save"(保存)按钮,则将当前设置变为默认设置,下次启动 LINGO 时这些设置仍然有效;如果单击"Default"(默认值)按钮,则恢复 LINGO 系统定义的原始默认设置。

（5）生成模型的展开形式（Generate）。

该功能相当于编译,为当前模型生成一个用代数表达式表示的完整形式,LINGO 将所有基于集合的表达式（目标函数和约束条件）扩展成等价的完全展开的普通数学表达式模型。运行该命令时菜单上有三个选项,即显示模型（Display model）、不显示模型（Don't display model）和显示非线性列（Display nonlinear rows）。如果选择显示模型,则在弹出窗口显示展开后的完整数学表达式模型;如果选择不显示模型,则仅仅对模型进行编译,假如模型有语法错误,会弹出出错信息窗口,如果编译通过,则并不求解,也不显示编译后的完整数学表达式模型。

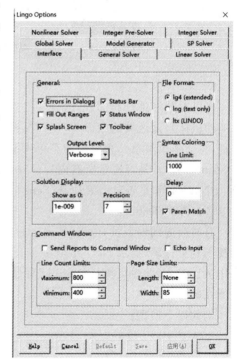

图 1-28

扩展的完整数学表达式模型明确地列出了模型中的所有变量、目标函数和约束条件,这对于寻找潜在的逻辑错误是有帮助的。

（6）生成矩阵图片（Picture）。

执行该命令后，由模型生成图形，以矩阵形式显示模型的系数。

例如下面的模型：

```
[OBJ]   MAX=S;
[R1]    1.018*x1=S;
[R2]    1.0432*x2=S;
[R3]    1.07776*x3=S;
[R4]    1.07776*1.018*x4=S;
[R5]    1.144*x5=S;
[R6]    1.144*x6=5000;
[R7]    x1+x2+x3+x4+x5+x6=5000;
```

用"Marix Picture"命令生成的图形如图 1-29 所示。变量的系数为负时底色为红色、为正时底色为蓝色，非线性项的底色为黑色（系数显示"?"）。

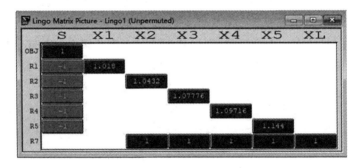

图 1-29

可以对图形进行局部放大，方法是先把光标放在待放大区域的左上角，然后按下鼠标左键并拖动鼠标到该区域的右下角，放开鼠标左键就能得到局部放大图形。在图形区域按下鼠标右键，将会弹出菜单。在弹出的菜单中有以下一些操作供实施：放大图形（Zoom In）、缩小图形（Zoom Out）、是否显示所有内容（View All）、是否显示行名（Row Names）、是否显示变量名（Var Names）和是否显示滚动条（Scroll Bars）。

（7）调试（Debug）。

有时会遇到模型没有可行解或者目标函数无界（无穷大）的情况，还可能遇到输入错误造成找不到可行解（提示 No Feasible Solution Found）的情况。在一个大型模型中寻找错误的工作量比较大，此时可执行"Debug"命令进行调试。执行"Debug"命令后通常很快就能找到错误所在的行。

例如以下模型：

```
[OBJ]    MAX=2*X+5*Y;
[ROW1]   X+2*Y<=3;
[ROW2]   2*X+Y<=2;
[ROW3]   0.45*X+Y>=4;
```

求解时提示找不到可行解。执行"Debug"命令，得到如图 1-30 所示的结果，说明模型中标号为 ROW3 的行是充分行（Sufficient Rows），去掉充分行，模型就有可行解；标号为 ROW1 的行是必要行（Necessary Rows），去掉必要行，模型仍然没有可行解。由此可见，查找的重点应当放在标号为 ROW3 的行上。事实上，本例的错误是该行 X 的系数本来是 4.5，错输成了 0.45,改正错误即可。

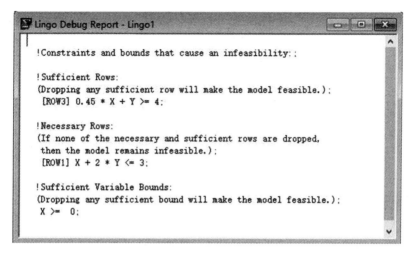

图 1-30

（8）模型统计资料（Model Statistics）。

该命令用于显示模型的统计资料。例如,调试上例中的模型,单击"Model Statistics"命令,会出现如图 1-31 所示的窗口。

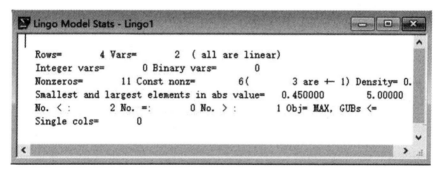

图 1-31

当模型为线性规划模型时,统计报告的第一行列出模型的行数、变量个数,第二行列出模型的整型变量个数、二进制变量个数等;第三行列出模型的非零系数个数、所有约束条件左边的非零系数个数、约束条件中系数为 +1 或 -1 的数量等,其中 Density 称为密度数（高密度模型的求解时间长）;第四行列出模型中绝对值最大的系数和最小的系数;第五行按照 <,= 和> 统计出约束条件的个数、目标函数的类型（MAX 或 MIN）、广义上界（Generalized Upper Bound,GUB）数,GUB 约束是指与其他约束条件不相关的约束;第六行 Single Cols 是仅仅出现在一行中的变量个数,这样的变量在模型中有可能不起作用。

对于非线性规划模型,统计报告与线性规划模型的统计报告有所不同,减少了 GUB 等统计数,增加了非线性变量个数和非线性行数统计值。

（9）查看（Look）。

该命令的功能是以文本方式显示模型内容,每一行前面加上行号。

6. 窗口（Window）菜单

LINGO 中的窗口菜单如图 1-32 所示。

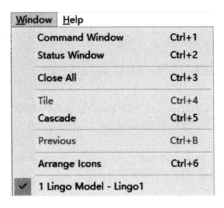

图 1-32

（1）命令行窗口（Command Window）。

在 Window 菜单中单击"Command Window"命令或直接按 Ctrl＋1 组合键可以打开 LINGO 的命令行窗口，可以显示命令行界面，在"："提示符后可以输入 LINGO 的命令行命令。例如，输入"COM"可以看到所有 LINGO 行命令。命令行窗口主要是为用户交互地测试命令脚本而设计的，由于 Windows 模式下使用 LINGO 非常方便，因此通常不必用命令行窗口。

（2）状态窗口（Status Window）。

状态窗口的显示与 Solver|Solve 下的 LINGO Solver Status 窗口一样。

其他命令略。

图 1-33

7. 帮助（Help）菜单

LINGO 中的帮助菜单如图 1-33 所示。

（1）帮助主题（Help Topics）。

在帮助菜单中单击"Help Topics"可以打开 LINGO 的帮助文件。

（2）注册信息（Register）。

（3）自动更新（AutoUptate）。

（4）关于 LINGO（About Lingo）。

8. LINGO 软件文件保存类型

LINGO 软件文件保存类型如图 1-34 所示。

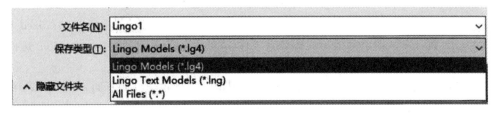

图 1-34

说明：

（1）"lg4"文件是一种特殊的二进制格式文件，保存了我们在模型窗口中所能够看到的所有文本和其他对象及其格式信息,只有 LINGO 能打开它,用其他系统打开时会出现乱码。

(2) 以"lng"格式保存模型时系统将给出警告,因为模型中的格式信息(如字体、颜色等)将会丢失。

(3) 除"lg4"格式外,在比较老的 LINGO 版本中,还有 ldt(数据文件)、ltf(命令脚本文件)、lgr(报告文件)等几种格式。这几种格式的文件都是普通的文本文件,可以用任意一种文本编辑器打开和编辑。

1.7.3　LINGO 基本运算符及常用函数

1.7.3.1　LINGO 的常用运算符

1. 算术运算符

LINGO 中的算术运算符如下。

(1) ^:乘方。

(2) * :乘。

(3) /:除。

(4) +:加。

(5) -:减。

这几个算术运算符都是双目运算符,需要有两个运算对象(操作数),但"-"号也可以作为单目运算符,表示取运算对象的负值。

算术运算符的优先级别为:单目"-"最高,其余依次为^, * 和/,+和-,同级自左至右,加括号可改变运算次序。

2. 逻辑运算符

逻辑运算就是运算结果只有"真"(true)和"假"(false)两个值的运算。

在 LINGO 中,逻辑运算符主要用于集循环函数的条件表达式中,用于控制在函数中哪些集成员被包含、哪些集成员被排斥。在创建稀疏集时,逻辑运算符用在成员资格过滤器中。

LINGO 中有以下 9 种逻辑运算符。

(1) #not#:否定该操作数的逻辑值。#not#是一个一元运算符。

(2) #eq#:若两个运算数相等,则为 true,否则为 false。

(3) #ne#:若两个运算数不相等,则为 true,否则为 false。

(4) #gt#:若左边的运算数严格大于右边的运算数,则为 true,否则为 false。

(5) #ge#:若左边的运算数大于或等于右边的运算数,则为 true,否则为 false。

(6) #lt#:若左边的运算数严格小于右边的运算数,则为 true,否则为 false。

(7) #le#:若左边的运算数小于或等于右边的运算数,则为 true,否则为 false。

(8) #and#:仅当两个参数都为 true 时,结果为 true,否则为 false。

(9) #or#:仅当两个参数都为 false 时,结果为 false,否则为 true。

其中,除了#not#是单目运算符之外,其余都是双目运算符,需要有两个运算对象,两个运算对象用逻辑运算符连接起来,构成逻辑表达式。逻辑表达式的值只有两种——真或假,假等同于数值 0,而所有非零值都是真。

逻辑运算符的优先级别为:最高为#not#,最低为#and#以及#or#,其余都在中间且平级。

3．关系运算符

关系运算符表示的是数与数之间的大小关系,因此在 LINGO 中用来表示优化模型的约束条件,通常用在约束条件表达式中,用来指定约束条件表达式左边与右边必须满足的关系。LINGO 中关系运算符有以下 3 种。

（1）＝:表达式左右两边相等。

（2）＜＝:表达式左边小于或等于右边。

（3）＞＝:表达式左边大于或等于右边。

LINGO 中没有单独的"＜"和"＞"关系,如果出现单个的"＜"或"＞",则 LINGO 认为是省略了"＝"号,即"＜"等同于"＜＝","＞"等同于"＞＝"。

如果需要构建严格小于和严格大于关系,比如让 A 严格小于 B,那么可以把它变成如下的小于或等于表达式:A＋ε＜＝B。这里 ε 是一个小的正数,它的值依赖于模型中 A 小于 B 多少才算不等。

当不同种类的运算符参与混合运算时,优先级别为:单目优于双目,算术优于逻辑,逻辑优于关系,平级从左到右,括号改变次序。

1.7.3.2　数学函数

内部函数的使用能大大减少用户的编程工作量。LINGO 中包括相当丰富的数学函数,常用的数学函数如下。

（1）@abs(x):返回 x 的绝对值。

（2）@acos(x):反余弦函数,返回值的单位为弧度。

（3）@acosh(x):反双曲余弦函数。

（4）@asin(x):反正弦函数,返回值的单位为弧度。

（5）@asinh(x):反双曲正弦函数。

（6）@atan(x):反正切函数,返回值的单位为弧度。

（7）@atan2(y,x):返回 y/x 的反正切函数值。

（8）@atanh(x):反双曲正切函数。

（9）@sin(x):正弦函数,返回 x 的正弦值,x 采用弧度制。

（10）@sinh(x):双曲正弦函数。

（11）@tan(x):正切函数,返回 x 的正切值,x 采用弧度制。

（12）@tanh(x):双曲正切函数。

（13）@exp(x):指数函数,返回常数 e 的 x 次幂。

（14）@log(x):自然对数函数,返回 x 的自然对数。

（15）@log10(x):以 10 为底的对数函数,返回 x 的以 10 为底的对数。

（16）@lgm(x):返回 x 的 Gamma 函数的自然对数(当 x 为整数时,lgm(x)＝log((x－1)!))。

（17）@mod(x,y):模函数,返回 x 除以 y 的余数,这里 x 和 y 都是整数。

（18）@sign(x):如果 x＜0,返回－1;如果 x＞0,返回 1;如果 x＝0,返回 0。

（19）@pi( ):返回 pi 的值,即 3.141 592 6…。

（20）@pow(x,y)：指数函数，返回 x 的 y 次幂。

（21）@floor(x)：取整函数，返回 x 的整数部分。当 x>=0 时，返回不超过 x 的最大整数；当 x<0 时，返回不低于 x 的最小整数。

（22）@smax(x1,x2,…,xn)：返回 x1,x2,…,xn 中的最大值。

（23）@smin(x1,x2,…,xn)：返回 x1,x2,…,xn 中的最小值。

（24）@sqr(x)：平方函数，返回 x 的平方值。

（25）@sqrt(x)：平方根函数，返回 x 的正平方根的值。

1.7.3.3　变量界定函数

变量界定函数对函数的取值范围加以限制。LINGO 中常用的变量界定函数如下。

（1）@bin(x)：限制 x 为 0 或 1。

（2）@bnd(l,x,u)：限制 l<=x<=u。

（3）@free(x)：取消对变量 x 的默认下界为 0 的限制，即 x 可以取任意实数。

（4）@gin(x)：限制 x 为整数。

（5）@sos1('set_name',x)：限制 x 中至多一个大于 0。

（6）@sos2('set_name',x)：限制 x 中至多两个不等于 0，其他都为 0。

（7）@sos3('set_name',x)：限制 x 中正好有一个为 1，其他都为 0。

（8）@card('set_name',x)：限制 x 中非零元素的最多个数。

（9）@semic(l,x,u)：限制 x=0 或 l<=x<=u。

1.7.3.4　概率函数

LINGO 中常用的概率函数如下。

（1）@pbn(p,n,x)：二项分布的累积分布函数。当 n 和（或）x 不是整数时，用线性插值法进行计算。

（2）@pcx(n,x)：自由度为 n 的 $\chi 2$ 分布的累积分布函数。

（3）@peb(a,x)：当到达负荷为 a，服务系统有 x 个服务器且允许无穷排队时的 Erlang 繁忙概率。

（4）@pel(a,x)：当到达负荷为 a，服务系统有 x 个服务器且不允许排队时的 Erlang 繁忙概率。

（5）@pfd(n,d,x)：自由度为 n 和 d 的 F 分布的累积分布函数。

（6）@pfs(a,x,c)：当负荷上限为 a，顾客数为 c，平行服务器数量为 x 时，有限源的 Poisson 服务系统的等待或返修顾客数的期望值。a 等于顾客数乘以平均服务时间，再除以平均返修时间。当 c 和（或）x 不是整数时，采用线性插值法进行计算。

（7）@phg(pop,g,n,x)：超几何（hypergeometric）分布的累积分布函数。pop 表示产品总数，g 是正品数。从所有产品中任意取出 n(n≤pop)件。pop,g,n 和 x 都可以是非整数，这里采用线性插值法进行计算。

（8）@ppl(a,x)：Poisson 分布的线性损失函数，即返回 max(0,z−x) 的期望值，其中随机变量 z 服从均值为 a 的 Poisson 分布。

（9）@pps(a,x)：均值为 a 的 Poisson 分布的累积分布函数。当 x 不是整数时，采用线性插值法进行计算。

(10) @psl(x):单位正态线性损失函数,即返回 max(0,z－x)的期望值,其中随机变量 z 服从标准正态分布。

(11) @psn(x):标准正态分布的累积分布函数。

(12) @ptd(n,x):自由度为 n 的 t 分布的累积分布函数。

(13) @qrand(seed):产生服从(0,1)区间的伪随机数。@qrand 只允许在模型的数据部分使用,它将用伪随机数填满集属性。通常,声明一个 m×n 的二维表,m 表示运行实验的次数,n 表示每次实验所需的随机数的个数。在行内,随机数是独立分布的;在行间,随机数是非常均匀的。这些随机数是用分层取样的方法产生的。

(14) @rand(seed):返回 0 与 1 之间的一个伪均匀分布随机数,其中 seed 为种子。

1.7.3.5 集合操作函数

集合是 LINGO 建模语言中最重要的一个概念,使用集合操作函数能够实现强大的功能,例如用简洁的语句表达模型中的目标函数和约束条件。LINGO 提供的基本集合操作函数如下。

(1) @for(s:x):常用在约束条件中,表示对集合 s 中的每个成员都生成一个约束条件表达式,约束条件表达式的具体形式由参数 x 描述。

(2) @sum(s:x):对集合 s 中的每个成员,分别得到表达式 x 的值,然后返回所有这些值的和。

(3) @max(s:x):对集合 s 中的每个成员,分别得到表达式 x 的值,然后返回所有这些值中的最大值。

(4) @min(s:x):对集合 s 中的每个成员,分别得到表达式 x 的值,然后返回所有这些值中的最小值。

(5) @prod(s:x):对集合 s 中的每个成员,分别得到表达式 x 的值,然后返回所有这些值的乘积。

(6) @in(s,x):如果元素 x 在指定集合 s 中,返回 1,否则返回 0。

(7) @size(s):返回集合 s 的成员个数。在模型中明确给出集合大小时最好使用该函数。它的使用使模型更加数据中立,集合大小改变时也更易维护。

(8) @index(s,x):返回成员 x 在集合 s 中的顺序号(索引值),该值在 1 和集合 s 的成员个数之间,如果集合 s 中没有该元素,则给出出错信息。

(9) @wrap(i,n)(n 必须大于 1):用来转换集合两端的索引,在集合的另一端继续索引。也就是说,在集循环函数中,当达到集合的最后一个(或第一个)成员后,可以用@wrap 函数把索引转到集合的第一个(或最后一个)成员。在数学上,当 i 位于区间[1,n]内时,@wrap(i,n)返回 i;否则,返回 j=i－n＊k,k 为整数,且 j 位于区间[1,n]内。例如,@wrap(3,10)返回值为 3,@wrap(54,10)返回值为 4,@wrap(29,6)返回值为 5,@wrap(30,6)返回值为 6。该函数有点像是求模运算取余数,但也不完全是,当 i 是 n 的整数倍时返回值是 n 而不是 0。该函数在循环、多阶段计划编制中特别有用。

另外,还有一些变量定界函数、文件输入输出函数、金融函数、结果报告函数等,这里就不一一列举了。

1.7.4　LINGO 程序的基本组成及编写规范

一个优化模型一般由以下三部分组成。

（1）目标函数（objective function）：要达到的目标。

（2）决策变量（decision variables）：每组决策变量的值代表一种方案。在优化模型中需要确定决策变量的最优值，优化的目标就是找到决策变量的最优值，使得目标函数取得最优。

（3）约束条件（constraints）：对决策变量的一些约束，它限定决策变量可以取的值。

在写数学模型时，一般第一行是目标函数，接下来是约束条件，再接着是一些非负限制等。LINGO 程序的一些语法规定如下。

（1）LINGO 模型以"model:"表示模型开始，以"end"表示模型结束。对于比较简单的模型，这两个语句可以省略。

（2）语句是组成 LINGO 模型的基本单位，每个语句都以分号结尾，编写程序时应注意模型的可读性。例如：一行只写一个语句，按照语句之间的嵌套关系对语句安排适当的缩进，增强层次感。

（3）每个语句必须以分号"；"表示结束。每行可以有多个语句，语句可以跨行，但是表达式中间不能用分号。

（4）LINGO 中，变量名称必须以字母（a～z）开头，由字母、数字（0～9）和下划线组成，不区分大小写字母；变量名称不能超过 32 个字符。

（5）可以给语句加上标号以帮助理解，如[obj] max＝300 * x1＋200 * x2。

（6）用 LINGO 求解优化模型时，如果没有特殊说明，则默认所有变量都非负（除非用限定变量取值范围的函数@free 或@sub 或@slb 另行说明）。

（7）模型中所有形如"！中文；"的语句是模型的解释语句，可放在模型的任何地方，对模型运行没有影响。

（8）变量和它前面的系数之间要用" * "连接，中间可以有空格。

（9）用"max＝"或者"min＝"表示求目标函数的最大值或者最小值。

（10）在计算机系统中一般没有"≤""≥"符号，LINGO 中采用"＜＝"来表示"≤"，采用"＞＝"表示"≥"。"≤"可以用更简单的"＜"表示，"≥"可以用更简单的"＞"表示。

（11）变量可以放在约束条件的右端（同时数字也可放在约束条件的左端）。但为了提高 LINGO 求解时的效率，应尽可能采用线性表达式定义目标和约束（如果可能的话）。

1.7.5　LINGO 集合模型

LINGO 标量模型是指完全展开的模型。例如，100 个约束就要写 100 个表达式，100 个变量就要写 100 个符号。这种模型与 LINDO 模型并无实质上的差别。然而，当我们建立由成百上千个变量和约束构成的模型时，LINGO 标量模型就会显得很冗长，而且这种形式的模型也不利于维护和调试。为了克服这一缺点，LINGO 集合模型应运而生。下面结合一个运输规划模型说明 LINGO 集合模型的基本组成。

例：某公司有 6 个仓库，库存货物总数分别为 60,55,51,43,41,52，现有 8 个客户各要一批货，数量分别为 35,37,22,32,41,32,43,38，各仓库到客户处的单位货物运价见表 1-27。试确定各仓库到各客户处的货物调运数量，使总的运输费用最低。

表 1-27

仓　　库	客　　户							
	V1	V2	V3	V4	V5	V6	V7	V8
W1	6	2	6	7	4	2	5	9
W2	4	9	5	3	8	5	8	2
W3	5	2	1	9	7	4	3	3
W4	7	6	7	3	9	2	7	1
W5	2	3	9	5	7	2	6	5
W6	5	5	2	2	8	1	4	3

1. 集合定义部分

LINGO 将集合(set)的概念引入建模语言。集合是由一组相关对象构成的组合,代表模型中的实际事物,并与数学变量及常量联系起来,是实际问题到数学的抽象。该部分用 sets:开始,用 endsets 结束。它是模型的集合域,主要是根据问题来定义集合和属性。例如,某工厂计划生产若干个产品,就可以定义一个产品集合。考虑到产品有产量、价格、成本等数量特征,可将它们定义为产品集合的属性。本例中的 6 个仓库可以看成是一个集合,8 个客户可以看成是另一个集合。

每个集合在使用之前要预先给出定义,定义集合时要明确三方面内容:集合的名称、集合内的成员(组成集合的个体,也称元素)、集合的属性(可以看成是与该集合有关的变量或常量,相当于数组)。

本例先定义仓库集合:

```
Wh/W1..W6/:ai;
```

其中:Wh 是集合的名称;W1..W6 是集合内的成员,".."是特定的省略号(如果不用该省略号,也可以把成员一一罗列出来,成员之间用逗号或空格分开),W1..W6 表明该集合有 6 个成员,6 个成员分别对应于 6 个仓库(供货栈);ai 是集合的属性,它可以看成是一个一维数组,有 6 个分量,6 个分量分别表示各仓库现有货物的总数;"/"和"/:"是规定的语法规则。

集合、成员、属性的命名规则与变量相同,用户可按自己的意愿用有一定意义的字母数字串来表示。

本例还定义客户集合:

```
Vd/V1..V8/:dj;
```

该集合有 8 个成员,dj 是集合的属性(有 8 个分量),表示各客户的需求量。

以上两个集合称为初始集合(或称基本集合、原始集合)。从属性角度看,初始集合相当于一维数组。

为了表示数学模型中从仓库到客户的运输关系以及与此相关的运输单价 c_{ij} 和运量 x_{ij},再定义一个表示运输关系(路线)的集合:

```
links(Wh,Vd):c,x;
```

该集合以初始集合 Wh 和 Vd 为基础,称为衍生集合(或称派生集合)。c 和 x 是该衍生集合的两个属性。衍生集合的定义语句由以下要素组成:

(1) 集合的名称;

（2）对应的初始集合；

（3）集合的成员（可以省略不写明）；

（4）集合的属性（可以没有）。

定义衍生集合时可以用罗列的方式将衍生集合的成员一一列出来，如果省略不写，则默认衍生集合的成员取它所对应初始集合的所有可能的组合。上述衍生集合 links 的定义中没有指明成员，而它对应的初始集合 Wh 有 6 个成员，Vd 有 8 个成员，因此 links 成员取 Wh 和 Vd 的所有可能的组合，即集合 links 有 48 个成员。48 个成员可以排列成一个矩阵，其行数与集合 Wh 的成员个数相等，列数与集合 Vd 的成员个数相等。相应地，集合 links 的属性 c 和 x 都相当于二维数组，各有 48 个分量，c 表示仓库 Wi 到客户 Vj 的单位货物运价，x 表示仓库 Wi 到客户 Vj 的货物运量。

本模型完整的集合定义为：

```
sets:
Wh/W1..W6/:ai;
Vd/V1..V8/ : dj;
links(Wh, Vd);c,x;
endsets
```

注　集合定义部分以语句 sets:开始，以语句 endsets 结束，这两个语句必须均单独成一行，endsets 的后面不加标点符号。

2. 数据初始化（数据段）部分

以上集合中，属性 x（有 48 个分量）是决策变量，是待求未知数，属性 ai,dj 和 c（分别有 6，8，48 个分量）都是已知数。LINGO 建模语言通过数据初始化部分来实现对已知属性赋以初始值的功能。数据初始化部分的格式为

```
data:
ai=60,55,51,43,41,52;
dj=35,37,22,32,41,32,43,38;
c=6,2,6,7,4,2,5,9
  4,9,5,3,8,5,8,2
  5,2,1,9,7,4,3,3
  7,6,7,3,9,2,7,1
  2,3,9,5,7,2,6,5
  5,5,2,2,8,1,4,3;
enddata
```

注　数据初始化部分以语句 data:开始，以语句 enddata 结束，这两个语句必须均单独成一行，数据之间的逗号和空格可以互相替换。

3. 目标函数和约束条件部分

LINGO 集合模型的第三部分就是除去集合域和数据域以外的其他部分。这一部分全部由集合函数编写的约束构成（目标函数也看成约束），而用集合函数编写的约束就能很好地克服 LINGO 标量模型的缺点。

目标函数表达式 $\min z = \sum_{i=1}^{6} \sum_{j=1}^{8} c_{ij} x_{ij}$ 用 LINGO 语句表示为

```
min=@sum(links(i,j):c(i,j)*x(i,j));
```

其中,@sum 是 LINGO 提供的内部函数,其作用是对某个集合的所有成员求指定表达式的和。该函数需要两个参数。第一个参数是集合名称,指定对该集合的所有成员求和,如果此集合是一个初始集合,它有 m 个成员,则求和运算对这 m 个成员进行,相当于求 $\sum\limits_{i=1}^{m}$。第二个参数是一个表达式,表示求和运算对该表达式进行。此处,@sum 的第一个参数是 links(i,j),表示求和运算对衍生集合 links 进行,该集合的维数是 2,共有 48 个成员。运算规则是:先对 48 个成员分别求表达式 c(i,j)*x(i,j) 的值,然后求和,相当于求 $\sum\limits_{i=1}^{6}\sum\limits_{j=1}^{8}c_{ij}x_{ij}$,表达式中的 c 和 x 是集合 links 的两个属性,它们各有 48 个分量。

注 如果表达式中参与运算的属性属于同一个集合,则@sum 语句中属性的索引(相当于矩阵或数组的下标)可以省略(隐藏);如果表达式中参与运算的属性属于不同的集合,则不能省略属性的索引。本例的目标函数可以表示成:

```
min=@sum(links:c*x);
```

约束条件 $\sum\limits_{j=1}^{8}x_{ij}\leqslant a_i(i=1,2,\cdots,6)$ 实际上表示了 6 个不等式,用 LINGO 语言表示该约束条件,语句为:

```
@for(Wh(i):@sum(Vd(j):x(i,j))<=ai(i));
```

语句中的@for 是 LINGO 提供的内部函数,它的作用是对某个集合的所有成员分别生成一个约束条件表达式。它有两个参数。第一个参数是集合名,表示对该集合的所有成员生成对应的约束条件表达式。上述@for 的第一个参数为 Wh,它表示货仓库,共有 6 个成员,故应生成 6 个约束条件表达式。第二个参数是约束条件表达式的具体内容,此处再调用@sum 函数,表示约束条件表达式的左边是求和,是对集合 Vd 的 8 个成员,并且对表达式 x(i,j) 中的第二维 j 求和,即 $\sum\limits_{j=1}^{8}x_{ij}$。约束条件表达式的右边是集合 Wh 的属性 ai,它有 6 个分量,与 6 个约束条件表达式一一对应。本语句中的属性分别属于不同的集合,所以不能省略索引 i,j。

注 @sum 函数和@for 函数可以嵌套使用。

同样地,约束条件 $\sum\limits_{i=1}^{6}x_{ij}=d_j(j=1,2,\cdots,8)$ 用 LINGO 语句表示为

```
@for(Vd(j):@sum(Wh(i):x(i,j))=dj(j));
```

4. 完整的模型

综上所述,本问题完整的 LINGO 模型如下:

```
model:
sets:
  Wh/W1..W6/:ai;   Vd/V1..V8/:dj;
  links(Wh,Vd):c,x;
endsets
data:
  ai=60,55,51,43,41,52;
  dj=35,37,22,32,41,32,43,38;
  c=6,2,6,7,4,2,5,9
```

```
        4,9,5,3,8,5,8,2
        5,2,1,9,7,4,3,3
        7,6,7,3,9,2,7,1
        2,3,9,5,7,2,6,5
        5,5,2,2,8,1,4,3;
enddata
min=@sum(links (i,j):c(i,j)*x(i,j));     !目标函数;
@for(Wh(i):@sum(Vd(j):x(i,j)) <=ai(i);     !约束条件;
@for(Vd(j):@sum(Wh(i):x(i,j)) =dj(j);
end
```

单击菜单栏中的 Solver｜Solve(或按 Ctrl＋U 组合键)，或用鼠标单击"求解"按钮，在"Solution Report"信息窗口中，就可以看到具体求解结果。

注 (1)LINGO 模型以语句 model:开始，以语句 end 结束，这两个语句均单独成一行。完整的模型由集合定义、数据段、目标函数和约束条件三部分组成，这几个部分的先后次序无关紧要，开头的语句是注释语句(可有可无)。

(2)集合从属性角度看相当于以集合的元素为下标的数组。LINGO 中没有数组的概念，只有定义在集合上的属性的概念。

(3)如果在集合段中一个集合的元素都已经定义过，就可以用一些循环函数(如@for)。

(4)集合的定义语法为

```
set_name[/set_member/:][attribute_list];
```

集合的名称在左边，右边是这个集合的属性，它们之间用冒号":"分割开，最后由分号";"表示结束。在同一个集合有多个属性时，不同的属性之间用逗号","隔开。

从以上实例可以看出，使用 LINGO 建模语言建立规划模型有如下优点。

(1) 对于大规模数学规划，使用 LINGO 建模语言所建的规划模型较简洁，语句不多。

(2) 使用 LINGO 建模语言建立的规划模型易于扩展，因为@for，@sum 等语句并没有指定循环或求和的上下限，如果在集合定义部分增加集合成员的个数，则循环或求和自然扩展，不需要改动目标函数和约束条件。

(3) 数据初始化部分与其他部分分开，对同一模型用不同数据来计算时，只需改动数据初始化部分即可，其他语句不变。

(4) "集合"是 LINGO 很有特色的概念，它比 C 语言中的数组用途更为广泛，集合中的成员可以随意起名字，没有什么限制，集合的属性可以根据需要确定有多少个，可以用来代表已知常量，也可以用来代表决策变量。

(5) 使用了集合以及@for 和@sum 等集合操作函数以后，可以用简洁的语句表达出常见的规划模型中的目标函数和约束条件，即使模型有大量决策变量和大量数据，组成模型的语句也不会随之增加。

1.7.6 LINGO 应用举例

例 1.25 请用 LINGO 求解例 1.18 中的模型。

(1)由前面例题的计算，得出目标函数为

$$\min z = 8x_{11} + 16x_{12} + 5x_{13} + 15x_{14} + 8.8x_{15} + 6.5x_{21} + 15x_{22} + 15x_{23}$$
$$+ 7x_{24} + 8x_{25} + 6x_{31} + 8.5x_{32} + 10x_{33} + 13x_{34} + 19x_{35}$$

（2）用 LINGO 求解，程序编写如下：

```
model:

sets:
factory/1..3/:a;
plant/1..5/:d;
coo(factory,plant):c,x;
endsets

data:
a=20,45,35;
d=15,20,25,25,15;
c=8,16,5,15,8.8
   6.5,15,15,7,8
   6,8.5,10,13,19;
enddata
@sum(factory(i):@sum(plant(j):x(i,j)))=100;
@sum(plant(j):@sum(factory(i):x(i,j)))=100;
@for(factory(i):@sum(plant(j):x(i,j))=a(i));
@for(plant(j):@sum(factory(i):x(i,j))=d(j));
min=@sum(coo(i,j):c(i,j)*x(i,j));
end
```

注　"!"为 LINGO 的注释符，以";"表示注释结束。注释可以写多行，一般显示为绿色。

（3）求解模型。

求解这个模型，即可得到如下结果。

```
Objective value: 707.5000
Variable        Value           Reduced Cost
X(1, 1)         0.000000        7.000000
X(1, 2)         0.000000        12.50000
X(1, 3)         20.00000        0.000000
X(1, 4)         0.000000        13.50000
X(1, 5)         0.000000        6.300000
X(2, 1)         5.000000        0.000000
X(2, 2)         0.000000        6.000000
X(2, 3)         0.000000        4.500000
X(2, 4)         25.00000        0.000000
X(2, 5)         15.00000        0.000000
X(3, 1)         10.00000        0.000000
X(3, 2)         20.00000        0.000000
X(3, 3)         5.000000        0.000000
```

X(3, 4)	0.000000	6.500000
X(3, 5)	0.000000	11.50000

即:甲车队派 20 辆到 A3 公司;乙车队派 5 辆到 A1 公司,派 25 辆到 A4 公司,派 15 辆到 A5 公司;丙车队派 10 辆到 A1 公司,派 20 辆到 A2 公司,派 5 辆到 A3 公司,总行程最小,为 707.5 公里。

例 1.26 请用 LINGO 求解以下模型。

$$\min \ z = x_1 + x_2 + x_3 + x_4 + x_5 + x_6$$

$$\text{s. t.} \begin{cases} x_1 + 2x_2 + x_4 + x_6 \geqslant 100 \\ 2x_3 + 2x_4 + x_5 + x_6 \geqslant 100 \\ 3x_1 + x_2 + 2x_3 + 3x_5 + x_6 \geqslant 100 \\ x_1, x_2, x_3, x_4, x_5, x_6 \geqslant 0 \end{cases}$$

解 请扫码观看讲解视频。

例 1.26 讲解视频

例 1.27 请用 LINGO 求解例 1.22。

解 请扫码观看讲解视频。

例 1.27 讲解视频

习 题 1

1.1 将下列线性规划化成标准型:

(1) $\min z = 5x_1 - 2x_2 + 4x_3 - 3x_4$

$$\text{s. t.} \begin{cases} -x_1 + 2x_2 - 3x_3 + 4x_4 = -2 \\ -x_1 + 3x_2 + x_3 + x_4 \leqslant 14 \\ 2x_1 - x_2 + 3x_3 - x_4 \geqslant 2 \\ x_1, x_2, x_3, x_4 \geqslant 0 \end{cases}$$

(2) $\min z = 3x_1 + 6x_2 - x_3$

$$\text{s. t.} \begin{cases} x_1 - x_2 + x_3 \geqslant -4 \\ x_1 + 2x_2 - x_3 \leqslant 6 \\ 3x_1 - x_2 + 2x_3 = 8 \\ x_1, x_2, x_3 \geqslant 0 \end{cases}$$

1.2 已知某线性规划问题的约束条件为

$$\text{s. t.} \begin{cases} 2x_1 + x_2 - x_3 = 25 \\ x_1 + 3x_2 - 4x_3 = 50 \\ 4x_1 + 7x_2 - x_3 - 2x_4 - x_5 = 85 \\ x_1, x_2, x_3, x_4, x_5 \geqslant 0 \end{cases}$$

判断下列各点是否为线性规划的基可行解:

(1) $\boldsymbol{X} = (5, 15, 0, 20, 0)$;

(2) $\boldsymbol{X}=(9,7,0,0,8)$；

(3) $\boldsymbol{X}=(15,5,10,0,0)$。

1.3 用单纯形法解下列各题：

(1) $\max z=12x_1+9x_2+7x_3$

$$\text{s. t.}\begin{cases}3x_1+2x_2+x_3\leqslant20 & \text{（A 资源）}\\x_1+x_2+x_3\leqslant11 & \text{（B 资源）}\\12x_1+4x_2+x_3\leqslant48 & \text{（C 资源）}\\x_1,x_2,x_3\geqslant0\end{cases}$$

(2) $\max z=9x_1+6x_2+8x_3$

$$\text{s. t.}\begin{cases}6x_1+5x_2+6x_3\leqslant2\ 400\\5x_1+4x_2+4x_3\leqslant2\ 000\\8x_1+5x_2+6x_3\leqslant3\ 000\\x_1,x_2,x_3\geqslant0\end{cases}$$

(3) $\max z=2x_1-x_2+x_3$

$$\text{s. t.}\begin{cases}3x_1+x_2+x_3\leqslant60\\x_1-x_2+2x_3\leqslant10\\x_1+x_2-x_3\leqslant20\\x_1,x_2,x_3\geqslant0\end{cases}$$

1.4 用大 M 法求下列各题：

(1) $\max z=3x_1+2x_2+3x_3$

$$\text{s. t.}\begin{cases}2x_1+x_2+x_3\leqslant2\\3x_1+4x_2+2x_3\geqslant8\\x_1,x_2,x_3\geqslant0\end{cases}$$

(2) $\max z=4x_1+5x_2-3x_3$

$$\text{s. t.}\begin{cases}2x_1-x_2+x_3\geqslant5\\x_1-x_2\geqslant1\\2x_1+3x_2+x_3\leqslant20\\x_1,x_2,x_3\geqslant0\end{cases}$$

(3) $\max z=2x_1-x_2+3x_3$

$$\text{s. t.}\begin{cases}2x_1-x_2+x_3\geqslant5\\x_1+2x_2+x_3\leqslant4\\x_1,x_2\geqslant0\end{cases}$$

1.5 某一求目标函数极大值的线性规划问题，用单纯形法求解时得到某一步的单纯形表，如表 1-28 所示。

表 1-28

x_b	b	x_1	x_2	x_3	x_4	x_5
x_3	4	-1	3	1	0	0
x_4	1	a_1	-4	0	1	0
x_5	d	a_2	a_3	0	0	1
σ_j		c	-2	0	0	0

问 a_1,a_2,a_3,c,d 各为何值以及变量 x 属于哪一类性质变量时：

(1) 现有解为唯一最优解？

(2) 现有解为最优解，但存在着多个最优解？

(3) 存在可行解，但目标函数无界？

(4) 此线性规划问题无可行解？

1.6 某投资公司对可投资的四家对象作了调研，对可能遇到的风险、可能得到的收益及可能回收全部资金的年限都作了估计,结果如表 1-29 所示。

表 1-29

投 资 对 象	风 险 因 素	期望年收益率/(%)	回收年限/年
1	0.06	6.00	10
2	0.02	5.25	4
3	0.13	6.50	5
4	0.50	14.50	2

该投资公司希望把有限资金分配给这四项投资对象,但是希望期望风险(加权平均的风险)因素不大于 0.25,加权平均的回收期允许超过 5 年,问如何分配投资可使收益最大? 只要求列出其数学模型的表达式。

1.7　某汽水厂有两条生产流水线,一条以 250 g 装瓶为主,另一条以 500 g 装瓶为主。工厂每周工作 6 天,每天工作 8 h,250 g 装汽水每瓶利润 0.15 元,500 g 装汽水每瓶利润 0.25 元,每星期可供装瓶的汽水原料为 25×10^4 kg。食品公司每天负责包销的数量为 250 g 装汽水 2 万瓶和 500 g 装汽水 3 万瓶。两条生产流水线的生产能力如表 1-30 所示。

表 1-30

每分钟生产能力	250 g 装瓶	500 g 装瓶
生产流水线 A	100 瓶	40 瓶
生产流水线 B	50 瓶	70 瓶

为了获得最大的利润和使全部产品都销售出去,应计划每星期生产 250 g 和 500 g 装的汽水各多少瓶? 试列出线性规划模型。

1.8　上海某羽绒服装厂生产滑雪衫、击剑衫和背心三种羽绒产品,每件需要的羽绒量分别为 0.3 kg,0.21 kg 和 0.12 kg;生产的平均劳动工时定额分别为 0.56 天、0.37 天和 0.17 天,出厂价格分别为 9.85 元、9.64 元和 3.87 元。该厂还生产化纤氯纶衫,原材料有足够的供应,每件劳动工时定额 0.34 天,每件出厂价格平均为 2.50 元。如在今后一段时间内有 1×10^4 kg 羽绒可使用和有 250 000 劳动日可用来生产这四种产品,问应如何安排各品种的产量计划才能使总的产值最高? 试列出相应的数学模型。

1.9　某家具厂生产三种形式的木橱。该厂有四个生产小组都能完成这项任务,但生产成本不同,具体生产费用见表 1-31。

表 1-31

木 橱 形 式	小 组			
	1	2	3	4
一	4	4	5	7
二	7	6	5	6
三	10	12	8	11

各小组生产每件产品的工时如表 1-32 所示。表 1-32 中还列出了各小组下一生产周期中能用来生产木橱的总工时数。

表 1-32

木 橱 形 式	小 组			
	1	2	3	4
一	2.5	3	2	2
二	3	2	2	2.5
三	6	8	6	5
可利用总工时/h	2 400	3 000	3 000	4 000

在下一生产周期中这三种木橱的计划产量分别为 800 件、1 000 件和 600 件。试建立一个可使生产费用最低的各小组生产数量的数学模型。

第 2 章　对偶理论和灵敏度分析

【基本要求、重点、难点】

基本要求

（1）了解对偶问题的特点，熟悉互为对偶问题之间的关系。

（2）掌握对偶理论及其性质。

（3）掌握对偶单纯形法。

（4）熟悉灵敏度分析的概念和内容。

（5）掌握限制常数和价值系数、约束条件系数的变化对原最优解的影响。

（6）掌握增加新变量和增加新约束条件对原最优解的影响，并求出相应因素的灵敏度范围。

（7）了解参数线性规划的解法。

（8）了解影子价格的经济意义。

重点　对偶单纯形法和灵敏度分析。

难点　灵敏度分析。

通过第 1 章的学习，我们已经具备了求解及应用线性规划的能力。然而在实际应用中，求取最优解往往不是唯一的目的，还希望利用线性规划模型对实际问题作更为深入的经济分析，为决策者提供更加丰富可靠的决策信息。因此，有必要对线性规划作进一步的讨论。

本章将着重讲解线性规划的对偶原理及经济意义、灵敏度分析、参数规划。作为第 1 章的延续，这些内容是线性规划理论的重要组成部分，也是进行经济分析的必备工具。

2.1　单纯形法的矩阵描述

第 1 章介绍了单纯形法的表格计算方法，为了满足对线性规划作进一步讨论的需要，下面介绍单纯形的矩阵描述。

设一般线性规划为

$$\max z = CX \tag{2.1}$$

$$\text{s. t.} \begin{cases} AX \leqslant (=, \geqslant) b & (2.2) \\ X \geqslant 0 & (2.3) \end{cases}$$

在约束的左边加上（或减去）松弛变量及加上人工变量，并假设前 m 列构成最优基且记为 B，于是上述模型可用矩阵表示为

$$\max z = C_B X_B + C_N X_N + C_I X_I \tag{2.4}$$

$$\text{s. t.} \begin{cases} BX_B + NX_N + IX_I = b & (2.5) \\ X_B, X_N, X_I \geqslant 0 & (2.6) \end{cases}$$

其中，B 为最优基，对应的 X_B 为最优基变量（假定由 A 的前 m 列构成）；C_B 为基变量目标系

数；N，I 均为非基，对应的 X_N，X_I 为非基变量。I（单位矩阵）由松弛变量和人工变量的系数列向量构成，N 由 A 中的非基向量及大于或等于（$\geqslant$）约束的松弛变量的系数列向量构成；C_N 为 X_N 对应的目标系数；C_I 为 X_I 对应的目标系数，对应于松弛变量的是 0，对应于人工变量的是 $-M$。

由式(2.5)可得

$$BX_B = b - NX_N - IX_I$$
$$X_B = B^{-1}b - B^{-1}NX_N - B^{-1}IX_I \tag{2.7}$$

由式(2.7)代入式(2.4)得

$$\max z = C_B(B^{-1}b - B^{-1}NX_N - B^{-1}IX_I) + C_NX_N + C_IX_I$$
$$= C_BB^{-1}b + (C_N - C_BB^{-1}N)X_N + (C_I - C_BB^{-1}I)X_I \tag{2.8}$$

假定 B 为最优基，X_B 为最优基变量，于是令非基变量为 0，即 $X_N = 0$，$X_I = 0$，由式(2.7)和式(2.8)得最优解为

$$X_B^* = B^{-1}b \tag{2.9}$$
$$\max z^* = C_BB^{-1}b \tag{2.10}$$

从式(2.9)和式(2.10)可以看出，b 及 C_B 都是原始数据，关键在于 B^{-1}，若已知最优基 B 及 B^{-1}，就可以很容易地按式(2.9)和式(2.10)求得最优解，但是在实际中，事先并不知道最优基，最优基必须通过由初始单纯形表一步一步地迭代到最终单纯形表，从最终单纯形表中找到。式(2.9)和式(2.10)的意义主要在于在进一步分析线性规划的结果时起作用。

下面将矩阵结论与单纯形表作如下对照。由式(2.4)、式(2.5)构成初始单纯形表，由式(2.7)、式(2.8)得到最终单形表，将它们列入表 2-1。

表 2-1

		$c_j \rightarrow$		C_B	C_N	C_I	θ_i
	基变量的目标系数	基变量	右端项	X_B	X_N	X_I	$\downarrow$
初始表	C_I	X_I	b	B	N	I	
	z		C_Ib	$C_B - C_IB$	$C_N - C_IN$	0	$\leftarrow \delta_j$
	$\vdots$	$\vdots$	$\vdots$	$\vdots$	$\vdots$	$\vdots$	$\vdots$
最优表	C_B	X_B	$B^{-1}b$	I	$B^{-1}N$	B^{-1}	
	z		$C_BB^{-1}b$	0	$C_N - C_BB^{-1}N$	$C_I - C_BB^{-1}$	$\leftarrow \delta_j$

从表 2-1 可以看出，最优基 B 的逆 B^{-1} 可以在最终单纯形表中找到，即初始单纯形表的单位矩阵 I 对应的最终单纯形表的元素便构成 B^{-1}，于是可以用式(2.9)和式(2.10)较容易地求出线性规划的最优解。另外，在最终单纯形表中多处用到 C_BB^{-1}，常常令 $Y = C_BB^{-1}$ 称为单纯形乘子(算子)，并且 Y 有其实际的经济意义(后面将要介绍)。

例 2.1　已知线性规划：

$$\max z = 2x_1 - x_2 + x_3$$

$$\text{s. t.} \begin{cases} 3x_1 + x_2 + x_3 \leqslant 60 \\ x_1 - x_2 + 2x_3 \leqslant 10 \\ x_1 + x_2 - x_3 \leqslant 20 \\ x_1, x_2, x_3 \geqslant 0 \end{cases}$$

最优基变量 $\boldsymbol{X}_B^* = [x_4, x_1, x_2]^T$，即最优基为

$$\boldsymbol{B} = \begin{bmatrix} 1 & 3 & 1 \\ 0 & 1 & -1 \\ 0 & 1 & 1 \end{bmatrix}, \quad \boldsymbol{B}^{-1} = \begin{bmatrix} 1 & -1 & -2 \\ 0 & 1/2 & 1/2 \\ 0 & -1/2 & 1/2 \end{bmatrix}$$

x_4 为第一个约束的松弛变量。求此线性规划的最优解。

解　由题已知基变量目标系数 $\boldsymbol{C}_B = [0, 2, -1]$，右端常数为 $\boldsymbol{b} = [60, 10, 20]^T$。根据式(2.9)和式(2.10)得

$$\boldsymbol{X}_B^* = \begin{bmatrix} x_4 \\ x_1 \\ x_2 \end{bmatrix} = \boldsymbol{B}^{-1}\boldsymbol{b} = \begin{bmatrix} 1 & -1 & -2 \\ 0 & 1/2 & 1/2 \\ 0 & -1/2 & 1/2 \end{bmatrix} \begin{bmatrix} 60 \\ 10 \\ 20 \end{bmatrix} = \begin{bmatrix} 10 \\ 15 \\ 5 \end{bmatrix}$$

$$z^* = \boldsymbol{C}_B \boldsymbol{X}_B^* = \boldsymbol{C}_B \boldsymbol{B}^{-1}\boldsymbol{b} = [0, 2, -1] \begin{bmatrix} 10 \\ 15 \\ 5 \end{bmatrix} = 25$$

2.2　线性规划的对偶原理及其经济意义

在线性规划的发展中，对偶问题是一项重要的发现。它有着重要的应用，首先是在原问题和对偶问题的两个线性规划问题中求解任一问题时，全自动地给出了另一个问题的最优解。当对偶问题比原问题有较少约束时，求解对偶问题比求解原问题要方便得多。另外一个重要应用是对偶问题的经济意义，它为决策者提供了更多的供决策参考的信息。

2.2.1　对偶问题的提出

例 2.2　在例 1.1 中，讨论了一个单位的生产计划的数学模型及其解法，现在从另一个角度来讨论这个问题。假设该单位考虑不进行生产而把全部可利用的资源都让给其他单位。该单位希望给这些资源订出一个合理的盈利价格，既使别的单位愿意购买，又使本单位仍能得到与生产两种产品相同的最大收益。

解　设 y_1, y_2, y_3, y_4 分别表示 A，B，C，D 四种资源的盈利价格，在考虑定价时作以下比较：由于生产一件产品 I 所得利润为 2 元，因此将生产产品 I 所用的资源 A，B，C，D 的用量卖掉所得盈利收入不得低于 2 元，即

$$2y_1 + y_2 + 4y_3 + 0y_4 \geqslant 2$$

同理，对于产品 II，有

$$2y_1 + 2y_2 + 0y_3 + 4y_4 \geqslant 3$$

把 A，B，C，D 四种资源全部卖掉的盈利收入为

$$\omega = 12y_1 + 8y_2 + 16y_3 + 12y_4$$

定价时要考虑对方愿接受，不能把价格任意提高，在满足与生产等效益的前提下，应尽可能降低价格。另外，价格不能为负。于是，可得如下线性规划：

$$\min \omega = 12y_1 + 8y_2 + 16y_3 + 12y_4$$

$$\text{s. t.} \begin{cases} 2y_1 + y_2 + 4y_3 + 0y_4 \geqslant 2 \\ 2y_1 + 2y_2 + 0y_3 + 4y_4 \geqslant 3 \\ y_1, y_2, y_3, y_4 \geqslant 0 \end{cases}$$

显然,这个线性规划仍然是利用例 1.1 的数据资源构成的。称例 1.1 为原规划,而称这个规划为原规划的对偶规划。一般而言,每一个线性规划(原规划)都能列出另一个线性规划(对偶规划)。也可以称原规划为原问题,称对偶规划为对偶问题。由于原规划和对偶规划研究的是同一问题,因此它们之间存在着必然联系。

2.2.2 原规划与对偶规划的关系

1. 对称形对偶关系(规则)

定义 具有下列特征的线性规划为对称形线性规划:

(1) 目标是求 max;

(2) 约束都是小于或等于(≤)约束;

(3) 决策变量均非负($x_j \geqslant 0$)。

显然,例 1.1 与例 2.2 是具有对称性的对偶问题。对称形对偶关系可以概括如下。

(1) 目标函数对原问题是极大化,对对偶问题是极小化。

(2) 原问题目标函数中的目标系数成为对偶问题约束不等式中的右端常数,而原问题约束不等式中的右端常数变成对偶问题目标函数中的目标系数。

(3) 原问题的决策变量均非负($x_j \geqslant 0$),对偶问题的约束为"≥"(大于或等于)。

(4) 原问题的约束不等式的系数矩阵转置后即为对偶问题的约束不等式的系数矩阵,换言之,原问题约束方程组中每一行系数对应于对偶问题中约束方程组中每一列的系数。

(5) 原问题的约束条件的行数对应于对偶问题的变量数,即列数;而原问题的变量数对应于对偶问题的约束条件的行数。

现将对称形式的线性规划问题的一般通式和其对应的对偶问题的一般通式列出于下。

原问题:

$$\max z = c_1 x_1 + c_2 x_2 + \cdots + c_n x_n$$

$$\text{s. t.} \begin{cases} a_{11} x_1 + a_{12} x_2 + \cdots + a_{1n} x_n \leqslant b_1 \\ a_{21} x_1 + a_{22} x_2 + \cdots + a_{2n} x_n \leqslant b_2 \\ \qquad\qquad\qquad\vdots \\ a_{m1} x_1 + a_{m2} x_2 + \cdots + a_{mn} x_n \leqslant b_m \\ x_1, x_2, \cdots, x_n \geqslant 0 \end{cases}$$

对偶问题:

$$\min \omega = b_1 y_1 + b_2 y_2 + \cdots + b_m y_m$$

$$\text{s. t.} \begin{cases} a_{11} y_1 + a_{21} y_2 + \cdots + a_{m1} y_n \geqslant c_1 \\ a_{12} y_1 + a_{22} y_2 + \cdots + a_{m2} y_n \geqslant c_2 \\ \qquad\qquad\qquad\vdots \\ a_{1n} y_1 + a_{2n} y_2 + \cdots + a_{mn} y_n \geqslant c_n \\ y_1, y_2, \cdots, y_m \geqslant 0 \end{cases}$$

如果把原问题和对偶问题列在表 2-2 中,它们之间的关系就更加清楚了。从横向看就是原问题,从纵向看就是对偶问题。

表 2-2

y_i	x_j				原约束	$\min \omega$
	x_1	x_2	$\cdots$	x_n		
y_1	a_{11}	a_{12}	$\cdots$	a_{1n}	$\leqslant$	b_1
y_2	a_{12}	a_{22}	$\cdots$	a_{2n}	$\leqslant$	b_2
$\vdots$	$\vdots$	$\vdots$		$\vdots$	$\vdots$	$\vdots$
y_m	a_{m1}	a_{m2}	$\cdots$	a_{mn}	$\leqslant$	b_m
对偶约束	$\geqslant$	$\geqslant$	$\cdots$	$\geqslant$	$\max z = \min \omega$	
$\max z$	c_1	c_2	$\cdots$	c_n		

例 2.3　写出下列对称形线性规划的对偶规划:

$$\max z = x_1 + 2x_2 - 3x_3 + 4x_4$$

$$\text{s. t.} \begin{cases} x_1 + 2x_2 + 2x_3 - 3x_4 \leqslant 25 \\ 2x_1 + x_2 - 3x_3 + 2x_4 \leqslant 15 \\ x_1, x_2, x_3, x_4 \geqslant 0 \end{cases}$$

解　按照对称形式原问题和对偶问题的相应关系,可写出如下的对偶问题:

$$\min \omega = 25y_1 + 15y_2$$

$$\text{s. t.} \begin{cases} y_1 + 2y_2 \geqslant 1 \\ 2y_1 + y_2 \geqslant 2 \\ 2y_1 - 3y_2 \geqslant -3 \\ -3y_1 + 2y_2 \geqslant 4 \\ y_1, y_2 \geqslant 0 \end{cases}$$

2. 非对称形对偶关系(规则)

如果约束中不仅有小于或等于(≤)约束,而且有大于或等于(≥)约束,还有等于(=)约束,变量不一定都要求非负,则称这种更一般形式的线性规划为非对称形线性规划。下面通过具体的例子说明非对称形对偶关系的建立。

例 2.4　写出下列规划的对偶规划:

$$\max z = x_1 + 2x_2 + x_3$$

$$\text{s. t.} \begin{cases} x_1 + x_2 + x_3 \leqslant 2 & (2.11) \\ x_1 - x_2 + x_3 = 1 & (2.12) \\ 2x_1 + x_2 + x_3 \geqslant 2 & (2.13) \\ x_1 \geqslant 0, x_2 \leqslant 0, x_3 \text{ 符号不限} \end{cases}$$

解　前面已经说明如何由对称形式的原问题写出对偶问题了,因此现在先把上述非对称形式转换成对称形式。

约束方程(2.11)符合对称形式的要求,保留不变。

约束方程(2.12)分解成　　　　　　$x_1 - x_2 + x_3 \geqslant 1$

或 $\qquad\qquad\qquad\qquad\qquad\qquad x_1 - x_2 + x_3 \leqslant 1$

将前面一个改写成 $\qquad\qquad\quad -x_1 + x_2 - x_3 \leqslant -1$

约束方程(2.13)乘以 -1，化为

$$-2x_1 - x_2 - x_3 \leqslant -2$$

对约束条件 $x_2 \leqslant 0$ 以 $x_4 = -x_2$ 代入，变换所有 x_2，这样得 $x_4 \geqslant 0$。

对正负不限的变量 x_3 以非负变量 x_5 和 x_6 之差来代替，即 $x_3 = x_5 - x_6$，这样原问题转换成如下的对称形式：

$$\max z = x_1 - 2x_4 + x_5 - x_6$$

$$\text{s. t.} \begin{cases} x_1 - x_4 + x_5 - x_6 \leqslant 2 \\ -x_1 - x_4 - x_5 + x_6 \leqslant -1 \\ x_1 + x_4 + x_5 - x_6 \leqslant 1 \\ -2x_1 + x_4 - x_5 + x_6 \leqslant -2 \\ x_1, x_4, x_5, x_6 \geqslant 0 \end{cases}$$

按对称形对偶问题的方式可写出如下对偶问题：

$$\min \omega = 2y_1 - y_2 + y_3 - 2y_4$$

$$\text{s. t.} \begin{cases} y_1 - y_2 + y_3 - 2y_4 \geqslant 1 \\ -y_1 - y_2 + y_3 + y_4 \geqslant -2 \\ y_1 - y_2 + y_3 - y_4 \geqslant 1 \\ -y_1 + y_2 - y_3 + y_4 \geqslant -1 \\ y_1, y_2, y_3, y_4 \geqslant 0 \end{cases}$$

现在得到的对偶问题与原问题无法对照，为了使对偶问题的系数矩阵成为原问题的系数矩阵的转置，并使目标函数中的目标系数与右端常数相对应，还要对目前的对偶问题进行一些转换。

设 $u_1 = y_1, u_2 = -y_2 + y_3, u_3 = -y_4$，并将后两个方程合并，得

$$\min \nu = 2u_1 + u_2 + 2u_3$$

$$\text{s. t.} \begin{cases} u_1 + u_2 + 2u_3 \geqslant 1 \\ u_1 - u_2 + u_3 \leqslant 2 \\ u_1 + u_2 + u_3 = 1 \\ u_1 \geqslant 0, u_2 \text{ 符号不限}, u_3 \leqslant 0 \end{cases}$$

将以上对偶问题和原问题对照可以看到，与对称形对偶问题一样，非对称形对偶关系仍满足以下条件：

（1）对偶问题的系数矩阵为原问题系数矩阵的转置；

（2）对偶问题目标函数中的目标系数向量是原问题右端常数的向量；

（3）对偶问题右端常数的向量是原问题目标函数中的目标系数向量；

（4）max 问题对应 min 问题。

但是变量的符号和约束的性质有着各自的对应关系，表 2-3 列出了非对称形对偶关系（同时也包括了对称形的情形）。按照表 2-3 中的对应关系，在将非对称形式的线性规划写成它的对偶问题时，就不需要把原问题先化为对称形式，而可以直接写出对偶问题（即对偶规划）。

表 2-3

原问题（或对偶问题）	对偶问题（或原问题）
目标函数 max z	目标函数 min ω
变量 $\begin{cases} n\ \text{个} \\ \geqslant 0 \\ \leqslant 0 \\ \text{无约束} \end{cases}$	约束条件 $\begin{cases} n\ \text{个} \\ \geqslant \\ \leqslant \\ = \end{cases}$
约束条件 $\begin{cases} m\ \text{个} \\ \leqslant \\ \geqslant \\ = \end{cases}$	变量 $\begin{cases} m\ \text{个} \\ \geqslant 0 \\ \leqslant 0 \\ \text{无约束} \end{cases}$
约束条件右端项 目标函数中的变量系数	目标函数中的变量系数 约束条件右端项

表中第 2 行表示当原问题求 max 时，对偶问题求 min；第 3～5 行表示当决策变量为非负、非正、符号不定时，对偶问题相应的约束条件表达式分别为 $\geqslant$，$\leqslant$，$=$ 的形式；第 7～9 行表示当原问题约束条件表达式为 $\leqslant$，$\geqslant$，$=$ 时，对偶问题中相应的变量分别为非负（$y_i \geqslant 0$）、非正（$y_i \leqslant 0$）、符号不定。这一对应关系很重要，具有非常重要的实际意义，后面要做专门讨论。由于一对对偶问题相互对偶，当将表 2-3 右半部分作为原问题时，左半部分就是对偶问题，并且对偶关系（规则）也由表 2-3 决定。

例 2.5　写出下列线性规划的对偶问题，然后将对偶问题看作原问题，再写出其对偶问题（即对偶问题的对偶问题）：

$$\max z = 2x_1 + x_2 + 4x_3$$

$$\text{s. t.} \begin{cases} 2x_1 + 3x_2 + x_3 \geqslant 1 & (2.14) \\ 3x_1 - x_2 + x_3 \leqslant 4 & (2.15) \\ x_1 + x_3 = 3 & (2.16) \\ x_1 \geqslant 0, x_2 \leqslant 0, x_3\ \text{符号不定} \end{cases}$$

解　设式（2.14）、式（2.15）、式（2.16）的对偶变量分别为 y_1, y_2, y_3，按照表 2-3 的由左边对应右边的关系，该线性规划的对偶问题为

$$\min \omega = y_1 + 4y_2 + 3y_3$$

$$\text{s. t.} \begin{cases} 2y_1 + 3y_2 + y_3 \geqslant 2 & (2.17) \\ 3y_1 - y_2 \leqslant 1 & (2.18) \\ y_1 + y_2 + y_3 = 4 & (2.19) \\ y_1 \leqslant 0, y_2 \geqslant 0, y_3\ \text{符号不定} \end{cases}$$

将这一规划看作原问题，设式（2.17）、式（2.18）、式（2.19）的对偶变量分别为 u_1, u_2, u_3，按照表 2-3 的由右边对应左边的关系，该原问题的对偶问题为

$$\max \nu = 2u_1 + u_2 + 4u_3$$

$$\text{s. t.} \begin{cases} 2u_1 + 3u_2 + u_3 \geqslant 1 \\ 3u_1 - u_2 + u_3 \leqslant 4 \\ u_1 + u_3 = 3 \\ u_1 \geqslant 0, u_2 \leqslant 0, u_3\ \text{符号不定} \end{cases}$$

显然,这个规划就是题目所给的原问题,这说明对偶问题的对偶问题就是原问题。

2.2.3　对偶规划的基本性质及定理

性质 1(对称性)　对偶问题的对偶问题是原问题。

这一性质在例 2.5 中已得到了验证。

性质 2(弱对偶性)　若 $\bar{X}$ 是原问题的可行解,$\bar{Y}$ 是对偶问题的可行解,则存在 $C\bar{X} \leqslant \bar{Y}b$。

弱对偶性给出了原规划与对偶规划目标值界限的关系,即求 max 问题的可行解的目标值不可能超过求 min 问题的可行解的目标值。

证　设原线性规划问题为 $\max z = CX, AX \leqslant b, X \geqslant 0$。

因为 $\bar{X}$ 是原问题的可行解,所以满足约束条件,即

$$A\bar{X} \leqslant b$$

若 $\bar{Y} \geqslant 0$ 是给定的一组值,设它是对偶问题的可行解,将 Y 左乘上式,得到 $\bar{Y}A\bar{X} \leqslant \bar{Y}b$。

原问题的对偶问题为 $\min \omega = Yb, YA \geqslant C, Y \geqslant 0$。

因为 $\bar{Y}$ 是对偶问题的可行解,所以满足

$$\bar{Y}A \geqslant C$$

将 $\bar{X}$ 右乘上式,得到 $\bar{Y}A\bar{X} \geqslant C\bar{X}$,于是得到

$$C\bar{X} \leqslant \bar{Y}A\bar{X} \leqslant \bar{Y}b$$

证毕。

性质 3(最优性)　设 X 是原问题的可行解,Y 是对偶问题的可行解,当 $z = CX = Yb = \omega$ 时,X, Y 是最优解。

最优性说明:当原规划的目标函数值等于对偶规划的目标函数值时,两者都取得最优解。

性质 4(强对偶性,即对偶定理)　若原问题有最优解,则对偶问题也有最优解,且最优解的目标函数值相等。

证　设 X^0 是原问题的最优解,从 2.1 节中可知 $X^0 = B^{-1}b$,$\max z = C_B B^{-1}b$,X^0 对应的基向量的矩阵为 B,必定所有检验数小于或等于零,即

$$C - C_B B^{-1}A \leqslant 0$$

设

$$Y^0 = C_B B^{-1}$$

则

$$Y^0 A \geqslant C$$

这表示 Y^0 满足对偶问题的约束条件,Y^0 是对偶问题的可行解。它给出的目标函数值为

$$\omega = Y^0 b = C_B B^{-1}b$$

因此得

$$\max z = CX^0 = C_B B^{-1}b = Y^0 b = \min \omega$$

由弱对偶性得,两者的最优解相等,Y^0 是对偶问题的最优解。

性质 5　原问题的检验数对应对偶问题的一个解(即原问题的最终检验数为对偶问题的最优解)。根据对称性知,其逆命题成立。

证　设原问题为

$$\max z = CX$$

$$\text{s. t.} \begin{cases} AX + X_S = b \\ X, X_S \geqslant 0 \end{cases}$$

对偶问题为

$$\min \omega = Yb$$

$$\text{s. t.} \begin{cases} YA - Y_S = C \\ Y, Y_S \geqslant 0 \end{cases}$$

设 B 是原问题的一个可行基,于是 $A = (B, N)$,所以原问题可以改写为

$$\max z = C_B X_B + C_N X_N$$

$$\text{s. t.} \begin{cases} BX_B + NX_N + X_S = b \\ X_B, X_N, X_S \geqslant 0 \end{cases}$$

相应地,对偶问题可表示为

$$\min \omega = Yb$$

$$\text{s. t.} \begin{cases} YB - Y_{S_1} = C_B & (2.20) \\ YN - Y_{S_2} = C_N & (2.21) \\ Y, Y_{S_1}, Y_{S_2} \geqslant 0 \end{cases}$$

其中

$$Y_S = (Y_{S_1}, Y_{S_2})$$

下面来分析这些检验数与对偶问题的解之间的关系。

原问题的基可行解为

$$X^0 = \begin{bmatrix} X_B \\ 0 \end{bmatrix}$$

相应的检验数为

$$\bar{\delta} = (0, C_N - C_B B^{-1} N, C_I - C_B B^{-1} I)$$

令 $\bar{Y} = C_B B^{-1}$,并将它代入式(2.20)、式(2.21)得

$$-Y_{S1} = 0$$

$$-Y_{S2} = C_N - C_B B^{-1} N$$

其中,Y_{S_1} 是对应原问题中基变量 X_B 的剩余变量,Y_{S_2} 是对应原问题中非基变量 X_N 的剩余变量。由此可见,在用单纯形表求解原问题的迭代过程中,在检验数所在行的各检验数对应于对偶问题的一个基解,它们的关系如表 2-4 所示。

表 2-4

X_B	X_N	X_S
0	$C_N - C_B B^{-1} N$	$0 - C_B B^{-1}$
$-Y_{S_1}$	$-Y_{S_2}$	$-Y$

表 2-4 中的检验数与对偶问题的解之间仅差一负号。

由性质 5 可知,在求解原问题的过程中,每迭代一次,得到原问题的一个基可行解,并对应得到一组检验数,将这组检验数反号即得到对应对偶问题的一个基可行解。

性质 6(互补松弛定理)　X^*, Y^* 分别为原问题($\max \{z = CX \mid AX \leqslant b, X \geqslant 0\}$)与它的对偶问题的最优解的充要条件如下。

(1) 对于所有的 i,有(对原问题而言)

① 如果 $y_i^* > 0$,则 $x_{S_i}^* = 0$(x_{S_i} 为松弛变量);

② 如果 $x_{S_i}^* > 0$,则 $y_i^* = 0$,或

$$y_i^* \cdot x_{S_i}^* = 0 \quad (Y^* \cdot X_{S_i}^* = 0)$$

(2) 对于所有的 j,有(对对偶问题而言)

$$x_i^* \cdot y_{s_i}^* = 0 \quad (\boldsymbol{X}^* \cdot \boldsymbol{Y}_S^* = 0)$$

证 设原问题为

$$\max z = \boldsymbol{CX} \tag{2.22}$$

$$\text{s. t.} \begin{cases} \boldsymbol{AX} + \boldsymbol{X}_S = \boldsymbol{b} \\ \boldsymbol{X}, \boldsymbol{X}_S \geqslant 0 \end{cases} \tag{2.23}$$

其对偶问题为

$$\min \omega = \boldsymbol{Yb} \tag{2.24}$$

$$\text{s. t.} \begin{cases} \boldsymbol{YA} - \boldsymbol{Y}_S = \boldsymbol{C} \\ \boldsymbol{Y}, \boldsymbol{Y}_S \geqslant 0 \end{cases} \tag{2.25}$$

将式(2.25)代入式(2.22)、式(2.23)代入式(2.24),得

$$z = \boldsymbol{CX} = (\boldsymbol{YA} - \boldsymbol{Y}_S)\boldsymbol{X} = \boldsymbol{YAX} - \boldsymbol{Y}_S\boldsymbol{X} \tag{2.26}$$

$$\omega = \boldsymbol{Yb} = \boldsymbol{Y}(\boldsymbol{AX} + \boldsymbol{X}_S) = \boldsymbol{YAX} + \boldsymbol{YX}_S \tag{2.27}$$

若 $\boldsymbol{X}^*$、$\boldsymbol{X}_S^*$、$\boldsymbol{Y}^*$、$\boldsymbol{Y}_S^*$ 是最优解,则根据性质4即对偶定理得

$$z^* = \boldsymbol{CX}^* = \boldsymbol{Y}^*\boldsymbol{b} = \omega^*$$

于是式(2.26)等于式(2.27),即

$$\boldsymbol{Y}^*\boldsymbol{AX}^* - \boldsymbol{Y}_S^*\boldsymbol{X}^* = \boldsymbol{Y}^*\boldsymbol{AX}^* + \boldsymbol{Y}^*\boldsymbol{X}_S^*$$

化简为

$$\boldsymbol{Y}_S^*\boldsymbol{X}^* + \boldsymbol{Y}^*\boldsymbol{X}_S^* = 0$$

因为 $\boldsymbol{X}^*, \boldsymbol{X}_S^*, \boldsymbol{Y}^*, \boldsymbol{Y}_S^* \geqslant 0$,所以必须有

$$\boldsymbol{Y}_S^* \cdot \boldsymbol{X}^* = 0$$

$$\boldsymbol{Y}^* \cdot \boldsymbol{X}_S^* = 0$$

反之,可知充分性成立。证毕。

性质6说明了,如果原问题某个方程的松弛变量有解($\boldsymbol{X}_{S_j} > 0$),那么对应的对偶变量必定为0。

性质7(无界性) 若原问题(对偶问题)有无界解,则其对偶问题(原问题)无可行解。

性质7由性质2弱对偶性显然可得证。

注意,这个问题的性质不存在逆。当原问题(对偶问题)无可行解时,其对偶问题(原问题)或有无界解或无可行解。

根据对偶的性质,可得原问题与对偶问题之间的对偶关系如表2-5所示。

表 2-5

问题与解的状态		对偶问题		
		有最优解	无 界	无可行解
原 问 题	有最优解	一定	不可能	不可能
	无 界	不可能	不可能	可能
	无可行解	不可能	可能	可能

例2.6 已知线性规划问题:

$$\max z = x_1 + x_2$$

$$\text{s. t.} \begin{cases} -x_1 + x_2 + x_3 \leqslant 2 \\ -2x_1 + x_2 - x_3 \leqslant 1 \\ x_1, x_2, x_3 \geqslant 0 \end{cases}$$

使用对偶理论证明上述线性规划问题无最优解。

证　由题看到该问题存在可行解,例如 $\boldsymbol{X} = (0,0,0)$。该问题的对偶问题为

$$\min \omega = 2y_1 + y_2$$

$$\text{s. t.} \begin{cases} -y_1 - 2y_2 \geqslant 1 \\ y_1 + y_2 \geqslant 1 \\ y_1 - y_2 \geqslant 0 \\ y_1, y_2 \geqslant 0 \end{cases}$$

由第 1 个约束条件可知,对偶问题无可行解,因原问题有可行解,故原问题有无界解,即无最优解。证毕。

例 2.7　已知线性规划问题:

$$\min \omega = 2x_1 + 3x_2 + 5x_3 + 2x_4 + 3x_5$$

$$\text{s. t.} \begin{cases} x_1 + x_2 + 2x_3 + x_4 + 3x_5 \geqslant 4 \\ 2x_1 - x_2 + 3x_3 + x_4 + x_5 \geqslant 3 \\ x_1, x_2, x_3, x_4, x_5 \geqslant 0 \end{cases}$$

已知其对偶问题的最优解为 $y_1^* = 4/5, y_2^* = 3/5; z = 5$。试用对偶理论找出原问题的最优解。

解　先写出它的对偶问题:

$$\max z = 4y_1 + 3y_2$$

$$\text{s. t.} \begin{cases} y_1 + 2y_2 \leqslant 2 & (2.28) \\ y_1 - y_2 \leqslant 3 & (2.29) \\ 2y_1 + 3y_2 \leqslant 5 & (2.30) \\ y_1 + y_2 \leqslant 2 & (2.31) \\ 3y_1 + y_2 \leqslant 3 & (2.32) \\ y_1, y_2 \geqslant 0 \end{cases}$$

将 y_1^*, y_2^* 的值代入约束条件式,得式(2.29)、式(2.30)、式(2.31)为严格不等式,由互补松弛定理得 $x_2^* = x_3^* = x_4^* = 0$。因 $y_1, y_2 \geqslant 0$,原问题的约束条件应取等式,故由

$$x_1^* + 3x_5^* = 4$$
$$2x_1^* + x_5^* = 3$$

求解后得到原问题的最优解为

$$\boldsymbol{X}^* = [1,0,0,0,1]^\mathrm{T}, \quad \omega^* = 5$$

2.2.4　对偶单纯形法

从前面的讨论中可以看到,在原问题的优化过程中同时也可以得到对偶问题的最优解。原问题和对偶问题都要满足一定的约束条件。极大化的原问题要满足的条件为

$$\boldsymbol{AX} \leqslant \boldsymbol{b}, \quad \boldsymbol{X} \geqslant 0$$

上述条件一般称为原始可行性条件(primal feasibility condition)。又原始问题相应的对偶问题也要满足一定的约束条件:

$$\boldsymbol{YA} \geqslant \boldsymbol{C}, \quad \boldsymbol{Y} \geqslant 0$$

也可以写成

$$C-YA \leqslant 0, \quad Y \geqslant 0$$

该条件一般称为对偶可行性条件(dual feasibility condition)。但是,在原问题符合最优条件时,检验数满足

$$\delta_j \leqslant 0$$

且 $C_B B^{-1}$ 是对偶问题的可行解,因此对偶可行性条件与原始最优条件是一样的。

单纯形法是从求一个原问题的可行解转到求另一个可行解,连续迭代到检验数都为非正,也就是到满足最优条件为止;对偶单纯形法则是从满足对偶可行性条件(即满足原始最优条件 $\delta_j \leqslant 0$)的原问题不可行解逐步转到原问题的可行解。在前面的分析中可以看到,满足最优条件的单纯形算子 Y 是对偶问题的一个可行解,因此在单纯形法的迭代过程中即使遇到原问题的不可行解,只要检验数满足非正条件,在极大化标准问题中对偶问题还是可行的。因此,求取最优解的迭代过程就不一定要从满足原问题的可行性上开始逐步改进,而是从满足对偶问题的可行性上逐步改进,因为最终的结果是一样的。对偶单纯形法采取的是从对偶可行性逐步搜索原问题最优解的做法。

对偶单纯形法

对偶单纯形法的计算步骤如下。

(1) 根据线性规划问题,列出初始单纯形表(目标以 max 为标准),检查 b 列的数字,若 b 列数字都非负,检验数都非正,已得最优解,停止计算。若 b 列中至少还有一个负分量,检验数保持非正,那就进行以下计算。

(2) 确定换出基变量。

把 $\min\{(B^{-1}b)_i \mid (B^{-1}b)_i < 0\} = (B^{-1}b)_l$ 对应的基变量 x_l 作为换出基变量。

(3) 确定换入基变量。

在单纯形表中检查 x_l 所在行的各系数 $a_{lj}(j=1,2,\cdots,n)$。若所有的 $a_{lj} \geqslant 0$,则无可行解,停止计算。若存在 $a_{lj} < 0 \ (j=1,2,\cdots,n)$,则计算

$$\theta_k = \min\left\{\frac{\delta_j}{a_{lj}} \,\bigg|_{a_{lj}<0}\right\} = \frac{\delta_k}{a_{lk}} \tag{2.33}$$

把 θ_k 所对应的列的非基变量 x_k 作为换入基变量,这样才能保持得到的对偶问题的解仍为可行解,即检验数仍非正。

(4) 以 a_{lk} 为主元素,采用单纯形法在单纯形表中进行迭代运算,得到新的单纯形表。

(5) 重复步骤(1)~(4),直到得到最优解为止。

下面举例来说明具体的算法。

例 2.8 用对偶单纯形法计算例 2.2 的对偶问题:

$$\min \omega = 12y_1 + 8y_2 + 16y_3 + 12y_4$$

$$\text{s. t.} \begin{cases} 2y_1 + y_2 + 4y_3 + 0y_4 \geqslant 2 \\ 2y_1 + 2y_2 + 0y_3 + 4y_4 \geqslant 3 \\ y_1, y_2, y_3, y_4 \geqslant 0 \end{cases}$$

解 化为标准型后,为了得到初始基(单位矩阵),在两个约束条件表达式两边乘以 -1,并加松弛变量 x_5, x_6,得

$$\max z = -12y_1 - 8y_2 - 16y_3 - 12y_4 + 0y_5 + 0y_6$$

$$\text{s. t.} \begin{cases} -2y_1 - y_2 - 4y_3 - 0y_4 + y_5 = -2 \\ -2y_1 - 2y_2 - 0y_3 - 4y_4 + y_6 = -3 \\ y_1, y_2, \cdots, y_6 \geqslant 0 \end{cases}$$

将上述问题的有关数字填入单纯形表,得到表 2-6。因为初始解是非可行解,表 2-6 中的检验数已都是负数,所以可按对偶单纯形法计算。通过迭代,得到可行解。检验数仍都保持为负数,这就得到了最优解。具体迭代过程见表 2-6。

表 2-6

	c_j			-12	-8	-16	-12	0	0
	C_B	X_B	b	y_1	y_2	y_3	y_4	y_5	y_6
I	0	y_5	-2	-2	-1	-4	0	1	0
	0	y_6	-3	-2	-2	0	$[-4]$	0	1
	检验数			-12	-8	-16	-12	0	0
II	0	y_5	-2	-2	$[-1]$	-4	0	1	0
	-12	y_4	$+\dfrac{3}{4}$	$\dfrac{1}{2}$	$\dfrac{1}{2}$	0	1	0	$-\dfrac{1}{4}$
	检验数			-6	-2	-16	0	0	-3
III	-8	y_2	2	2	1	4	0	-1	0
	-12	y_4	$-\dfrac{1}{4}$	$-\dfrac{1}{2}$	0	$[-2]$	1	$\dfrac{1}{2}$	$-\dfrac{1}{4}$
	检验数			-2	0	-8	0	-2	-3
IV	-8	y_2	$1\dfrac{1}{2}$	1	1	0	2	0	$-\dfrac{1}{2}$
	-16	y_3	$\dfrac{1}{8}$	$\dfrac{1}{4}$	0	1	$-\dfrac{1}{2}$	$-\dfrac{1}{4}$	$\dfrac{1}{8}$
	检验数			0	0	0	-4	-4	-2

在表 2-6 中的第 I 栏计算表中,从 b 列中选择 min 对应的 y_6 作为换出基变量。检查 y_6 所在行的数字,都为负数,然后按最小比例规则计算得

$$\theta_k = \min\left(\frac{-12}{-2}, \frac{-8}{-2}, -, \frac{-12}{-4}\right) = 3$$

以 $\theta_k = 3$ 所在列的 y_4 作为换入基变量,由此确定 -4 为主元素。按单纯形法进行迭代运算,得到第 II 栏计算表,再重复上述步骤,直到 b 列的数字都非负为止。这时就得到了最优解。

$$y_2 = \frac{3}{2}, \quad y_3 = \frac{1}{8}, \quad y_1 = y_4 = y_5 = y_6 = 0$$

$$\min \omega = 14$$

从以上求解过程可以看到,用对偶单纯形法有以下优点。

(1) 初始解可以是非可行解,当检验数都为负数时,就可以进行基的变换,这时不需要加入人工变量,因此可以简化计算。

(2) 对于变量多于约束条件的线性规划问题,用对偶单纯形法计算可以减少计算工作量,因此对于变量较少,而约束条件很多的线性规划问题,可先将它变换成对偶问题,然后再用对偶单纯形法求解,从而简化计算。

（3）在灵敏度分析中，有时需要用对偶单纯形法，这样可使问题处理得到简化。

然而在实际中，不论是解原规划还是解对偶规划，只需要解某一个规划的解，而另一个规划的解由检验数同进给出。一般多数是解出原规划的解，同时从检验数中得到其对偶规划的解（简称对偶解）。求对偶解的具体方法有以下两种（在解出原规划后）。

方法 1：

$$Y = C_B B^{-1} \tag{2.34}$$

式中，C_B 为原始数据，B^{-1} 可以从最终单纯形表中得到。

方法 2：

$$Y = C_I - \delta_I^* \tag{2.35}$$

式中，C_I 为初始单位矩阵对应变量的目标系数，由 0 或 $-M$ 组成；δ_I^* 为初始单位矩阵对应的最终单纯形表的检验数（即初始单位矩阵对应最优检验数）。

显然，方法 2 要比方法 1 简便。

例 2.9 已知线性规划

$$\max z = 3x_1 - x_2 - x_3$$

$$\text{s. t.} \begin{cases} x_1 - 2x_2 + x_3 \leqslant 11 \\ -4x_1 + x_2 + 2x_3 \geqslant 3 \\ -2x_1 + x_3 = 1 \\ x_1, x_2, x_3 \geqslant 0 \end{cases}$$

的初始单纯形表和最终单纯形表如表 2-7 所示，求对偶解。

表 2-7

		$c_j \rightarrow$	3	-1	-1	0	0	$-M$	$-M$	θ_i
C_B	X_B	b	x_1	x_2	x_3	x_4	x_5	x_6	x_7	$\downarrow$
0	x_5	11	1	-2	1	0	1	0	0	11
$-M$	x_6	3	-4	1	2	-1	0	1	0	$\dfrac{3}{2}$
$-M$	x_7	1	-2	0	1	0	0	0	1	1
	z	$-4M$	$3-6M$	$-1+M$	$-1+3M$	$-M$	0	0	0	$\leftarrow \delta_j$
		$\vdots$								
3	x_1	4	1	0	0	$-\dfrac{3}{2}$	$\dfrac{1}{3}$	$\dfrac{2}{3}$	$-\dfrac{5}{3}$	
-1	x_2	1	0	1	0	-1	0	1	-2	
-1	x_3	9	0	0	1	$-\dfrac{4}{3}$	$\dfrac{2}{3}$	$\dfrac{4}{3}$	$-\dfrac{7}{3}$	
	z	2	0	0	0	$-\dfrac{1}{3}$	$-\dfrac{1}{3}$	$-M+\dfrac{1}{3}$	$-M+\dfrac{2}{3}$	$\leftarrow \delta_j$

解 由方法 1 得

$$Y = [y_1 \ y_2 \ y_3] = C_B B^{-1} = [3 \ -1 \ -1] \begin{bmatrix} \dfrac{1}{3} & \dfrac{2}{3} & -\dfrac{5}{3} \\ 0 & 1 & -2 \\ \dfrac{2}{3} & \dfrac{4}{3} & -\dfrac{7}{3} \end{bmatrix} = \left[\dfrac{1}{3} \ -\dfrac{1}{3} \ -\dfrac{2}{3} \right]$$

由方法 2 得

$$\boldsymbol{Y} = [\, y_1 \ y_2 \ y_3\,] = \boldsymbol{C}_I - \boldsymbol{\delta}_I^* = [\,0, -M, -M\,] - \left[-\frac{1}{3}, -M+\frac{1}{3}, \ -M+\frac{2}{3}\right] = \left[\frac{1}{3}, -\frac{1}{3}, -\frac{2}{3}\right]$$

注意:在使用方法 2 时,要注意初始单纯形表中单位矩阵 $\boldsymbol{I}$ 的排列位置,特别是当单位矩阵 $\boldsymbol{I}$ 不是标准排列时,单位矩阵的第 1 个列向量对应 y_1,单位矩阵的第 2 个列向量对应 y_2,以此类推,单位矩阵的第 m 个列向量对应 y_m。

2.2.5 对偶问题的经济含义——影子价格

原规划与对偶规划在数学上的对称关系,在前文中已作了较详细的讨论。两者在实际经济意义上还具有深刻的含义,理解和掌握对偶解及其相关的检验数的经济含义,是深入学习线性规划和进行经济分析的一把钥匙。

考虑以下的原问题、对偶问题。

原问题:

$$\max z = \boldsymbol{C} \cdot \boldsymbol{X}$$
$$\boldsymbol{AX} \leqslant \boldsymbol{b}$$
$$\boldsymbol{X} \geqslant 0$$

对偶问题:

$$\min \omega = \boldsymbol{Y} \cdot \boldsymbol{b}$$
$$\boldsymbol{YA} \geqslant \boldsymbol{C}$$
$$\boldsymbol{Y} \geqslant 0$$

若 $\boldsymbol{B}$ 为原问题最优时的最优基矩阵,$\boldsymbol{C}_B$ 为此时的基变量目标系数向量,$\boldsymbol{X}^*$ 和 $\boldsymbol{Y}^*$ 分别为它们的最优解,z^* 和 ω^* 为相应的最优值。

已知 $\qquad\qquad\qquad z^* = \omega^* = \boldsymbol{C}_B \boldsymbol{B}^{-1} \boldsymbol{b} = \boldsymbol{Y}^* \boldsymbol{b}$

即 $\qquad\qquad z^* = y_1^* b_1 + y_2^* b_2 + \cdots + y_i^* b_i + \cdots + y_m^* b_m$

则有

$$\frac{\partial z^*}{\partial b_i} = y_i^*$$

这个偏导数可以说明 y_i^* 的意义。

定义 在一个对偶问题中,原问题的某个约束条件表达式的右端项常数 b_i 增加一个单位时,引起的目标函数值 z 的改变量即为对偶解 y_i^*,称为第 i 个约束条件的影子价格(shadow price,SP),又称为边际价格。

由原问题与对偶问题的对应关系可知,约束与变量相对应,即原规划的 m 个约束对应着对偶规划的 m 个对偶解 $y_i (i=1,2,\cdots,m)$,又知对偶解 y_i 有正也有负。原规划中第 i 个约束为"$\leqslant$"约束时,该约束对应的影子价格 $y_i \geqslant 0$;原规划中第 i 个约束为"$\geqslant$"约束时,该约束对应的影子价格 $y_i \leqslant 0$。

通常将"$\leqslant$"约束看作资源限制因素,这类约束的影子价格 $y_i \geqslant 0$ 说明:当增加资源量时,会使得目标函数值有增加的趋势,y_i 的大小说明了资源的稀缺程度。

通常将"$\geqslant$"约束看作需求限制因素,这类约束的影子价格 $y_i \leqslant 0$ 说明:当增加需求量时,会使得目标函数值有减少的趋势,y_i 的大小说明了需求的强制程度。

由于影子价格反映资源量或需求量增加时对最优的收益产生的影响,因此有人把它称为资源的边际产出或者资源的机会成本和需求的边际代价。它表示资源在最优产品组合下能具有的潜在价格或贡献。

影子价格能有效地提供决策信息。

影子价格有如下特点。

(1) 资源限制因素的影子价格 $y_i \geqslant 0$，反映资源的稀缺程度，稀缺程度愈高，其影子价格愈高。

(2) 根据互补松弛定理，当资源松弛时，其影子价格为 0。

(3) 需求限制因素的影子价格 $y_i \leqslant 0$，反映需求的强制程度，强制程度愈高，其影子价格愈低（绝对值愈高）。

(4) 根据互补松弛定理，当需求过剩时，其影子价格为 0。

(5) 影子价格反映企业的技术、管理水平，在不同的企业中，同一种资源的影子价格不相同。

影子价格有如下应用。

(1) 决定投资方向。如果企业有一定的资金用于扩大再生产购买资源，那么很显然应该用有限的资金优先购买影子价格较高的资源。

(2) 决定企业能够接受某种资源的最高市场价格。某资源的市场价格高于影子价格时，购买后是会亏损的。

(3) 可以确定新产品价格。例如，已经求出例 1.1 的影子价格为 $\boldsymbol{Y} = \left[0, \dfrac{3}{2}, \dfrac{1}{8}, 0\right]$，现在该单位决定生产新产品 Ⅲ，生产一件新产品 Ⅲ 消耗 A，B，C，D 四种资源的数量为 $[2,2,4,1]^{\mathrm{T}}$ 单位，则新产品 Ⅲ 的利润一定要大于 $3.5 \left(= \left[0, \dfrac{3}{2}, \dfrac{1}{8}, 0\right] \begin{bmatrix} 2 \\ 2 \\ 4 \\ 1 \end{bmatrix}\right)$ 元/件才能增加该单位的收益，如产品利润低于 3.5 元/件，则生产新产品 Ⅲ 是不合算的。

(4) 用于技术改造、节约资源的效益分析。技术改造节约出来的资源乘上其影子价格即为改造效益。

虽然影子价格被定名为一种价格，但是对它应有更为广义的理解。影子价格是针对资源约束而言的，而并不是所有的约束都表示资源。

例 2.10　在例 2.8 中得到了例 1.1 的对偶解 $\boldsymbol{Y} = \left[0 \quad \dfrac{3}{2} \quad \dfrac{1}{8} \quad 0\right]$，现需要进行以下决策。

(1) 如果决定购入一种资源以扩大生产，应首先选择追加资源 A，B，C，D 中的哪一种？

(2) 如果资源 B 的市场价格为 2，是否会决定购入？

(3) 现决定生产一种新产品，该产品对 A，B，C，D 四种资源的消耗量分别为 2 单位、2 单位、4 单位、1 单位，则该产品的最低定价应是多少？

(4) 现有一种工艺，实施后，每生产一件产品 Ⅱ 可以节约 1 单位资源 A 和 1 单位资源 B，需要增加 2 元成本，则该工艺是否值得实施？

解　(1) 因为例 1.1 中资源 A，B，C，D 的影子价格分别为 0 元/单位、$\dfrac{3}{2}$ 元/单位、$\dfrac{1}{8}$ 元/单位、0 元/单位，所以应首先考虑增加资源 B。这是因为相比之下，资源 B 能带来的收益增加值最大。

（2）每购入 1 单位资源 B，花费 2 元，但使收益仅增加 $\frac{3}{2}$ 元，因此购入资源 B 不合算。

（3）新产品的定价应不小于 $3.5\left(=\left[0,\frac{3}{2},\frac{1}{8},0\right]\begin{bmatrix}2\\2\\4\\1\end{bmatrix}\right)$ 元/件。

（4）实施该工艺增加成本 2 元/件，节约资源的收益为 $\frac{3}{2}(=1\times 0+1\times\frac{3}{2})$ 元/件，因此该工艺不值得实施。

以上的分析是有前提的，即最优解的最优基没有变化，具体的分析还要结合 2.3 节"灵敏度分析"来进行。正是因为影子价格在经济管理中能对收益提供大量有益的信息，所以对偶理论中的影子价格概念正日益受到人们的重视。

2.3　灵敏度分析

线性规划是系统管理工作中行之有效的一个工具。可是，要使用好这个工具，除了建立模型时要考虑到许多因素外，还要考虑到使用数据的正确性。可以从两方面来看：

（1）模型中要用到的许多数据往往来自估计、统计、预测，甚至是假设的，存在有不同程度的不可靠性，参数估计的误差对最优决策会有多大的影响，这是需要分析的；

（2）确定的参数往往会有一定波动，比如市场价格、原料量等都是易变参数，当这些参数发生变化时，会不会改变最优决策，也是需要分析的。

对数据资料可能的波动作进一步的研究和分析一般称为灵敏度分析（sensitivity analysis），又称为优化后分析（postoptimality analysis）。灵敏度分析是在取得最优结果之后，在最优结果的基础上，不重新计算而进行的分析。

使用线性规划的管理人员总是希望能通过模型的求解对他所面临的经营管理问题有一个透彻的了解，而通过进行灵敏度分析就有可能对所掌握的资源、产品的组成和收益等相互关系有更加深入的了解。这样就有利于在情况变动时作出最有利的决策，有时对这方面的了解远比得到一个最优方案重要。因此，在应用线性规划时，要把灵敏度分析作为线性规划应用中一个不可缺少的部分来看待。

2.3.1　灵敏度分析的概念

线性规划中用到的数据很多，决策者既希望知道个别数据变化的影响，还希望知道几个数据同时发生变化所产生的影响，因此灵敏度分析的范围比较广泛，这里将局限于讨论个别数据变化的灵敏度。

分析三大类参数的变化：

（1）目标系数 c_j 有变化；

（2）右端常数项（或需求系数）b_j 有变化；

（3）系数矩阵 A 中系数值 a_{ij} 有变化。

参数变化的结果不会超出以下三种情况：

（1）最优解不变，即基变量不变，最优解的值也不变；

（2）基变量不变，但最优解的值有所改变；

（3）基变量改变。

灵敏度分析总是在取得最优结果之后进行，因此必然有一个最优基 $\boldsymbol{B}$、最优基变量 $\boldsymbol{X}_B$ 和最优解 $\boldsymbol{X}_B = \boldsymbol{B}^{-1}\boldsymbol{b}$ 作为分析的基础，所以灵敏度分析就是检验数据改变后，最优解的下列 2 个条件是否仍能保持：

（1）最优性条件，当非基变量检验数都小于或等于 0 时，得其最优解为

$$\delta_j = c_j - \boldsymbol{C}_B \boldsymbol{B}^{-1} \boldsymbol{P}_j \leqslant 0$$

（2）可行性条件，也就是要求所有变量非负，即

$$\boldsymbol{X}_B = \boldsymbol{B}^{-1}\boldsymbol{b} \geqslant 0$$

亦即灵敏度分析条件为

$$\begin{cases} \text{最优性} \quad \delta_j = c_j - \boldsymbol{C}_B \boldsymbol{B}^{-1} \boldsymbol{P}_j \leqslant 0 \\ \text{可行性} \quad \boldsymbol{X}_B = \boldsymbol{B}^{-1}\boldsymbol{b} \geqslant 0 \end{cases} \tag{2.36}$$

下面分别分析目标系数 c_j、右端项 b_i 和技术系数 a_{ij} 的灵敏度范围。

2.3.2　目标系数 c_j 的灵敏度分析

目标函数的变化只是对最优性条件

$$c_j - \boldsymbol{C}_B \boldsymbol{B}^{-1} \boldsymbol{P}_j \leqslant 0$$

有影响（其中，$\boldsymbol{P}_j$ 为非基阵 $\boldsymbol{N}$ 中与 c_j 对应的列向量），所以主要分析检验数 δ_j，而基变量的目标系数与非基变量的目标系数对 δ_j 的影响是不相同的。

2.3.2.1　c_j 为非基变量目标系数的灵敏度范围

非基变量目标系数 c_j 的变化只对非基变量对应的检验数 $c_j - \boldsymbol{C}_B \boldsymbol{B}^{-1} \boldsymbol{P}_j$ 有影响，即对它本身对应的检验数有影响。变化前的检验数为

$$\delta_j = c_j - \boldsymbol{C}_B \cdot \boldsymbol{B}^{-1} \boldsymbol{P}_j$$

当 c_j 有一个 Δc_j 的变化后，仍要保证最优性条件，因此必须有

$$\delta_j = c_j + \Delta c_j - \boldsymbol{C}_B \boldsymbol{B}^{-1} \boldsymbol{P}_j \leqslant 0$$

即

$$\Delta c_j \leqslant -(c_j - \boldsymbol{C}_B \boldsymbol{B}^{-1} \boldsymbol{P}_j)$$

$$\Delta c_j \leqslant -\delta_j \tag{2.37}$$

即非基变量的目标系数 c_j 的增量 Δc_j 不能超过它自己对应的最优检验数的相反数，亦即其上限为 $c_j + (-\delta_j)$，而下限不受限制（c_j 越小，非基变量就越不可能进入基变量），非基变量目标系数 c_j 的变化范围可表示为

$$-\infty \leqslant c_j \leqslant c_j^\circ + (-\delta_j) \tag{2.38}$$

式中，c_j° 为原目标系数值。

例 2.11　讨论下列线性规划中非基变量的目标系数 c_j 的灵敏度范围：

$$\max z = 4x_1 + 5x_2 + x_3 + 7x_4$$

$$\text{s. t.} \begin{cases} 8x_1 + 4x_2 + 6x_3 + x_4 \leqslant 120 \\ x_1 + 3x_2 + 2x_3 + 2x_4 \leqslant 30 \\ 3x_1 + 8x_2 + 5x_3 + 3x_4 \leqslant 150 \\ x_1, x_2, x_3, x_4 \geqslant 0 \end{cases}$$

解　添加松弛变量,将约束条件全部化为标准形式,则可以得到以$[x_5, x_6, x_7] = [120,$
$30, 150]$为初始可行基的初始单纯形表(见表 2-8),并计算得最终单纯形表(见表 2-9)。

表 2-8

	$c_j \rightarrow$		4	5	1	7	0	0	0	θ_i
C_B	X_B	b	x_1	x_2	x_3	x_4	x_5	x_6	x_7	$\downarrow$
0	x_5	120	8	4	6	1	1	0	0	120
0	x_6	30	1	3	2	2	0	1	0	15
0	x_7	150	3	8	5	3	0	0	1	75
	z	0	4	5	1	7	0	0	0	$\leftarrow \delta_j$

表 2-9

	$c_j \rightarrow$		4	5	1	7	0	0	0	θ_i
C_B	X_B	b	x_1	x_2	x_3	x_4	x_5	x_6	x_7	$\downarrow$
4	x_1	14	1	$\frac{1}{3}$	$\frac{2}{3}$	0	$\frac{2}{15}$	$-\frac{1}{15}$	0	
7	x_4	8	0	$\frac{4}{3}$	$\frac{2}{3}$	1	$-\frac{1}{15}$	$\frac{8}{15}$	0	
0	x_7	92	0	$\frac{13}{3}$	$\frac{5}{3}$	0	$-\frac{4}{15}$	$-\frac{13}{15}$	1	
	z	112	0	$-\frac{17}{3}$	$-\frac{19}{3}$	0	$-\frac{1}{15}$	$-\frac{52}{15}$	0	$\leftarrow \delta_j$

由表 2-9 可知 x_2 和 x_3 为非基变量,其最优检验数分别为

$$\delta_2 = -\frac{17}{3}, \quad \delta_3 = -\frac{19}{3}$$

根据式(2.37)和式(2.38)得

$$\Delta c_2 \leqslant -\delta_2, \quad \Delta c_2 \leqslant \frac{17}{3}, \quad -\infty < c_2 \leqslant 5 + \frac{17}{3}$$

$$\Delta c_3 \leqslant -\delta_3, \quad \Delta c_3 \leqslant \frac{19}{3}, \quad -\infty < c_3 \leqslant 1 + \frac{19}{3}$$

2.3.2.2　c_j 为基变量目标系数的灵敏度范围

设基变量目标系数 $\boldsymbol{C}_B$ 中第 γ 个发生 $\Delta \boldsymbol{C}_{B\gamma}$ 的变化,由灵敏度分析条件式(2.36)

$$\begin{cases} 最优性 & \delta_j = c_j - \boldsymbol{C}_B \boldsymbol{B}^{-1} \boldsymbol{P}_j \leqslant 0 \\ 可行性 & \boldsymbol{X}_B = \boldsymbol{B}^{-1} \boldsymbol{b} \geqslant 0 \end{cases}$$

可知,$\boldsymbol{C}_B$ 的变化影响到所有的非基变量的检验数,不影响可行性。

若 c_r 是基变量 x_r 的系数。因 $c_r \in \boldsymbol{C}_B$,当 c_r 变化 Δc_r 时,就引起 $\boldsymbol{C}_B$ 的变化,这时

$$(\boldsymbol{C}_B + \Delta \boldsymbol{C}_B) \boldsymbol{B}^{-1} \boldsymbol{P}_j = \boldsymbol{C}_B \boldsymbol{B}^{-1} \boldsymbol{P}_j + [0, \cdots, \Delta c_r, \cdots, 0] \boldsymbol{B}^{-1} \boldsymbol{P}_j$$
$$= \boldsymbol{C}_B \boldsymbol{B}^{-1} \boldsymbol{P}_j + \Delta c_r [a_{r1}, a_{r2}, \cdots, a_{rn}]$$

可见,当 c_r 变化 Δc_r 后,最终单纯形表中的检验数为

$$\delta_j' = c_j - (\boldsymbol{C}_B + \Delta \boldsymbol{C}_B) \boldsymbol{B}^{-1} \boldsymbol{P}_j = \delta_j - \Delta c_r \cdot \bar{a}_{rj} \leqslant 0, \quad j = 1, 2, \cdots, n$$

若要求原最优解不变,则必须满足 $\delta'_j \leqslant 0$,即 $\Delta c_r \cdot \bar{a}_{rj} \geqslant \delta_j$。于是得到

$$\begin{cases} \bar{a}_{rj} < 0, & \Delta c_r \leqslant \delta_j / \bar{a}_{rj}, \\ \bar{a}_{rj} > 0, & \Delta c_r \geqslant \delta_j / \bar{a}_{rj}, \end{cases} \quad j = 1, 2, \cdots, n$$

Δc_r 可变化的范围为

$$\max_j \left\{ \frac{\delta_j}{a_{rj}} \bigg|_{\bar{a}_{rj} > 0} \right\} \leqslant \Delta c_r \leqslant \min_j \left\{ \frac{\delta_j}{a_{rj}} \bigg|_{\bar{a}_{rj} < 0} \right\} \tag{2.39}$$

例 2.12　利用例 2.11 的数据分析基变量的目标系数的灵敏度范围。

解　从表 2-9 可知,x_1 和 x_4 为基变量。

先求 x_1 的目标系数 c_1 的灵敏度范围。非基变量的检验数有 $\delta_2 = -\dfrac{17}{3}$,$\delta_3 = -\dfrac{19}{3}$,$\delta_5 = -\dfrac{1}{15}$,$\delta_6 = -\dfrac{52}{15}$,$x_1$ 所在的行为第 1 行,与非基变量检验数对应的元素为 $a'_{12} = \dfrac{1}{3}$,$a'_{13} = \dfrac{2}{3}$,$a'_{15} = \dfrac{2}{15}$,$a'_{16} = -\dfrac{1}{15}$,根据式(2.39)得

$$\max \left\{ \frac{-17/3}{1/3}, \frac{-19/3}{2/3}, \frac{-1/15}{2/15} \right\} \leqslant \Delta c_1 \leqslant \min \left\{ \frac{-52/15}{-1/15} \right\} \tag{2.40}$$

$$-\frac{1}{2} \leqslant \Delta c_1 \leqslant 52$$

于是有

$$4 - \frac{1}{2} \leqslant c_1 \leqslant 4 + 52$$

$$3\frac{1}{2} \leqslant c_1 \leqslant 56$$

同理,可求出 c_4 的灵敏度范围(x_4 所在第 2 行)为

$$\max \left\{ \frac{-17/3}{4/3}, \frac{-19/3}{2/3}, \frac{-52/15}{8/15} \right\} \leqslant \Delta c_4 \leqslant \min \left\{ \frac{-1/15}{-1/15} \right\} \tag{2.41}$$

$$-\frac{17}{4} \leqslant \Delta c_4 \leqslant 1$$

于是有

$$7 - \frac{17}{4} \leqslant c_4 \leqslant 7 + 1, \quad \frac{11}{4} \leqslant c_4 \leqslant 8$$

对于 c_j 的变动范围具有上界和下界这一结论,还可以直观地进行解释。假定线性规划代表一个产品的规划问题,c_j 代表每种产品的单位收益。在考虑线性规划最优解时,无非是找到最好的产品数量方案。如果资源条件不变,而目标函数中的目标系数改变,就意味着某项产品的单位收益有变动。如果该项产品的单位收益增加很多,则势必要考虑多生产一些,因而要否定原来的方案,甚至会改变为只生产这一种产品。所以,在保持原有的生产方案的条件下,对个别产品的单位收益的增加存在着一个上界。反过来,如果这种产品的单位收益下降较多,就要考虑不再生产这个品种。如果仍保持原有生产方案不变,对个别产品的单位收益值的下降必然也有一个下限。线性规划在实际工作中得到广泛应用的一个原因就是它不但能够提出最优方案,还能通过优化后分析得到一些有价值的资料。对于目标系数 c_j 变化的分析,实质上代表了个别产品收益值变化时要不要修改原来的生产方案的问题。

2.3.3　右端约束常数项 b 的灵敏度范围

右端约束常数项 b 的变化通常表示资源量的变化。由灵敏度分析条件式(2.36)可知, b 的变化只会影响可行性条件

$$\boldsymbol{B}^{-1}b \geqslant 0$$

设 b 列中第 r 个发生 Δb_r 的变化,其他不变,这样使最终单纯形表中原问题的解相应地变化为

$$\boldsymbol{X}'_B = \boldsymbol{B}^{-1}(b + \Delta b)$$

其中, $\Delta b = [0, \cdots, \Delta b_r, 0, \cdots, 0]^T$。只要 $\boldsymbol{X}'_B \geqslant 0$,因最终单纯形表中检验数不变,故其最优解基不变,但是最优解的值发生了变化,所以 $\boldsymbol{X}'_B$ 为新的最优解。新的最优解的值可允许的变化范围可以用以下方法确定。

$$\boldsymbol{X}'_B = \boldsymbol{B}^{-1}(b + \Delta b) = \boldsymbol{B}^{-1}b + \boldsymbol{B}^{-1}\Delta b = \bar{b}_i + \boldsymbol{B}^{-1}\begin{bmatrix} 0 \\ \vdots \\ \Delta b_r \\ \vdots \\ 0 \end{bmatrix}$$

$$\boldsymbol{B}^{-1}\begin{bmatrix} 0 \\ \vdots \\ \Delta b_r \\ \vdots \\ 0 \end{bmatrix} = \begin{bmatrix} \bar{a}_{1r}\Delta b_r \\ \vdots \\ \bar{a}_{ir}\Delta b_r \\ \vdots \\ \bar{a}_{mr}\Delta b_r \end{bmatrix} = \Delta b_r \begin{bmatrix} \bar{a}_{1r} \\ \vdots \\ \bar{a}_{ir} \\ \vdots \\ \bar{a}_{mr} \end{bmatrix}$$

要求在最终单纯形表中 b 列的所有元素 $\bar{b}_i + \bar{a}_{ir}\Delta b_r \geqslant 0 (i=1,2,\cdots,m)$。由此可得

$$\bar{a}_{ir}\Delta b_r \geqslant -\bar{b}_i \quad (i=1,2,\cdots,m)$$

当 $\bar{a}_{ir} > 0$ 时,有 $\Delta b_r \geqslant -\bar{b}_i / \bar{a}_{ir}$;当 $\bar{a}_{ir} < 0$ 时,有 $\Delta b_r \leqslant -\bar{b}_i / \bar{a}_{ir}$。于是得到

$$\max\left\{ \frac{-\bar{b}_i}{\bar{a}_{ir}} \Big|_{\bar{a}_{ir}>0} \right\} \leqslant \Delta b_r \leqslant \min\left\{ \frac{-\bar{b}_i}{\bar{a}_{ir}} \Big|_{\bar{a}_{ir}<0} \right\} \tag{2.42}$$

$$b_r^\circ + \max\left\{ \frac{-\bar{b}_i}{\bar{a}_{ir}} \Big|_{\bar{a}_{ir}>0} \right\} \leqslant b_r \leqslant b_r^\circ + \min\left\{ \frac{-\bar{b}_i}{\bar{a}_{ir}} \Big|_{\bar{a}_{ir}<0} \right\} \tag{2.43}$$

在实际使用式(2.42)时,只需要将最终单纯形表的常数列各元素加负号后除以 $\boldsymbol{B}^{-1}$ 中的第 r 列的各元素,然后在若干负值中取 max 为 Δb 的下限,在若干正值中取 min 为 Δb 的上限。

例 2.13　仍然利用例 2.11 的数据分析右端常数项的灵敏度范围。

解　根据表 2-9,可知

$$\boldsymbol{B}^{-1} = \begin{bmatrix} 2/15 & -1/15 & 0 \\ -1/15 & 8/15 & 0 \\ -4/15 & -13/15 & 1 \end{bmatrix}, \quad \bar{b} = \begin{bmatrix} 14 \\ 8 \\ 92 \end{bmatrix}$$

(1) 求 b_1 的灵敏度范围。用 $-\bar{b}_i (i=1,2,3)$ 作分子,用 $\boldsymbol{B}^{-1}$ 中的第 1 列 $(r=1)$ 作分母,得

$$\max\left\{ \frac{-14}{2/15} \right\} \leqslant \Delta b_1 \leqslant \min\left\{ \frac{-8}{-1/15}, \frac{-92}{-4/15} \right\}$$

$$-105 \leqslant \Delta b_1 \leqslant 120$$

即
$$120-105 \leqslant b_1 \leqslant 120+120$$

$$15 \leqslant b_1 \leqslant 240$$

（2）求 b_2 的灵敏度范围。用 $\boldsymbol{B}^{-1}$ 中的第 2 列（$r=2$）作分母，得

$$\max \left\{ \frac{-8}{8/15} \right\} \leqslant \Delta b_2 \leqslant \min \left\{ \frac{-14}{-1/15}, \frac{-92}{-13/15} \right\}$$

$$-15 \leqslant \Delta b_2 \leqslant 106 \frac{2}{13}$$

即
$$30-15 \leqslant b_2 \leqslant 30+106 \frac{2}{13}$$

$$15 \leqslant b_2 \leqslant 136 \frac{2}{13}$$

（3）求 b_3 的灵敏度范围。用 $\boldsymbol{B}^{-1}$ 中的第 3 列（$r=3$）作分母，$\dfrac{-14}{0}=\pm\infty$，$\dfrac{-8}{0}=\pm\infty$，$\dfrac{-92}{1}=-92$，显然有

$$\max \{ -\infty, -92 \} \leqslant \Delta b_3 \leqslant +\infty$$

$$-92 \leqslant \Delta b_3 \leqslant +\infty$$

于是
$$150-92 \leqslant b_3 \leqslant 150+\infty$$

$$58 \leqslant b_3 \leqslant +\infty$$

　　在现实问题中，右端常数往往代表了资源的约束限量。一般来说，资源的限量不是一成不变的。在规划生产方案时以一定的数据来进行计算，但是方案确定以后希望知道：如果资源增加一些或减少了一些对所确定的方案有多大影响。这时灵敏度分析就能提供所需的资料了。"对于一定的最优规划方案，资源限量只能在一定范围内变化"这一结论也是可以从直观上得到解释的。下面仍假定线性规划描述的是产品品种问题。$\boldsymbol{b}$ 列中的某一个值增加表示某一项资源还有多余，就需要考虑改变生产方案，使得应用这项资源较多的产品能多生产一些。这就是说最优解改变了。但是资源在原最优解允许范围内变动时，生产的品种可以不变，也就是说基变量的构成可以不变。如果资源的变化很大，超出允许范围，那么，就有可能要考虑改变生产的品种了。

　　另外，2.2.5 节介绍的 $b_i(i=1,2,3,\cdots,m)$ 的影子价格，只在 b_i 的灵敏度范围内有效。

2.3.4　技术系数的灵敏度范围

　　根据变动的 a_{ij} 系数处于矩阵 $\boldsymbol{A}$ 的位置分为两种情况考虑：一是 a_{ij} 为非基向量的元素；二是 a_{ij} 为基向量的元素。

1. a_{ij} 为非基向量的元素

　　变动的技术系数 a_{ij} 属于非基向量的元素时，它的改变不会影响到现行最优解的可行性 $\boldsymbol{X}_B=\boldsymbol{B}^{-1}\boldsymbol{b} \geqslant 0$（因为这时 $\boldsymbol{B}^{-1}$ 不变），只影响检验数 $\delta_j \leqslant 0$ 的最优性。

　　设非基中的某一个 a_{ij}（是非基列向量 $\boldsymbol{P}_1$ 的元素）发生 Δa_{ij} 变化，由 a_{ij} 引起的 δ_j 变化仍要保持 $\delta_j \leqslant 0$。

变化前：
$$\delta_j = c_j - \boldsymbol{C}_B \boldsymbol{B}^{-1} \boldsymbol{P}_j$$

变化后：

$$\delta_j = c_j - \boldsymbol{C}_B \boldsymbol{B}^{-1} \left(\boldsymbol{P}_j + \begin{bmatrix} 0 \\ 0 \\ \vdots \\ \Delta a_{ij} \\ 0 \end{bmatrix} \right) \leqslant 0$$

$$c_j - \boldsymbol{C}_B \boldsymbol{B}^{-1} \boldsymbol{P}_j - \boldsymbol{C}_B \boldsymbol{B}^{-1} \begin{bmatrix} 0 \\ 0 \\ \vdots \\ \Delta a_{ij} \\ \vdots \\ 0 \end{bmatrix} \leqslant 0$$

$$\delta_j - \boldsymbol{C}_B \boldsymbol{B}^{-1} \begin{bmatrix} 0 \\ 0 \\ \vdots \\ \Delta a_{ij} \\ \vdots \\ 0 \end{bmatrix} \leqslant 0$$

$$\delta_j - (y_1, y_2, \cdots, y_m) \begin{bmatrix} 0 \\ 0 \\ \vdots \\ \Delta a_{ij} \\ \vdots \\ 0 \end{bmatrix} \leqslant 0$$

$$\delta_j - y_i \Delta a_{ij} \leqslant 0$$

$$y_i \Delta a_{ij} \geqslant \delta_j$$

式中，　　　　　　　　$\boldsymbol{Y} = [y_1, y_2, \cdots, y_m] = \boldsymbol{C}_B \boldsymbol{B}^{-1} = \boldsymbol{C}_I - \overline{\boldsymbol{\delta}}_I^*$

于是，当 $y_i > 0$ 时，　　　　　　$\Delta a_{ij} \geqslant \dfrac{\delta_j}{y_j}$ 　　　　　　　　　　(2.44)

当 $y_i < 0$ 时，　　　　　　　　　$\Delta a_{ij} \leqslant \dfrac{\delta_j}{y_j}$ 　　　　　　　　　　(2.45)

式中，δ_j 表示 Δa_{ij} 所在列对应的检验数，y_i 表示 Δa_{ij} 所在行的对偶解。

2. a_{ij} 为基向量的元素

当技术系数 a_{ij} 属于基向量的元素时，情况较复杂，因为它的变动影响 $\boldsymbol{B}^{-1}$ 的变动，从而不仅影响可行性 $\boldsymbol{B}^{-1} \boldsymbol{b} \geqslant 0$，而且影响最优性 $c_j - \boldsymbol{C}_B \boldsymbol{B}^{-1} \boldsymbol{P}_j \leqslant 0$，所以推导较为复杂，在此从略，只给出其变化范围的算式如下。

设基 $\boldsymbol{B}$ 中基一元素 $a_{\gamma s}$ 发生 $\Delta a_{\gamma s}$ 变化（$\boldsymbol{B}^{-1} = [a_{ij}]_{m \times m}$，$\gamma, s$ 为 $\boldsymbol{B}$ 中的下标编号，不是 $\boldsymbol{A}$ 的下标编号），则有 $\Delta a_{\gamma s}$ 的变化范围为

$$\max_{i \neq s} \left\{ \frac{\overline{b}_i}{a_{i\gamma} \overline{b}_s - a_{s\gamma} \overline{b}_i} \bigg|_{a_{i\gamma} < 0, a_{i\gamma} \overline{b}_s - a_{s\gamma} \overline{b}_i < 0} \right\} \leqslant \Delta a_{\gamma s} \leqslant \min_{i \neq s} \left\{ \frac{\overline{b}_i}{a_{i\gamma} \overline{b}_s - a_{s\gamma} \overline{b}_i} \bigg|_{a_{i\gamma} > 0, a_{i\gamma} \overline{b}_s - a_{s\gamma} \overline{b}_i > 0} \right\}$$

$$(2.46)$$

式中,a_{ij} 表示 $\boldsymbol{B}^{-1}$ 中的元素,$\bar{b}_i$ 表示最终单纯形表中常数列中的元素。

由于一般认为技术系数相对稳定,可以略去其灵敏度分析,因此这里不再举例演算。

2.3.5　决策变量和约束条件的增减

1. 决策变量的增减

决策变量在这个数上的变化有两种,一是增多,二是减少。下面分别予以讨论。

如果决策变量个数增加,可以根据新增加的资料,按 $\delta_j = c_j - \boldsymbol{C}_B\boldsymbol{B}^{-1}\boldsymbol{P}_j$ 计算检验数是否为负值。如为负值就影响原来的最优解,如果计算下来的现行解不再保持最优,那就要用单纯形法重新寻找最优解。

如果决策变量个数减少,有两种情况要考虑。

(1) 减少的决策变量不在最优解的基变量之中。对于这种情况,可以认为这个决策变量本来就是多余的,减少这个决策变量丝毫不影响原来的最优解。

(2) 减少的决策变量是基变量。对于这种情况,要考察减少这个决策变量的影响,这时可用大 M 法或对偶单纯形法重新求最优解。

例 2.14　对例 2.11 的线性规划在优化后取消变量 x_4,求新的最优解。

解　就用大 M 法,将略去的变量的目标系数定为 $-M$,最终单纯形表格如表 2-10 所示,让 x_2 进基、x_4 出基可得新的最优解,计算从略。

表 2-10

$c_j \rightarrow$			4	5	1	$-M$	0	0	0	θ_i
$\boldsymbol{C}_B$	$\boldsymbol{X}_B$	b	x_1	x_2	x_3	x_4	x_5	x_6	x_7	$\downarrow$
4	x_1	14	1	$\dfrac{1}{3}$	$\dfrac{2}{3}$	0	$\dfrac{2}{15}$	$-\dfrac{1}{15}$	0	42
$-M$	x_4	8	0	$\boxed{\dfrac{4}{3}}$	$\dfrac{2}{3}$	1	$-\dfrac{1}{15}$	$\dfrac{8}{15}$	0	6
0	x_7	92	0	$\dfrac{13}{3}$	$\dfrac{5}{3}$	0	$-\dfrac{4}{15}$	$-\dfrac{13}{15}$	1	$21\dfrac{3}{13}$
z		$56-8M$	0	$\dfrac{11+4M}{3}$	$\dfrac{2M-5}{3}$	0	$\dfrac{-M-8}{15}$	$\dfrac{8M+4}{15}$	0	$\leftarrow\delta_j$

2. 约束条件的增减

首先讨论增加一个约束条件引起的变化。这可能出现两种情况,一是基变量没有改变,二是基变量不适用于新增加的约束条件。如第一种情况出现,则因为增加约束条件不会扩大可行域,只会减小或保持原来的可行域,所以只要 $\boldsymbol{X}_B$ 仍然可行,就必定仍然是最优解。如第二种情况出现,就必须另找新的最优解,在原有的单纯形表中追加一行后,再用对偶单纯形法求新的最优解。

现在再讨论减少一个约束条件引起的变化。这也可能出现两种情况,这就要看一下所减少的那个约束条件与最优解 $\boldsymbol{X}_B$ 有关还是无关,如果与最优解没有联系,那就不需要多考虑了,说明它本来就是一个多余的约束。因此,减少一个约束条件时,只有当它与最优解相联系时,才有影响。对这种情况进行分析时,最简单的办法是在这个约束方程中加上一个非负的松弛变量和一个非负的剩余变量(即 $+x_{n+1}-x_{n+2}$),这样实质上就取消了这个约束条件。

2.4　参　数　规　划

灵敏度分析研究了个别数据变动之后,原来的最优解条件是否受到影响,研究了这些数据的变化对最优解的变化是否"敏感"。在知道了这些数据变动到某个极限之后会破坏最优解后,自然还想知道如果这些数据继续有更大的变动将会产生什么结果。在灵敏度分析中每次只考虑一个数据的变化,如果几个数据同时发生变化,又会产生什么结果呢? 参数规划就是用来研究这类问题的,灵敏度分析的目的是研究线性规划问题的最优解在某一个数据发生一定离散性变化时受到的影响,而参数规划的目的则是研究线性规划问题的最优解在一个或几个数据发生预先规定的连续性变化时受到的影响。

在一般情况下,众多的数据均可以有各种形式的离散性或连续性的变化。但是迄今为止,参数规划中有效的分析方法都还局限于数据的线性变化,因此讨论的内容实质上是线性参数规划。当然进行参数规划的目的仍然是希望对于规划问题原来的解不要重新计算,也就是与灵敏度分析一样,是在已有最优解的基础上进行分析。这一节的讨论将局限于目标函数中目标系数 C 和约束条件(右端常数 b)的线性参数变化。

2.4.1　目标系数 C 的参数变化

这类问题的数学模型如下。

$$\max z = (C + \lambda \widetilde{C})X$$
$$\text{s. t.} \begin{cases} AX = b \\ X \geqslant 0 \end{cases}$$

其中,λ 为实参数,$\widetilde{C}$ 为给定的变化参量,改变 λ 的值,将使目标函数值发生变化。允许给定的 λ,也对应问题的最优解。研究这类问题的目的是在允许的 λ 对应的解簇中找到理想的最优解。通常,单纯形法对 λ 的某一固定值(一般取 $\lambda = 0$)求解参数线性规划,获得对应 $\lambda = 0$ 时的最优解:

$$(\boldsymbol{X}_B, \boldsymbol{X}_N) = (\boldsymbol{B}^{-1}\boldsymbol{b}, 0)$$

然后,令 $\lambda \neq 0$,找出最优解。这时,关于 λ 的检验数如下,并有 $\delta_j(\lambda) \leqslant 0$(保证最优性):

$$\delta_j(\lambda) = (c_j + \lambda \tilde{c}_j) - (\boldsymbol{C}_B + \lambda \widetilde{\boldsymbol{C}}_B)\boldsymbol{B}^{-1}\boldsymbol{P}_j \leqslant 0$$

即
$$(c_j - \boldsymbol{C}_B\boldsymbol{B}^{-1}\boldsymbol{P}_j) + [\lambda(c_j - \widetilde{\boldsymbol{C}}_B\boldsymbol{B}^{-1}P_j)] = \delta_j + \lambda\tilde{\delta}_j \leqslant 0 \tag{2.47}$$

λ 值不同,$\delta_j(\lambda)$ 值不同,要求参数规划为最优,必须使 $\delta_j(\lambda) \leqslant 0$,即必须确定 λ 值的范围,使对应的解为最优。下面结合例题来说明参数规划的求解过程。

例 2.15　求解下列参数规划问题。

$$\max z = (3 - 6\lambda)x_1 + (2 - 5\lambda)x_2 + (5 + 2\lambda)x_3$$
$$\text{s. t.} \begin{cases} x_1 + 2x_2 + x_3 \leqslant 430 \\ 3x_1 + 2x_3 \leqslant 460 \\ x_1 + 4x_2 \leqslant 420 \\ x_1, x_2, x_3 \geqslant 0 \end{cases}$$

解　首先求解 $\lambda = 0$ 时的线性规划问题,得到最终单纯形表如表 2-11 所示。

表 2-11

C_B	X_B	b	x_1	x_2	x_3	x_4	x_5	x_6	θ_i
	$c_j \rightarrow$		3	2	5	0	0	0	$\downarrow$
2	x_2	100	$-\dfrac{1}{4}$	1	0	$\dfrac{1}{2}$	$-\dfrac{1}{4}$	0	
5	x_3	230	$\dfrac{3}{2}$	0	1	0	$\dfrac{1}{2}$	0	
0	x_6	20	2	0	0	-2	1	1	
	z	1 350	-4	0	0	-1	-2	0	$\leftarrow \delta_j$

再在最终单纯形表即表 2-11 中增设新的 $\lambda \tilde{c}_j$ 和 $\lambda \tilde{\delta}_j$ 行及 $\lambda \tilde{C}_B$ 列,得到扩充的单纯形表如表 2-12 所示。

表 2-12

$\lambda \tilde{C}_B$	C_B	X_B	b	x_1	x_2	x_3	x_4	x_5	x_6	θ_i
		$\lambda \tilde{c}_j$		-6λ	-5λ	2λ	0	0	0	$\downarrow$
		$c_j \rightarrow$		3	2	5	0	0	0	
-5λ	2	x_2	100	$-\dfrac{1}{4}$	1	0	$\dfrac{1}{2}$	$-\dfrac{1}{4}$	0	
2λ	5	x_3	230	$\dfrac{3}{2}$	0	1	0	$\dfrac{1}{2}$	0	
0	0	x_6	20	2	0	0	-2	1	1	
		z	1 350	-4	0	0	-1	-2	0	$\leftarrow \delta_j$
		$\tilde{z}$	-40λ	$-\dfrac{41}{4}\lambda$	0	0	$\dfrac{5}{2}\lambda$	$-\dfrac{9}{4}\lambda$	0	$\leftarrow \lambda\tilde{\delta}_j$

注:$\lambda\tilde{\delta}_j = \lambda\tilde{c}_j - \lambda\tilde{C}_B \bar{P}_j$,其中 $\bar{P}_j = B^{-1}P_j$,即表 2-12 中第 j 列的元素。

为使参数规划保持最优,就必须确定 λ 的范围使得 $\delta_j(\lambda) = \delta_j + \lambda\tilde{\delta}_j \leqslant 0$,即

$$\delta_1(\lambda) = \delta_1 + \lambda\tilde{\delta}_1 = -4 - \frac{41}{4}\lambda \leqslant 0$$

$$\delta_4(\lambda) = \delta_4 + \lambda\tilde{\delta}_4 = -1 + \frac{5}{2}\lambda \leqslant 0$$

$$\delta_5(\lambda) = \delta_5 + \lambda\tilde{\delta}_5 = -2 - \frac{9}{4}\lambda \leqslant 0$$

解此不等式组得

$$-\frac{16}{41} \leqslant \lambda \leqslant \frac{2}{5}$$

对区间 $\left[-\dfrac{16}{41}, \dfrac{2}{5}\right]$ 上的任一个 λ 值,参数规划的最优解是

$$X_B = (x_2, x_3, x_6)^T = (100, 230, 20)^T, \quad X_N = 0$$

$$z = 1\ 350 - 40\lambda$$

当 $\lambda > \dfrac{2}{5}$ 时,$\delta_4(\lambda)$ 变为正值,使表 2-12 不是最优单纯形表($\delta_4(\lambda) > 0$),将 x_4 入基替代

x_2,继续迭代计算得表 2-13。

表 2-13

$\lambda \tilde{c}_j$				-6λ	-5λ	2λ	0	0	0	θ_i
$c_j \rightarrow$				3	2	5	0	0	0	$\downarrow$
$\lambda \tilde{C}_B$	C_B	X_B	b	x_1	x_2	x_3	x_4	x_5	x_6	
0	0	x_4	200	$-\dfrac{1}{2}$	2	0	1	$-\dfrac{1}{2}$	0	
2λ	5	x_3	230	$\dfrac{3}{2}$	0	1	0	$\dfrac{1}{2}$	0	
0	0	x_6	420	1	4	0	0	0	1	
z			1 150	$-\dfrac{9}{2}$	2	0	0	$-\dfrac{5}{2}$	0	$\leftarrow \delta_j$
$\tilde{z}$			460λ	-9λ	-5λ	0	0	$-\lambda$	0	$\leftarrow \lambda\tilde{\delta}_j$

当 $\lambda > \dfrac{2}{5}$ 时,恒有 $\delta_j(\lambda) = \delta_j + \lambda\tilde{\delta}_j \leqslant 0$,所以参数规划的最优解为

$$X_B = (x_4, x_3, x_6)^{\mathrm{T}} = (200, 230, 420)^{\mathrm{T}}, \quad X_N = \mathbf{0}$$

$$z = 1\ 150 + 460\lambda$$

当 $\lambda < -\dfrac{16}{41}$ 时,表 2-12 中非基变量 x_1 对应的检验数首先变为正值,使表 2-12 不再是最优单纯形表,用 x_1 换 x_6 在表 2-12 的基础上经迭代计算得表 2-14。

表 2-14

$\lambda \tilde{c}_j$				-6λ	-5λ	2λ	0	0	0	θ_i
$c_j \rightarrow$				3	2	5	0	0	0	$\downarrow$
$\lambda \tilde{C}_B$	C_B	X_B	b	x_1	x_2	x_3	x_4	x_5	x_6	
-5λ	2	x_2	$\dfrac{205}{2}$	0	1	0	$\dfrac{1}{4}$	$-\dfrac{1}{8}$	$\dfrac{1}{8}$	
2λ	5	x_3	215	0	0	1	$\dfrac{3}{2}$	$-\dfrac{1}{4}$	$-\dfrac{3}{4}$	
-6λ	3	x_1	10	1	0	0	-1	$\dfrac{1}{2}$	$\dfrac{1}{2}$	
z			1 310	0	0	0	-5	0	2	$\leftarrow \delta_j$
$\tilde{z}$			$-\dfrac{285\lambda}{2}$	0	0	0	$-\dfrac{31\lambda}{4}$	$\dfrac{23\lambda}{8}$	$\dfrac{41\lambda}{8}$	$\leftarrow \lambda\tilde{\delta}_j$

根据 $\delta_j(\lambda) = \delta_j + \lambda\tilde{\delta}_j \leqslant 0$ 为最优,有

$$\text{s. t.} \begin{cases} -5 - \dfrac{31}{4}\lambda \leqslant 0 \\[2mm] \dfrac{23}{8}\lambda \leqslant 0 \\[2mm] 2 + \dfrac{41}{8}\lambda \leqslant 0 \end{cases}$$

解此不等式组得,当 $\dfrac{-20}{31} \leqslant \lambda < \dfrac{-16}{41}$ 时,参数规划的最优解为

$$X_B = (x_2, x_3, x_1)^T = \left(\frac{205}{2}, 215, 10\right)^T, \quad X_N = 0$$

$$z = 1\ 310 - \frac{285}{2}\lambda$$

当 $\lambda < \dfrac{-21}{31}$ 时,表 2-14 中非基变量 x_4 对应的检验数为正值,使表 2-14 不再是最优单纯形表,用 x_4 换 x_3,在表 2-14 的基础上经迭代计算得表 2-15。

当 $\lambda < \dfrac{-20}{31}$ 时,恒有 $\delta_j(\lambda) \leqslant 0$,所以参数规划的最优解为

$$\boldsymbol{X}_B = (x_2, x_4, x_1)^T = \left(\frac{200}{3}, \frac{430}{3}, \frac{460}{3}\right)^T, \quad \boldsymbol{X}_N = 0$$

$$z = \frac{1\ 780}{3} - \frac{3\ 760}{2}\lambda$$

表 2-15

$\lambda\tilde{c}_j$				-6λ	-5λ	2λ	0	0	0	θ_i
$c_j \rightarrow$				3	2	5	0	0	0	$\downarrow$
$\lambda\tilde{C}_B$	C_B	X_B	b	x_1	x_2	x_3	x_4	x_5	x_6	
-5λ	2	x_2	$\dfrac{200}{3}$	0	1	$-\dfrac{1}{6}$	0	$-\dfrac{1}{12}$	$\dfrac{1}{4}$	
0	0	x_4	$\dfrac{430}{3}$	0	0	$\dfrac{2}{3}$	1	$-\dfrac{1}{6}$	$-\dfrac{1}{2}$	
-6λ	3	x_1	$\dfrac{460}{3}$	1	0	$\dfrac{2}{3}$	0	$\dfrac{1}{3}$	0	
	z		$\dfrac{1\ 780}{3}$	0	0	$\dfrac{10}{3}$	0	$-\dfrac{5}{6}$	$-\dfrac{1}{2}$	$\leftarrow \delta_j$
	$\tilde{z}$		$-\dfrac{3\ 760}{3}\lambda$	0	0	$\dfrac{31\lambda}{6}$	0	$\dfrac{19\lambda}{12}$	$\dfrac{5\lambda}{4}$	$\leftarrow \lambda\tilde{\delta}_j$

综合起来,本例参数规划的解如下。

参数 λ 的范围	最优解 $(x_1, x_2, x_3)^T$	最优 z 值
$\left(-\infty, -\dfrac{20}{31}\right)$	$\left(\dfrac{460}{3}, \dfrac{200}{3}, 0\right)^T$	$\dfrac{1\ 780}{3} - \dfrac{3\ 760}{3}\lambda$
$\left(-\dfrac{20}{31}, -\dfrac{16}{41}\right)$	$\left(10, \dfrac{205}{2}, 215\right)^T$	$1\ 310 - \dfrac{285}{2}\lambda$
$\left(-\dfrac{16}{41}, \dfrac{2}{5}\right)$	$(0, 100, 230)^T$	$1\ 350 - 40\lambda$
$\left(\dfrac{2}{5}, +\infty\right)$	$(0, 0, 230)^T$	$1\ 150 + 460\lambda$

2.4.2　约束常数 b 的参数变化

这类问题的数学模型是

$$\max z = \boldsymbol{CX}$$

$$\text{s. t.} \begin{cases} \boldsymbol{AX} = \boldsymbol{b} + \lambda\tilde{\boldsymbol{b}} \\ \boldsymbol{X} \geqslant 0 \end{cases}$$

其中，$\tilde{b}$ 是给定的 λ 的系数向量，λ 为参数，当 λ 变化时，右端常数项也发生变化，从而可能影响问题的可行性，同时也影响最优解甚至要换基。现在要确定对于 λ 的一切值，对应的最优解是什么。

一般求解的方法是先取 $\lambda=0$，求出最优解。然后，当 λ 变化时，基变量的值发生变化，为

$$X_B = B^{-1}(b+\lambda\tilde{b}) = B^{-1}b + \lambda B^{-1}\tilde{b}$$

只要 $X_B \geqslant 0$，即

$$B^{-1}b + \lambda B^{-1}\tilde{b} \geqslant 0 \tag{2.48}$$

基 B 就总是最优基。根据这一原理，就可确定 λ 值的范围。下面举例说明求解过程。

例 2.16　求解下列参数规划：

$$\max z = 3x_1 + 2x_2 + 5x_3$$

$$\text{s. t.} \begin{cases} x_1 + 2x_2 + 3x_3 \leqslant 430 + \lambda \\ 3x_1 + 2x_3 \leqslant 460 - 4\lambda \\ x_1 + 4x_2 \leqslant 420 - 4\lambda \\ x_1, x_2, x_3 \geqslant 0 \end{cases}$$

解　首先令 $\lambda=0$，运用单纯形法，可得到最优单纯形表即表 2-11，在表 2-11 中增加一个常数列 b^* 列，该列的数值为 $\lambda B^{-1}\tilde{b}$（这时 $\tilde{b}=(1,-4,-4)$），得到扩充单纯形表，如表 2-16 所示。

表 2-16

C_B	X_B	b	b^*	$c_j \to$ 3 x_1	2 x_2	5 x_3	0 x_4	0 x_5	0 x_6	θ_i ↓
2	x_2	100	$\dfrac{3}{2}\lambda$	$-\dfrac{1}{4}$	1	0	$\dfrac{1}{2}$	$-\dfrac{1}{4}$	0	
5	x_3	230	-2λ	$\dfrac{3}{2}$	0	1	0	$\dfrac{1}{2}$	0	
0	x_6	20	-10λ	2	0	0	-2	1	1	
	z	1 350	-7λ	-4	0	0	-1	-2	0	$\leftarrow\delta_j$

表 2-16 中，$\delta_j \leqslant 0$，只要满足式(2.48)，即

$$\begin{cases} 100 + \dfrac{3}{2}\lambda \geqslant 0 \\ 230 - 2\lambda \geqslant 0 \\ 20 - 10\lambda \geqslant 0 \end{cases}$$

就是最优解，解出此不等式组得，当 $-\dfrac{200}{3} \leqslant \lambda \leqslant 2$ 时，参数规划的最优解为

$$X_B = (x_2, x_3, x_6)^{\mathrm{T}} = \left(100 + \dfrac{3}{2}\lambda, 230 - 2\lambda, 20 - 10\lambda\right)^{\mathrm{T}}$$

$$X_N = 0, \quad z = 1\ 350 - 7\lambda$$

再分析当 $\lambda > 2$ 时的情况。这时 $20 - 10\lambda < 0$，即 x_6 取负值，亦即不可行，于是表 2-16 不再是最优单纯形表，必须继续用对偶单纯形法来消除其不可行性，从而解出 $\lambda > 2$ 的最优解，其计算结果如表 2-17 所示。

表 2-17

$c_j \rightarrow$				3	2	5	0	0	0	θ_i
C_B	X_B	b	b^*	x_1	x_2	x_3	x_4	x_5	x_6	$\downarrow$
2	x_2	105	$-\lambda$	$\dfrac{1}{4}$	1	0	0	0	$\dfrac{1}{4}$	
5	x_3	230	-2λ	$\dfrac{3}{2}$	0	1	0	$\dfrac{1}{2}$	0	
0	x_4	-10	5λ	-1	0	0	1	$-\dfrac{1}{2}$	$-\dfrac{1}{2}$	
	z	1 360	-12λ	-5	0	0	0	$-\dfrac{5}{2}$	$-\dfrac{1}{2}$	$\leftarrow \delta_j$

表 2-17 中,$\delta_j \leqslant 0$,只要满足可行性条件式(2.48),即

$$\text{s. t.} \begin{cases} 105 - \lambda \geqslant 0 \\ 230 - 2\lambda \geqslant 0 \\ -10 + 5\lambda \geqslant 0 \end{cases}$$

就是最优解,解出此不等式组得,当 $2 \leqslant \lambda \leqslant 105$ 时,参数规划的最优解为

$$\boldsymbol{X}_B = (x_2, x_3, x_4)^{\mathrm{T}} = (105 - \lambda, 230 - 2\lambda, -10 + 5\lambda)^{\mathrm{T}}$$

$$\boldsymbol{X}_N = \boldsymbol{0}, \quad z = 1\ 360 - 12\lambda$$

当 $\lambda > 105$ 时,$105 - \lambda < 0$,即 x_2 取负值,但是这时第 1 行(x_2 所在的行)的元素全大于 0,所以原问题无最优解(不可解)。

下面再在表 2-16 的基础上分析 $\lambda < -\dfrac{200}{3}$ 的情况。这时由表 2-16 可知,当 $\lambda < -\dfrac{200}{3}$ 时,x_2 取负值,运用对偶单纯形法消去不可行性,经计算得表 2-18。

表 2-18

$c_j \rightarrow$				3	2	5	0	0	0	θ_i
C_B	X_B	b	b^*	x_1	x_2	x_3	x_4	x_5	x_6	$\downarrow$
0	x_5	-400	-6λ	1	-4	0	-2	1	0	
5	x_3	430	λ	1	2	1	1	0	0	
0	x_6	420	-4λ	1	4	0	0	0	1	
	z	2 150	$+5\lambda$	-2	-8	0	-5	0	0	$\leftarrow \delta_j$

表 2-18 中,仍然有 $\delta_j \leqslant 0$,只要满足可行性条件式(2.48),即

$$\text{s. t.} \begin{cases} -400 - 6\lambda \geqslant 0 \\ 430 + \lambda \geqslant 0 \\ 420 - 4\lambda \geqslant 0 \end{cases}$$

就是最优解。解出不等式组得,当 $-430 \leqslant \lambda \leqslant -\dfrac{200}{3}$ 时,参数规划的最优解为

$$\boldsymbol{X}_B = (x_5, x_3, x_6)^{\mathrm{T}} = (-400 - 6\lambda, 430 + \lambda, 420 - 4\lambda)^{\mathrm{T}}$$

$$\boldsymbol{X}_N = \boldsymbol{0}, \quad z = 2\ 150 + 5\lambda$$

继续分析 $\lambda < -430$ 的情况。这时,表 2-18 中,x_3 取负值,但是 x_3 所在的第 2 行的元素

全都大于 0,根据对偶单纯形法原理,不存在可行解,也就无最优解。

综上所述,该参数规划的解如下。

参数 λ 的范围	最优解 $(x_1,x_2,x_3)^{\mathrm{T}}$	最优 z 值
$\left(-430,-\dfrac{200}{3}\right)$	$(0,0,430+\lambda)^{\mathrm{T}}$	$2\ 150+5\lambda$
$\left(-\dfrac{200}{3},2\right)$	$\left(0,100+\dfrac{3}{2}\lambda,230-2\lambda\right)^{\mathrm{T}}$	$1\ 350-7\lambda$
$(2,105)$	$(0,105-\lambda,230-2\lambda)^{\mathrm{T}}$	$1\ 360-12\lambda$

对 $b+\lambda\tilde{b}$ 这个假设,在应用中是需要注意的。可以这样理解这个假设:约束系数 b 一般代表各种资源的约束限量,把这些限量列为参数 λ 的一个函数意味着不同资源限额的增减是相互关联的。一种资源的限额发生变化时,其他资源的限额也同时发生变化。这种假设和目标函数中目标系数的参数变化假设相比具有更大的局限性。

以上对目标函数中目标系数 C 和约束系数 b 的参数分析仅仅提供了处理参数规划问题的基本想法。参数规划问题中的许多变化,如 C 与 b 同时变化还没有涉及。读者可以按照同样的方法进行一些更复杂的参数分析。

2.5　LINGO 在对偶理论和灵敏度分析中的应用

灵敏度分析将耗费相当多的求解时间,因此 LINGO 默认关闭灵敏度分析功能,当运算速度很关键或不需要灵敏度分析报告时就没必要激活灵敏度分析功能。此外,灵敏度分析只对线性规划模型有意义。

如果要做灵敏度分析,首先,要启动灵敏度分析功能,即将"General Solver"选项卡中的"Dual Computations"下拉项修改为"Prices & Ranges"。然后,单击 Solver 菜单中的"Solve"命令运行程序,运行完之后,回到模型界面,单击 Solver 菜单下的"Range"命令即可得到结果。

2.5.1　LINGO 窗口内容简介

(1) 目标函数值:Global optimal solution found 表示求出了全局最优解,Objective value 表示最优目标函数值,Total solver iterations 表示求解时共用了几次迭代。

(2) 决策变量(Value):给出最优解中各变量的值。

(3) 变量的判别数(Reduced Cost):表示最优单纯形表中判别数所在的行的变量的系数,表示当变量有微小变化时,目标函数的变化率。其中,基变量的 Reduced Cost 值应为零。对于基变量相应的 Reduced Cost 值,表示该变量增加一个单位时目标函数值减少的量(max 型问题)。

(4) 紧约束与松约束(Slack or Surplus):给出松弛或剩余变量的值,即约束条件左边与右边的差值。对于"≤"不等式,右边减左边的差值称为 Slack(松弛);对于"≥"不等式,左边减右边的差值称为 Surplus(剩余);当约束条件的左右两边相等时,松弛或剩余变量的值为零;如果约束条件无法满足,即没有可行解,则松弛或剩余变量的值为负数。松弛或剩余变量的值为零的对应约束为"紧约束",表示在最优解下该项资源已经用完;松弛或剩余变量的值为非零的对应约束为"松约束",表示在最优解下该项资源还有剩余。

(5) 对偶价格(影子价格,Dual Price):即资源剩余量,表示当对应约束有微小变动时,目标函数的变化率。输出结果中对应于每一个约束有一个对偶价格。若其数值为 p，表示对应约束中不等式右端项若增加 1 个单位，目标函数将增加 p 个单位（max 型问题）。显然，在最优解下约束正好取等号（也就是"紧约束"，也称为有效约束或起作用约束），对偶价格值才可能不是 0。

（6）变量框（Variables）：Total 表示当前模型的全部变量数，Nonlinear 显示其中的非线性变量数，Integers 显示其中的整数变量数。非线性变量至少处于某一个约束条件中的非线性关系中。

（7）约束框（Constraints）：Total 表示当前模型扩展后的全部约束个数，Nonlinear 显示其中的非线性约束个数。非线性约束中至少有一个非线性变量。如果一个约束中的所有变量都是定值，那么该约束就以定值不等式表示，该约束的真假由变量的具体值决定，仍计入约束总数中。

（8）非零框（Nonzeros）：Total 表示当前模型中全部非零系数的数目，Nonlinear 显示其中的非线性变量系数的数目。

（9）内存使用框（Generator Memory Used〔K〕）：显示当前模型在内存中使用的内存量，单位为 K。可以通过使用"LINGO－＞Options"命令修改模型的最大内存使用量。

（10）已运行时间框（Elapsed Runtime〔hh:mm:ss〕）：若在运行结束后查看，这时提供求解模型的总时间。若在求解过程中查看，则显示求解模型到查看时的时间。对于小规模的模型，求解时间显示 00:00:00，这个时间可能会受系统中别的应用程序的影响。

（11）求解器状态（Solver Status）。

2.5.2　LINGO 应用举例

例 2.17　请用 LINGO 求解例 2.11 中的模型。

1. 程序

```
model:
title;
max=4*x1+5*x2+x3+7*x4;
8*x1+4*x2+6*x3+x4<120;
x1+3*x2+2*x3+2*x4<30;
3*x1+8*x2+5*x3+3*x4<150;
end
```

2. LINGO 界面

LINGO 界面如图 2-1 所示。

选择"General Solver"选项卡，并进行设置，如图 2-2 所示。完成设置后，单击"应用"按钮，如图 2-3 所示。

3. 结果及解读

运行得到如下结果。

（1）影子价格。

运行结果如图 2-4 所示。

结果解读如下。

计算结果为：当 $x_1=14, x_2=0, x_3=0, x_4=8$ 时，最优目标函数值为 112；目标函数的松弛

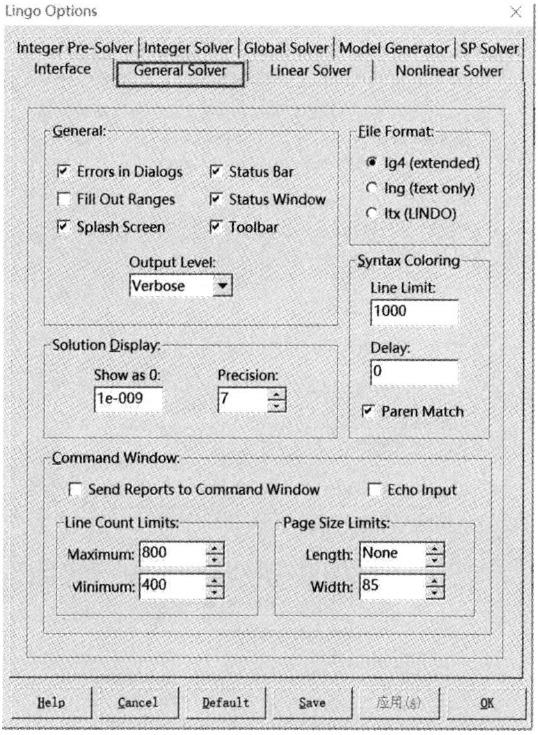
Lingo Options
Integer Pre-Solver | Integer Solver | Global Solver | Model Generator | SP Solver
Interface | General Solver | Linear Solver | Nonlinear Solver
General:
Errors in Dialogs
Status Bar
Fill Out Ranges
Status Window
Splash Screen
Toolbar
Output Level:
Verbose
File Format:
lg4 (extended)
lng (text only)
ltx (LINDO)
Syntax Coloring
Line Limit:
1000
Delay:
0
Paren Match
Solution Display:
Show as 0:
1e-009
Precision:
7
Command Window:
Send Reports to Command Window
Echo Input
Line Count Limits:
Maximum: 800
Minimum: 400
Page Size Limits:
Length: None
Width: 85
Help
Cancel
Default
Save
应用(A)
OK

图 2-1

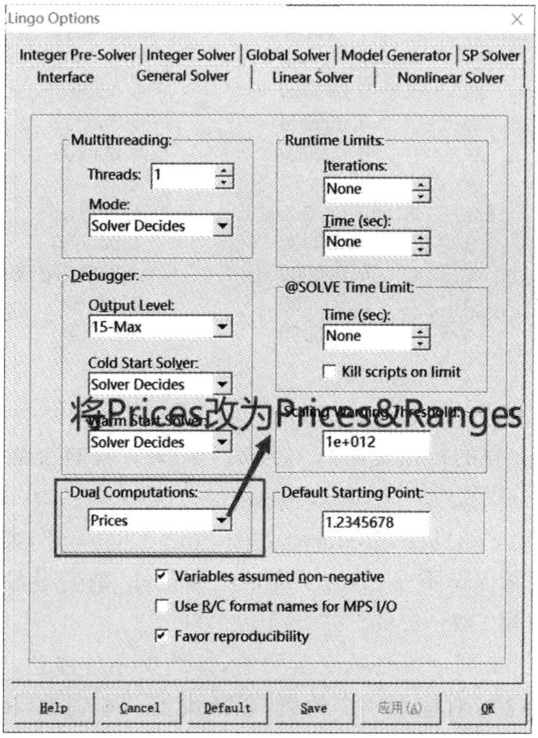
Lingo Options
Integer Pre-Solver | Integer Solver | Global Solver | Model Generator | SP Solver
Interface | General Solver | Linear Solver | Nonlinear Solver
Multithreading:
Threads: 1
Mode:
Solver Decides
Runtime Limits:
Iterations:
None
Time (sec):
None
Debugger:
Output Level:
15-Max
Cold Start Solver:
Solver Decides
@SOLVE Time Limit:
Time (sec):
None
Kill scripts on limit
将Prices改为Prices&Ranges
Solver Decides
1e+012
Dual Computations:
Prices
Default Starting Point:
1.2345678
Variables assumed non-negative
Use R/C format names for MPS I/O
Favor reproducibility
Help
Cancel
Default
Save
应用(A)
OK

图 2-2

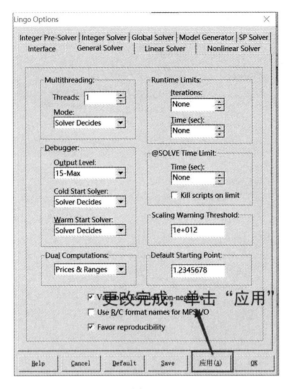

图 2-3

Variable	Value	Reduced Cost
X1	14. 00000	0. 000000
X2	0. 000000	5. 666667
X3	0. 000000	6. 333333
X4	8. 000000	0. 000000

Row	Slack or Surplus	Dual Price
1	112. 0000	1. 000000
2	0. 000000	0. 6666667E-01
3	0. 000000	3. 466667
4	84. 00000	0. 000000

图 2-4

变量为 112,第一个约束方程的松弛变量为 0,第二个约束方程的松弛变量为 0,第三个约束方程的松弛变量为 84。

其中,在本例中:变量 x_2 对应的 Reduced Cost 值为 5.666 667,表示当 x_1 的值从 0 变为 1 时(此时假定其他非基变量保持不变,但为了满足约束条件,基变量显然会发生变化),最优的目标函数值有变化,其值为 $112-5.666\ 667=106.333\ 333$。

"Slack or Surplus"给出剩余或松弛变量的值,即约束条件左边与右边的差值。模型第 1 行表示目标函数,所以第 2 行对应第一个约束,以此类推。本例中,Row2,3 的松弛变量值为 0,表示第二行和第三行的约束条件表达式,即 $\begin{cases} 8x_1+4x_2+6x_3+x_4 \leqslant 120 \\ x_1+3x_2+2x_3+2x_4 \leqslant 30 \end{cases}$ 可以取"="号。

本例中,由"Dual Price"看出,第 2,3 行是紧约束,对应的对偶价格为分别为 0.066 666 67,
3.466 667,表示当这两个紧约束右端项增加 1 时,目标函数值分别变为 112+0.066 666 67,
112+3.466 667。对于非紧约束(如本例中的第 4 行),Dual Price 的值为 0,表示对应约束中
不等式右端项的微小扰动不会影响目标函数值。

有时,通过分析 Dual Price,也可以对产生不可行问题的原因有所了解。

(2) 调整目标函数中的目标系数。

运行结果如图 2-5 所示。其中,Allowable Increase 表示允许增加的值,Allowable
Decrease 表示允许减小的值。

```
Range Report - Lingo1                                              ☐ ▢ ✕

Ranges in which the basis is unchanged:

                        Objective Coefficient Ranges:

                      Current          Allowable          Allowable
        Variable    Coefficient         Increase           Decrease
          X1         4.000000          52.00000          0.5000000
          X2         5.000000          5.666667           INFINITY
          X3         1.000000          6.333333           INFINITY
          X4         7.000000          1.000000          4.250000

                        Righthand Side Ranges:

                      Current          Allowable          Allowable
         Row           RHS             Increase           Decrease
          2          120.0000          120.0000          105.0000
          3          30.00000          60.00000          15.00000
          4          150.0000          INFINITY          84.00000
```

图 2-5

结果解读如下。

目标函数中 x_1 变量原来的费用系数为 4,允许增加的值(Allowable Increase)为 52,允许
减小的值(Allowable Decrease)为 0.5,说明当它在 $(4-52,4+0.5)=(-48,4.5)$ 范围内变化
时,最优基保持不变。对变量 x_2,x_3,x_4,可以类似解释,x_2 的系数为 $(5-5.666\ 667,+\infty)=$
$(0.666\ 667,+\infty)$;x_3 的系数为 $(1-6.333\ 333,+\infty)=(-5.333\ 333,+\infty)$;$x_4$ 的系数为 $(7$
$-1,7+4.25)=(6,11.25)$。由于此时约束没有变化(只是目标函数中某个费用系数发生变
化),因此最优基保持不变的意思也就是最优解不变(当然,由于目标函数中费用系数发生了变
化,因此最优值会变化)。

第 2 行约束中右端项(RHS)原来为 120,当它在 $[120-120,120+105]=[0,225]$ 范围内
变化时,最优基保持不变。对第 3,4 行,可以类似解释。不过由于此时约束发生变化,因此即
使最优基不变,最优解、最优值也会发生变化。

例 2.18　请用 LINGO 求解下列模型。

$$\max\ z=72x_1+64x_2$$

$$\text{s. t}\begin{cases} x_1+x_2\leqslant 50 \\ 12x_1+8x_2\leqslant 480 \\ 3x_1\leqslant 100 \\ x_1,x_2\geqslant 0 \end{cases}$$

解　请扫码查看讲解视频。

例 2.18 讲解视频

习 题 2

2.1 已知线性规划

$$\max z = 4x_1 + 5x_2 + 3x_3$$

$$\text{s. t.} \begin{cases} 4x_1 + 3x_2 + 6x_3 \leqslant 120 \\ 2x_1 + 4x_3 + 5x_3 \leqslant 100 \\ x_1, x_2, x_3 \geqslant 0 \end{cases}$$

的最优基为 $\boldsymbol{B} = [\boldsymbol{P}_1, \boldsymbol{P}_2]$，最优基变量为 $\boldsymbol{X}_B^* = [x_1, x_2]^{\mathrm{T}}$。

$$\boldsymbol{B}^{-1} = \begin{bmatrix} \dfrac{2}{5} & \dfrac{-3}{10} \\ \dfrac{-1}{5} & \dfrac{2}{5} \end{bmatrix}$$

求最优的 $\boldsymbol{X}_B^*$ 和 z^*。

2.2 写出下列线性规划的对偶规划：

(1) $\max z = x_1 - x_2 + 3x_3$

$$\text{s. t.} \begin{cases} x_1 + x_2 + x_3 \leqslant 10 \\ 2x_1 - x_3 \leqslant 2 \\ 2x_1 - 2x_2 + 3x_3 \leqslant 6 \\ x_1, x_2, x_3 \geqslant 0 \end{cases}$$

(2) $\max z = 2x_1 + 5x_2 + 6x_3$

$$\text{s. t.} \begin{cases} 5x_1 + 6x_2 + x_3 \leqslant 3 \\ -2x_1 + x_2 + 4x_3 \leqslant 4 \\ x_1 - 5x_2 + 3x_3 \leqslant 1 \\ -3x_1 - 3x_2 + 7x_3 \leqslant 6 \\ x_1, x_2, x_3 \geqslant 0 \end{cases}$$

(3) $\max z = 2x_1 - x_2$

$$\text{s. t.} \begin{cases} x_1 + x_2 \leqslant 10 \\ -2x_1 + x_2 \leqslant 2 \\ 4x_1 + 3x_2 \geqslant 12 \\ x_1, x_2 \geqslant 0 \end{cases}$$

(4) $\max z = 7x_1 - 4x_2 + 33x_3$

$$\text{s. t.} \begin{cases} 4x_1 + 2x_2 - 6x_3 \leqslant 24 \\ 3x_1 - 6x_2 - 4x_3 \geqslant 15 \\ 5x_2 + 3x_3 = 30 \\ x_1, x_3 \geqslant 0, x_2 \text{ 符号不限} \end{cases}$$

2.3 已知线性规划：

$$\max z = 2x_1 + 4x_2 + x_3 + x_4$$

$$\text{s. t.} \begin{cases} x_1 + 3x_2 + x_4 \leqslant 8 \\ 2x_1 + x_2 \leqslant 6 \\ x_2 + x_3 + x_4 \leqslant 6 \\ x_1 + x_2 + x_3 \leqslant 9 \\ x_j \geqslant 0 \quad (j = 1, \cdots, 4) \end{cases}$$

要求：

(1) 写出其对偶问题；

(2) 已知原问题的最优解 $\boldsymbol{X}^* = (2, 2, 4, 0)^{\mathrm{T}}$，试根据对偶理论，直接求出对偶问题的最优解。

2.4 某公司制造三种产品 A，B，C，需要两种资源（劳动力和原材料），现在要确定总利润最大的最优生产规划，列出下述线性规划：

$$\max z = 3x_1 + x_2 + 5x_3$$

$$\text{s. t.}\begin{cases} 6x_1+3x_2+5x_3\leqslant45 & （劳动力） \\ 3x_1-4x_2+5x_3\leqslant30 & （原材料） \\ x_1,x_2,x_3\geqslant0 & \end{cases}$$

其中，x_1,x_2,x_3 分别是产品 A，B，C 的产量。已经得到了最优单纯形表（见表 2-19），其中 x_4 和 x_5 是松弛变量。

表 2-19

C_B	X_B	b	x_1	x_2	x_3	x_4	x_5
	$c_j \rightarrow$		3	1	5	0	0
3	x_1	5	1	$-\frac{1}{3}$	0	$\frac{1}{3}$	$-\frac{1}{3}$
5	x_3	3	0	1	1	$-\frac{1}{5}$	$\frac{2}{5}$
	z	30	0	-3	0	0	-1

根据表 2-19，回答下列问题。

（1）求使上述最优单纯形表不变的产品 A 的单位利润变动范围，问 $c_1=2$ 时最优解如何？

（2）假定能以 10 元的价格另外买进 15 单位的材料，这样做是否有利？

（3）当可利用的材料增加到 60 单位时，求最优解。

（4）由于技术上的突破，产品 B 原材料的需要减少为 2 单位，这样是否影响目前的最优解？为什么？

（5）假设在原问题中，需要增添一个"监督"的约束条件：

$$2x_1+x_2+3x_3\leqslant20$$

这对于最优原始解的对偶解有什么影响？

2.5　表 2-20 给出一标准线性规划的最优解。

$$\max z=CX$$

$$\text{s. t.}\begin{cases} AX=b \\ X\geqslant0 \end{cases}$$

假定 (x_4,x_5) 是初始单位矩阵的松弛变量。

（1）c_3 增加到多少，仍能使现行基保持最优？当 $c_3=6$ 时，求最优解。

（2）c_1 有多大的变化，仍能使基 (x_1,x_2) 保持最优？

（3）b_2（原值）能改变多少，仍使已知基 (x_1,x_2) 保持可行？（注：回答这个问题不必将 b_2 原值算出）。

表 2-20

C_B	X_B	b	x_1	x_2	x_3	x_4	x_5
	$c_j \rightarrow$		2	3	1	0	0
2	x_1	1	1	0	1	3	-1
3	x_2	2	0	1	1	-1	2
	z	8	0	0	-4	-3	-4

2.6 已知线性规划问题：

$$\max z = 2x_1 - x_2 + x_3$$

$$\text{s. t.} \begin{cases} x_1 + x_2 + x_3 \leqslant 6 \\ -x_1 + 2x_2 \leqslant 4 \\ x_1, x_2, x_3 \geqslant 0 \end{cases}$$

先用单纯形法求出最优解，再分析在下列条件单独变化的情况下最优解的变化：

(1) 目标函数变为 $\max z = 2x_1 + 3x_2 + x_3$；

(2) 约束右端项由 $\begin{bmatrix} 6 \\ 4 \end{bmatrix}$ 变为 $\begin{bmatrix} 3 \\ 4 \end{bmatrix}$。

第 3 章　运 输 问 题

【基本要求、重点、难点】

基本要求

（1）了解运输问题的特点。

（2）掌握表上作业法及其在产销平衡运输问题求解中的应用。

（3）掌握产销不平衡运输问题的求解方法。

重点　表上作业法。

难点　产销平衡问题的数学模型。

在实际工作中，常常遇到很多线性规划问题，这些线性规划问题约束条件变量的系数矩阵具有特殊的结构，有可能找到比单纯形法更为简便的求解方法，从而可节约大量计算的时间和费用。本章讨论的运输问题就是其中之一。

3.1　运输问题的数学模型

现实生活中，物资的生产、供应和需求往往不在同一区域，因此当物资生产出来后需要通过调度运输到需求地，比如粮食从产粮区运输到粮食加工厂，煤炭从煤矿运输到需求地，木材、钢铁等都是如此。在已有的交通网络下，若已知供应地的供应量和需求地的需求量，怎样制定调度方案才能使总的运输费用最小？这就是运输问题要解决的问题。随着现代物流的发展，运筹学中许多思想和模型越来越多地应用于物流系统的优化等方面。

例 3.1　某食品公司经销的主要产品之一是糖果，它下面设有三个加工厂，每天的糖果生产量分别为 A_1-7 t，A_2-4 t，A_3-9 t。该公司把这些糖果分别运往四个地区的门市部销售，各地区每天的销售量为 B_1-3 t，B_2-6 t，B_3-5 t，B_4-6 t。已知从每个加工厂到各销售门市部每吨糖果的运价如表 3-1 所示，问在满足各门市部销售需要的情况下，该食品公司应如何调运，可使总的运费支出最少？

表 3-1

加 工 厂	门 市 部			
	B_1	B_2	B_3	B_4
A_1	3	11	3	10
A_2	1	9	2	8
A_3	7	4	10	5

注：表中数据的单位为元/t。

凡是以一定的供应量通过调运去满足一定需求的问题,都可以归结为与上述例子类似的运输问题。

用运输问题建模,需要的基础数据有以下两类。

(1) m 个产地及其产量,n 个销地及其销量。已知有 m 个地点可以供应该种物资(以后通称产地,用 $i=1,2,\cdots,m$ 表示),有 n 个地点需要该种物资(以后通称销地,用 $j=1,2,\cdots,n$ 表示);又知这 m 个产地的可供量(以后通称产量)为 $a_1,a_2,\cdots,a_m$(可通写为 a_i),n 个销地的需要量(以后通称销量)分别为 $b_1,b_2,\cdots,b_n$(通写为 b_j)。这类数据通常用产销平衡表(见表 3-2)来表示。

(2) 从第 i 个产地到第 j 个销地的单位物资运价 c_{ij}。这类数据通常用单位运价表(见表 3-3)来表示。也可以把表 3-2 和表 3-3 合并在一起。

表 3-2

产　　地	销　　地				产量
	1	2	$\cdots$	n	
1					a_1
2					a_2
$\vdots$					$\vdots$
m					a_m
销　　量	b_1	b_2	$\cdots$	b_n	

注:此表为产销平衡表。

表 3-3

产　　地	销　　地			
	1	2	$\cdots$	n
1	c_{11}	c_{12}	$\cdots$	c_{1n}
2	c_{21}	c_{22}	$\cdots$	c_{2n}
$\vdots$	$\vdots$	$\vdots$		$\vdots$
m	c_{m1}	c_{m2}	$\cdots$	c_{mn}

注:此表为单位运价表。

如果用 x_{ij} 代表从第 i 个产地调运给第 j 个销地的物资的单位数量,那么在产销平衡的条件下,使总的运费支出最小,可以表示为以下数学形式。

$$\min z = \sum_{i=1}^{m} \sum_{j=1}^{n} c_{ij} x_{ij} \tag{3.1}$$

$$\text{s. t.} \begin{cases} \sum_{j=1}^{n} x_{ij} = a_i & (i=1,2,\cdots,m) \tag{3.2} \\ \sum_{i=1}^{m} x_{ij} = b_j & (j=1,2,\cdots,n) \tag{3.3} \\ x_{ij} \geqslant 0 \tag{3.4} \end{cases}$$

这就是运输问题的数学模型,这是一个含 $m \times n$ 个变量、$m+n$ 个约束条件的线性规划。该线性规划的 $m \times n$ 个变量中,基变量($\geqslant 0$)有多少个呢?

从第 1 章可知,线性规划基变量的个数等于线性无关的约束个数,在 $m+n$ 个约束条件中,因为有 $\sum_{i=1}^{m} a_i = \sum_{j=1}^{n} b_j$,所以系数矩阵中线性无关的列向量的最大个数为 $m+n-1$,即运输问题的解中的基变量数一般为 $m+n-1$ 个。

由此可知,$m \times n$ 个变量中,基变量($\geqslant 0$)个数为 $m+n-1$ 个,其余的皆为非基变量($=$ 0),如例 3.1,共有 3 个产地和 4 个销地,则共有 $3 \times 4 = 12$ 个变量,其中基变量有 $3+4-1=$ 6 个,也即实际有调运量($x_{ij} \geqslant 0$)的位置为 6 处,运输问题就是要确定这 6 个基变量及其取值。

上面模型中由式(3.2)、式(3.3)中的变量系数组成的系数矩阵有如下形式：

$$
\begin{array}{c}
\begin{matrix} x_{11} & x_{12} & \cdots & x_{1n} & x_{21} & x_{22} & \cdots & x_{2n} & \cdots & x_{m1} & x_{m2} & \cdots & x_{mn} \end{matrix} \\
\left[\begin{matrix}
1 & 1 & \cdots & 1 & & & & & & & & & \\
 & & & & 1 & 1 & \cdots & 1 & & & & & \\
 & & & & & & & & \ddots & & & & \\
 & & & & & & & & & 1 & 1 & \cdots & 1 \\
1 & & & & 1 & & & & & 1 & & & \\
 & 1 & & & & 1 & & & & & 1 & & \\
 & & \ddots & & & & \ddots & & & & & \ddots & \\
 & & & 1 & & & & 1 & & & & & 1
\end{matrix}\right]
\begin{matrix} \left.\vphantom{\begin{matrix}1\\1\\1\\1\end{matrix}}\right\}m\ 行 \\ \\ \left.\vphantom{\begin{matrix}1\\1\\1\\1\end{matrix}}\right\}n\ 行 \end{matrix}
\end{array}
\tag{3.5}
$$

运输问题系数矩阵(见式(3.5))中，变量 x_{ij} 对应的系数列向量可表示为

$$
\boldsymbol{P}_{ij} = \begin{bmatrix} 0 \\ \vdots \\ 1 \\ \vdots \\ 1 \\ \vdots \\ 0 \end{bmatrix} = \boldsymbol{e}_i + \boldsymbol{e}_{m+j}
\tag{3.6}
$$

$\boldsymbol{e}_i$ 和 $\boldsymbol{e}_{m+j}$ 分别为第 i 个和第 $m+j$ 个分量为 1 的单位向量。

可见，运输问题系数矩阵中的数据只有 0 或 1，且有大量的 0，这类矩阵称为稀疏阵。根据这种特征，在前面讲的单纯形法的基础上，逐渐创造出一种专门用来求解运输问题线性规划模型的运输单纯形法。在我国，习惯上称这种方法为表上作业法。

3.2　表上作业法

表上作业法是用来求解产销平衡的运输问题的一种方法。表上作业法是运输问题单纯形法的简化形式，其计算过程与单纯形法基本一致。

(1) 找初始可行基(最小元素法或 Vogel 法)。

(2) 计算各非基变量的检验数(闭回路法或位势法)。

(3) 确定进基变量和出基变量，得出新可行基(在表上用闭回路法调整)。

(4) 重复步骤(2)、(3)，直到得出最优解。

这种"初始方案→判别→调整改进→最优方案"的求解思路，是运筹学中的基本优化思路，有大量的应用。对于产销不平衡的运输问题，一般转化为产销平衡的运输问题后求解。

表上作业法的计算步骤如下。

用例 3.1 来具体说明表上作业法的计算步骤。计算之前，先列出这个问题的产销平衡表和单位运价表，分别如表 3-4 和表 3-5 所示，这两张表是计算的基础。

表 3-4

产　　地	销　　地				产　量
	B_1	B_2	B_3	B_4	
A_1					7
A_2					4
A_3					9
销　量	3	6	5	6	

注:此表为产销平衡表,单位为 t。

表 3-5

产　　地	销　　地			
	B_1	B_2	B_3	B_4
A_1	3	11	3	10
A_2	1	9	2	8
A_3	7	4	10	5

注:此表为单位运价表,单位为元/t。

3.2.1　初始方案的给定

初始方案即只需要调运方案里面达到产销平衡即可。实现产销平衡的方法有很多,如最小元素法、最大差额法、西北角法等。一般来说,希望方法简便易行,并能给出较好的方案,减少迭代的次数。下面介绍两种方法。

1. 最小元素法

最小元素法的基本思想:就近供应,即从单位运价表中最小的运价处开始确定供销关系,依次类推,一直到给出全部方案为止。

以例 3.1 为例说明,具体步骤如下。

西北角法

第一步:确定第一个基变量,每确定一个基变量需要经过以下三个步骤。

(1) 从表 3-5(单位运价表)中找出最小运价。

最小运价为 1(有两个最小运价时任选其一),即 A_2 生产的糖果首先满足 B_1 需要。

(2) 对于最小运价 1 处,倾所在行的库存物,最大限度地满足所在列的求货之需。

由于 A_2 每天生产 4 t,B_1 每天需要 3 t,令 A_2 运给 B_1 3 t,因此在表 3-4 中的交叉格(A_2, B_1)中填上数字 3,即 $x_{21}=3$,此为确定的第一个基变量,表示 A_2 调运 3 t 糖果给 B_1。

(3) 一旦需求(或库存)被彻底满足(或库存调光),就随即划去该列(或行)的所有运价(或库存)信息,表示在该列(或行)不能再有其他调运量。

由于 B_1 列的需求已满足,不需要继续调运糖果给它,因此划去 B_1 列。此时 A_2 生产的糖果除满足 B_1 的全部需求外,还余 1 t。

这样得到的结果如表 3-6 和表 3-7 所示,再从表 3-6 和表 3-7 出发,按相同的步骤去确定第二个基变量,依次类推下去。

表 3-6

产　　地	销　　地				产　量
	B_1	B_2	B_3	B_4	
A_1					7
A_2	3				4
A_3					9
销　量	3	6	5	6	

表 3-7

产　　地	销　　地			
	B_1	B_2	B_3	B_4
A_1	3	11	3	10
A_2	1	9	2	8
A_3	7	4	10	5

第二步:确定第二个基变量。从表 3-7 未划去的元素中找出最小的运价 2,即 A_2 每天剩余的

糖果应供应给 B_3。B_3 每天需要 5 t，A_2 尚余 1 t，因此在表 3-6 中 A_2 与 B_3 交叉处（A_2，B_3）填写 1，即 $x_{23}=1$，划去表 3-7 中 A_2 这一行，表示 A_2 生产的糖果已分配完，其结果见表 3-8 和表 3-9。

表 3-8

产　　地	销　　地				产　　量
	B_1	B_2	B_3	B_4	
A_1					7
A_2	3		1		4
A_3					9
销　量	3	6	5	6	

表 3-9

产　　地	销　　地			
	B_1	B_2	B_3	B_4
A_1	3	11	3	10
A_2	1	9	2	8
A_3	7	4	10	5

第三步：从表 3-9 未划去的元素中找出最小元素 3，即 A_1 生产的糖果应优先满足 B_3 需要。A_1 每天生产 7 t，B_3 尚缺 4 t。因此，在交叉格（A_1，B_3）内填上 4。由于 B_3 的需求已满足，因此在表 3-9 中划去 B_3 列元素。

这样一步一步进行下去，一直到单位运价表上所有元素都划去为止。这时在产销平衡表上就得到一个调运方案（见表 3-10）。请读者练习完成以上步骤。这个调运方案的总运费为 86 元。

在调运方案表中，称填写数字处为"有数字的格"，它对应运输问题解中的基变量取值；称不填数字处为"空格"，它对应运输问题解中的非基变量。因运输问题中基变量数一般为 $m+n-1$ 个，故调运方案中有数字的格也为 $m+n-1$ 个。

表 3-10

产　　地	销　　地				产　　量
	B_1	B_2	B_3	B_4	
A_1			4	3	7
A_2	3		1		4
A_3		6		3	9
销　量	3	6	5	6	

最小元素法的特殊情况：当选定最小元素后，若该元素所在行的产量等于所在列的销量，则此时需同时划去一行和一列；为使调运方案中有数字的格仍为 $m+n-1$ 个，需要在同时划去的该行或该列的任一空格位置补填一个 0。

如表 3-11 和表 3-12 给定的数据，第一次划去第 1 列，单位运价表中剩下的最小元素为 2，其对应的销地 B_2 需要量为 6 t，而对应的产地 A_3 未分配的产量也为 6 t。这时在产销平衡表（见表 3-11）的交叉格（A_3，B_2）内填上 6，同时划去单位运价表上的 B_2 列和 A_3 行。为了使有数字的格不减少，可以在同行或同列的空格（A_1，B_2），（A_2，B_2），（A_3，B_3），（A_3，B_4）中任选一格填写一个 0。同样，这个填写 0 的格被当作"有数字的格"看待。

表 3-11

产　　地	销　　地				产　　量
	B_1	B_2	B_3	B_4	
A_1					7
A_2					4
A_3		3	6		9
销　量	3	6	5	6	

表 3-12

产　　地	销　　地			
	B_1	B_2	B_3	B_4
A_1	3	11	4	5
A_2	7	7	3	8
A_3	1	2	10	6

2. Vogel 法

最小元素法为节省一处费用,可能在其他各处要多花几倍的费用。例如,在表 3-4 和表 3-5 中确定第一个基变量时,根据表 3-5 中 A_2 行 B_1 列的最小元素 1,可认为 B_1 所需货物将由 A_2 来优先满足,但同时看到 B_3 列的运费 3,2,10 中最小为 2,即对于 B_3 的需求,也是由 A_2 来优先满足将使运费最低。那么,A_2 将优先满足 B_1 还是 B_3 呢?

在解决这个问题时,可以通过计算差额来回答。对于 B_1 来说,若不能由最优的 A_2 供应,则将由运费次小的来供应,即由 A_1 供应,这样运输单位货物的差价为 A_1 到 B_1 的单位运价减去 A_2 到 B_1 的单位运价,即 $3-1=2$。同理,对于 B_3 来说,若不能由最优的 A_2 供应,则将由运费次小的来供应,即由 A_1 供应,这样运输单位货物的差为 $3-2=1$。由于 B_1 的差价大于 B_3 的差价,说明若不优先满足 B_1,将使得运费的增加多一些,因为要求最小运费,所以 A_2 的货物应优先满足 B_1。

Vogel 法是利用这样计算差额的方法来确定解的。相较于最小元素法,Vogel 法求解的初始解往往较优。Vogel 法也称为最大差额法。

Vogel 法的基本思想:对于差额最大处,应该优先按最小运价进行调运。

Vogel 法的步骤:(1) 从单位运价表上分别计算每行与每列的最小的两个元素之差;(2) 找出最大的差值,从该值所在行或列中找出最小运价,在该处倾所在行的产出,最大限度地满足所在列的需求,确定一个基变量取值;(3) 当产地或销地中有一方在数量上供应完毕或得到满足时,划去单位运价表中对应的行或列。

重复上述步骤,直到所有行、列都被划去,构造出初始调拨方案为止。仍以上面例子来说明。

第一步:(1) 从表 3-5 中计算出每行与每列最小两个元素之差,分别列于表的右端与下端,第一次计算的差额在行、列上标志①,如表 3-13 所示;(2) 从标①的行和列中看到 B_2 列的差额 5 最大,从该列找出最小元素为 4,即 A_3 生产的糖果首先满足 B_2 的需要,于是在表 3-14 的 (A_3,B_2) 交叉格中填上 6;(3) 由于 B_2 的需要已得到满足,因此从单位运价表中划去 B_2 这列数字。

第二步:重复上述步骤,从表中未划去的元素中再找出每行与每列的最小两个元素之差,列于表 3-13 中两最小元素之差栏目中标志②的行和列,因 B_4 列差额 3 最大,又因该列的最小元素为 5,即 A_3 分配的剩余量满足 B_4 需要,A_3 分配剩余量为 3,故在表 3-14 的交叉格 (A_3,B_4) 处填上 3,A_3 分配完毕,划去 A_3 行的数字。

第三步:继续重复上述步骤,一直到产地的产量分配完、销地的销量得到满足为止。当同时有两个最大差额时,可任选一个进行。

一般当产销地的数量不多时,Vogel 法给出的初始方案有时就是最优方案,所以 Vogel 法有时就用作求运输问题最优方案的近似解。请自行练习完成表 3-13 和表 3-14,这个调运方案总运费为 85 元,优于最小元素法给出的初始方案。

表 3-13

产　　地	销　　地				两最小元素之差			
	B_1	B_2	B_3	B_4	①	②	③	④
A_1	3	11	[3]	10	0	0	0	7
A_2	[1]	9	2	8	1	1	1	6
A_3	7	[4]	10	[5]	1	2		
两最小元素之差 ①	2	5	1	3				
②	2		1	3				
③	2		1	2				
④	2			2				

表 3-14

产　　地	销　　地				产　　量
	B_1	B_2	B_3	B_4	
A_1			5	2	7
A_2	3			1	4
A_3		6		3	9
销　　量	3	6	5	6	

3.2.2　最优性检验与方案的调整

最小元素法或 Vogel 法给出的是一个运输问题的基可行解,需通过最优性检验判别该解的目标函数值是否最优,当不是最优时,应进行调整优化。检验的方法有闭回路法和位势法,其中闭回路法也是调整方案的方法。

1. 闭回路法

运输问题中的闭回路是指调运方案中由一个空格和若干个有数字的格的水平和垂直连线包围成的封闭回路。构建闭回路的目的是计算解中各非基变量(对应空格)的检验数,其实质与单纯形法检验数的计算思想一致。现以例 3.1 给出的一个调运方案(基可行解,见表 3-10)为例来说明。

在例 3.1 给出的一个调运方案(基可行解,见表 3-10)中,(A_1, B_1) 是空格,即 $x_{11}=0$ 为非基变量。计算 x_{11} 的检验数,就是考察 x_{11} 成为基变量(例如 $x_{11}=1$),将使总运费增加还是减少。因为目标为求最小运费,如果使得总运费增加了,那么 x_{11} 不应调整为基变量;若使得总运费减小了,说明初始方案还不是最优方案,还可以通过调整 x_{11} 为基变量获得更小的运费。这里引出了两个待解决的问题:

(1)如何考察 $x_{11}=1$ 时总运费的变化量?

(2)若检验未通过,如何调整初始方案?

对于问题(1),注意到当 $x_{11}=1$ 时,(A_1, B_1) 处调运量由 0 变化到 1,为保持 A_1 行的总量平衡,A_1 在其他地方的调运量相应减少 1,显然只能在 A_1 行的基变量处减 1,选择在原有基变量中的 x_{13} 处减 1;同样地,为了保持该列(即 B_3 列)的平衡,x_{23} 加 1;以此类推,x_{21} 减 1,参见表 3-15。

表 3-15

产　　地	销　　地				产　　量
	B_1	B_2	B_3	B_4	
A_1	(+1) ·········· 4(−1)			3	7
A_2	3(−1) ·········· 1(+1)				4
A_3		6		3	9
销　　量	3	6	5	6	

这样,表 3-15 中由 (A_1,B_1),(A_1,B_3),(A_2,B_3),(A_2,B_1) 四个方格的水平和垂直连线围成闭回路。该闭回路中除了非基变量 (A_1,B_1) 为空格外,(A_1,B_3),(A_2,B_3),(A_2,B_1) 均为有数字的格。将新可行解与原来解作费用比较:x_{11} 从 0 变为 1,运费增加 3 元;x_{13} 减 1,运费减少 3 元;x_{23} 加 1,运费增加 2 元;x_{21} 减 1,运费减少 1 元。由此新可行解较原来解运费增加 $(3-3+2-1)$ 元 $=1$ 元,称 1 为检验数,将其填入检验数表(见表 3-16)的交叉格 (A_1,B_1) 处。

由于任意非基向量均可表示为基向量的唯一线性组合,因此从任意非基变量格出发均能构造出一个且唯一一个闭回路。闭回路构造方法为:从选中的非基变量出发,沿水平或铅垂方向前进,确保只以途中的基变量为拐角点实施转向,直到返回出发的非基变量。闭回路形式多样,如图 3-1(a)、(b)、(c)所示,如表 3-15 中从非基变量 (A_3,B_1) 空格出发,构造闭回路 (A_3,B_1),(A_3,B_4),(A_1,B_4),(A_1,B_3),(A_2,B_3),(A_2,B_1),该闭回路形状即如图 3-1(b)所示,参看对应的单位运价,得 x_{31} 检验数为 $7-5+10-3+2-1=10$,将其填入表 3-16 对应格 (A_3,B_1) 处。

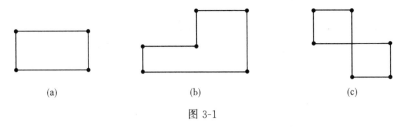

(a)　　　　　(b)　　　　　(c)

图 3-1

通过任一空格可以找到,并且也只能找到唯一的闭回路,按照 x_{11} 沿闭回路依次将单位运价加、减后计算检验数的方法,计算得出对应表 3-10 中初始解的全部非基变量的检验数,列于表 3-16 中。

表 3-16

产　　地	销　　地			
	B_1	B_2	B_3	B_4
A_1	1	2		
A_2			1	−1
A_3	10		12	

注:此表为非基变量的检验数表。

如果检验数表中所有数字大于或等于零,表明对调运方案作出任何改变都不会使得运费减少,即给定的方案是最优方案。但在表 3-16 中,方格 (A_2,B_4) 的检验数为负,说明方案需要进一步改进,也就是问题(2)。若检验未通过,应如何调整初始方案呢?

对于问题(2),改进的方法是从检验数为负值的格出发(当有两个以上负检验数时,从绝对值最大的负检验数格出发),这个例子中就是从方格(A_2,B_4)出发,作一条除该空格外其余顶点均为有数字的格组成的闭回路,如表 3-17 所示。在这条闭回路上,按上面讲的方法对调运量作最大可能的调整。从表 3-17 看出,为了把 A_2 生产的量调运给 B_4,就要相应减少 A_2 调运给 B_3 的量和 A_1 调运给 B_4 的量,这样才能得到新的平衡。这两个格内,较小调运量是 $\min\{1, 3\}=1$,因此 A_2 最多只能调运 1 t 糖果给 B_4,此时 x_{24} 的值由 0→1,x_{24} 成为基变量;而 x_{23} 由 1→0,x_{23} 成为非基变量。由此得到一个新的调运方案(见表 3-18),这个新方案的运费是 85 元。

表 3-17

产　地	销　地				产　量
	B_1	B_2	B_3	B_4	
A_1			4(+1)⋯	3(−1)	7
A_2	3		1(−1)⋯	(+1)	4
A_3		6		3	9
销　量	3	6	5	6	

表 3-18

产　地	销　地				产　量
	B_1	B_2	B_3	B_4	
A_1			5	2	7
A_2	3			1	4
A_3		6		3	9
销　量	3	6	5	6	

表 3-18 给出的调运方案是否为最优方案呢?还需要对这个方案的每一空格(非基变量)求出检验数(见表 3-19)。由于检验数表即表 3-19 中所有检验数均大于或等于零,因此确定表 3-18 给出的方案是最优方案。

需要指出的是,有时在闭回路调整中,在需要减少调运量的地方有两个以上相等的最小数,这样调整时原先空格处填上了这个最小数,就有两个以上最小数的地方成了空格。为了用表上作业法继续计算,就要把最小数的格中取一个变为空格,其余均补添 0,补添 0 的格当作有数字的格看待,使方案中有数字的格仍为 $m+n-1$ 个。

表 3-19

产　地	销　地			
	B_1	B_2	B_3	B_4
A_1	0	2		
A_2		2	1	
A_3	9		12	

注:此表为检验数表。

2. 位势法

上面讲到,要判断一个方案是否最优,需要通过每一个空格寻找闭回路,以及根据闭回路求出每个空格的检验数。当一个运输问题的产地和销地很多时,直观地在表格上寻找闭回路变得比较困难。下面介绍一种当变量数较多时更适用的求检验数的方法——位势法。

仍采用例 3.1 来说明。表 3-10 中给出了这个例子用最小元素法确定的初始调运方案。

位势法求检验数的步骤如下。

第一步:仿照表 3-10 作一个表,不过将该表有数字的格的地方换上表 3-5(单位运价表)中对应格的运价,如表 3-20 所示。

第二步:在表 3-20 的右面和下面分别增加一列和一行,并填上数字,通常用 $u_i(i=1,2,\cdots,m)$ 和 $v_j(j=1,2,\cdots,n)$ 来代表这些新填的数字。u_i 和 v_j 分别称为第 i 行和第 j 列的位势,这样每一行都有一个行位势 u_i,每一列都有一个列位势 v_j,接下来就是确定位势变量的取值。

表 3-20

产　地	销　地			
	B₁	B₂	B₃	B₄
A₁			3	10
A₂	1		2	
A₃		4		5

表 3-21

产　地	销　地				u_i
	B₁	B₂	B₃	B₄	
A₁			3	10	1
A₂	1		2		0
A₃	(λ_{31})	4		5	−4
v_j	1	8	2	9	

行、列位势的值是通过基变量来确定的,令表 3-20 中各个基变量的单位运价,正好等于基变量所在行、列的位势之和,由于共有 6 个基变量,因此可根据表 3-20 写出 6 个方程,即

$$v_1+u_2=1, \quad u_2+v_3=2, \quad v_3+u_1=3$$
$$u_1+v_4=10, \quad v_4+u_3=5, \quad u_3+v_2=4$$

由以上 6 个方程确定 7 个位势变量的取值,因为变量数大于方程数,所以有无穷多组解。任意确定一组解即可,所以填写时可以先任意决定其中的一个,然后推导出其他位势的数值。如在表 3-21 中,先令 $v_1=1$。

因为 $v_1+u_2=1$,　　所以 $u_2=0$;
　　　$u_2+v_3=2$, 　　　　　$v_3=2$;
　　　$v_3+u_1=3$, 　　　　　$u_1=1$;
　　　$u_1+v_4=10$, 　　　　$v_4=9$;
　　　$v_4+u_3=5$, 　　　　　$u_3=-4$;
　　　$u_3+v_2=4$, 　　　　　$v_2=8$。

由此确定了位势变量的一组取值,也可以从其他变量开始去求(通常令开始的变量取较为简单的数,如 0,1 等),求出另外的一组位势解,可实现同样的目的。

现在再看表 3-21 各空格的检验数。λ_{31} 代表空格 (A_3,B_1) 的检验数。由闭回路计算可知

$$\lambda_{31}=c_{31}-(v_4+u_3)+(v_4+u_1)-(v_3+u_1)+(v_3+u_2)-(v_1+u_2)=c_{31}-(u_3+v_1)$$

c_{31} 是单位运价表中空格 (A_3,B_1) 对应的运价,u_3+v_1 恰好就是该空格所在行的位势和所在列的位势之和。类似地,可以求得任一空格(非基变量)的检验数公式为

$$\lambda_{ij}=c_{ij}-(u_i+v_j) \tag{3.7}$$

所以把表 3-21 中所有空格处的行位势和列位势加起来,计算得到式(3.7)中的 u_i+v_j,得表 3-22。区别起见,空格处的位势和加上括弧。

再用表 3-5(单位运价表)中的数字(即 c_{ij}),减去表 3-22 中的 u_i+v_j,得表 3-23,这就是式(3.7)中的检验数 λ_{ij}。可以看出,表 3-23 中的数字与用闭回路法求得的表 3-16 中的数字完全一致。

表 3-22

产　地	销　地				u_i
	B₁	B₂	B₃	B₄	
A₁	(2)	(9)	3	10	1
A₂	1	(8)	2	(9)	0
A₃	(−3)	4	(−2)	5	−4
v_j	1	8	2	9	

表 3-23

产　地	销　地			
	B₁	B₂	B₃	B₄
A₁			1	2
A₂			1	−1
A₃	10		12	

注:此表为检验数表。

表中出现负的检验数时,对方案进行改进和调整的方法与前面的闭回路法一样。

将上面讲的内容归纳一下,用表上作业法求解运输问题的步骤可用图 3-2 所示的框图形式表示。

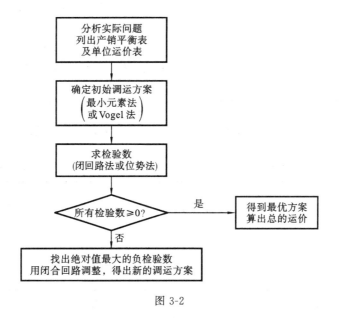

图 3-2

3.3 产销不平衡的运输问题及其应用

前文讲的表上作业法的计算和理论,以产销平衡,即 $\sum_{i=1}^{m} a_i = \sum_{j=1}^{n} b_j$ 为前提,但实际问题中产销往往是不平衡的。为了应用表上作业法进行计算,需要把产销不平衡的运输问题转化成产销平衡的运输问题。

当产大于销(即 $\sum_{i=1}^{m} a_i > \sum_{j=1}^{n} b_j$)时,运输问题的数学模型可写成

$$\min z = \sum_{i=1}^{m} \sum_{j=1}^{n} c_{ij} x_{ij} \tag{3.8}$$

$$\text{s. t.} \begin{cases} \sum_{j=1}^{n} x_{ij} \leqslant a_i & (i=1,2,\cdots,m) \tag{3.9} \\ \sum_{i=1}^{m} x_{ij} = b_j & (j=1,2,\cdots,n) \tag{3.10} \\ x_{ij} \geqslant 0 \tag{3.11} \end{cases}$$

由于总的产量大于销量,也就是有多余的产量无法分配给销地,因此为了达到产销平衡,就虚拟一个销地,假设多余的产量都运输至这个虚拟销地,令该销地的销量等于产销之差。

又由于虚拟销地只是为了实现产销平衡假设出来的销地,因此单位运价表中从各产地到虚拟销地的单位运价为 0。于是,产销不平衡的运输问题就转化成产销平衡的运输问题。

同样地,若销量大于产量,则在产销平衡表中增加一个假想的产地 $i = m+1$,该地产量为 $\sum_{j=1}^{n} b_j - \sum_{i=1}^{m} a_i$,在单位运价表上令从该假想产地到各销地的运价 $c'_{m+1,j} = 0$,同样可以转化成产

销平衡的运输问题。

表 3-24

产　地	销　地			
	B_1	B_2	B_3	B_4
A_1	2	11	3	4
A_2	10	3	5	9
A_3	7	8	1	2

注:此表为单位运价表。

例 3.2　设有 A_1,A_2,A_3 三个产地生产某种物资,其产量分别为 7 t,5 t,7 t,B_1,B_2,B_3,B_4 四个销地需要该种物资,销量分别为 2 t,3 t,4 t,6 t,又知各产销地之间的单位运价(见表 3-24),试确定总运费最少的调运方案。

解　产地总产量为 19 t,销地总销量为 15 t,所以这是一个产大于销的运输问题。按上述方法虚拟一处"库存",令库存量等于产销之差 4 t,并令该处运价全部为 0,如此转化为产销平衡的运输问题,其产销平衡表和单位运价表分别见表 3-25、表 3-26。

表 3-25

产　地	销　地					产　量
	B_1	B_2	B_3	B_4	库存	
A_1						7
A_2						5
A_3						7
销量	2	3	4	6	4	

注:此表为产销平衡表。

表 3-26

产　地	销　地				
	B_1	B_2	B_3	B_4	库存
A_1	2	11	3	4	0
A_2	10	3	5	9	0
A_3	7	8	1	2	0

注:此表为单位运价表。

对表 3-25 和表 3-26 用表上作业法计算求出最优方案,如表 3-27 所示。

表 3-27

产　地	销　地					产　量
	B_1	B_2	B_3	B_4	库存	
A_1	2			3	2	7
A_2		3			2	5
A_3			4	3		7
销　量	2	3	4	6	4	

注:此表为产销平衡表。

例 3.3　设有三个化肥厂供应四个地区的农用化肥。假定等量的化肥在这些地区使用效果相同,已知各化肥厂年产量(单位:万吨)、各地区年需要量(单位:万吨)及从各化肥厂到各地区单位化肥的运价(单位:万元/万吨)如表 3-28 所示,试决定使总的运费最节省的化肥调拨方案。

表 3-28

产　地	销　地				产　量
	Ⅰ	Ⅱ	Ⅲ	Ⅳ	
A	16	13	22	17	50
B	14	13	19	15	60
C	19	20	23	—	50
最 低 需 求	30	70	0	10	
最 高 需 求	50	70	30	不限	

解　这是一个产销不平衡的运输问题,总产量为 160 万吨,四个地区的最低需求为 110 万

吨,最高需求为无限。根据现有产量,第 Ⅳ 个地区每年最多能分配到 60 万吨,这样最高总需求为(50+70+30+60)万吨=210 万吨,大于产量。为了求得平衡,在产销平衡表中增加一个假想的产地 D,其年产量为(210-160)万吨=50 万吨。各地区的需要量包含两部分,如地区 Ⅰ,其中 30 万吨是最低需求,故不能由假想产地 D 供给,令相应运价为 M(任意大正数),而另一部分 20 万吨满足或不满足均可以,故可以由假想产地 D 供给,并按前文所讲的,令相应运价为 0。对凡是需求分两种情况的地区,实际上可按照两个地区看待。这样可以写出这个问题的产销平衡表(见表 3-29)和单位运价表(见表 3-30)。

表 3-29

产　　地	销　　　地						产　　量
	Ⅰ′	Ⅰ″	Ⅱ	Ⅲ	Ⅳ′	Ⅳ″	
A							50
B							60
C							50
D							50
销　　量	30	20	70	30	10	50	

注:此表为产销平衡表。

表 3-30

产　　地	销　　　地					
	Ⅰ′	Ⅰ″	Ⅱ	Ⅲ	Ⅳ′	Ⅳ″
A	16	16	13	22	17	17
B	14	14	13	19	15	15
C	19	19	20	23	M	M
D	M	0	M	0	M	0

注:此表为单位运价表。

根据表上作业法计算,可以求得这个问题的最优解如表 3-31 所示。

表 3-31

产　　地	销　　　地						产　　量
	Ⅰ′	Ⅰ″	Ⅱ	Ⅲ	Ⅳ′	Ⅳ″	
A			50				50
B			20		10	30	60
C	30	20	0				50
D				30		20	50
销　　量	30	20	70	30	10	50	

例 3.4 在例 3.1 中,如果假定:① 每个工厂生产的糖果不一定直接发运到销售点,可以将其中几个产地的糖果集中一起运;② 运往各销地的糖果可以先运给其中几个销地,再转运给其他销地;③ 除产、销地之外,中间还可以有几个转运站,在产地之间、销地之间或产地与销地之间转运。已知各产地、销地、中间转运站及相互之间每吨糖果的运价如表 3-32 所示,问在考虑到产、销地之间直接运输和非直接运输的各种可能方案的情况下,如何将三个厂每天生产

的糖果运往销售地,使总的运费最少?

表 3-32

		产　　地			中间转运站				销　　地			
		A_1	A_2	A_3	T_1	T_2	T_3	T_4	B_1	B_2	B_3	B_4
产地	A_1		1	3	2	1	4	3	3	11	3	10
	A_2	1		—	3	5	—	2	1	9	2	8
	A_3	3	—		1	—	2	3	7	4	10	5
中间转运站	T_1	2	3	1		1	3	2	2	8	4	6
	T_2	1	5	—	1		1	1	4	5	2	7
	T_3	4	—	2	3	1		2	1	8	2	4
	T_4	3	2	3	2	1	2		1	—	2	6
销地	B_1	3	1	7	2	4	1	1		1	4	2
	B_2	11	9	4	8	5	8	—	1		2	1
	B_3	3	2	10	4	2	2	2	4	2		3
	B_4	10	8	5	6	7	4	6	2	1	3	

解　从表 3-32 中可看出,从 A_1 到 B_2 每吨糖果的直接运费为 11 元,如果从 A_1 经 A_3 运往 B_2,每吨运价为(3+4)元=7 元,从 A_1 经 T_2 运往 B_2 只需(1+5)元=6 元,而从 A_1 到 B_2 运费最少的路径是从 A_1 经 A_2 和 B_1 到 B_2,每吨糖果的运费只需(1+1+1)元=3 元。可见,这个问题中从每个产地到各销地之间的运输方案有很多。为了把这个问题仍当作一般的运输问题处理,可以按如下步骤来求解。

(1) 由于问题中所有产地、中间转运站、销地都可以看作产地,又可看作销地,因此,把整个问题当作有 11 个产地和 11 个销地的扩大的运输问题。

(2) 对扩大的运输问题建立单位运价表。方法是将表 3-32 中不可能的运输方案的运价用任意大的正数 M 代替。

(3) 所有中间转运站的产量等于销量。由于运费最少时不可能出现一批物资来回倒运的现象,因此每个中间转运站的转运数不超过 20 吨。可以规定 T_1,T_2,T_3,T_4 的产量和销量均为 20 吨。由于实际的转运量 $\sum_{j=1}^{n} x_{ij} \leqslant a_i$,$\sum_{i=1}^{m} x_{ij} \leqslant b_j$,可以在每个约束条件中增加一个松弛变量 x_{ii},x_{ii} 相当于一个虚构的转运量,意义就是自己运给自己。$20-x_{ii}$ 就是每个中间转运站的实际转运量,x_{ii} 的对应运价 $c_{ii}=0$。

(4) 扩大的运输问题中原来的产地与销地因为也起转运站作用,所以,同样在原来产量与销量的数字上加 20 吨,即三个厂每天糖果产量改成 27 吨、24 吨、29 吨,销量均为 20 吨;四个销售点的每天销量改为 23 吨、26 吨、25 吨、26 吨,产量均为 20 吨,同时引进 x_{ii} 作为松弛变量。

下面写出扩大运输问题的产销平衡表与单位运价表(见表 3-33)。由于这是一个产销平衡的运输问题,由此可以用表上作业法求解。

表 3-33

产　地	销　地											产　量
	A_1	A_2	A_3	T_1	T_2	T_3	T_4	B_1	B_2	B_3	B_4	
A_1	0	1	3	2	1	4	3	3	11	3	10	27
A_2	1	0	M	3	5	M	2	1	9	2	8	24
A_3	3	M	0	1	M	2	3	7	4	10	5	29
T_1	2	3	1	0	1	3	2	2	8	4	6	20
T_2	1	5	M	1	0	1	1	4	5	2	7	20
T_3	4	M	2	3	1	2	0	1	M	2	6	20
T_4	3	2	3	2	1	2	0	1	M	2	6	20
B_1	3	1	7	2	4	1	1	0	1	4	2	20
B_2	11	9	4	8	5	8	M	1	0	2	1	20
B_3	3	2	10	4	2	2	2	4	2	0	8	20
B_4	10	8	5	6	7	4	6	2	1	8	0	20
销　量	20	20	20	20	20	20	20	23	26	25	26	

例 3.5 （空车调度问题） 有一辆汽车在 $A_1, A_2, A_3, A_4, A_5, A_6, A_7, A_8$ 八个地点之间运送四种物品,具体任务如表 3-34 所示。

已知 A_i 与 A_j 之间的距离为 c_{ij}（单位:km）,试确定一个最优的汽车调度方案。

表 3-34

$K\sharp$ 物品	起运点 A_i	到达点 A_j	运量/车次
1♯	A_1	A_3	12
2♯	A_1	A_5	3
3♯	A_1	A_6	6
2♯	A_2	A_1	14
3♯	A_2	A_3	6
1♯	A_2	A_6	5
3♯	A_3	A_1	9
2♯	A_3	A_4	7
1♯	A_3	A_6	5
1♯	A_3	A_8	2
1♯	A_4	A_1	4
4♯	A_4	A_2	9
3♯	A_4	A_5	3
2♯	A_5	A_2	6
4♯	A_6	A_4	6
2♯	A_7	A_3	4
3♯	A_7	A_8	3
4♯	A_8	A_4	5

解 如果该辆汽车执行任务从 A_i 运货至 A_j,此时会发生两种情况:

(1) 若 A_j 还有数项任务未完成,那么汽车就任选一项任务从 A_j 驶向其到达点;

(2) 若 A_j 已无货物需要运走,那么这辆空车从 A_j 开往哪一个地点去执行任务就成为需引起关注的问题。

因此,该辆汽车的最优调度的目标就是使空车行驶的吨千米总数最少。

先列出地点 A_i 汽车出车数和来车数的平衡表如表 3-35 所示,表中"+"号表示该点产生空车,"-"号表示该点需要调进空车。

由表 3-35 可见,A_1,A_4 和 A_6 在运输过程中,可多出空车 18 车次,A_2、A_3 和 A_7 缺空车 18 车次。建立空车调度运输模型如表 3-36 所示,对表 3-36 用表上作业法求最优解,一旦发生情况(2)时,空车就按该最优解来进行调度。

表 3-35

地点	出车数	来车数	平衡情况
A_1	21	27	+6
A_2	25	15	-10
A_3	23	22	-1
A_4	16	18	+2
A_5	6	6	0
A_6	6	16	+10
A_7	7	0	-7
A_8	5	5	0

表 3-36

c_{ij}	A_2	A_3	A_7	a_i
A_1	c_{12}	c_{13}	c_{17}	6
A_4	c_{42}	c_{43}	c_{47}	2
A_6	c_{62}	c_{63}	c_{67}	10
b_j	10	1	7	

若是对表 3-36 中的各 c_{ij} 给出具体的数据,如表 3-37 所示,则得最优解如表 3-38 所示。

由表 3-38 可知:A_1 产生的空车开往 A_2 有 6 车次;A_4 产生的空车开往 A_7 有 2 车次;A_6 产生的空车开往 A_2 有 4 车次、开往 A_3 有 1 车次、开往 A_7 有 5 车次。

表 3-37

c_{ij}	A_2	A_3	A_7	a_i
A_1	3	10	8	6
A_4	13	5	4	2
A_6	9	8	13	10
b_j	10	1	7	

表 3-38

x_{ij}	A_2	A_3	A_7	a_i
A_1	6			6
A_4			2	2
A_6	4	1	5	10
b_j	10	1	7	

3.4 LINGO 在运输问题中的应用

在求解运输问题方面,我们通常介绍的是表上作业法。这是一种手工做法。当输出地个数 m 和输入地个数 n 比较大时,表上作业法就显得很烦琐了,这时我们要处理的是至少 $m+1$ 行 $n+1$ 列的表格。因此,我们考虑用 LINGO 来处理这个问题。

例 3.6 采用 LINGO 求解例 3.1。

解 写出如下程序:

```
model:
sets:
  warehouse/1..3/:a;    !定义 3 个加工厂;
  customer/1..4/:b;     !定义 4 个门市部;
```

```
        Routes (warehouse,customer):c,x;
    endsets
    data:
    a=7,4,9;        !加工厂的产量;
    b=3,6,5,6;       !门市部的需求量;
    c=3,11,3,10,
       1,9,2,8,
       7,4,10,5;      !距离;
    enddata
    [obj] min=@sum(routes:c*x);      !目标是使总运费最低;
    @for(warehouse(i):[sup]@sum(customer(j):x(i,j))<=a(i));   !满足各门市部的需
求量;
    @for(customer(j):[dem]@sum(warehouse(i):x(i,j))=b(j));      !每天总运出量不超过
生产量;
    end
```

求解结果如下,最小运费为 85 元。

```
    Objective value:85.00000
    Variable          Value          Reduced Cost
    X(1,1)          2.000000          0.000000
    X(1,2)          0.000000          2.000000
    X(1,3)          5.000000          0.000000
    X(1,4)          0.000000          0.000000
    X(2,1)          1.000000          0.000000
    X(2,2)          0.000000          2.000000
    X(2,3)          0.000000          1.000000
    X(2,4)          3.000000          0.000000
    X(3,1)          0.000000          9.000000
    X(3,2)          6.000000          0.000000
    X(3,3)          0.000000          12.00000
    X(3,4)          3.000000          0.000000
```

该解与前文所求解同为最优解。

例 3.7 采用 LINGO 求解例 3.3。

解 写出如下程序:

```
    model:
    sets:
    factory/1..4/:a;
    plant/1..6/:b;
    coo(factory,plant):c,x;
    endsets
    data:
    a=50,60,50,50;
    b=30,20,70,30,10,50;
    c=16,16,13,22,17,17
```

```
        14,14,13,19,15,15
        19,19,20,23,100,100
        100,0,100,0,100,0;
    enddata
    min=@sum(coo(i,j):c(i,j)*x(i,j));
    @for(factory(i):@sum(plant(j):x(i,j))=a(i));
    @for(plant(j):@sum(factory(i):x(i,j))=b(j));
    end
```

求解结果见例 3.3,最小运费为 2 460 元。

例 3.7 讲解视频

由于 LINGO 软件中采用集、数据段和循环函数的编写方式,因此便于程序推广到一般形式使用。例如,只需修改运输问题中产地和销地的个数,以及参数的值,就可以求解任何运输问题。

习 题 3

3.1 已知运输问题的产销平衡表与单位运价表如表 3-39 至表 3-42 所示,试用表上作业法求各题最优解,同时用 Vogel 法求出各题的近似最优解。

表 3-39

产　　地	销　　地				产　　量
	B_1	B_2	B_3	B_4	
A_1	10	2	20	11	15
A_2	12	7	9	20	25
A_3	2	14	16	18	5
销　　量	5	15	15	10	

表 3-40

产　　地	销　　地				产　　量
	B_1	B_2	B_3	B_4	
A_1	9	8	12	13	18
A_2	10	10	12	14	24
A_3	8	9	11	12	6
A_4	10	10	11	12	12
销　　量	6	14	35	5	

表 3-41

产　　地	销　　地				产　　量
	B_1	B_2	B_3	B_4	
A_1	8	4	1	2	7
A_2	6	9	4	7	25
A_3	5	3	4	3	26
销　　量	10	10	20	15	

表 3-42

产　　地	销　　地					产　　量
	B_1	B_2	B_3	B_4	B_5	
A_1	8	6	3	7	5	20
A_2	5	M	8	4	7	30
A_3	6	3	9	6	8	30
销　　量	25	25	20	10	20	

3.2 试分析分别发生以下情况时,运输问题的最优调运方案及总运价有何变化。

(1) 单位运价表第 r 行的每个 c_{ij} 都加上一个常数 k;

（2）单位运价表第 p 列的每个 c_{ij} 都加上一个常数 k；

（3）单位运价表的所有的 c_{ij} 都乘上一个常数 k。

3.3 已知运输问题的产销平衡表及最优调运方案、单位运价表分别如表 3-43、表 3-44 所示。

表 3-43

产　地	销　地				产　量
	B_1	B_2	B_3	B_4	
A_1		5		10	15
A_2	0	10	15		25
A_3	5				5
销　量	5	15	15	10	

注：此表为产销平衡表及最优调运方案。

表 3-44

产　地	销　地			
	B_1	B_2	B_3	B_4
A_1	10	1	20	11
A_2	12	7	9	20
A_3	2	14	16	18

注：此表为单位运价表。

试分析：

（1）从 A_2 到 B_2 的单位运价 c_{22} 在什么范围变化时，上述最优调运方案不变；

（2）从 A_2 到 B_4 的单位运价 c_{24} 变为何值时，将有无限多种最优调运方案。除表 3-43 中给出的外，至少再写出其他两个最优调运方案。

3.4 某厂按合同须于每个季度末分别完成 10 台、15 台、25 台、20 台同一规格柴油机的生产。已知该厂各季度的生产能力及生产每台柴油机的成本如表 3-45 所示。如果生产出来的柴油机当季不交货，则每台每积压一个季度需储存、维护费为 0.15 万元。要求在完成合同的条件下，制订使该厂全年生产、储存和维护费用为最小的决策方案。

3.5 某造船厂根据合同要在当年算起的连续三年年末各提供三条规格相同的大型货轮。已知该厂今后三年的生产能力及生产成本如表 3-46 所示。

表 3-45

季度	生产能力/台	单台成本/万元
Ⅰ	25	10.8
Ⅱ	35	11.1
Ⅲ	30	11.0
Ⅳ	10	11.3

表 3-46

年度	正常生产时可完成的货轮数/条	加班生产时可完成的货轮数/条	正常生产时每条货轮成本/万元
第一年	2	3	500
第二年	4	2	600
第三年	1	3	550

已知加班生产情况下每条货轮成本比正常生产时高出 70 万元，又知如造出的货轮当年不交货，则每条货轮每积压一年将增加维护保养等损失 40 万元。在签订合同时该厂已有两条积压未交货的货轮，该厂希望在第三年末在交完合同任务后能存储一条备用。问该厂应如何安排计划，可在满足上述要求的条件下，使总的费用支出为最小。要求对此问题建立数学模型，列出产销平衡表和单位运价表。

3.6 某航空公司承担六个港口城市 A，B，C，D，E，F 之间的四条固定航线的货运任务。已知各条航线的起始点及每天的航班数（见表 3-47）。假定各航线使用相同型号的船只，各港口间航程天数如表 3-48 所示。又知每条船只在港口装卸货的时间各为一天，为维修等所需备用船只数占总数的 20%，问该航运公司至少应配备多少条船，才能满足所有航线的货运要求？

表 3-47

航线	起点城市	终点城市	每天航班数
1	E	D	3
2	B	C	2
3	A	F	1
4	D	B	1

表 3-48

起　点	终　　　　点				
	B	C	D	E	F
A	1	2	14	7	7
B		3	13	8	8
C			15	5	5
D				17	20
E					3

第4章 整数规划

【基本要求、重点、难点】

基本要求

(1) 了解整数规划的特点。

(2) 熟悉分支定界法和割平面法的原理及其应用。

(3) 掌握指派问题的求解方法——匈牙利法。

重点 用匈牙利法求解指派问题。

难点 用匈牙利法解指派问题时的迭代过程。

4.1 基本概念

前面讨论的线性规划中,决策变量的取值是连续型(可以取小数)。但在很多实际问题中,全部或部分变量的取值必须是整数,如所求解是机器台数、完成工作人数、布料裁衣的件数等。此外还有一些问题,如要不要在某地建设工厂,可选用一个逻辑变量 x,令 $x=1$ 表示在该地建厂,$x=0$ 表示不在该地建厂,逻辑变量也是只允许取整数值的一类变量。显然,可以想到采取四舍五入的办法得到整数值。当然,这样做有时是可以的,但有时行不通或不是最优解。下面举例说明。

例 4.1 求下列问题的最优解:

$$\max z = 20x_1 + 10x_2 \tag{4.1}$$

$$\text{s. t.} \begin{cases} 5x_1 + 4x_2 \leqslant 24 & (4.2) \\ 2x_1 + 5x_2 \leqslant 13 & (4.3) \\ x_1, x_2 \geqslant 0 & (4.4) \\ x_1, x_2 \text{ 为整数} & (4.5) \end{cases}$$

解 该问题是在线性规划后增加了一个取整数的条件——式(4.5)。先暂不考虑式(4.5),用图解法求线性规划的解,如图 4-1 所示,得到的结果为

$$x_1 = 4.8, \quad x_2 = 0, \quad \max z = 96$$

但是这个解不符合式(4.5)取整数的要求。

如果按四舍五入的办法,结果如下。

入:$x_1 = 5, x_2 = 0$。由图 4-1 可知该解为不可行解。

舍:$x_1 = 4, x_2 = 0$。由图 4-1 可知该解不是最优解。

因为 $x_1 = 4, x_2 = 0, z = 80$;或 $x_1 = 4, x_2 = 1, z = 90$,所以整数最优解是

$$x_1 = 4, \quad x_2 = 1, \quad z = 90$$

在图解法中的求法是在线性规划的可行域内找出整数点(如图 4-1 中阴影区域的"+"点)。将等值线 x_2

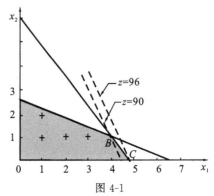

图 4-1

$=-\dfrac{20}{10}x_1+\dfrac{z}{10}$ 向右上方移动,对求 max 而言直到最后一个"+"点,即得最优解。

由上例看出,采用常规的整化的方法,常常得不到最优解,甚至得到的解根本不是可行解。因此,必须对求整数解的方法进行专门研究。

在一个数学规划问题中,如果它的部分决策变量或全部决策变量要求取整数,这个问题就称为混合整数规划(mixed integer programming,MIP)或纯整数规划(pure integer programming,PIP);如果整数变量只能取 0 或 1,这个问题就称作 0-1 整数规划(binary integer programming,BIP)。一般来说,非线性和线性规划中都存在整数规划。本章仅就线性整数规划进行讨论。

整数规划的模型就是在线性规划后加上整数要求,即

$$\max z = CX$$
$$\text{s. t.} \begin{cases} AX \leqslant (=,\geqslant) b \\ X \geqslant 0, \text{且为整数} \end{cases}$$

4.2 整数规划的求解方法

4.2.1 分支定界法

分支定界法可用于解纯整数或混合整数规划问题。它以求相应的线性规划的最优解为出发点,如果这个解不符合整数条件,就将原问题分解成几部分,每部分都增加了约束条件,这样就缩小了原来的可行域。考虑到整数规划是相应的线性规划增加了变量为整数的条件,所以可行解的范围要缩小,这就说明整数规划的最优解不会优于相应的线性规划的最优解。对于极大化问题来说,相应的线性规划的目标函数的最大值就成为整数规划目标函数值的上界。分支定界法就是利用这个性质的一种解法。现举例说明这个方法的具体解题步骤。

分支定界法

例 4.2 求解下列问题的最优解:

$$\max z = 40x_1 + 90x_2 \tag{4.6}$$
$$\text{s. t.} \begin{cases} 9x_1 + 7x_2 \leqslant 56 & (4.7) \\ 7x_1 + 20x_2 \leqslant 70 & (4.8) \\ x_1, x_2 \geqslant 0 & (4.9) \\ x_1, x_2 \text{ 为整数} & (4.10) \end{cases}$$

解 先不考虑整数要求即式(4.10)求线性规划的解,如图 4-2 所示的点 B。

$$x_1 = 4.809, \quad x_2 = 1.817, \quad \max z = 355.89$$

分支定界法首先注意其中一个非整数的变量(可以任选),如选 $x_1 = 4.809$,可以认为最优整数解 x_1 满足 $x_1 \leqslant 4$ 或 $x_1 \geqslant 5$,而在 4 与 5 之间是不符合整数条件的,于是把原问题分解成两支,一分支增加约束 $x_1 \leqslant 4$,另一分支增加约束 $x_1 \geqslant 5$,如图 4-3 所示。

为了说明方便,称原问题为 LP_1,它的可行域为 D_1;称分解出来的两支为 LP_2 和 LP_3,它们的可行域分别为 D_2 和 D_3,以下类推。

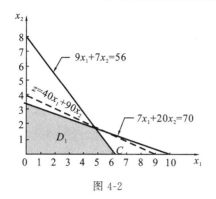

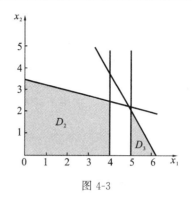

图 4-2

图 4-3

不考虑整数条件,解 LP_2 和 LP_3 得表 4-1。

虽然没有得到全部整数解,但 LP_2 和 LP_3 中的 z 值 349 和 341.39 分别是任意整数可行解所对应 z 值的上界。继续对 LP_2 和 LP_3 进行分支求解。先分解 LP_2,因为它的 z 值上界更大些。对 LP_2 增加约束后分解出来的两支分别称为 LP_4 和 LP_5(去掉 $2 < x_2 < 3$ 之间的可行域)。以下的解题过程都列在图 4-4 中。

表 4-1

LP_2	LP_3
$z = 349$	$z = 341.39$
$x_1 = 4$	$x_1 = 5$
$x_2 = 2.1$	$x_2 = 1.571$

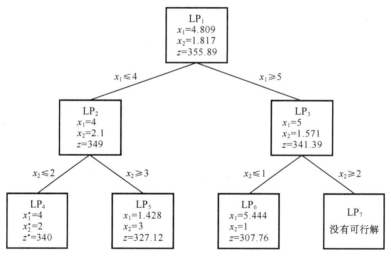

图 4-4

从图 4-4 可以看出,LP_4 是整数最优解。因为 LP_7 无可行解,而 LP_5 和 LP_6 的解的 z 值上界均小于 LP_4 的解的 z 值,所以不必再分解了。这种方法是反复利用 LP 求整数规划的解。

4.2.2 割平面法

解整数规划问题的割平面法是高莫雷(R. E. Comory)于 1958 年提出的,这个方法的基本思想仍然是用对应的线性规划问题的方法来求解整数规划问题,暂先不考虑变量是整数的这个条件,而有规律地增加特定的线性约束条件(在几何上称为割平面),使得在原可行域(凸集)中切割掉一部分,被切割掉的这部分只包含非整数的可行解,而没有切割掉任何整数的可行解。同时,缩减后的可行域凸集性不变,这样一直到获得整数规划问题的最优解为止。这里割平面法的主要问题就是如何寻求适当的割平面(一般不止切割一次)使切割后最终得到的可行域上有一个坐标均为整数的极点(即顶点)。如有,则该极点恰好就是问题的最优解。

1. 割平面概念

割平面法

通过举例来阐述割平面的概念。

例 4.3 求解下述整数规划问题的最优解:

$$\max z = 7x_1 + 9x_2$$

$$\text{s. t.} \begin{cases} -x_1 + 3x_2 \leqslant 6 \\ 7x_1 + x_2 \leqslant 35 \\ x_1, x_2 \geqslant 0, \text{且为整数} \end{cases}$$

解 图 4-5 中 $ABCD$ 表示本例的可行域,可行域中的点表示各可行整数解。如不考虑整数条件,可求得对应的线性规划问题的最优解,即

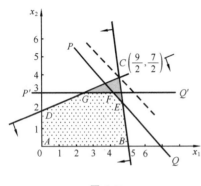

图 4-5

$$x_1 = \frac{9}{2}, \quad x_2 = \frac{7}{2}, \quad z = 63$$

图 4-5 中可行域 $ABCD$ 的极点 $C\left(\frac{9}{2}, \frac{7}{2}\right)$ 给出最优解,但它不符合整数条件,即对整数规划问题来说并非最优解。因此,在图 4-5 中,增加了两个线性约束条件,即两条割线 PQ 和 $P'Q'$(通常它们又称为高莫雷约束),目的就是把原凸可行域 $ABCD$ 缩减,变成新的凸可行域 $ABEFGD$,使这个新可行域的一个极点成为整数规划问题的最优解,这个极点就是图中的点 $F(4,3)$,即 $x_1 = 4, x_2 = 3, z = 55$

就是整数规划问题的最优解。当然在原可行域内所割去的部分(阴影部分)不包含任何整数解。

现在面对的问题就是如何产生高莫雷约束。下面来回答这个基本问题,但在讨论中有一个要求就是每个约束条件的各系数和右端项的常数都必须是整数。若不都是整数,则乘以适当的常数使之都变成整数。

2. 高莫雷约束

表 4-2 是假定不考虑整数条件的对应于线性规划问题最优解的相应表格(最优表格),其中有原决策变量 n 个、松弛变量 m 个,共 $m+n$ 个变量。为方便起见,在这个最终单纯形表中,用 $x_i(i=1,2,\cdots,m)$ 表示基变量,用 $y_j(j=1,2,\cdots,n)$ 表示非基变量。

表 4-2

$\mathbf{X}_B$	b	x_1	$\cdots$	x_i	$\cdots$	x_m	y_1	$\cdots$	y_j	$\cdots$	y_n
x_1	$\overline{b}_1$	1	$\cdots$	0	$\cdots$	0	$\overline{a}_{11}$	$\cdots$	$\overline{a}_{1j}$	$\cdots$	$\overline{a}_{1n}$
x_i	$\overline{b}_i$	0	$\cdots$	1	$\cdots$	0	$\overline{a}_{i1}$	$\cdots$	$\overline{a}_{ij}$	$\cdots$	$\overline{a}_{in}$
x_m	$\overline{b}_m$	0	$\cdots$	0	$\cdots$	1	$\overline{a}_{m1}$	$\cdots$	$\overline{a}_{mj}$	$\cdots$	$\overline{a}_{mn}$
σ_j	z	0	$\cdots$	0	$\cdots$	0	$\overline{c}_1$	$\cdots$	$\overline{c}_j$	$\cdots$	$\overline{c}_n$

如果 x_i 是对应的线性规划最优解中具有分数值的一个基变量,则表 4-2 可表示为

$$x_i + \sum_{j=1}^{n} \bar{a}_{ij} y_j = \bar{b}_i \tag{4.11}$$

或

$$x_i = \bar{b}_i - \sum_{j=1}^{n} \bar{a}_{ij} y_j$$

一般把方程(4.11)称为来源行,其中 $\bar{b}_i$ 是非整数。

把 $\bar{b}_i$ 和 $\bar{a}_{ij}$ 分解为整数部分和分数部分:

$$\bar{b}_i = N_i + f_i, \quad \bar{a}_{ij} = N_{ij} + f_{ij}$$

其中, N_i 和 N_{ij} 分别表示整数,而 $f_i (0 < f_i < 1)$ 是严格的正分数, $f_{ij} (0 \leqslant f_{ij} \leqslant 1)$ 是非负分数,将它们代入来源行的方程(4.11),得

$$x_i + \sum_{j=1}^{n} (N_{ij} + f_{ij}) y_j = N_i + f_i$$

将非整数项和整数项分别归于等号左右两端,整理得

$$f_i - \sum_{j=1}^{n} f_{ij} y_j = x_i - N_i + \sum_{j=1}^{n} N_{ij} y_j$$

因为要求所有的变量 x_i 和 y_j 都是整数,上式右端必为整数,所以上式左端也必须是整数。现分析左端,对所有的 i 和 j,有 $f_{ij} \geqslant 0$, y_j 为非负整数,于是使得 $\sum_{j=1}^{n} f_{ij} y_j \geqslant 0$,又因为 f_i 是严格的正分数,所以有

$$f_i - \sum_{j=1}^{n} f_{ij} y_j \leqslant f_i < 1$$

由于左端 $f_i - \sum_{j=1}^{n} f_{ij} y_j$ 必须是整数,因此上式不能为正,即得整数性的必要条件为

$$f_i - \sum_{j=1}^{n} f_{ij} y_j \leqslant 0 \tag{4.12}$$

上面的不等式(4.12)就是高莫雷约束方程。对它引进一个松弛变量 S_i,高莫雷约束方程(4.12)就变成等式形式:

$$S_i - \sum_{j=1}^{n} f_{ij} y_j = -f_i \tag{4.13}$$

其中, S_i 是非负整数。

注意,高莫雷约束式(4.12)或式(4.13)又称为分数切割——因为经过切割的所有非零系数都是分数。

当找到高莫雷约束之后,就可将它的系数插入对应的线性规划问题最终表格(见表 4-2)最下面的新一行中。在式(4.13)中让所有 $y_j = 0$,则高莫雷约束方程变成

$$S_i = -f_i \quad (负数)$$

其中, S_i 为负数,又因为松弛变量 S_i 应满足 $S_i \geqslant 0$,所以为不可行的情形。它表明给出的原最优解不满足这个新的约束条件。但我们可以用第 2 章介绍的对偶单纯形法消除这种不可行性,求得满足新约束条件式(4.13)的最优解。在加入高莫雷约束之后的新表格如表 4-3 所示。

表 4-3

X_B	b	x_1	$\cdots$	x_i	$\cdots$	x_m	y_1	$\cdots$	y_j	$\cdots$	y_n	S_i
x_1	$\bar{b}_1$	1	$\cdots$	0	$\cdots$	0	$\bar{a}_{11}$	$\cdots$	$\bar{a}_{1j}$		$\bar{a}_{1n}$	0
x_i	$\bar{b}_i$	0	$\cdots$	1	$\cdots$	0	$\bar{a}_{i1}$	$\cdots$	$\bar{a}_{ij}$	$\cdots$	$\bar{a}_{in}$	0
x_m	$\bar{b}_m$	0	$\cdots$	0	$\cdots$	1	$\bar{a}_{m1}$	$\cdots$	$\bar{a}_{mj}$	$\cdots$	$\bar{a}_{mn}$	0
σ_j	$+z$	0	$\cdots$	0	$\cdots$	0	$\bar{c}_1$	$\cdots$	$\bar{c}_j$		$\bar{c}_n$	0
S_i	$-f_i$	0	$\cdots$	0	$\cdots$	0	$-f_{i1}$	$\cdots$	$-f_{ij}$	$\cdots$	$-f_{in}$	1

如果应用对偶单纯形法求得新的最优解是整数,那么计算就结束;如果在新的解中仍有分数值,那么从新的单纯形表中构造出一个新的高莫雷约束,并再次运用对偶单纯形法,继续进行这一步骤,直到取得最优整数解为止。但是如果在任何一次迭代中对偶单纯形表都表明不存在可行解,那么问题也就没有可行整数解,计算也到此为止。下面用例 4.4 来说明此法的工作步骤。

例 4.4　求解下列整数规划问题的最优解:

$$\max z = 7x_1 + 9x_2$$

$$\text{s. t.}\begin{cases} -x_1 + 3x_2 + x_3 = 6 \\ 7x_1 + x_2 + x_4 = 35 \\ x_1, x_2, x_3, x_4 \geqslant 0, \text{且为整数} \end{cases}$$

解　第一步:忽略变量的整数要求,应用单纯形法求得最优解,如表 4-4 所示。

表 4-4

C_B	X_B	b	x_1	x_2	x_3	x_4	θ_i $\downarrow$
9	x_2	$\dfrac{7}{2}$	0	1	$\dfrac{7}{22}$	$\dfrac{1}{22}$	
7	x_1	$\dfrac{9}{2}$	1	0	$\dfrac{-1}{22}$	$\dfrac{3}{22}$	
	z	63	0	0	$\dfrac{-28}{11}$	$\dfrac{-15}{11}$	$\leftarrow \delta_j$

第二步:构造高莫雷约束。因为上述解 $x_1 = \dfrac{9}{2}$, $x_2 = \dfrac{7}{2}$ 不是整数,必须在表 4-4 的最后增加一个高莫雷约束。一般地,对应于一个非整数解的任何约束方程都可以被选作产生高莫雷约束,但是根据经验,通常取 $\max\{f_i\}$ 的方程。现在的两个方程有相同的 f_i 值,即 $f_1 = f_2 = \dfrac{1}{2}$,所以可取任何一个,如选取表 4-4 中 x_2 所在行方程,便得来源行。

$$0 \cdot x_1 + 1 \cdot x_2 + \frac{7}{22}x_3 + \frac{1}{22}x_4 = 3\frac{1}{2}$$

然后改写成

$$x_2 + \left(0 + \frac{7}{22}\right)x_3 + \left(0 + \frac{1}{22}\right)x_4 = 3 + \frac{1}{2}$$

因此,直接代入式(4.13)得对应的高莫雷约束为

$$S_2 - \frac{7}{22}x_3 - \frac{1}{22}x_4 = -\frac{1}{2}$$

其中，S_2 是新的非负的松弛变量，于是可得新的单纯形表如表 4-5 所示。

表 4-5

X_B	b	x_1	x_2	x_3	x_4	S_2
x_2	$3\frac{1}{2}$	0	1	$\frac{7}{22}$	$\frac{1}{22}$	0
x_1	$4\frac{1}{2}$	1	0	$-\frac{1}{22}$	$\frac{3}{22}$	0
δ_j	$z=63$	0	0	$-\frac{28}{11}$	$-\frac{15}{11}$	0
S_2	$-\frac{1}{2}$	0	0	$-\frac{7}{22}$	$-\frac{1}{22}$	1

第三步：应用对偶单纯形法，求出新的最优解，如表 4-6 所示。

表 4-6

X_B	b	x_1	x_2	x_3	x_4	S_2
x_2	3	0	1	0	0	1
x_1	$\frac{32}{7}$	1	0	0	$\frac{1}{7}$	$-\frac{1}{7}$
δ_j	$z=59$	0	0	0	-1	-8
x_3	$\frac{11}{7}$	0	0	1	$\frac{1}{7}$	$-\frac{22}{7}$

现在所得的解为

$$x_1=\frac{32}{7}, \quad x_2=3, \quad z=59$$

其中，还有非整数 x_1。

第四步：构造新的高莫雷约束。现先取表 4-6 中 x_1 对应的来源行为

$$1 \cdot x_1 + 0 \cdot x_2 + 0 \cdot x_3 + \frac{1}{7}x_4 - \frac{1}{7}S_2 = \frac{32}{7}$$

然后改写成

$$x_1 + \left(0+\frac{1}{7}\right)x_4 + \left(-1+\frac{6}{7}\right)S_2 = 4+\frac{4}{7}$$

直接代入式(4.13)得对应的高莫雷约束为

$$S_1 - \frac{1}{7}x_4 - \frac{6}{7}S_2 = -\frac{4}{7}$$

于是便有相应的表 4-7。

表 4-7

X_B	b	x_1	x_2	x_3	x_4	S_2	S_1
x_2	3	0	1	0	0	1	0
x_1	$\frac{32}{7}$	1	0	0	$\frac{1}{7}$	$-\frac{1}{7}$	0
x_3	$\frac{11}{7}$	0	0	1	$\frac{1}{7}$	$-\frac{22}{7}$	0
δ_j	$z=59$	0	0	0	-1	-8	0
S_1	$-\frac{4}{7}$	0	0	0	$-\frac{1}{7}$	$-\frac{6}{7}$	1

第五步：应用对偶单纯形法，便得表 4-8。

表 4-8

X_B	b	x_1	x_2	x_3	x_4	S_2	S_1
x_2	3	0	1	0	0	1	0
x_1	4	1	0	0	0	-1	1
x_3	1	0	0	1	0	-4	1
δ_j	$z=55$	0	0	0	0	-2	-7
x_4	4	0	0	0	1	6	-7

表 4-8 给出了最优解，即

$$x_1=4, \quad x_2=3, \quad x_3=1, \quad x_4=4, \quad z=55$$

4.3 指派问题模型

4.3.1 问题的提出与数学模型

指派问题（assignment problem）也称分配问题，是一种特殊的整数规划问题。假定有 m 项任务指派给 m 个人去完成，并指定每人完成其中一项，每项只交给其中一个人去完成，应如何指派才使总的效率为最高？下面举例说明。

例 4.5 有一份说明书，要分别译成英、日、德、俄四种文字，交甲、乙、丙、丁四个人去完成。各人专长不同，完成翻译不同文字所需的时间（h）也不同，如表 4-9 所示。应如何指派，可使这四个人分别完成这四项任务总的时间为最小？

在指派问题中，利用不同资源完成不同计划活动的效率通常用表格形式表示，表格中数字组成效率矩阵。

表 4-9

工 作	甲	乙	丙	丁
译成英文	2	10	9	7
译成日文	15	4	14	8
译成德文	13	14	16	11
译成俄文	4	15	13	9

设用 $[a_{ij}]$ 表示指派问题的效率矩阵，令

$$x_{ij}=\begin{cases}1, & \text{分配第 } i \text{ 个人去完成第 } j \text{ 项任务} \\ 0, & \text{不分配第 } i \text{ 个人去完成第 } j \text{ 项任务}\end{cases}$$

$$(i=1,2,\cdots,m;j=1,2,\cdots,m)$$

则指派问题的数学模型一般写为

$$\min z = \sum_{i=1}^{m}\sum_{j=1}^{m}a_{ij}x_{ij} \tag{4.14}$$

$$\text{s. t.}\begin{cases} \sum_{j=1}^{m} x_{ij} = 1 & (i=1,2,\cdots,m) \\ \sum_{i=1}^{m} x_{ij} = 1 & (j=1,2,\cdots,m) \\ x_{ij} = 0 \text{ 或 } 1 \end{cases}$$

4.3.2 匈牙利法

可以用解线性规划的单纯形法,或者解运输问题的表上作业法求解指派问题,但通常用更有效的匈牙利法求解。

匈牙利法的解题思路 解指派问题的匈牙利法是从这样一个明显的事实出发的:如果效率矩阵的所有元素 $a_{ij} \geq 0$,而其中存在一组位于不同行、不同列的零元素,则只要令对应于这些零元素位置的 $x_{ij} = 1$,其余的 $x_{ij} = 0$,目标函数 $z = \sum_{i=1}^{m} \sum_{j=1}^{m} a_{ij} x_{ij}$ 最小,即得到问题的最优解。

这是因为对于 $z = \sum_{i=1}^{m} a_{ij} x_{ij}$,当 $x_{ij} = 1$ 时,其对应的 a_{ij} 为零元素,必有 $a_{ij} x_{ij} = 0$;当 $x_{ij} = 0$ 时,也必有 $a_{ij} x_{ij} = 0$,可得 $z = \sum_{i=1}^{m} \sum_{j=1}^{m} a_{ij} x_{ij} = 0$ 最小。所以,只要做到在一组不同行、不同列的零元素处进行指派($x_{ij} = 1$),就可以得到最优解。

如效率矩阵为

$$\begin{bmatrix} 0 & 14 & 9 & 3 \\ 9 & 20 & 0 & 23 \\ 23 & 0 & 3 & 8 \\ 0 & 12 & 14 & 0 \end{bmatrix}$$

显然,令 $x_{11} = 1, x_{23} = 1, x_{32} = 1, x_{44} = 1$,即将第一项工作指派给甲,第二项工作指派给丙,第三项工作指派给乙,第四项工作指派给丁,完成总工作的时间最少。

匈牙利法需要解决的问题包括:

(1)如何产生零元素;

(2)如何寻找这组位于不同行、不同列的零元素。

匈牙利数学家康尼格(D. Konig)证明了两个基本定理,从而为解决以上问题奠定了基础。也因此,基于这两个定理建立起来的解指派问题的计算方法被称为匈牙利法。

定理 1 从指派问题效率矩阵 $[a_{ij}]$ 的每一行元素中分别减去(或加上)一个常数 u_i(被称为该行的位势),从每一列分别减去(或加上)一个常数 v_j(称为该列的位势),得到一个新的效率矩阵 $[b_{ij}]$,若其中 $b_{ij} = a_{ij} - u_i - v_j$,则 $[b_{ij}]$ 的最优解等价于 $[a_{ij}]$ 的最优解。

匈牙利法

根据定理 1 可以解决问题(1),可以把原效率矩阵经过行列加减一个常数,使得矩阵中有较多的零元素,如果其中零元素数量足够在其中选择到 n 个独立的零元素,那么就让对应的 $x_{ij} = 1$,其余 $x_{ij} = 0$,这样就求得了最优解。

那么,一个经过变换的效率矩阵中究竟有多少个独立的零元素呢? 也就是如何确定效率矩阵中独立零元素的个数呢？定理 2 给出了理论基础。

定理 2　若 $[b_{ij}]$ 有 n 个独立的零元素，则由此可得一个解矩阵，方法为在 X 中令对应于 $[b_{ij}]$ 的零元素位置的元素为 1，其他位置的元素为 0，则得 X 为指派问题的最优解。

定理 3　若矩阵 A 的元素可分成"0"与"非 0"两部分，则覆盖"0"元素的最少直线数等于位于不同行、不同列的"0"元素的最大个数。

根据定理 3 可以解决问题（2），确定一个效率矩阵中最大独立零元素的个数，转化为寻找覆盖所有零元素所需最少直线数。

匈牙利法的计算步骤（以例 4.5 为例）如下。

第一步：找出效率矩阵每行的最小元素，并分别从每行中减去该数，有

$$
\begin{array}{c}
\text{min}
\end{array}
$$

$$
\begin{bmatrix} 2 & 10 & 9 & 7 \\ 15 & 4 & 14 & 8 \\ 13 & 14 & 16 & 11 \\ 4 & 15 & 13 & 9 \end{bmatrix}
\begin{matrix} 2 \\ 4 \\ 11 \\ 4 \end{matrix}
\longrightarrow
\begin{bmatrix} 0 & 8 & 7 & 5 \\ 11 & 0 & 10 & 4 \\ 2 & 3 & 5 & 0 \\ 0 & 11 & 9 & 5 \end{bmatrix}
$$

第二步：找出矩阵每列的最小元素，再分别从各列中减去，有

$$
\begin{bmatrix} 0 & 8 & 7 & 5 \\ 11 & 0 & 10 & 4 \\ 2 & 3 & 5 & 0 \\ 0 & 11 & 9 & 5 \end{bmatrix}
\longrightarrow
\begin{bmatrix} 0 & 8 & 2 & 5 \\ 11 & 0 & 5 & 4 \\ 2 & 3 & 0 & 0 \\ 0 & 11 & 4 & 5 \end{bmatrix}
$$

$$
\text{min}\quad 0\quad 0\quad 5\quad 0
$$

第三步：经过上述两步变换后，矩阵的每行每列至少都有了一个零元素。下面就要确定能否找出 m 个位于不同行不同列的零元素的集合（本例中 $m=4$），也就是看要覆盖上面矩阵中的所有零元素，至少要多少条直线。

当 m 不大时，覆盖零元素的最少直线数可以很容易通过直观地在表中观察得到。

如果 m 较大直接观察困难时，可以遵循以下步骤尝试进行指派。

试指派步骤 1：从第 1 行开始，若该行只有一个零元素，就对这个零元素打上（）号，表示在此处进行指派，该行其他位置处不能再进行指派，因此对打（）号零元素所在列画一条直线；若该行没有零元素或有两个以上零元素（已划去的不计在内），则转下一行，依次进行到最后一行。

试指派步骤 2：从第 1 列开始，若该列只有一个零元素，就对这个零元素打上（）号（同样不考虑已划去的零元素），再对打（）号零元素所在行画一条直线；若该列没有零元素或有两个以上零元素，则转下一列，依次进行到最后一列。

重复试指派的两个步骤。试指派进行完毕后，可能 $n=m$，获得最优解；也可能 $n<m$，没有最优解。下面分别分析这两种情况。

（1）$n=m$，已得最优解。

效率矩阵每行都有一个打（）号的零元素。很显然，按上述步骤得到的打（）号的零元素都位于不同行和不同列，只要令对应打（）号零元素的 $x_{ij}=1$ 就找到了问题的最优解。

（2）$n<m$，未得最优解。

情况一:打()号的零元素个数小于 m,但未被划去的零元素之间存在闭回路,这时可顺着闭回路的走向,对每个间隔的零元素打一个()号,然后对所有打()号的零元素,或所在行,或所在列画一条直线,如式(4.15)矩阵中所示情况。

$$
\begin{bmatrix} 0 \cdots\cdots 0 & & \\ & & \\ 0 \cdots\cdots\cdots\cdots 0 & \\ & & \\ & 0 \cdots\cdots 0 \end{bmatrix} \longrightarrow \begin{bmatrix} (0) & 0 & \\ & & \\ 0 & & (0) \\ & & \\ & (0) & 0 \end{bmatrix} \tag{4.15}
$$

情况二:如果矩阵中所有零元素或被划去,或被打上()号,但打()号的零元素个数小于 m,证明目前效率矩阵没有足够的 m 个独立零元素,不能得到最优解。

上述例子就是此种情况,其试指派过程可见下面矩阵中各步的情况。

$$
\begin{bmatrix} (0) & 8 & 2 & 5 \\ 11 & 0 & 5 & 4 \\ 2 & 3 & 0 & 0 \\ 0 & 11 & 4 & 5 \end{bmatrix} \longrightarrow \begin{bmatrix} (0) & 8 & 2 & 5 \\ 11 & (0) & 5 & 4 \\ 2 & 3 & 0 & 0 \\ 0 & 11 & 4 & 5 \end{bmatrix} \longrightarrow \begin{bmatrix} (0) & 8 & 2 & 5 \\ 11 & (0) & 5 & 4 \\ 2 & 3 & (0) & 0 \\ 0 & 11 & 4 & 5 \end{bmatrix}
$$

接下来必须进一步进行行列变换,使矩阵中出现更多的零元素,才能得解。

第四步:为设法使每一行都有一个打()号的零元素,需要继续按照定理1对矩阵进行变换。

(1) 从矩阵未被直线覆盖的数字中找出一个最小的数 k。

(2) 对于矩阵中的每行,当该行有直线覆盖时令 $u_j = 0$,当该行无直线覆盖时令 $u_i = k$。

(3) 对于矩阵中有直线覆盖的列,令 $v_j = -k$,对于无直线覆盖的列,令 $v_j = 0$。

(4) 从原矩阵的每个元素 a_{ij} 中分别减去 u_i 和 v_j,得到一个新的矩阵。

按以上步骤(1)~(4),可保证在直线覆盖处零元素个数不减少的情况下,在未被直线覆盖处得到新的零元素,增加了零元素个数。

第五步:回到第三步,反复进行,一直到矩阵的每一行都有一个打()号的零元素为止,即找到了最优指派方案。

上例第三步得到的最后一个矩阵中,未被直线覆盖的最小数字为2,按第四步规则分别写出各行位势 u_i 与各列位势 v_j,并得到新的矩阵,然后回到第三步进行试指派。此时,矩阵的每一行都有了一个打()号的零元素,即已找到了最优指派方案。具体操作过程如下。

$$
\begin{bmatrix} (0) & 8 & 2 & 5 \\ 11 & (0) & 5 & 4 \\ 2 & 3 & (0) & 0 \\ 0 & 11 & 4 & 5 \end{bmatrix} \begin{matrix} 2 \\ 2 \\ 0 \\ 2 \end{matrix} \longrightarrow \begin{bmatrix} 0 & 8 & (0) & 3 \\ 11 & (0) & 3 & 2 \\ 4 & 5 & 0 & (0) \\ (0) & 11 & 2 & 3 \end{bmatrix}
$$
$$
\begin{matrix} -2 & -2 & 0 & 0 \end{matrix}
$$

按上述匈牙利法的计算步骤,令对应于打()号的零元素位置的 $x_{ij}=1$,对照表4-9,即得最优指派方案为:甲将说明书译成俄文,乙将说明书译成日文,丙将说明书译成英文,丁将说明书译成德文,全部所需时间为 $(4+4+9+11)$h $=28$ h。

4.3.3 两点说明

1. 人数和工作任务数不相等时的处理方法

举例来说,有 4 项工作指派给 6 个人去完成,每个人分别完成各项工作的时间如表 4-10 所示。仍然规定每个人完成 1 项工作,每项工作只交给 1 个人去完成。这就提出问题:应从 6 个人中挑选哪 4 个人去完成,花费的总时间为最少?处理办法是增添 2 项假想的工作任务,因为是假想的,所以每个人完成这 2 项任务时间为零,可在效率矩阵中增添 2 列零元素(见表 4-11),变成人数和工作任务数相等,就可用上述匈牙利法求解。当工作任务数多于人数时,类似地可假设假想的人来处理。

表 4-10

人	工 作			
	I	II	III	IV
1	3	6	2	6
2	7	1	4	4
3	3	6	5	8
4	6	4	3	7
5	5	2	4	3
6	5	7	6	2

表 4-11

人	工 作					
	I	II	III	IV	V	VI
1	3	6	2	6	0	0
2	7	1	4	4	0	0
3	3	6	5	8	0	0
4	6	4	3	7	0	0
5	5	2	4	3	0	0
6	5	7	6	2	0	0

2. 效率矩阵中元素全为负值时的处理方法

如例 4.5 中效率矩阵的数字是表示每人每天能完成的翻译成汉字的字数(单位为千字),问题就变成如何指派任务,使四个人每天完成的任务量(总的翻译字数)为最大,即目标函数变为求最大,亦即

$$\max z = \sum_{i=1}^{m} \sum_{j=1}^{m} a_{ij} x_{ij}$$

上述目标函数等价于

$$\min z' = \sum_{i=1}^{m} \sum_{j=1}^{m} (-a_{ij}) x_{ij}$$

但这样一来效率矩阵中元素全成了负值,不符合匈牙利法计算的要求。但只要根据定理 1 去处理,加上原效率矩阵中的最大值,就可以使效率矩阵中全部元素变为大于或等于 0,此时就可用匈牙利法进行求解了。

4.4 LINGO 在整数规划中的应用

在 LINGO 中,变量的界定主要有下面几个函数(见 1.7.3.3 小节)。

(1) @gin(x):限制 x 为整数。

(2) @bin(x):限定 x 为 0 或 1。

(3) @free(x):取消对 x 的符号限制(即可取任意实数包括负数)。

（4）@bnd(l,x,u):限制 $l \leqslant x \leqslant u$。

例 4.6 背包问题

一个旅行者的背包最多只能装 6 kg 物品,现有 4 件物品的重量和价值分别为:2 kg,3 kg, 3 kg,4 kg;1 元,1.2 元,1.8 元,2.5 元。问应怎样携带物品,可使得携带物品的价值最大?

解 记 x_i 为旅行者携带第 i 件物品的件数,取值只能为 0 或 1。

目标函数为 $$\max z = x_1 + 1.2x_2 + 1.8x_3 + 2.5x_4$$

约束条件为 $$2x_1 + 3x_2 + 3x_3 + 4x_4 \leqslant 6$$

LINGO 程序如下:

```
Model:
max=x1+1.2*x2+1.8*x3+2.5*x4;
2*x1+3*x2+3*x3+4*x4<=6;
@bin(x1);
@bin(x2);
@bin(x3);
@bin(x4);
End
```

求解结果为 $x_1 = 1, x_4 = 1$,总价值为 3.5 元。

例 4.7 以例 4.5 为例,采用 LINGO 进行求解。

解 可以将 0-1 规划转变为运输问题,以运输问题的形式进行 LINGO 程序编写。

```
model:
sets:
factory /1..4/:;
plant /1..4/:;
coo(factory,plant):a,x;
endsets
data:
a=2,10,9,7
  15,4,14,8
  13,14,16,11
  4,15,13,9;
enddata
min=@sum(coo(i,j):a(i,j)*x(i,j));
@for(coo(i,j):@bin(x(i,j)));
@for(factory(i):@sum(plant(j):x(i,j))=1);
@for(plant(j):@sum(factory(i):x(i,j))=1);
end
```

结果为选择甲翻译俄文,乙翻译日文,丙翻译英文,丁翻译德文,共计花费 28 小时。

例 4.7 讲解视频

例 4.8 设某部队为了完成某项特殊任务,需要每天昼夜 24 小时不间断值守多个岗位,但每天不同的时间段需要的人数不同,具体情况如表 4-12 所示。如果值班人员分别在各时段开始时上班,并需要连续工作 8 小时,现在问题是该部队要保证完成这项任务至少需要配备多少名值班人员?

表 4-12

班　　次	时　间　段	需　要　人　数
1	6:00—10:00	60
2	10:00—14:00	70
3	14:00—18:00	60
4	18:00—22:00	50
5	22:00—2:00	20
6	2:00—6:00	30

解 根据问题要求,问题的优化目标是每天所需的总人数 $z = \sum_{i=1}^{6} x_i$ 为最小,约束条件为每个时段所需要的人数约束。于是,问题归结为如下的整数规划模型:

$$\min z = \sum_{i=1}^{6} x_i$$

$$\text{s.t.} \begin{cases} x_6 + x_1 \geqslant 60 \\ x_1 + x_2 \geqslant 70 \\ x_2 + x_3 \geqslant 60 \\ x_3 + x_4 \geqslant 50 \\ x_4 + x_5 \geqslant 20 \\ x_5 + x_6 \geqslant 30 \\ x_i \geqslant 0, \text{且为整数}, i = 1, 2, \cdots, 6 \end{cases}$$

编写 LINGO 程序如下:

```
model:
sets:
fac/1..6/:x;
endsets
min=@sum(fac:x);
x(6)+x(1)>60;
x(1)+x(2)>70;
x(2)+x(3)>60;
x(3)+x(4)>50;
x(4)+x(5)>20;
x(5)+x(6)>30;
@for(fac:@gin(x));
```

end

结果如下：

```
Objective value:                    150.0000
Variable          Value          Reduced Cost
X(1)           60.00000            1.000000
X(2)           10.00000            1.000000
X(3)           50.00000            1.000000
X(4)           0.000000            1.000000
X(5)           30.00000            1.000000
X(6)           0.000000            1.000000
```

由此可以得出：

当第一时间段 60 人，第二时间段 10 人，第三时间段 50 人，第四时间段 0 人，第五时间段 30 人，第六时间段 0 人时，需要配备的值班人员数量最少，为 150 人。

例 4.9 已知有 30 个物品，其中 6 个长 0.51 m，6 个长 0.27 m，6 个长 0.26 m，余下 12 个长 0.23 m，箱子长为 1 m。问最少需多少个箱子才能把 30 个物品全部装进箱子？

解 本问题可以用手工拼凑的办法得到最优解，30 件物品最少装 9 个箱子，装法见表 4-13。

表 4-13 长度单位：m

箱 子 长 度	1			合　　计	箱 子 个 数
物 品 长 度	0.51	0.26	0.23	1	6
	0.27	0.23		0.5	3

从以上装法可得出结论，最少要 9 个箱子，下面用 LINGO 编程验证。

```
MODEL:
SETS:
Wp/w1..w30/:w;
Xz/V1..v30/:Y;
LINKS(Wp,Xz):X;
ENDSETS

DATA:
w=0.51,0.51,0.51,0.51,0.51,0.51,
    0.26,0.26,0.26,0.26,0.26,0.26,
    0.27,0.27,0.27,0.27,0.27,0.27,
    0.23,0.23,0.23,0.23,0.23,0.23,
    0.23,0.23,0.23,0.23,0.23,0.23;
ENDDATA

MIN=@SUM(Xz(I):Y(I));
C=1;      !C是箱子长度;
```

```
@for(Xz:@bin(Y));    !限制 Y 是 0-1 变量；

@for(LINKS:@bin(X));    !限制 X 是 0-1 变量；

@for(Wp(I):@SUM(Xz(J):X(I,J))=1);    !每个物品只能放入一个箱子；

@for (Xz(J):@SUM (Wp(I):W(I)* X(I,J))<=C*Y(J));    !每个箱子内物品的总长度不超过
箱子；

END
```

程序计算结果是 9，说明 LINGO 能找到最优解，程序正确。

习 题 4

4.1 用分支定界法求下列线性规划：

(1) $\max z = 11x_1 + 4x_2$

$$\text{s. t.} \begin{cases} -x_1 + 2x_2 \leqslant 4 \\ 5x_1 + 2x_2 \leqslant 16 \\ 2x_1 - x_2 \leqslant 4 \\ x_1, x_2 \geqslant 0, \text{且为整数} \end{cases}$$

(2) $\min z = 3x_1 + 2x_2$

$$\text{s. t.} \begin{cases} 3x_1 + x_2 \geqslant 6 \\ x_1 + x_2 \geqslant 3 \\ x_1, x_2 \geqslant 0, \text{且为整数} \end{cases}$$

(3) $\min z = 3x_1 + 2x_2$

$$\text{s. t.} \begin{cases} 2x_1 + 2x_2 \leqslant 7 \\ x_1 \leqslant 2 \\ x_2 \leqslant 2 \\ x_1, x_2 \geqslant 0, \text{且为整数} \end{cases}$$

(4) $\max z = 21x_1 + 11x_2$

$$\text{s. t.} \begin{cases} 7x_1 + 4x_2 + x_3 = 13 \\ x_1, x_2, x_3 \geqslant 0, \text{且为整数} \end{cases}$$

(5) $\max z = x_1 + x_2$

$$\text{s. t.} \begin{cases} 14x_1 + 9x_2 \leqslant 51 \\ -6x_1 + 3x_2 \leqslant 1 \\ x_1, x_2 \geqslant 0, \text{且为整数} \end{cases}$$

4.2 用割平面法求解下列整数规划：

(1) $\max z = x_1 + x_2$

$$\text{s. t.} \begin{cases} 2x_1 + x_2 \leqslant 6 \\ 4x_1 + 5x_2 \leqslant 20 \\ x_1, x_2 \geqslant 0, \text{且为整数} \end{cases}$$

(2) $\max z = 2x_1 + x_2$

$$\text{s. t.} \begin{cases} x_1 + x_2 \leqslant 5 \\ -x_1 + x_2 \leqslant 0 \\ 6x_1 - 2x_2 \leqslant 21 \\ x_1, x_2 \geqslant 0, \text{且为整数} \end{cases}$$

(3) $\max z = 3x_1 - x_2$

$$\text{s. t.} \begin{cases} 3x_1 - 2x_2 \leqslant 3 \\ -5x_1 + 4x_2 \geqslant 10 \\ 2x_1 + x_2 \leqslant 5 \\ x_1, x_2 \geqslant 0, \text{且为整数} \end{cases}$$

4.3 有 4 个工人，要指派他们分别完成 4 项工作，每人做每项工作所消耗的时间如表 4-14 所示。问指派哪个人去完成哪项工作，可使总的消耗时间最小？

表 4-14 单位:h

工 人	工 作			
	A	B	C	D
甲	15	18	21	24
乙	19	23	22	18
丙	26	17	16	19
丁	19	21	23	17

4.4 已知 5 名运动员各种姿势的游泳成绩(距离均为 50 m),如表 4-15 所示,试问如何从中选拔组织一支参加 200 m 混合泳的接力队,使预期比赛成绩最好?

表 4-15 单位:s

项 目	赵	钱	张	王	周
仰泳	37.7	32.9	33.8	37.0	35.4
蛙泳	43.4	33.1	42.2	34.7	41.8
蝶泳	33.3	28.5	38.9	30.4	33.6
自由泳	29.2	26.4	29.6	28.5	31.1

4.5 某工厂有 4 名工人 A_1, A_2, A_3, A_4,分别操作 4 台车床 B_1, B_2, B_3, B_4,每小时单产量如表 4-16 所示,求产值最大的分配方案。

表 4-16

工 人	车 床			
	B_1	B_2	B_3	B_4
A_1	10	9	8	7
A_2	3	4	5	6
A_3	2	1	1	2
A_4	4	3	5	6

4.6 分配甲、乙、丙、丁 4 个人去完成 A,B,C,D,E 5 项任务,每个人完成各项任务的时间如表 4-17 所示。由于任务数多于人数,因此考虑:

(1)任务 E 必须完成,其他 4 项中可任选 3 项完成;

(2)其中有 1 个人完成 2 项,其他每人完成 1 项;

试分别确定最优分配方案,使完成任务的总时间为最短。

表 4-17 单位:h

人	任 务				
	A	B	C	D	E
甲	25	29	31	42	37
乙	39	38	26	20	33
丙	34	27	28	40	32
丁	24	42	36	23	45

第 5 章 目 标 规 划

【基本要求、重点、难点】

基本要求

(1) 目标规划的定义。

(2) 目标规划的转换建模技巧。

(3) 目标规划的图解法求解模型。

(4) 目标规划的单纯形法求解建模。

(5) 对应用问题进行分析和建模。

重点 图解法和单纯形法求解目标规划模型。

难点 引入偏差变量平衡各目标,使其成为约束条件,最终转换为标准的线性规划。

本章阐述的目标规划是线性目标规划,它是在线性规划的基础上,适应决策过程中的追求多目标的需要而逐步发展起来的。前面研究的都是只追求一个目标的优化问题,而本章将讨论多个目标的优化问题。通常把这类问题称为目标规划。本章将研究目标规划模型的建立及求解方法。

目标规划所求的是满意方案,它是在决策者给出需要达到的若干目标及其指标值,并给出实现这些目标的先后顺序后,在给定有限资源条件下,求得总的效果最佳的方案,称这方案为满意方案。

目标规划的有关概念和数学模型是在 1961 年由美国学者查恩斯(A. Charnes)和库伯(W. W. Coopor)首次提出的,这种方法把多目标问题表达为尽可能地接近预期的目标。目标规划当前有应用范围逐步扩大,且在一些领域取代线性规划的趋势。

5.1 目标规划的基本概念及模型

5.1.1 问题的提出

线性规划的局限主要表现为只能处理一个目标,即目标单一性。而在实际问题中往往要处理多种目标,且多种目标之间往往存在矛盾。如在工业方面,想达到的目标有:利润高、成本低;产量高、质量好等。目标规划就能统筹兼顾地处理多种目标的关系,求得更切合实际要求的解。

例 5.1 某企业生产某种加工产品的生产方式有四种:正常生产、加班生产、转包合同和雇临时工生产。相关数据如表 5-1 所示。

表 5-1

	正常生产	加班生产	转包合同	雇临时工生产
所需工时 /(工时 / 件)	2	2	2.5	3
成本费用 /(元 / 工时)	10	15	8	8
质量水平(合格率)	99%	98%	95%	90%

在未来的一计划期内,可利用总工时为 2 000 工时,原材料 2 500 kg(每件产品耗原料 2 kg),产品需求量为 800 件。要求制订一生产计划,使其尽可能达到以下三项指标:① 满足需要量;② 质量水平达到 98%;③ 不超过 7 000 元的工时成本。

分析上述问题可知,此问题的客观条件有两个,即总工时限制和原材料限制。希望达到的目标有三个,即满足需求、达到质量水平和不超过工时成本。

在客观条件下,上述三个期望目标指标值能否完成,事先是很难确定的。可能实际实现值与目标指标值有一定的差距。这个差距有两种可能:或者达不到目标指标值,或者超过目标指标值。该差距称为正偏差变量或负偏差变量,并规定:

d^- 表示可能实现值低于目标指标值的偏差量,即负偏差量,事先偏差未知时,称 d^- 为负偏差变量,且规定 $d^- \geqslant 0$。

d^+ 表示可能实现值高于目标指标值的偏差量,即正偏差量,事先偏差未知时,称 d^+ 为正偏差变量,且规定 $d^+ \geqslant 0$。

当求解以后第 k 个目标的偏差变量 d_k^+, d_k^- 的结果有如下三种可能:

(1) $d_k^+ = 0, d_k^- > 0$(达不到目标指标值);

(2) $d_k^+ > 0, d_k^- = 0$(超过目标指标值);

(3) $d_k^+ = 0, d_k^- = 0$(刚好达到目标指标值)。

即 d_k^+, d_k^- 不会同时大于零,亦即 $d_k^+ \cdot d_k^- = 0$。

有了正、负偏差变量的概念之后,就可以用下列三个式子来描述三个期望目标(设四种生产方式分别安排生产 x_1 件、x_2 件、x_3 件、x_4 件产品)。

满足需求:
$$0.98(x_1 + x_2 + x_3 + x_4) + d_1^- - d_1^+ = 800 \tag{5.1}$$

达到质量水平:
$$0.99x_1 + 0.98x_2 + 0.95x_3 + 0.9x_4 + d_2^- - d_2^+ = 0.98(x_1 + x_2 + x_3 + x_4)$$

即
$$0.01x_1 - 0.03x_3 - 0.08x_4 + d_2^- - d_2^+ = 0 \tag{5.2}$$

不超过工时成本:
$$10x_1 + 15x_2 + 8x_3 + 8x_4 + d_3^- - d_3^+ = 7\,000 \tag{5.3}$$

把这三个式子作为约束条件(称为目标约束),同时加上两个客观条件约束(称为系统约束):

$$2x_1 + 2x_2 + 2.5x_3 + 3x_4 \leqslant 2\,000 \tag{5.4}$$
$$2(x_1 + x_2 + x_3 + x_4) \leqslant 2\,500 \tag{5.5}$$

再加上非负约束:

$$x_j, d_k^+, d_k^- \geqslant 0 \quad (j = 1, 2, 3, 4; k = 1, 2, 3) \tag{5.6}$$

构成约束。

根据尽可能地实现三个期望目标的要求:当能够达到期望目标值时,目标的偏差变量等于 0;如果期望目标确实无法达到,那么目标的偏差变量大于 0,但是也希望偏差值越小越好,越小距离目标实现越近,由此构造下列目标函数:

$$\min z = d_1^- + d_1^+ + d_2^- + d_2^+ + d_3^- + d_3^+ \tag{5.7}$$

通过将多个目标转化为目标约束,将客观条件作为系统约束,将要求多个目标实现转化为目标函数中对目标正负偏差求极小,可建立下列线性规划模型来描述本例的计算问题。

$$\min z = d_1^- + d_1^+ + d_2^- + d_2^+ + d_3^- + d_3^+$$

目标约束 $\begin{cases} 0.98x_1 + 0.98x_2 + 0.98x_3 + 0.98x_4 + d_1^- - d_1^+ = 800 \\ 0.01x_1 - 0.03x_3 - 0.08x_4 + d_2^- - d_2^+ = 0 \\ 10x_1 + 15x_2 + 8x_3 + 8x_4 + d_3^- - d_3^+ = 7\ 000 \end{cases}$

系统约束 $\begin{cases} 2x_1 + 2x_2 + 2.5x_3 + 3x_4 \leqslant 2\ 000 \\ 2x_1 + 2x_2 + 2x_3 + 2x_4 \leqslant 2\ 500 \end{cases}$

非负约束 $x_j, d_k^-, d_k^+ \geqslant 0 \quad (j = 1, 2, 3, 4; k = 1, 2, 3)$

以上尝试建立一个线性目标规划模型,但是考虑到多目标决策的特点,模型中仍有需要处理的问题。根据以下两个问题,进一步修改目标函数。

(1) 多目标决策时,由于多个目标中各个目标的重要程度不相同,显然重要的目标应该优先实现,如何将目标的不同重要性,也就是目标实现的先后顺序表达在模型中呢?

为此,目标函数中引入了优先因子,采取在 min 偏差和式(5.7)中给各自目标的偏差前乘以一个优先因子 p,一般用 $p_1 \gg p_2 \gg \cdots \gg p_k \gg \cdots \gg p_r$ 来表示先后顺序,p_1 为最优先(对应的目标最重要),p_2 次之,以此类推。

如例 5.1 中,决策者认为达到产品质量水平最重要,赋予优先因子 p_1;不超过工时成本次之,赋予优先因子 p_2;满足需求赋予优先因子 p_3。于是式(5.7)可改写成

$$\min z = p_1(d_2^+ + d_2^-) + p_2(d_3^+ + d_3^-) + p_3(d_1^+ + d_1^-) \tag{5.8}$$

如果在同一优先级别之内有多个目标,则同级别内的用加权系数 ω_k 进行区别。

(2) 目标有不同类型,在实际问题中,有些期望目标值,不一定要求刚好达到,如利润型目标是愈多愈好,成本型目标是愈低愈好,而合同型目标是恰好达到最好,如何在模型中反映出各种目标的性质呢?

为此,通过目标函数中偏差变量的取舍来实现。

① 如利润型目标,往往期望比预期指标愈高愈好,即正偏差变量 d^+ 越大越好,也即目标函数中不应对 d^+ 求最小,所以在目标函数(min 偏差和)中取消该目标的 d^+(正偏差变量)。

② 如成本型目标,往往期望比预期指标愈低愈好,所以应在目标函数(min 偏差和)中取消该目标的 d^-(负偏差变量)。

③ 如合同型目标,按合同进行生产,既不希望合同没完成,也不希望超出合同,即期望恰好达到预期指标,所以应在目标函数(min 偏差和)中同时保留 d^+ 与 d^-。

如例 5.1 中三个目标:(1)满足需要量;(2)质量水平达到 98%;(3)不超过 7 000 工时成本。对于(1),恰好等于需要量最佳,因此目标函数中保留 d_1^+, d_1^-;对于(2),质量水平越高越好,因此去掉 d_2^+;对于(3),成本越低越好,因此去掉 d_3^-。

于是,式(5.8)可改写成

$$\min z = p_1 d_2^- + p_2 d_3^+ + p_3(d_1^+ + d_1^-) \tag{5.9}$$

由此得到了例 5.1 的最终目标函数,建立了目标规划模型。

目标规划的特点如下:

(1) 约束一般包括目标约束、系统约束、非负约束三部分;

(2) 目标为求偏离多个期望目标值的偏差和极小;

(3) 目标及约束仍然为线性的。

　　显然,目标规划仍然是线性规划,可以用解线性规划的方法来求解。

5.1.2　目标规划的一般模型

　　设有 s 个目标,分成 r 个优先级 $(r \leqslant s)$,每个优先级内可能有 r_e 个目标,则目标规划模型可表示为

$$\min z = \sum_{e=1}^{r} p_e \sum_{k=1}^{r_e} \omega_k (d_k^- + d_k^+)$$

$$\text{s. t.} \begin{cases} \text{目标约束}: \sum_{j=1}^{n} c_{kj} x_j + d_k^- - d_k^+ = g_k & (k=1,2,\cdots,s) \\ \text{系统目标}: \sum_{j=1}^{n} a_{ij} x_j \leqslant (=, \leqslant) b_i & (i=1,2,\cdots,m) \\ \text{非负约束}: x_j, d_k^+, d_k^- \geqslant 0 & (j=1,2,\cdots,n; k=1,2,\cdots,s) \end{cases}$$

式中,$p_e(e=1,2,\cdots,r)$ 为优先因子;ω_k 为在 p_e 优先级内的第 k 个目标的加权系数 $\left(0 < \omega_k \leqslant 1, \sum_{k=1}^{r_e} \omega_k = 1\right)$;$g_k$ 为第 k 个目标的期望值;其他符号含义与线性规划相同。

5.2　目标规划的求解

5.2.1　目标规划的图解法

　　图解法只能求有两个决策变量的目标规划,但是通过图解法有助于理解目标规划求解的过程。下面举例说明图解法求解过程。

　　例 5.2　用图解法求解下列的目标规划:

$$\min z = p_1(d_1^- + d_1^+) + p_2 d_2^-$$

$$\text{s. t.} \begin{cases} 10x_1 + 12x_2 + d_1^- - d_1^+ = 62.5 & (5.10) \\ x_1 + 2x_2 + d_2^- - d_2^+ = 10 & (5.11) \\ 2x_1 + x_2 \leqslant 8 & (5.12) \\ x_1, x_2, d_1^-, d_1^+, d_2^-, d_2^+ \geqslant 0 & (5.13) \end{cases}$$

　　上述模型用图解法求解的过程如图 5-1 所示。

　　在直线 $2x_1 + x_2 = 8$ 上与其左下方的区域中所有点都是能满足条件式(5.12)的。$0FG$ 是可行域,根据目标函数的要求,首先,考虑带 p_1 因子的 $d_1^- + d_1^+$ 实现最小化。从图 5-1 中可以看出,凡落在直线 $10x_1 + 12x_2 = 62.5$ 上的点,都能实现,但同时还要满足条件式(5.12),那么只有在线段 BC 上的点才能实现,这就表明在线段 BC 上任何一点都能实现目标函数中带 p_1 因子的 $d_1^- + d_1^+ = 0$ 的要求。其次,考虑目标函数中带 p_2 因子的负偏差变量 d_2^- 如何实现最小的问题。从图 5-1 中看到,直线 $x_1 + 2x_2 = 10$ 上的线段 DE 及 $\triangle DEG$ 内的点都能实现 $d_2^- = 0$(最

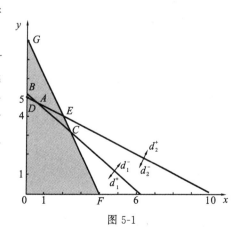

图 5-1

小），且满足条件式(5.12)的要求。因为目标函数中规定首先要实现 $d_1^- + d_1^+ = 0$，于是只有取线段 AB 中的任意一点才能实现目标函数的全部要求，它就是这个问题的解，并可以确定线段 AB 的两端点 $A(0.628, 4.68)$ 与 $B(0, 5.2)$ 作为两个基本满意解，线段 AB 中任何点都是 A 与 B 两点的凸线性组合，因此可组合成无限多个满意解，这时决策者可根据其他因素决策的所需方案，点 A 表示正好完成利润指标，点 B 则表示最大限度地超额完成利润指标，故选点 $B(0, 5.2)$ 作为最优解，此时 $d_2^+ = 0.4$。

$$x_1 = 0, \quad d_1^- = 0, \quad d_1^+ = 0, \quad g_1 = 62.5$$
$$x_2 = 5.2, \quad d_2^- = 0, \quad d_2^+ = 0.4, \quad g_2 = 10.4$$

例 5.3　用图解法求解下列目标规划：

$$\min z = p_1 d_1^- + p_2 d_2^+$$
$$\text{s. t.} \begin{cases} 12x_1 + 15x_2 + d_1^- - d_1^+ = 30 \\ 12x_1 + 8x_2 + d_2^- - d_2^+ = 12 \\ 3x_1 + 4x_2 \leqslant 9 \\ 5x_1 + 2x_2 \leqslant 8 \\ x_1, x_2, d_1^-, d_1^+, d_2^-, d_2^+ \geqslant 0 \end{cases}$$

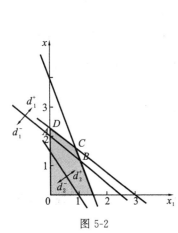

解　将系统约束作在图 5-2 上，构成可行域（阴影部分），同时把两个目标线作在图 5-2 上，并标明正负偏差方向。

根据 p_1 优先因子，d_1^- 最好为 0，而允许出现 d_1^+，同时又应在可行域内，所以可以在四边形 $ABCD$ 中取点。

再根据 p_2 优先因子，最好是 d_2^+ 为 0，但是必须优先满足 p_1 优先因子，只能在四边形 $ABCD$ 中取点，这就必定会使得 $d_2^+ > 0$。因此，要在四边形 $ABCD$ 中找一点，使得 d_2^+ 最小，所以取点 $A(0, 2)$ 作为此题的解，即

图 5-2

$$x_1 = 0, \quad d_1^- = 0, \quad d_1^+ = 0, \quad g_1 = 30$$
$$x_2 = 2, \quad d_2^- = 0, \quad d_2^+ = 4, \quad g_2 = 16$$

5.2.2　目标规划的一般解法

目标规划仍然是线性规划，所以它的一般解法仍然是单纯形法。求解时，要注意以下两点。

(1) 优先因子的处理：在计算中，p_1, p_2 等优先因子一般取相差很大的数据来代替，如取 $p_1 = 10^5, p_2 = 10^2$ 等。

(2) 将目标约束看作等式约束，但是初始基向量可用 d_k^- 所在的列构成，不必另加人工变量。

下面用例子来具体说明解目标规划的单纯形法。

例 5.4　用单纯形法求解下述目标规划问题。

$$\min z = p_1(d_1^- + d_2^+) + p_2 d_3^-$$
$$\text{s. t.} \begin{cases} x_1 + d_1^- - d_1^+ = 10 \\ 2x_1 + x_2 + d_2^- - d_2^+ = 40 \\ 3x_1 + 2x_2 + d_3^- - d_3^+ = 100 \\ x_1, x_2, d_i^-, d_i^+ \geqslant 0 \quad (i = 1, 2, 3) \end{cases}$$

解　用单纯形法求解目标规划问题的具体步骤如下。

第一步:列出单纯形表。由于目标规划中的目标函数一定是求极小,为方便起见,不必转换成求极大。又由于各目标约束中的负偏差变量的系数均为单位向量,全部负偏差变量的系数列向量构成一个单位矩阵做初始基,因此本例中以 d_1^-,d_2^-,d_3^- 作为基变量,列出初始单纯形表(见表 5-2)。

表 5-2

C_B	基	b	x_1	x_2	d_1^-	d_1^+	d_2^-	d_2^+	d_3^-	d_3^+
	$c_j \rightarrow$		0	0	p_1	0	0	p_1	p_2	0
p_1	d_1^-	10	[1]	0	1	-1				
0	d_2^-	40	2	1			1	-1		
p_2	d_3^-	100	3	2					1	-1
$c_j - z_j$	p_1		-1			1		1		
	p_2		-3	-2						1

因为目标函数中各偏差变量分别乘以不同的优先因子,因此表中检验数 $c_j - z_j$ 按优先因子 p_1,p_2 分成两行,分别计算。

第二步:确定换入基变量。在表 5-2 中按优先级顺序依次检查 $p_1,p_2,\cdots,p_k$ 行的 $c_j - z_j$ 值是否有负值。表 5-2 中 p_1 行存在负的检验数,说明目标函数中第一优先级可进一步优化。选取 p_1 行中最小的检验数,其对应变量 x_1 即为换入基变量。

第三步:确定换出基变量。将表 5-2 中 b 列数字同 x_1 列中的正数相比,其最小比值对应的变量 d_1^- 即为换出基变量。

第四步:用换入基变量替换基变量中的换出基变量,进行迭代运算,得表 5-3。

表 5-3

C_B	基	b	x_1	x_2	d_1^-	d_1^+	d_2^-	d_2^+	d_3^-	d_3^+
	$c_j \rightarrow$		0	0	p_1	0	0	p_1	p_2	0
0	x_1	10	1	0	1	-1				
0	d_2^-	20		1	-2	[2]	1	-1		
p_2	d_3^-	70		2	-3	3			1	-1
$c_j - z_j$	p_1				1			1		
	p_2			-2	3	-3				1

因 $c_j - z_j$ 中的 p_2 行仍有负值,可继续优化,故重复第二步至第四步的运算,得表 5-4 和表 5-5。

表 5-4

C_B	基	b	x_1	x_2	d_1^-	d_1^+	d_2^-	d_2^+	d_3^-	d_3^+
	$c_j \rightarrow$		0	0	p_1	0	0	p_1	p_2	0
0	x_1	20	1	1/2			1/2	$-1/2$		
0	d_1^+	10		[1/2]	-1	1	1/2	$-1/2$		
p_2	d_3^-	40		1/2			$-3/2$	3/2	1	-1
$c_j - z_j$	p_1				1			1		
	p_2			$-1/2$				$-3/2$		1

表 5-5

C_B	基	b	x_1	x_2	d_1^-	d_1^+	d_2^-	d_2^+	d_3^-	d_3^+
	$c_j \rightarrow$		0	0	p_1	0	0	p_1	p_2	0
0	x_1	10	1		1	-1				
0	x_2	20		1	-2	2	1	-1		
p_2	d_3^-	30			1	-1	-2	2	1	-1
$c_j - z_j$	p_1				1			1		
	p_2				-1	1	2	-2		1

这里需要说明两点。

(1) 对目标函数的优化是按优先级顺序逐级进行的。当 p_1 行的所有检验数均为非负时，说明第一级已得到优化，可转入下一级，考察 p_2 行的检验数是否存在负值，依此类推。

(2) 考察 p_2 行以下的检验数时，注意应包括更高级别的优先因子在内。例如，表 5-5 最下面的 p_2 行有两个负值，其对应的变量的检验数：变量 d_1^- 的检验数为 $p_1 - p_2 > 0$，变量 d_2^+ 的检验数为 $p_1 - 2p_2 > 0$。

因此，判断迭代计算应否停止的准则为：

① 检验数 $p_1, p_2, \cdots, p_k$ 行的所有值均非负；

② $p_1, p_2, \cdots, p_i$ 行所有检验数均非负，第 p_{i+1} 行存在负检验数，但在负检验数所在列的上面行中都有正检验数，即从 p_2 行起，虽然在某一行存在负检验数，而该检验数同列较高优先级的行中，存在有正检验数时，计算就应停止。

5.3　目标规划的应用

一般来说，能使用线性规划的地方都可以应用目标规划，当前实际应用中逐渐有目标规划替代线性规划的趋势，下面举例说明。

1. 升级调资模型

例 5.5　某科研单位领导在考虑本单位职工的升级方案时，提出要遵守以下规定：

(1) 月工资总额不能超过 600 000 元；

(2) 提级时，每级的人数不能超过定编人数；

(3) 升级面不超过现有人数的 20%，并尽可能多提；

(4) C 级不足的人数可录用新职工补足，A 级将有 10% 的人要退休，退休后工资从社会福利基金中开支。

有关数据如表 5-6 所示。

表 5-6

等　　级	月工资 / 元	现有人数 / 个	编制人数 / 个
A	20 000	100	120
B	15 000	120	150
C	10 000	150	150

问应如何制订一个满意的升级方案？

解　设 x_1 表示由 B 级提升到 A 级的人员数，x_2 表示由 C 级提升到 B 级的人员数，x_3 表示新录用 C 级的人员数。

根据规定，确定优先因子为：p_1，不超过工资总额；p_2，各级人员不超编；p_3，升级面不大于现有人数的 20%，但尽可能多提。

建立模型　可按系统约束列出关系式。

工资总额　$20\,000(100-100\times0.1+x_1)+15\,000(120-x_1+x_2)+10\,000(150-x_2+x_3)\leqslant6\,000\,000$

限额　A 级　　　　　　　　　　$100\times(1-0.1)+x_1\leqslant120$

　　　　　B 级　　　　　　　　　　$120-x_1+x_2\leqslant150$

　　　　　C 级　　　　　　　　　　$150-x_2+x_3\leqslant150$

提升　B 级　　　　　　　　　　　$x_1\leqslant120\times0.2$

　　　　　C 级　　　　　　　　　　　$x_2\leqslant150\times0.2$

根据需要将上述约束条件分别加上正、负偏差变量，将它们变换为目标约束，经整理后得到工资总额的目标约束为

$$5\,000x_1+5\,000x_2+10\,000x_3+d_1^--d_1^+=900\,000$$

限额的目标约束

　　　　A 级　　　　　　　　　　　$x_1+d_2^--d_2^+=30$

　　　　B 级　　　　　　　　　　$-x_1+x_2+d_3^--d_3^+=30$

　　　　C 级　　　　　　　　　　　$-x_2+x_3+d_4^--d_4^+=0$

提升的目标约束

　　　　B 级　　　　　　　　　　　$x_1+d_5^--d_5^+=24$

　　　　C 级　　　　　　　　　　　$x_2+d_6^--d_6^+=30$

根据单位领导提出的要求，构造的目标函数为

$$\min z=p_1d_1^++p_2(d_2^++d_3^++d_4^+)+p_3(d_5^++d_5^-+d_6^++d_6^-)$$

以上数学模型可用单纯形法求解。6 个目标约束中的 $d_1^-,d_2^-,d_3^-,d_4^-,d_5^-,d_6^-$ 可作为初始基本可行解，发现非基变量的检验数有零，这说明存在多重解，将得到的几组最优解汇总于表 5-7 中。

表 5-7

变　量	含　　义	I	II	III	IV
x_1	提升到 A 级的人数	24	30	30	24
x_2	提升到 B 级的人数	30	30	50	52
x_3	录用为 C 级的人数	30	30	50	52
d_1^-	工资总额结余	33 000	30 000		
d_2^-	A 级编制不足人数	6			6
d_3^-	B 级编制不足人数	24	30	1	2
d_4^-	C 级编制不足人数				
d_5^+	B 级提升面超过要求		6	6	
d_6^+	C 级提升面超过要求			20	22

决策者可以根据本单位的具体情况,以这些解为参考方案,从而拟订一个满意的升级方案。

2. 生产计划模型

例 5.6 某企业计划在 1—3 月生产三种产品 1,2,3,经过调查预测这 3 种产品在 1—3 月的需求量如表 5-8 所示。

表 5-8

月　份	产　品		
	1	2	3
1	500	750	900
2	680	800	800
3	800	950	1 000
合　　计	1 980	2 500	2 700

生产这三种产品所需要的资金、材料等定额资料汇总于表 5-9 中。

表 5-9

项　　目	单　　位	单位产品消耗定额			每月各资源拥有量
		1	2	3	
设备有效台时	h	2.0	1.0	3.1	5 000
流动资金	元	40	20	55	93 000
金属材料	kg	0.8	0.6	1.2	2 100
成品库存费	元／月	1.0	0.5	1.5	200

假定 1 月初与 3 月末的库存量都是零,到 3 月末所有的产品都销售完。工厂的决策者规定各项目标的优先等级为:(1) 及时供货,保证需求,并且第 3 种产品供货的重要性为第 1,2 种产品的 1.2 倍;(2) 尽量使每月的设备负荷均衡地生产;(3) 流动资金占用量不超过限额;(4) 金属材料消耗量不超过限额;(5) 产品的库存费用不超过限额,试求各月的产品计划产量。

解　设 x_{ij} 表示第 i 月($i=1,2,3$)生产第 j 种($j=1,2,3$)产品的计划产量,按决策者的要求分别给目标赋予优先因子。

p_1,及时供货,保证需求,并且第 3 种产品应赋予加权系数 1.2;

p_2,月设备负荷要均衡;

p_3,流动资金占用量不能超过限额;

p_4,金属材料消耗量不能超过限额;

p_5,产品库存费用不能超过限额。

根据给定的条件分别列出各类约束如下。

(1) 根据假设"1 月初与 3 月末的库存量都是零,到 3 月末所有的产品都销售完",可得

$$\text{s. t.} \begin{cases} x_{11} + x_{21} + x_{31} \leqslant 1\,980 \\ x_{12} + x_{22} + x_{32} \leqslant 2\,500 \\ x_{13} + x_{23} + x_{33} \leqslant 2\,700 \end{cases}$$

（2）反映及时供货，保证需求的约束。

1 月份：　　　　　s. t. $\begin{cases} x_{11} + d_1^- - d_1^+ = 500 \\ x_{12} + d_2^- - d_2^+ = 750 \\ x_{13} + d_3^- - d_3^+ = 900 \end{cases}$

1，2 两个月份：　　　s. t. $\begin{cases} x_{11} + x_{21} + d_4^- - d_4^+ = 1\ 180 \\ x_{12} + x_{22} + d_5^- - d_5^+ = 1\ 550 \\ x_{13} + x_{23} + d_6^- - d_6^+ = 1\ 700 \end{cases}$

（3）体现各月设备负荷均衡的约束。

第一个月：　　　　$2x_{11} + x_{12} + 3.1x_{13} + d_7^- - d_7^+ = 5\ 000$

第二个月：　　　　$2x_{21} + x_{22} + 3.1x_{23} + d_8^- - d_8^+ = 5\ 000$

第三个月：　　　　$2x_{31} + x_{32} + 3.1x_{33} + d_9^- - d_9^+ = 5\ 000$

（4）对流动资金占用量的约束。

第一个月：　　　　$40x_{11} + 20x_{12} + 55x_{13} + d_{10}^- - d_{10}^+ = 93\ 000$

第二个月：　　　　$40x_{21} + 20x_{22} + 55x_{23} + d_{11}^- - d_{11}^+ = 93\ 000$

第三个月：　　　　$40x_{31} + 20x_{32} + 55x_{33} + d_{12}^- - d_{12}^+ = 93\ 000$

（5）对金属材料消耗量的约束。

第一个月：　　　　$0.8x_{11} + 0.6x_{12} + 1.2x_{13} + d_{13}^- - d_{13}^+ = 21\ 00$

第二个月：　　　　$0.8x_{21} + 0.6x_{22} + 1.2x_{23} + d_{14}^- - d_{14}^+ = 21\ 00$

第三个月：　　　　$0.8x_{31} + 0.6x_{32} + 1.2x_{33} + d_{15}^- - d_{15}^+ = 21\ 00$

（6）对库存费用的限额。

为了简化计算，假设 1 月份各种产品的产量与需求量之差为 1 月份各种产品的平均库存量，2 月份各种产品的累计产量与累计需求量之差即为 2 月份各种产品的平均库存量，这样可得到以下库存费用限额的约束。

$$1 \times (x_{11} - 500) + 0.5 \times (x_{12} - 750) + 1.5(x_{13} - 900) + d_{16}^- - d_{16}^+ = 200$$
$$1 \times (x_{11} + x_{21} - 1\ 180) + 0.5 \times (x_{12} + x_{22} - 1\ 550)$$
$$+ 1.5 \times (x_{13} + x_{23} - 1\ 700) + d_{17}^- - d_{17}^+ = 200$$

（7）目标函数。

根据决策者提出的实现各目标优先等级要求，可构造以下目标函数极小化。

$$z = p_1(d_1^- + d_2^- + 1.2d_3^- + d_4^- + d_5^- + 1.2d_6^-) + p_2(d_7^- + d_7^+ + d_8^- + d_8^+ + d_9^- + d_9^+)$$
$$+ p_3(d_{10}^+ + d_{11}^+ + d_{12}^+) + p_4(d_{13}^+ + d_{14}^+ + d_{15}^+) + p_5(d_{16}^+ + d_{17}^+)$$

以上模型需用计算机求解，结果为

$$x_{11} = 615, \quad x_{12} = 880, \quad x_{13} = 900$$
$$x_{21} = 825, \quad x_{22} = 800, \quad x_{23} = 800$$
$$x_{31} = 540, \quad x_{32} = 820, \quad x_{33} = 1\ 000$$

与各目标的偏差变量有关的数字及说明汇总于表 5-10 中。

表 5-10

优 先 级 别	正偏差变量		负偏差变量	说　　明
p_k	i	d_k	d_i^-	
1	1	115	0	
1	2	130	0	
1	3	0	0	及时供应无缺货
1	4	130	0	
1	5	130	0	
1	6	0	0	
2	7	0	100	
2	8	0	70	设备负荷均衡无超过
2	9	0	0	
3	10	0	1 300	
3	11	0	0	流动资金占用量无超过
3	12	0	0	
4	13	0	0	第一个月金属材料恰好用完
4	14	60	0	第二个月金属材料超过
4	15	0	955	第三个月金属材料无超过
5	16	0	20	第二个月库存费用无超过
5	17	125	0	第三个月库存费用超过

3. 投资比例问题

例 5.7　某经济特区的发展和改革委员会有一笔资金,在下一个计划期内可向钢铁、化工、石油等行业投资建新厂。这些工厂能否预期建成是有一定风险的,在建成投产后,其收入与投资额有关,经过分析研究,各工厂建设方案的风险因子及投产后可增收入的百分比例如表 5-11 所示。

表 5-11

行　　业	建设方案	风险因子 r_i	增加收入 g_i/(%)
钢铁	1	0.2	0.5
	2	0.2	0.5
	3	0.3	0.3
	4	0.3	0.4
化工	5	0.4	0.6
	6	0.2	0.4
	7	0.5	0.6

续表

行　　业	建设方案	风险因子 r_i	增加收入 g_i/(%)
石油	8	0.7	0.5
	9	0.6	0.1
	10	0.4	0.6
	11	0.1	0.3

发展和改革委员会根据该地区情况提出以下要求:用于钢铁行业的投资额不超过总资金额的 35%,用于化工行业的投资额至少占总资金额的 15%,用于石油行业的投资额不超过总资金额的 50%,并且首先要考虑总风险不超过 0.2,其次考虑总收入至少要增长 0.55%,最后考虑各项投资的投资额总和不能超过总资金额。现在要确定对不同行业的投资额所占的比例。

解　设 x_i 为第 i 方案投资额的百分比,若总资金额为 100%,则用于钢铁行业的投资额不超过总资金额的 35%,可表示为

$$x_1 + x_2 + x_3 + x_4 \leqslant 0.35$$

用于化工行业的投资额至少占总资金额的 15%,可表示为

$$x_5 + x_6 + x_7 \geqslant 0.15$$

用于石油行业的投资额不超过总资金的 50%,可表示为

$$x_8 + x_9 + x_{10} + x_{11} \leqslant 0.5$$

以上列出三个系统约束,现将要考虑的 3 个问题作为目标约束列于下。

第一项,考虑赋予优先因子 p_1 的约束条件,即

$$\sum_{i=1}^{11} r_i x_i + d_1^- - d_1^+ = 0.2$$

第二项,考虑赋予优先因子 p_2 的约束条件,即

$$\sum_{i=1}^{11} g_i x_i + d_2^- - d_2^+ = 0.55$$

第三项,考虑赋予优先因子 p_3 的约束条件,即

$$\sum_{i=1}^{11} x_i + d_3^- - d_3^+ = 1$$

根据题设,可列出目标函数,即

$$\min z = p_1 d_1^+ + p_2 d_2^- + p_3 d_3^+$$

5.4　LINGO 在目标规划中的应用

序贯算法是求解目标规划问题的一种算法。它的基本思想是:根据优先级的先后次序,将目标规划问题分解成一系列的单目标规划问题,然后依次求解,最后求得问题的最优解(满意解)。也就是先确定一个目标函数,求出它的最优解,然后把此最优解作为约束条件,求其他目标函数的最优解。如果将所有目标函数都改成约束条件,则此时的优化问题退化为一个含等式和不等式的方程组。LINGO 能够求解像这样没有目标函数只有约束条件的混合组的可行

解。有些组合优化问题和网络优化问题,因为变量多,需要运算很长时间才能算出结果,如果设定一个期望的目标值,把目标函数改成约束条件,则几分钟就能得到一个可行解,多试几个目标值,很快就能找到最优解。对于多目标规划,同样可以把多个目标中的一部分乃至全部改成约束条件,取适当的限制值,然后用 LINGO 求解,从中找出理想的最优解,这样处理的最大优势是求解速度快、节省时间。

然而,序贯算法的求解过程比较烦琐。本节除了序贯算法外,还将介绍求解目标规划问题的另外一种方法 —— 赋值算法。该方法的实质为单纯形法。应用这种方法处理目标规划问题时,可以针对不同的优先级赋予不同的数值,优先级越高,赋予的数值越大,对于某些特殊问题,可适当加大各优先级级差。

例 5.8 请用 LINGO 求解例 5.5。

解 采用序贯算法求解。

(1) 根据约束条件的优先级依次求解,首先求解第一优先级规划:

$$\begin{cases} \min\{d_1^+\} \\ 5\,000x_1 + 5\,000x_2 + 10\,000x_3 + d_1^- - d_1^+ = 900\,000 \end{cases}$$

```
model:
sets:
variable/1..3/:x;
s_Con_Num/1..6/:g,dplus,dminus;
s_con(s_con_Num,Variable):c;
endsets
data:
g = 900000 30 30 0 24 30;
C = 5000 5000 10000 1 0 0 - 1 1 0 0 - 1 1 1 0 0 0 1 0;
enddata
!min = dplus(1);
@for(s_Con_Num(i):@ sum(Variable(j):c(i,j)*x(j))+dminus(i)+dplus(i)=g(i));
end
```

求解结果如图 5-3 所示。

```
        Variable          Value
          X( 1)        0.000000
          X( 2)        0.000000
          X( 3)        0.000000
          G( 1)        900000.0
          G( 2)        30.00000
          G( 3)        30.00000
          G( 4)        0.000000
          G( 5)        24.00000
          G( 6)        30.00000
       DPLUS( 1)       0.000000
       DPLUS( 2)       0.000000
       DPLUS( 3)       0.000000
       DPLUS( 4)       0.000000
       DPLUS( 5)       0.000000
       DPLUS( 6)       0.000000
```

图 5-3

（2）求出第一级正偏差变量的值为 0，代入下面程序求第二优先级的各个偏差值。

$$
\begin{cases}
\min\{d_2^+ + d_3^+ + d_4^+\} \\
x_1 + d_2^- - d_2^+ = 30 \\
-x_1 + x_2 + d_3^- - d_3^+ = 30 \\
-x_2 + x_3 + d_4^- - d_4^+ = 0
\end{cases}
$$

```
model:
sets:
variable/1..3/: x;
s_Con_Num/1..6/:g,dplus,dminus;
s_con(s_con_Num,Variable):c;
endsets
data:
g = 900000 30 30 0 24 30;
C = 5000 5000 10000 1 0 0 -1 1 0 0 -1 1 1 0 0 0 0 1 0;
enddata
! min = dplus(1);
min = dplus(2)+ dplus(3) + dplus(4);
@ for(s_Con_Num(i):@ sum(Variable(j):c(i,j) * x(j))+ dminus(i) + dplus(i ) = g(i));
dplus(1)= 0;
!@ for(variable:@ gin(x));
end
```

求解结果如图 5-4 所示。

Variable	Value	Reduced Cost
X(1)	0.000000	0.000000
X(2)	0.000000	0.000000
X(3)	0.000000	0.000000
G(1)	900000.0	0.000000
G(2)	30.00000	0.000000
G(3)	30.00000	0.000000
G(4)	0.000000	0.000000
G(5)	24.00000	0.000000
G(6)	30.00000	0.000000
DPLUS(1)	0.000000	0.000000
DPLUS(2)	0.000000	1.000000
DPLUS(3)	0.000000	1.000000
DPLUS(4)	0.000000	1.000000
DPLUS(5)	0.000000	0.000000
DPLUS(6)	0.000000	0.000000
DMINUS(1)	900000.0	0.000000
DMINUS(2)	30.00000	0.000000
DMINUS(3)	30.00000	0.000000
DMINUS(4)	0.000000	0.000000
DMINUS(5)	24.00000	0.000000
DMINUS(6)	30.00000	0.000000

图 5-4

（3）求得第二级正偏差变量的值都为 0，代入下面程序求第三优先级目标约束。

$$\begin{cases} \min\{d_5^- + d_5^+ + d_6^- + d_6^+\} \\ x_1 + d_5^- - d_5^+ = 24 \\ x_2 + d_6^- - d_6^+ = 30 \end{cases}$$

```
model:
sets:
variable/1..3/: x;
s_Con_Num/1..6/:g,dplus,dminus;
s_con(s_con_Num,Variable):c;
endsets
data:
g = 900000 30 30 0 24 30;
C = 5000 5000 10000 1 0 0 -1 1 0 0 -1 1 1 0 0 0 1 0;
enddata
! min = dplus(1);
! min = dplus(2) + dplus(3) + dplus(4);
min = dminus(5) + dplus(5) + dminus(6) + dplus(6);
@for(s_Con_Num(i):@sum(Variable(j):c(i,j)* x(j)) + dminus(i) + dplus(i) = g(i));
dplus(1) = 0;
dplus(2) + dplus(3) + dplus(4) = 0;
! @for(variable:@ gin(x));
end
```

求解结果如图 5-5 所示，得出最优解。

Variable	Value	Reduced Cost
X(1)	24.00000	0.000000
X(2)	30.00000	0.000000
X(3)	0.000000	0.000000
G(1)	900000.0	0.000000
G(2)	30.00000	0.000000
G(3)	30.00000	0.000000
G(4)	0.000000	0.000000
G(5)	24.00000	0.000000
G(6)	30.00000	0.000000
DPLUS(1)	0.000000	0.000000
DPLUS(2)	0.000000	0.000000
DPLUS(3)	0.000000	0.000000
DPLUS(4)	0.000000	0.000000
DPLUS(5)	0.000000	1.000000
DPLUS(6)	0.000000	1.000000
DMINUS(1)	630000.0	0.000000
DMINUS(2)	6.000000	0.000000
DMINUS(3)	24.00000	0.000000
DMINUS(4)	30.00000	0.000000
DMINUS(5)	0.000000	1.000000
DMINUS(6)	0.000000	1.000000

图 5-5

例 5.8 讲解视频

实际情况中，可以在最优解的基础上寻找满意解，比如本例的最优解充分满足 d_2^+, d_3^+, d_4^+ 为零，导致升级人数较少，工资剩余较多，可能不是满意解。

例 5.9　某机床厂拟生产甲、乙、丙三种型号的机床，每生产一台甲、乙、丙型号的机床需要的工时分别为 6 小时、9 小时、10 小时。根据历史销售经验，甲、乙、丙型号的机床每月市场需求分别为 10 台、12 台、8 台，每销售一台的利润分别为 2.2 万元、3 万元、4 万元，生产线每天的工作时间为 8 小时。企业负责人在制订生产计划时，首先，要保证利润不低于计划利润 78 万元；其次，根据市场调查，乙型机床销量有下降的通势，丙型机床销量有上升的趋势，因而，乙型机床的产量不应多于丙型机床的产量；再次，由于市场变化，甲型机床的原材料成本增加，使得利润下降，应适当降低其产量；最后，要充分利用原有的设备台时，尽量不要加班生产。试为该企业制订合理的生产计划。

解　企业负责人确定下面 4 项作为企业的主要目标，并按其重要程度排列如下。

第一个目标：达到或超过计划利润指标 78 万元，赋予优先因子 p_1。

第二个目标：乙型机床产量不应多于丙型机床产量，赋予优先因子 p_2。

第三个目标：甲型机床的原材料成本增加，使得利润下降，应适当降低其产量，赋予优先因子 p_3。

第四个目标：应充分利用原有的设备台时，尽量不要加班生产，赋予优先因子 p_4。

设 x_1, x_2, x_3 分别表示甲型、乙型、丙型机床的数量，则可建立该问题的数学模型如下：

$$\min z = p_1 d_1^- + p_2 d_2^+ + p_3 d_3^+ + p_4(d_4^+ + d_4^-)$$

$$\text{s. t.} \begin{cases} x_1 \leqslant 10 \\ x_2 \leqslant 12 \\ x_3 \leqslant 8 \\ 2.2x_1 + 3x_2 + 4x_3 + d_1^- - d_1^+ = 78 \\ x_2 - x_3 + d_2^- - d_2^+ = 0 \\ x_1 + d_3^- - d_3^+ = 10 \\ 6x_1 + 9x_2 + 10x_3 + d_4^- - d_4^+ = 240 \\ x_1, x_2, x_3, d_i^-, d_i^+ \geqslant 0 \quad (i = 1, 2, 3, 4) \end{cases}$$

采用赋值算法来计算。取 $p_1 = 1\,000, p_2 = 100, p_3 = 10, p_4 = 1$。程序如下：

```
min = 10000* d1_ + 1000* d2+100* d3+d4_ + d4;

x1 <= 10;

x2 <= 12;

x3 <= 8;

2.2* x1+ 3* x2+ 4* x3+ d1_ - d1 = 78;

x2 - x3+ d2_ - d2 = 0;

x1+ d3_ - d3 = 10;

6* x1+ 9* x2+ 10* x3+ d4_ - d4 = 240;
```

求解结果如图 5-6 所示，即 $x_1 = 10, x_2 = 8, x_3 = 8, d_4^- = 28$。

```
Variable            Value           Reduced Cost
   D1_           0.000000            10000.00
   D2            0.000000            0.000000
   D3            0.000000            100.0000
   D4_           28.00000            0.000000
   D4            0.000000            2.000000
   X1            10.00000            0.000000
   X2            8.000000            0.000000
   X3            8.000000            0.000000
   D1            0.000000            0.000000
   D2_           0.000000            1000.000
   D3_           0.000000            0.000000

 Row     Slack or Surplus        Dual Price
   1         28.00000            -1.000000
   2         0.000000            732.7333
   3         4.000000            0.000000
   4         0.000000            2331.333
   5         0.000000            -330.3333
   6         0.000000            1000.000
   7         0.000000            0.000000
   8         0.000000            -1.000000
```

图 5-6

习　　题　　5

5.1　思考题。

(1) 试述目标规划与线性规划的异同。

(2) 为什么目标规划的目标约束中加正、负偏差变量？

(3) 为什么目标规划的目标函数是要求实现最小化？

(4) 正偏差变量与负偏差变量之间有什么区别？为什么要求 $d_i^- \times d_i^+ = 0$？

(5) 超额完成某目标指标值时，为什么要求在目标函数中用 $\min z = d^-$ 表示？

(6) 改变目标优先因子后，为什么问题会得到不同的解？

(7) 用单纯形法求解目标规划问题与求解线性规划问题有何异同？

(8) 分析目标规划问题的多重解有何实际意义。

(9) 如何确定目标的排队次序？

(10) 评述目标规划的应用范围。

5.2　用图解法求解以下目标规划问题：

(1) $\min z = d_1^-$

$$\text{s. t.} \begin{cases} 8x_1 + 6x_2 + d_1^- - d_1^+ = 140 \\ 4x_1 + 2x_2 \leqslant 60 \\ 2x_1 + 4x_2 \leqslant 48 \\ x_1, x_2 \geqslant 0, d_1^-, d_1^+ \geqslant 0 \end{cases}$$

(2) $\min z = p_1(d_1^- + d_1^+) + p_2(d_2^- + d_2^+ + d_3^+)$

$$\text{s. t.}\begin{cases}10x_1+12x_2+d_1^--d_1^+=10\\ x_1+2x_2+d_2^--d_2^+=10\\ 2x_1+x_2+d_3^--d_3^+=8\\ x_1,x_2\geqslant0,d_i^-,d_i^+\geqslant0\quad(i=1,2,3)\end{cases}$$

(3) $\min z=p_1d_1^-+p_2d_2^++8p_3d_2^-+5p_3d_3^-+p_4d_4^+$

$$\text{s. t.}\begin{cases}x_1+x_2+d_1^--d_1^+=100\\ x_1+d_2^--d_2^+=80\\ x_2+d_3^--d_3^+=55\\ x_1+x_2+d_4^--d_4^+=98\\ x_1,x_2\geqslant0,d_i^-,d_i^+\geqslant0\quad(i=1,2,3,4)\end{cases}$$

(4) $\min z=p_1d_1^-+p_2(d_2^-+d_2^+)$

$$\text{s. t.}\begin{cases}2x_1+3x_2+d_1^--d_1^+=60\\ x_1+2x_2+d_2^--d_2^+=20\\ 0.5x_1+0.25x_2\leqslant9\\ x_1+x_2\leqslant22\\ x_1,x_2\geqslant0,d_i^-,d_i^+\geqslant0\quad(i=1,2)\end{cases}$$

5.3　用 LINGO 求解习题 5.2 中的 (1) ~ (4)。

5.4　某车间计划生产 A,B 两种产品,它们分别要经过粗加工和精加工两道工序的加工,所需工时定额如表 5-12 所示。

表 5-12

工　　序	A/(h/kg)	B/(h/kg)	有效工时 /h
粗加工	6	2	60
精加工	3	4	60

在生产中不允许超过各工序的有效工时,车间决策者首先考虑两种产品的产量之和尽可能超过 10 kg,其次考虑产品 B 可略微超过 7 kg,最后希望产品 A 不超过 8 kg。试列出数学模型,并求产品 A,B 的产量。

5.5　某生产单位使用三种原料 b_1,b_2,b_3 生产甲、乙、丙三种产品,三种产品对三种原料的需要量和原料限制量及价格、利润如表 5-13 所示,该单位想达到的目标是:① 原料成本不超过 300 元;② 生产利润达到 350 元。另外,根据市场情况,甲产品的最大销售量为 50,丙产品的需要量大于 50。试列出该问题的目标规划模型。

表 5-13

原　　料	原料价格	甲	乙	丙	原料限制量
b_1	0.5	3	2	0	150
b_2	0.8	1	4	0	110
b_3	1	3	3	1	200
产品利润		6	1	1	

5.6　一架货运飞机有三个装货仓,这些装货仓的装货重量及空间定额限制如表 5-14 所示。

各装货仓所装货物重量必须与各装货仓的重量定额比例相同,以保持飞机的平衡。现有 A,B,C,D 四种货物要运输,有关资料如表 5-15 所示。

求各种货物运多少,并且装在哪个装货仓中才能使这次飞行达到以下目标:

(1) D 货物必须运走;

(2) 利润达到 3 500 元。

表 5-14

仓位	重量定额 /t	空间定额 /m³
前	8	50
中	12	70
后	7	30

表 5-15

货物	重量 /t	体积 /(m³/t)	运输利润 /(元/t)
A	14	5	100
B	11	7	130
C	18	6	115
D	9	4	90

5.7 某种牌号的酒由三种等级的酒兑制而成。已知各种等级的酒每天的供应量和成本如下。

等级 Ⅰ:供应量 1500 单位 / 天,成本 6 元 / 单位。

等级 Ⅱ:供应量 2000 单位 / 天,成本 4.5 元 / 单位。

等级 Ⅲ:供应量 1000 单位 / 天,成本 3 元 / 单位。

该种牌号的酒有三种商标(红、黄、蓝),各种商标酒的混合比及售价如表 5-16 所示。

表 5-16

商　　标	兑制配比要求	单位售价 / 元
红	Ⅲ 少于 10% Ⅰ 多于 50%	5.5
黄	Ⅲ 少于 70% Ⅰ 多于 20%	5.0
蓝	Ⅲ 少于 50% Ⅰ 多于 10%	4.8

为保持声誉,确定经营目标为

p_1:兑制要求配比必须严格满足;

p_2:企业获取尽可能多的利润;

p_3:红色商标酒产量每天不低于 2 000 单位。

试对此问题建立目标规划的模型。

第6章 动态规划

【基本要求、重点、难点】

基本要求

(1) 了解动态规划问题的特点及类型。

(2) 掌握贝尔曼最优化原理及其在动态规划中的运用。

(3) 掌握生产与存储问题的求法。

(4) 掌握排序问题和设备更新问题的求法。

重点 贝尔曼最优化原理。

难点 掌握动态规划问题求解的一般步骤。

动态规划(dynamic programming)是一种研究多阶段决策问题的理论和方法。多阶段决策过程是指这样一类决策过程：它可以分为若干个互相联系的阶段，在每一阶段分别对应一组可以选取的决策，当每个阶段的决策选定以后，过程也就随之确定。把各个阶段的决策综合起来，构成一个决策序列，称为一个策略。显然，由于各个阶段选取的决策不同，对应整个过程就可以有一系列不同的策略。当对过程采取某一策略时，可以得到一个确定的（或期望的）效果；采取不同的策略，就会得到不同的效果。多阶段决策问题，就是要在所有可能采取的策略中选取最优的策略，从而在预定的标准下产生最好的效果。

动态规划问世以来，在经济管理、生产调度、工程技术和最优控制等方面得到了广泛的应用。例如最短路线、库存管理、资源分配、设备更新、排序、装载等问题，用动态规划方法比用其他方法求解更为方便。

虽然动态规划主要用于求解以时间划分阶段的动态过程的优化问题，但是一些与时间无关的静态规划（如线性规划、非线性规划），只要人为地引进时间因素，把它视为多阶段决策问题，也可以用动态规划方法方便地求解。

动态规划

6.1 动态规划的基本概念

6.1.1 引例

下面是一个求最短路线的问题，可以用动态规划方法求解。

例 6.1 设有一个旅行者从图 6-1 中的 A 点出发，途中要经过 B,C,D 三点，最后到达终

E 点。从 A 点到 E 点有很多条路线可以选择,各点之间的距离如图 6-1 所示,问该旅行者选择哪一条路线,可使从 A 点到达 E 点的总路线最短?

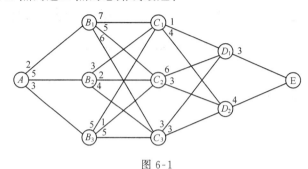

图 6-1

这是一个四阶段决策问题,每到一处都要作出决策,即选择走哪一条路线。

用动态规划解该题时思路为:将这个四阶段的决策问题转化为依次求解四个具有递推关系的单阶段的决策问题,从而简化计算过程。在例 6.1 中,这种转化的实现是从终点 E 点出发一步一步地进行反推,这种算法称为逆序算法(在动态规划问题的计算中较多采用逆序算法)。

逆序算法具体步骤如下。

(1) 考虑一个阶段的最优选择。按逆序推算,旅行者到达 E 点前,上一站必然到达 D_1 点或 D_2 点。如果旅行者上一站的起点为 D_1 点,则该阶段的最优决策必然为 $D_1 \rightarrow E$,距离 $d(D_1, E) = 3$,记 $f(D_1) = 3$。$f(D_1)$ 表示某阶段初从 D_1 点出发到终点的最短距离。如果旅行者上一站的起点是 D_2 点,则该阶段的最优决策必然为 $D_2 \rightarrow E$,距离 $d(D_2, E) = 4$,记 $f(D_2) = 4$。

(2) 综合考虑两个阶段的最优选择。当旅行者离终点 E 点还剩两站时,他必然位于 C_1 点、C_2 点和 C_3 点中的某一点。如果旅行者位于 C_1 点,则从 C_1 点到终点 E 点的路线可能有两条:$C_1 \rightarrow D_1 \rightarrow E$ 或 $C_1 \rightarrow D_2 \rightarrow E$。旅行者从这两条路线中选取最短的一条,并且不管是经过 D_1 点或 D_2 点,到达该点后,他都应循着从 D_1 点或 D_2 点到 E 点的最短路程继续走。因此,从 C_1 点出发到 E 点的最短路程为

$$\min \left\{ \begin{matrix} d(C_1, D_1) + f(D_1) \\ d(C_1, D_2) + f(D_2) \end{matrix} \right\} = \min \left\{ \begin{matrix} 1+3 \\ 4+4 \end{matrix} \right\} = 4$$

即从 C_1 点到 E 点的最短路线为 $C_1 \rightarrow D_1 \rightarrow E$,并记 $f(C_1) = 4$。

如果旅行者从 C_2 点出发,他的最优选择为

$$\min \left\{ \begin{matrix} d(C_2, D_1) + f(D_1) \\ d(C_2, D_2) + f(D_2) \end{matrix} \right\} = \min \left\{ \begin{matrix} 6+3 \\ 3+4 \end{matrix} \right\} = 7$$

即从 C_2 点到 E 点的最短路线为 $C_2 \rightarrow D_2 \rightarrow E$,并记 $f(C_2) = 7$。

如果旅行者从 C_3 点出发,他的最优选择为

$$\min \left\{ \begin{matrix} d(C_3, D_1) + f(D_1) \\ d(C_3, D_2) + f(D_2) \end{matrix} \right\} = \min \left\{ \begin{matrix} 3+3 \\ 3+4 \end{matrix} \right\} = 6$$

即从 C_3 点到 E 点的最短路线为 $C_3 \rightarrow D_1 \rightarrow E$,并记 $f(C_3) = 6$。

(3) 综合考虑三个阶段的最优选择。当旅行者离终点 E 点还有三站时,他位于 B_1 点、B_2 点和 B_3 点中的某一点。旅行者如果位于 B_1 点,则出发到 E 点的最优选择为

$$\min\begin{cases} d(B_1,C_1)+f(C_1) \\ d(B_1,C_2)+f(C_2) \\ d(B_1,C_3)+f(C_3) \end{cases} = \min\begin{cases} 7+4 \\ 5+7 \\ 6+6 \end{cases} = 11$$

即从 B_1 点到 E 点的最短路线为 $B_1 \rightarrow C_1 \rightarrow D_1 \rightarrow E$,并记 $f(B_1)=11$。

如果旅行者从 B_2 点出发,到 E 点的最优选择为

$$\min\begin{cases} d(B_2,C_1)+f(C_1) \\ d(B_2,C_2)+f(C_2) \\ d(B_2,C_3)+f(C_3) \end{cases} = \min\begin{cases} 3+4 \\ 2+7 \\ 4+6 \end{cases} = 7$$

即从 B_2 点到 E 点的最短路线为 $B_2 \rightarrow C_1 \rightarrow D_1 \rightarrow E$,并记 $f(B_2)=7$。

如果旅行者从 B_3 点出发,到 E 点的最优选择为

$$\min\begin{cases} d(B_3,C_1)+f(C_1) \\ d(B_3,C_2)+f(C_2) \\ d(B_3,C_3)+f(C_3) \end{cases} = \min\begin{cases} 5+4 \\ 1+7 \\ 5+6 \end{cases} = 8$$

即从 B_3 点到 E 点的最短路线为 $B_3 \rightarrow C_2 \rightarrow D_2 \rightarrow E$,并记 $f(B_3)=8$。

(4)综合考虑四个阶段时,从 A 点到 E 点的最优选择是

$$\min\begin{cases} d(A,B_1)+f(B_1) \\ d(A,B_2)+f(B_2) \\ d(A,B_3)+f(B_3) \end{cases} = \min\begin{cases} 2+11 \\ 5+7 \\ 3+8 \end{cases} = 11$$

即从 A 点到 E 点的最短路线为 $A \rightarrow B_3 \rightarrow C_2 \rightarrow D_2 \rightarrow E$,最短路程为 11。

从上面解题的过程看出,将一个多阶段决策问题转化为依次求解多个单阶段决策问题时,一个重要特征是将前面的解传递并纳入下一个阶段一起考虑,即做到求解的各阶段间具有递推性。为了将上述解题的思路、步骤推广应用于比较复杂的多阶段决策问题中去,需要引入动态规划的一些基本概念。

6.1.2 基本概念

建立动态规划模型必须首先确定以下要素。

1. 阶段(stage)

动态规划专用于解决多阶段决策问题,所以首先要把研究的整个过程分解成相互联系的阶段,每一阶段为一个小问题,以便求解。通常用 k 表示阶段变量。如例 6.1 中,可以分成四个阶段来考虑,即

$$A \longrightarrow B_i \longrightarrow C_i \longrightarrow D_i \longrightarrow E$$

2. 状态(state)

状态表示每一阶段的特征,是动态规划问题各阶段信息的传递点和结合点。状态既反映前面各阶段决策的结局,又是本阶段作出决策的出发点和依据。各阶段状态通常用状态变量 s_k 表示。如例 6.1 中,选取每一阶段的起点作为该阶段的状态,例如当 $k=2$ 时,该阶段状态集合 $s_2=\{B_1,B_2,B_3\}$,若处于起点 B_2 点,则状态变量 $s_2=B_2$。

第 k 阶段的状态变量 s_k 应包含该决策之前决策过程的全部信息,做到从该阶段后作出的决策同这之前的状态和决策相互独立,即满足无后效性。

状态变量的正确选取在正确建立动态规划模型中具有重要的作用,是动态规划模型应用的难点和重点。

3. 决策(decision)

决策是指在某一阶段,当状态给定后,决策者面临若干种不同方案时作出的选择。决策变量的完整表达形式为 $x_k(s_k)$,它表示第 k 阶段,在状态 s_k 下作出的决策。因为可选择的决策方案与当前所处的状态有关,所以决策一般是状态的函数,即 $x_k(s_k)$ 表示决策 x_k 是在某一状态 s_k 下的决策。

决策变量往往在一定的范围内取值,即

$$x_k(s_k) \in D_k(s_k) \tag{6.1}$$

其中,$D_k(s_k)$ 为第 k 阶段状态 s_k 下的允许决策集合。

如例 6.1 中,在状态 B_1 到下一阶段允许有 3 个决策,即 $D_k(s_k) = D_2(B_1) = \{B_1 \rightarrow C_1, B_1 \rightarrow C_2, B_1 \rightarrow C_3\}$。

4. 策略(policy)

由第一阶段开始到最后阶段为止的过程,称为问题的全过程。由每一阶段的决策变量 $x_k(s_k)(k = 1, 2, \cdots, n)$ 组成的决策函数序列称为全过程策略,简称策略。

5. 状态转移方程(equation of state transition)

当第 k 阶段的状态变量 s_k 和决策变量 x_k 确定以后,第 $k+1$ 阶段的状态变量 s_{k+1} 也随之确定,即

$$s_{k+1} = T(s_k, x_k) \tag{6.2}$$

也就是说,第 $k+1$ 阶段的状态是第 k 阶段的状态和决策的函数。可见,状态转移方程将前后阶段联系起来,在动态规划计算中起着不可忽视的作用。

6. 指标函数(objective function and optimal value function)

指标函数有阶段的指标函数和过程的指标函数之分。

阶段的指标函数是对应某一阶段状态和从该状态出发的一个决策的某种效益度量,用 $g_k(s_k, x_k)$ 表示。

过程的指标函数是指从状态 $s_k(k = 1, 2, \cdots, n)$ 出发至过程完成,当采取某种子策略时,按预定标准得到的效益值。这个值既与 s_k 的状态值有关,又与 s_k 以后所选取的策略有关,它是两者的函数值,记为 $V_{k,n}(s_k, x_k, x_{k+1}, \cdots, x_n)$。

按问题的性质,过程的指标函数可以分为各阶段指标函数的和、积或其他函数形式。最优指标函数是当 s_k 的值确定后,对应于从状态 s_k 出发的最优子策略的效益值,记为 $f_k(s_k)$,于是有

$$f_k(s_k) = \text{opt} \, V_{k,n} \tag{6.3}$$

式中,opt 代表最优化,根据效益值的具体含义可以是求最大(max)或求最小(min)。

上述基本概念在多阶段决策过程中的关系可通过图 6-2 来表示。

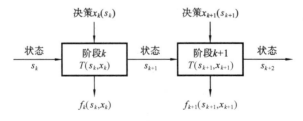

图 6-2

6.1.3 动态规划的类型

根据决策变量是连续的还是离散的,下阶段状态的转移是确定的还是以随机概率分布的,可将动态规划的类型表示如下。

$$
动态规划
\begin{cases}
离散
\begin{cases}
确定性 \\
随机性
\end{cases} \\
连续
\begin{cases}
确定性 \\
随机性
\end{cases}
\end{cases}
$$

6.2 动态规划的最优化原理

6.2.1 基本思想

对于多阶段决策问题,难以直接给出考虑多个阶段的最优方案,可采取分而化之的方法,将其分解成各个阶段的子问题,每个子问题均比原问题简单得多,在每个阶段去求一个该阶段的决策问题,也就是进行问题的分解。

同时,由于每个阶段求解时,需要利用它的前(或后)一阶段的优化结果,因此又将各个阶段结合成一个整体。这就是动态规划解题"既分又合"的思想。

6.2.2 最优化原理

最优化原理是贝尔曼(R. E. Bellman)根据上述思想提出来的,是上述思想的概括,具体表述为:作为整个过程的最优策略具有这样的性质,即无论过去的状态和决策如何,对前面的决策所形成的状态而言,余下的诸决策必须构成最优策略。

通俗地说,也就是从最优策略中的任何一个中间状态出发,余下的子策略必定也是该状态下的最优子策略。可用反证法得之。因此,要求最优策略,可以先求最优子策略。利用这个原理,可以把多阶段决策问题的求解过程看成一个连续的递推过程,由后向前逐步推算,推到最后一个阶段的最优指标值即为全过程的最优指标值,这种方法即为 6.1.1 节中提到的逆序算法。

也可以从前往后推算,即为顺推法。

6.2.3 动态规划的基本方程(模型)

在求解例 6.1 时看出,从某一状态出发寻求最优选择时,是将本阶段决策的指标效益值加上从下阶段开始采取最优策略时的指标效益值,这是一种递推关系式。

根据最优化原理,可写出逆序算法的基本方程。动态规划的基本方程一般有下面两种形式。

(1) 当过程的指标函数等于阶段的指标函数之和,即 $V_{k,n} = \sum_{j=k}^{n} g_j(x_j, s_j)$ 时,得到如下基本方程:

$$f_k^*(s_k) = \mathrm{opt}\{g_k(x_k, s_k) + f_{k+1}^*(s_{k+1})\} \tag{6.4}$$

$$x_k \in D_k(s_k) \tag{6.5}$$

其中,opt表示最优化,依问题而定,可能是 max 或 min;g_k 表示第 k 阶段的指标函数;f_{k+1} 表示第 $k+1$ 阶段的最优指标函数值;f_k 表示第 k 阶段的最优指标函数值。

(2) 当过程的指标函数等于阶段的指标函数之积,即 $V_{k,n} = \prod\limits_{j=k}^{n} g_j(x_j, s_j)$ 时,得到基本方程如下:

$$f_k^*(s_k) = \text{opt}\{g_k(x_k, s_k) \cdot f_{k+1}^*(s_{k+1})\} \tag{6.6}$$
$$x_k \in D_k(s_k)$$

符号含义与式(6.4)、式(6.5)相同。

解每个阶段的决策问题时,都是首先从基本方程出发。我们可以类似地把式(6.4)看作决策问题的目标函数,把式(6.5)看作决策问题的约束条件。

作为动态规划的数学模型,除基本方程外,还包括边界条件。所谓边界,是指基本方程中当 $k=n$ 时 $f_{n+1}(s_{n+1})$ 的值,即问题从最后一个阶段(n 阶段)向前逆推时需要确定的条件。

当 $V_{k,n} = \sum\limits_{j=k}^{n} g_j(x_j, s_j)$ 时,取 $f_{n+1}(s_{n+1}) = 0$;当 $V_{k,n} = \prod\limits_{j=k}^{n} g_j(x_j, s_j)$,取 $f_{n+1}(s_{n+1}) = 1$。

6.2.4　动态规划解题步骤

动态规划在工程技术、经济、生产中都有广泛的应用,尤其适用于最优控制。许多问题,利用动态规划进行处理,比利用线性规划和非线性规划更有效,甚至能够解决利用线性规划和非线性规划不能解决的问题。

但是,动态规划存在两大弱点。

(1) 由动态规划得出基本方程后,没有一种通用的处理方法,必须根据问题的各种性质结合其他数学技巧来求解。所以本书只能结合具体的例题讲解法。

(2) 存在维数障碍(curse of dimensionality),即问题的变量个数(维数)太大时,要占用较大的存储空间,因为求解时要保留决策集合。

建立动态规划基本方程(模型)的一般步骤如下。

(1) 划分阶段。

分析题意,识别问题的多阶段特性,按时间或空间的先后顺序将问题适当地划分为满足递推关系的若干阶段的子问题,对非时序的静态问题要人为地赋予"时段"概念。

(2) 正确选择状态变量 s_k。

正确选择状态变量 s_k 是构造动态规划模型最关键的一步。状态变量首先应描述研究过程的演变特征,其次应包含到达这个状态前的足够信息,并具有无后效性,即到达这个状态前的过程的决策将不能影响到该状态以后的决策。另外,状态变量还应具有可知性,即规定的状态变量之值可以通过直接或间接的方法测知。状态变量可以是离散的,也可以是连续的。

建模时,一般从与决策有关的条件中,或者从问题的约束条件中去寻找状态变量。通常选择随递推过程累积的量或按某种规律变化的量作为状态变量。

(3) 确定决策变量与允许决策集合。

决策变量 x_k 是对过程进行控制的手段。在复杂的问题中,决策变量也可以是多维的向量,它的取值可能离散,也可能连续。每阶段允许的决策集合 $D_k(s_k)$ 相当于线性规划问题中的约束条件。

(4) 正确写出状态转移方程。

（5）正确写出指标函数。

指标函数 $V_{k,n}$ 一般有和式和积式两种类型。

和式：
$$V_{k,n} = \sum_{j=1}^{n} g_j(x_j, s_j)$$

积式：
$$V_{k,n} = \prod_{j=1}^{n} g_j(x_j, s_j)$$

6.3　动态规划的应用及解法

6.3.1　离散型动态规划问题

离散型动态规划的求解多采用列表方法。解题思路是：分别在每个阶段，分析可达到的离散状态（表格的行数）和各状态下的允许决策（表格的列数），计算对应的过程指标函数并填入表中，最后通过比较得出每个阶段的各种可达状态下的最优指标值，每个阶段按此方法做一张表。当逆推到第 1 阶段的表时，得最优解 $f_1^*(s_1)$，再从第 $1 \sim n$ 阶段顺推求具体动态决策过程。

下面结合实例，具体说明离散型动态规划的解法。

例 6.2　某联合公司有 5 万元资金，准备投入下属的三个经营单位（投资额取 0,1,2,3,4,5），不同的投资额投到不同的经营单位，产生的利润也不同，具体数据如表 6-1 所示。问如何分配资金，才能使该公司获得最大利润？

表 6-1

资　　金	经 营 单 位		
	Ⅰ	Ⅱ	Ⅲ
	利　　　润		
0	0	0	0
1	2	1	3
2	4	3	4
3	5	4	5
4	5	6	5
5	6	8	6

解　$x_j(j=1,2,3)$ 为决策变量，表示投给 j 经营单位的资金数，$g_j(x_j)$ 表示投给 j 个经营单位的投资为 x_j 所能取得的利润，第 k 阶段能够提供的资金数为状态 $s_k = \{0,1,2,3,4,5\}$。下面用动态规划求解（按逆序算法）。

第一步：阶段的划分。

第一阶段为将资金投入 Ⅰ,Ⅱ,Ⅲ 三个经营单位，x_1 表示给 Ⅰ 的投资；

第二阶段为将资金投入 Ⅱ,Ⅲ 两个经营单位，x_2 表示给 Ⅱ 的投资；

第三阶段为将资金投入 Ⅲ 这一个经营单位，x_3 表示给 Ⅲ 的投资。

第二步：写出状态转移方程。显然，这里的状态转移方程为
$$s_{k+1} = s_k - x_k$$

第三步:逆序计算。这时的基本方程为

$$f_k(s_k) = \max\{g_k(s_k, x_k) + f_{k+1}(s_{k+1})\} \quad (x_k \in D_k(s_k))$$

当 $k = 3$ 时,有

$$f_3(s_3) = \max[g_3(x_3) + f_4(s_4)]$$
$$x_3 \in D_3(s_3)$$

因为 $f_4(s_4) = 0$,所以 $f_3(s_3) = \max\{g_3(x_3)\}$,在 $s_3 = 0,1,2,3,4,5$ 下,计算结果如表 6-2 所示。

表 6-2

s_3	$g_3(x_3)$						$f_3^*(s_3)$	x_3^*
	x_3							
	0	1	2	3	4	5		
0	0						0	0
1	0	3					3	1
2	0	3	4				4	2
3	0	3	4	5			5	3
4	0	3	4	5	5		5	3,4
5	0	3	4	5	5	6	6	5

当 $k = 2$ 时,有

$$f_2(s_2) = \max[g_2(x_2) + f_3(s_3)]$$
$$x_2 \in D_2(s_2)$$
$$s_3 = s_2 - x_2$$

计算结果如表 6-3 所示。

表 6-3

s_2	$f_2(s_2) = g_2(x_2) + f_3(s_3)$						$f_2^*(s_2)$	x_2^*	s_3
	x_2								
	0	1	2	3	4	5			
0	0						0	0	0
1	3	1+0=1					3	0	1
2	4	1+3=4	3+0=3				4	0,1	2,1
3	5	1+4=5	3+3=6	4+0=4			6	2	1
4	5	1+5=6	3+4=7	4+3=7	6+0=6		7	2,3	2,1
5	6	1+5=6	3+5=8	4+4=8	6+3=9	8+0=8	9	4	1

当 $k = 1$ 时,有

$$f_1(s_1) = \max\{g_1(x_1) + f_2(s_2)\}$$
$$x_1 \in D_1(s_1)$$
$$s_2 = s_1 - x_1$$

因为一阶段表示将资金投到三个经营单位,而从效益表中发现利润为正数,所以 5 万元的资金一定会全部投资出去而没有剩余,即只分析 $s_1 = 5$ 的情形。计算结果如表 6-4 所示。

表 6-4

s_1	$f_1(s_1) = g_1(x_1) + f_2(s_2)$						$f_1^*(s_1)$	x_1^*	s_2
	x_1								
	0	1	2	3	4	5			
5	0+9=9	2+7=9	4+6=10	5+4=9	5+3=8	6+0=6	10	2	3

由表 6-4 知，$\max f_1(s_1) = f_1^*(s_1) = 10$，即 5 万元资金投到三个经营单位的最大利润为 10 万元，此时的策略为 $x_1^* = 2, s_2 = 3$。在表 6-3 中查 $s_2 = 3$ 时的最优决策得 $x_2^* = 2, s_3 = 1$，在表 6-2 中查 $s_3 = 1$ 时的最优决策得 $x_3^* = 1$。

于是，最优策略为

$$x_1^* = 2（投 2 万元到 Ⅰ 经营单位）$$
$$x_2^* = 2（投 2 万元到 Ⅱ 经营单位）$$
$$x_3^* = 1（投 1 万元到 Ⅲ 经营单位）$$

该策略获得的最大利润为 10 万元。

例 6.3　某科研单位在一年进行三种新品种试验，这三种新品种以代号 1,2,3 表示。估计这三种新品种研究不成功的概率分别为 0.4,0.6,0.8。科研单位决定用 2 万元补加研究经费（以整数万元为单位使用），来促进这三种新品种的研究。若将研究经费以不同数量如 1 万元或 2 万元分配给不同的新品种研究项目，估计不成功的概率如表 6-5 所示。

表 6-5

增加的研究经费	新　品　种		
	1	2	3
	不成功的概率		
0	0.40	0.60	0.80
1	0.20	0.40	0.50
2	0.15	0.20	0.30

在没有补贴研究经费之前，这三种新品种都不能研制成功的概率为 $0.40 \times 0.60 \times 0.80 = 0.192$。现在的问题是如何给这三种新品种补加研究经费，使这三种新品种都没有研制成功的概率为最小。

解　该题与上例投资分配问题相似，不同之处仅在指标函数采取积式而非和式。类似地，可以这样考虑：(1) 认为分三个阶段分别决定三种新品种的投资 $x_k(k=1,2,3)$，状态变量 s_k 表示第 k 阶段初可用于投入的资金数；(2) 状态转移方程 $s_{k+1} = s_k - x_k$；(3) 用 $P_k(x_k)$ 表示给新品种 $k(k=1,2,3)$ 补加研究经费 x_k 后的不成功概率。

目标函数是求最小的 $\prod_{k=1}^{n} P_k(x_k)$，现用动态规划的原理来写出基本方程，即

$$f_k^*(s_k) = \min P_k(x_k) \cdot f_{k+1}^*(s_k - x_k)$$
$$x_k \leqslant s_k$$

下面进行数值计算。

第一步：先计算 s_3 拨给新品种 3 的不成功概率及最佳决策。

当 $k=3$ 时，计算结果如表 6-6 所示。

表 6-6

s_3	$P_3(x_3)$			$f_2^*(s_2)$	x_2^*
	x_3				
	0	1	2		
0	0.80			0.80	0
1	0.80	0.50		0.50	1
2	0.80	0.50	0.30	0.30	2

第二步：计算 s 在两种新品种中分配时的不成功概率及最佳决策。

当 $k=2$ 时，计算结果如表 6-7 所示。

表 6-7

s_2	$f_2(s_2, x_2) = P_2(x_2) \cdot f_3^*(s_2 - x_2)$			$f_2^*(s_2)$	x_2^*	s_3
	x_2					
	0	1	2			
0	$0.60 \times 0.80 = 0.48$			0.48	0	0
1	$0.60 \times 0.50 = 0.30$	$0.40 \times 0.80 = 0.32$		0.30	0	1
2	$0.60 \times 0.30 = 0.18$	$0.40 \times 0.5 = 0.20$	$0.20 \times 0.80 = 0.16$	0.16	2	0

第三步：计算 s 在三种新品种中分配时的不成功概率及最佳决策。

当 $k=1$ 时，计算结果如表 6-8 所示。

表 6-8

s_1	$f_1(s_1, x_1) = P_1(x_1) \cdot f_2^*(s_1 - x_1)$			$f_1^*(s_1)$	x_1^*	s_1
	x_1					
	0	1	2			
2	$0.40 \times 0.16 = 0.064$	$0.20 \times 0.30 = 0.06$	$0.15 \times 0.48 = 0.072$	0.06	1	1

从以上计算结果可以得到最优指标值 $f_1^*(s_1) = 0.06$，即都不成功概率最小为 0.06，顺推得到对应的决策如表 6-9 所示。

表 6-9

新品种	1	2	3
补加研究经费	1	0	1

例 6.4　某一警卫部门共有 12 支巡逻队，负责 4 个要害部位 A，B，C，D 的警卫巡逻。对每个部位可分别派出 $2\sim4$ 支巡逻队，并且由于派出巡逻队数的不同，各部位预期在一段时期内可能造成的损失有差别，具体数据见表 6-10。问该警卫部门应往各部位分别派多少支巡逻队，使总的预期损失为最小？

表 6-10

巡逻队数	部　位			
	A	B	C	D
	预 期 损 失			
2	18	38	24	34
3	14	35	22	31
4	10	31	21	25

解　此题使用顺序算法来求解。

(1) 分 4 个阶段分别决定 4 个部位的巡逻队数 $x_k(k=1,2,3,4)$，状态变量 s_k 表示第 k 阶段初可派出巡逻队数，因可用于 4 个部位的巡逻队有 12 支，故有 $s_5=12$。

(2) 可用于前 $k-1$ 个部位的巡逻队数 s_k 等于可用于前 k 个部位的巡逻队数 s_{k+1} 减去第 k 阶段派出的巡逻队数，即有 $s_k=s_{k+1}-x_k$，又因为各阶段允许的决策集合为 $D_k(s_k)=\{x_k \mid 2 \leqslant x_k \leqslant 4, k=1,2,3,4\}$，所以各阶段状态为 $8 \leqslant s_4 \leqslant 10, 4 \leqslant s_3 \leqslant 8, 2 \leqslant s_2 \leqslant 6$。

(3) 状态转移方程 $s_k=s_{k+1}-x_k$（顺序算法），用 $g_k(s_k,x_k)$ 表示第 k 阶段派出的巡逻队数为 x_k 时该单位的预期损失值，写出本例用顺序算法求解时的基本模型。

$$f_k(x_k)=\min_{x_k \in D_k(s_k)}\{g_k(x_k)+f_{k-1}(s_k)\}$$

边界条件：　　　　　　　　　　　　　　$f_0(s_1)=0$

计算过程及结果见表 6-11 ～ 表 6-14。

表 6-11

s_2	$g_1(x_1)+f_0(s_1)$			$f_1(s_2)$	x_1^*
	x_1				
	2	3	4		
2	18+0	—	—	18	2
3	18+0	14+0	—	14	3
4	18+0	14+0	10+0	10	4
5	18+0	14+0	10+0	10	4
6	18+0	14+0	10+0	10	4

表 6-12

s_3	$g_2(x_2)+f_1(s_2)$			$f_2(s_3)$	x_2^*
	x_2				
	2	3	4		
4	38+18	—	—	56	2
5	38+14	35+18	—	52	2
6	38+10	35+14	31+18	48	2
7	38+10	35+10	31+14	45	3,4
8	38+10	35+10	31+10	41	4

表 6-13

s_4	$g_3(x_3)+f_2(s_3)$			$f_3(s_4)$	x_3^*
	x_3				
	2	3	4		
8	24+48	22+52	21+56	72	2
9	24+45	22+48	21+52	69	2
10	24+41	22+45	21+48	65	2

表 6-14

s_5	$g_4(x_4)+f_3(s_4)$			$f_4(s_5)$	x_4^*
	x_4				
	2	3	4		
12	34+65	31+69	25+72	97	4

由 $s_5 = 12, x_4^* = 4$ 得 $s_4 = 8, x_3^* = 2$，进而得 $s_3 = 6, x_2^* = 2$ 和 $s_2 = 4, x_1^* = 4$，预期总损失 99 单位，与逆序算法计算结果相同。

6.3.2　连续型动态规划问题

下面举连续的例子介绍连续型动态规划问题求解方法。

例 6.5　某企业新购加工设备 125 台，按计划，这批设备 5 年后将被其他新设备代替。此设备如在高负荷状态下工作，年损坏率为 $\dfrac{1}{2}$，年利润为 10 万元；如在低负荷状态下工作，年损坏率为 $\dfrac{1}{5}$，年利润为 6 万元。问应如何安排这些设备的生产负荷，才能在 5 年内获得最大的利润？

解　这里很自然地可划分为 5 个阶段，每一年为一个阶段。设第 k 年年初的完好设备台数为状态变量 s_k，第 k 年安排高负荷状态下工作的设备台数 x_k 为决策变量，则低负荷状态下工作的设备台数为 $s_k - x_k$。于是第 k 年可得利润为

$$g_k = 10x_k + 6(s_k - x_k) = 4x_k + 6s_k$$

因此得递推关系为

$$f_k(s_k) = \max_{0 \leqslant x_k \leqslant s_k} [4x_k + 6s_k + f_{k+1}(s_{k+1})]$$

由于在高、低负荷状态下设备损坏率分别为 $\dfrac{1}{2}$ 及 $\dfrac{1}{5}$，因此第 $k+1$ 年年初完好设备台数为

$$s_{k+1} = \left(1 - \frac{1}{2}\right)x_k + \left(1 - \frac{1}{5}\right)(s_k - x_k) = \frac{4}{5}s_k - \frac{3}{10}x_k$$

此即状态转移方程。于是可求解此问题了。

当 $k = 5$ 时，因 $f_6(s_6) = 0$，故得

$$f_5(s_5) = \max_{0 \leqslant x_5 \leqslant s_5} (4x_5 + 6s_5)$$

由于 $4x_5 + 6s_5$ 是 x_5 的单调递增函数，因此得

$$\begin{cases} x_5 = s_5 \\ f_5(s_5) = 10s_5 \end{cases}$$

当 $k = 4$ 时，有

$$f_4(s_4) = \max_{0 \leqslant x_4 \leqslant s_4} [4x_4 + 6s_4 + f_5(s_5)] = \max_{0 \leqslant x_4 \leqslant s_4} [(4x_4 + 6s_4 + 10s_5)]$$

以状态转移方程 $s_5 = \dfrac{4}{5}s_4 - \dfrac{3}{10}x_4$ 代入得

$$f_4(s_4) = \max_{0 \leqslant x_4 \leqslant s_4} (14s_4 + x_4)$$

由于 $14s_4 + x_4$ 是 x_4 的单调递增函数，因此得

$$\begin{cases} x_4 = s_4 \\ f_4(s_4) = 15s_4 \end{cases}$$

当 $k = 3$ 时，有

$$f_3(s_3) = \max_{0 \leqslant x_3 \leqslant s_3} [4x_3 + 6s_3 + f_4(s_4)] = \max_{0 \leqslant x_3 \leqslant s_3} (4x_3 + 6s_3 + 15s_4)$$

以状态转移方程 $s_4 = \dfrac{4}{5}s_3 - \dfrac{3}{10}x_3$ 代入得

$$f_3(s_3) = \max_{0 \leqslant x_3 \leqslant s_3} \left(18s_3 - \frac{1}{2}x_3\right)$$

由于 $18s_3 - \frac{1}{2}x_3$ 是 x_3 的单调递减函数,因此得

$$\begin{cases} x_3 = 0 \\ f_3(s_3) = 18s_3 \end{cases}$$

同理,当 $k = 2$ 时,有

$$\begin{cases} x_2 = 0 \\ f_2(s_2) = 20\frac{2}{5}s_2 \end{cases}$$

当 $k = 1$ 时,有

$$\begin{cases} x_1 = 0 \\ f_1(s_1) = 22\frac{8}{25}s_1 \end{cases}$$

将 $s_1 = 125$ 代入得

$$f_1(125) = 2\,790$$

由 $x_1 = 0, s_1 = 125$ 代入得 $s_2 = \frac{4}{5}s_1 - \frac{3}{10}x_1 = 100$。类似地,可得 $s_3 = \frac{4}{5}s_2 = 80, s_4 = \frac{4}{5}s_3 = 64, s_5 = \frac{4}{5}s_4 - \frac{3}{10}x_4 = 32$。所以最优安排如表 6-15 所示。

表 6-15

	年初完好台数	高负荷工作台数	低负荷工作台数
第一年	$s_1 = 125$	$x_1 = 0$	$s_1 - x_1 = 125$
第二年	$s_2 = 100$	$x_2 = 0$	$s_2 - x_2 = 100$
第三年	$s_3 = 80$	$x_3 = 0$	$s_3 - x_3 = 80$
第四年	$s_4 = 64$	$x_4 = 64$	$s_4 - x_4 = 0$
第五年	$s_5 = 32$	$x_5 = 32$	$s_5 - x_5 = 0$

此时,5 年总利润为 2 790 万元。

例 6.6　某企业与某大厂联营生产零部件,该企业生产一个单位这样的零部件在不同的时期所需要的加工时间不同(生产条件发生变化),具体时间和与大厂的供货合同如表 6-16 所示,每月生产的零部件除按合同的需求量供给大厂外,还可以库存以备下月供给大厂,但是最大库容量 H 不得超过 9 单位。

表 6-16

月份 k	1	2	3	4	5	6
需求量 d_k	10	5	3	9	7	4
单位零部件加工时间 a_k	18	13	17	20	10	21

设开始库存量为 2,最终库存量为 0。试制订一个半年的逐月生产计划,使总加工时间最少。

解　按月划分阶段,共6个阶段。s_k 为状态变量,表示每月初的库存量。x_k 为决策变量,表示每个月的生产量。

于是状态转移方程为

$$s_{k+1}=s_k+x_k-d_k$$

且

$$0\leqslant s_k\leqslant H \quad (k=1,2,\cdots,6)$$

采用逆序算法:f_k 表示第 k 阶段以前的最少加工时间,$k=6$ 时,因为最终库存量为0,即 $s_7=0$(7月初的库存量为0),而且在所有的单位零部件加工时间 a_k 中,$a_6=21$ 最大,所以可以得

$$x_6=0$$

于是 $f_6=0$,而 $d_6=s_6=4$(由库存解决)。

当 $k=5$ 时,有

$$f_5=\min_{x_5}\{a_5x_5+f_6\}=\min_{x_5}\{10x_5\}$$

x_5 的系数为正,f_5 的值随 x_5 减小而减小。x_5 的取值应满足

$$s_6=s_5+x_5-d_5=4$$

$$\text{s. t.}\begin{cases}x_5=d_5+4-s_5=11-s_5\\f_5=110-10s_5\end{cases}$$

当 $k=4$ 时,有

$$f_4=\min_{x_4}\{a_4x_4+f_5\}=\min_{x_4}\{20x_4+110-10s_5\}=\min_{x_4}\{10x_4-10s_4+200\}$$

x_4 的系数为正,f_4 的值随 x_4 减小而减小,所以 x_4 应取取值范围的最小值。x_4 的取值范围由

$$0\leqslant s_5\leqslant H,\quad 0\leqslant s_4+x_4-d_4\leqslant 9$$

确定。

取下限得

$$\begin{cases}x_4=d_4-s_4=9-s_4 \quad (因 9-s_4\geqslant 0)\\f_4=290-20s_4\end{cases}$$

当 $k=3$ 时,有

$$f_3=\min_{x_3}\{a_3x_3+f_4\}=\min_{x_3}\{-3x_3+350-20s_3\}$$

x_3 的系数为负,f_3 的值随 x_3 增大而减小,故 x_3 应取取值范围的最大值。x_3 的取值范围由

$$0\leqslant s_4\leqslant H$$
$$0\leqslant s_3+x_3-d_3\leqslant 9$$
$$\max\{0,3-s_3\}\leqslant x_3\leqslant 12-s_3$$

确定。

取

$$\begin{cases}x_3=12-s_3\\f_3=314-17s_3\end{cases}$$

当 $k=2$ 时,有

$$f_3=\min_{x_2}\{a_2x_2+f_3\}=\min_{x_2}\{-4x_2-17s_2+399\}$$

x_2 的系数为负,f_2 的值随 x_2 增大而减小,故 x_2 应取取值范围的最大值。x_2 的取值范围由

$$0\leqslant s_3\leqslant H$$

$$0 \leqslant s_2 + x_2 - d_2 \leqslant 9$$
$$\max\{0, 5 - s_2\} \leqslant x_2 \leqslant 14 - s_2$$

确定。

取
$$\begin{cases} x_2 = 14 - s_2 \\ f_2 = 343 - 13s_2 \end{cases}$$

当 $k = 1$ 时，有
$$f_1 = \min_{x_1}\{a_1 x_1 + f_2\} = \min_{x_2}\{18 x_1 + 343 - 13 s_2\} = \min_{x_1}\{5 x_1 - 13 s_1 + 473\}$$

x_1 的系数为正，f_1 的值随 x_1 减小而减小，故 x_1 应取取值范围的最小值。x_1 的取值范围由

$$0 \leqslant s_2 \leqslant H$$
$$0 \leqslant s_1 + x_1 - d_1 \leqslant 9$$
$$\max\{0, 10 - s_1\} \leqslant x_1 \leqslant 19 - s_1$$

确定。

取
$$\begin{cases} x_1 = 10 - s_1 \quad (\text{因 } 10 - s_1 \geqslant 0) \\ f_1 = 523 - 18 s_1 \end{cases}$$

由 $s_1 = 2$ 得 $\min f_1 = 487$，即半年的最小总加工时间，其策略为

$$s_1 = 2, \qquad\qquad\qquad x_1 = 10 - s_1 = 8$$
$$s_2 = s_1 + x_1 - d_1 = 0, \qquad x_2 = 14 - s_2 = 14$$
$$s_3 = s_2 + x_2 - d_2 = 9, \qquad x_3 = 12 - s_3 = 3$$
$$s_4 = s_3 + x_3 - d_3 = 9, \qquad x_4 = 9 - s_4 = 0$$
$$s_5 = s_4 + x_4 - d_4 = 0, \qquad x_5 = 11 - s_5 = 11$$
$$s_6 = s_5 + x_5 - d_5 = 4, \qquad x_6 = 0$$

6.3.3　动态规划解线性规划与非线性规划

动态规划也可用于解线性规划与非线性规划，下面举例说明。

例 6.7　设某厂生产 A 及 B 两种产品，这两种产品的日产量为 x_1 及 x_2（单位：件），日生产成本分别有以下关系：

$$c_1(x_1) = 3 x_1 + x_1^2$$
$$c_2(x_2) = 4 x_2 + 2 x_2^2$$

设这两种产品的销售价分别为 10 元／件及 15 元／件，工时消耗定额均为 1 件／h。在每天总生产时间不超过 8 h 的条件下，产品 A 和 B 各应生产多少小时，才能使总利润最大？

解　记 $g_i(x_i)$ $(i = 1, 2)$ 为 A 和 B 两种产品的利润函数，则有

$$g_1(x_1) = 10 x_1 - (3 x_1 + x_1^2) = 7 x_1 - x_1^2$$
$$g_2(x_2) = 15 x_2 - (4 x_2 + 2 x_2^2) = 11 x_2 - 2 x_2^2$$

设 A 和 B 两种产品的生产时间分别为 y_1 及 y_2，则有

$$y_1 + y_2 \leqslant 8$$
$$y_1 \geqslant 0, \quad y_2 \geqslant 0$$

又因为工时消耗定额均为 1 件／h，所以日产量为 $x_1 = y_1$，$x_2 = y_2$，得

$$\max z = 7 x_1 - x_1^2 + 11 x_2 - 2 x_2^2$$

$$\text{s. t.} \begin{cases} x_1 + x_2 \leqslant 8 \\ x_1 \geqslant 0, x_2 \geqslant 0 \end{cases}$$

当 $k = 2$ 时，可能的状态集合为 $U_2 = \{s_2 \mid 0 \leqslant s_2 \leqslant 8\}$

允许决策集合为 $D_2(s_2) = \{x_2 \mid 0 \leqslant x_2 \leqslant s_2\}$

即得 $f_2(s_2) = \max\limits_{0 \leqslant x_2 \leqslant s_2 \leqslant 8} (11x_2 - 2x_2^2)$

记 $\varphi_2(x_2) = 11x_2 - 2x_2^2$，为求极大值，令 $\varphi'_2(x_2) = 0$ 得

$$\varphi'_2(x_2) = 11 - 4x_2 = 0$$

$$x_2 = \frac{11}{4}$$

$\varphi_2(x_2) = 11x_2 - 2x_2^2$ 是存在唯一最大值的二次抛物线，且 $x_2 = \frac{11}{4}$ 为极值点，当 $x_2 < \frac{11}{4}$ 时，$\varphi'_2(x_2) > 0$，曲线单调上升；当 $x_2 > \frac{11}{4}$ 时，$\varphi'_2(x_2) < 0$，曲线单调下降。于是得

$$f_2(s_2) = \begin{cases} 11s_2 - 2s_2^2, & 0 \leqslant s_2 < \dfrac{11}{4} \\[2mm] \dfrac{121}{8}, & \dfrac{11}{4} \leqslant s_2 \leqslant 8 \end{cases}$$

而

$$x_2 = \begin{cases} s_2, & 0 \leqslant s_2 < \dfrac{11}{4} \\[2mm] \dfrac{11}{4}, & \dfrac{11}{4} \leqslant s_2 \leqslant 8 \end{cases}$$

当 $k = 1$ 时，有

$$s_1 = \{8\}, \quad D_1(s_1) = \{x_1 \mid 0 \leqslant x_1 \leqslant s_1 = 8\}$$

即得 $f_1(s_1) = \max\limits_{0 \leqslant x_1 \leqslant 8} [7x_1 - x_1^2 + f_2(s_2)]$

记 $\varphi_1(x_1) = 7x_1 - x_1^2 + f_2(s_2)$，代入 $f_2(s_2)$，$s_2 = 8 - x_1$，当 $0 \leqslant s_2 < \frac{11}{4}$ 时，有

$$0 \leqslant 8 - x_1 \leqslant \frac{11}{4}, \quad \frac{21}{4} \leqslant x_1 \leqslant 8$$

此时 $\varphi_1(x_1) = 7x_1 - x_1^2 + 11s_2 - 2s_2^2 = 7x_1 - x_1^2 + 11(8 - x_1) - 2(8 - x_1)^2$

$$= -40 + 28x_1 - 3x_1^2$$

同理可得 $\frac{11}{4} \leqslant s_2 \leqslant 8$ 时的 $\varphi_1(x_1)$，则

$$\varphi_1(x_1) = \begin{cases} -40 + 28x_1 - 3x_1^2, & \dfrac{21}{4} \leqslant x_1 \leqslant 8 \\[2mm] 7x_1 - x_1^2 + \dfrac{121}{8}, & 0 \leqslant x_1 < \dfrac{21}{4} \end{cases}$$

得

$$\varphi'_1(x_1) = \begin{cases} 28 - 6x_1, & \dfrac{21}{4} \leqslant x_1 \leqslant 8 \\[2mm] 7 - 2x_1, & 0 \leqslant x_1 < \dfrac{21}{4} \end{cases}$$

经直接验证可知，当 $0 \leqslant x_1 < \frac{7}{2}$ 时 $\varphi'_1(x_1) > 0$，当 $\frac{7}{2} < x_1 \leqslant 8$ 时 $\varphi'_1(x_1) < 0$，因此当 $x_1 =$

$\dfrac{7}{2}$ 时，$\varphi_1(x_1)$ 取得极大值，此时

$$\varphi_1\left(\frac{7}{2}\right)=27\frac{3}{8}$$

即最优解为

$$x_1=\frac{7}{2},\quad x_2=\frac{11}{4},\quad z=27\frac{3}{8}$$

即每天工作 $6\dfrac{1}{4}$ h 达最大利润，此时安排 A 产品生产 $3\dfrac{1}{2}$ h，B 产品生产 $2\dfrac{3}{4}$ h，每天利润

为 $27\dfrac{3}{8}$ 元。

例 6.8　用逆序算法求解下面问题：

$$\max z=x_1\cdot x_2^2\cdot x_3$$
$$\text{s. t.}\begin{cases}x_1+x_2+x_3\leqslant c\quad(c>0)\\ x_j\geqslant 0\quad(j=1,2,3)\end{cases}$$

解　按问题的变量个数划分阶段，把它看作一个三阶段决策问题，设状态变量为 s_1,s_2，s_3，并记 $s_1=c$；取问题中的变量 x_1,x_2,x_3 为决策变量；各阶段指标函数按乘积方式结合。另外，最优值函数 $f_k(s_k)$ 表示为第 k 阶段的初始状态为 s_k 时从第 k 阶段到第 3 阶段所得到的最大值。

状态转移方程为　　　$s_3=s_2-x_2,\quad s_2=s_1-x_1,\quad s_1=c$

则有　　　　　　　　$0\leqslant x_3\leqslant s_3,\quad 0\leqslant x_2\leqslant s_2,\quad 0\leqslant x_1\leqslant s_1=c$

于是用逆序算法，从后向前依次有

$$f_3(s_3)=\max_{0\leqslant x_3\leqslant s_3}(x_3)=s_3\ 及最优解\ x_3^*=s_3$$

$$f_2(s_2)=\max_{0\leqslant x_2\leqslant s_2}[x_2^2\cdot f_3(s_3)]=\max_{0\leqslant x_2\leqslant s_2}[x_2^2(s_2-x_2)]=\max_{0\leqslant x_2\leqslant s_2}h_2(x_2,s_2)$$

由 $\dfrac{\mathrm{d}h_2}{\mathrm{d}x_2}=2x_2s_2-3x_2^2=0$ 得 $x_2=\dfrac{2}{3}s_2$ 和 $x_2=0$（舍去）。

又 $\dfrac{\mathrm{d}^2h_2}{\mathrm{d}x_2^2}=2s_2-6x_2$，而 $\dfrac{\mathrm{d}^2h_2}{\mathrm{d}x^2}\bigg|_{x_2=\frac{2}{3}s_2}=-2s_2<0$，故 $x_2=\dfrac{2}{3}s_2$ 为极大值点。

所以，$f_2(s_2)=\dfrac{4}{27}s_2^3$，最优解为 $x_2^*=\dfrac{2}{3}s_2$。

$$f_1(s_1)=\max_{0\leqslant x_1\leqslant s_1}[x_1\cdot f_2(s_2)]=\max_{0\leqslant x_1\leqslant s_1}\left[x_1\cdot\frac{4}{27}(s_1-x_1)^3\right]=\max_{0\leqslant x_1\leqslant s_1}h_1(s_1,x_1)$$

同样利用微分法，易得 $x_1^*=\dfrac{1}{4}s_1$，故 $f_1(s_1)=\dfrac{1}{64}s_1^4$。

由于已知 $s_1=c$，因而按计算的顺序反推并计算，可得各阶段的最优决策和最优值，即

$$x_1^*=\frac{1}{4}c,\quad f_1(c)=\frac{1}{64}c^4$$

因为

$$s_2=s_1-x_1^*=c-\frac{1}{4}c=\frac{3}{4}c$$

所以

$$x_2^*=\frac{2}{3}s_2=\frac{1}{2}c,\quad f_2(s_2)=\frac{1}{16}c^3$$

因为
$$s_3 = s_2 - x_2^* = \frac{3}{4}c - \frac{1}{2}c = \frac{1}{4}c$$

所以
$$x_3^* = \frac{1}{4}c, \quad f_3(s_3) = \frac{1}{4}c$$

因此,得到最优解为 $x_1^* = \frac{1}{4}c, x_2^* = \frac{1}{2}c, x_3^* = \frac{1}{4}c$,最大值为 $\max z = f_1(c) = \frac{1}{64}c^4$。

例 6.9 用动态规划方法求解线性规划问题:

$$\max z = 3x_1 + 5x_2$$

$$\text{s. t.} \begin{cases} x_1 \leqslant 4 \\ 2x_2 \leqslant 12 \\ 3x_1 + 2x_2 \leqslant 18 \\ x_1, x_2 \geqslant 0 \end{cases}$$

解 为用动态规划方法求解,先要将这个问题转化为动态规划模型。

把确定 x_1, x_2 的值看作分两个阶段的决策,用 k 表示阶段。状态变量为第 k 阶段初各约束条件右端项的剩余值,分别用 s_{1k}, s_{2k}, s_{3k} 来表示。x_1, x_2 分别为两个阶段的决策变量。状态转移方程为

$$s_{12} = s_{11} - x_1 = 4 - x_1$$
$$s_{22} = s_{21} = 12$$
$$s_{32} = s_{31} - 3x_1 = 18 - 3x_1$$

指标函数为
$$V_{k,2} = c_k x_k + V_{k+1,2}$$

c_k 是 x_k 在目标函数中的系数,因而动态规划的递推方程可表示为

$$f_k(s_{1k}, s_{2k}, s_{3k}) = \max_{x_k \in D_k(s_{ik})} \{c_k x_k + f_{k+1}(s_{1,k+1}, s_{2,k+1}, s_{3,k+1})\}$$

当 $k = 2$ 时,有

$$f_2(s_{12}, s_{22}, s_{32}) = \max_{0 \leqslant x_2 \leqslant \min\left(\frac{s_{22}}{2}, \frac{s_{32}}{2}\right)} \{5x_2 + f_3(s_{13}, s_{23}, s_{33})\}$$

因有 $f_3(s_{13}, s_{23}, s_{33}) = 0$,故有

$$f_2(s_{12}, s_{22}, s_{32}) = \max_{0 \leqslant x_2 \leqslant \min\left(\frac{s_{22}}{2}, \frac{s_{32}}{2}\right)} \{5x_2\} = \min\frac{5}{2}(s_{22}, s_{32})$$

$$x_2^* = \min\left(\frac{s_{22}}{2}, \frac{s_{32}}{2}\right)$$

当 $k = 1$ 时,有

$$f_1(s_{11}, s_{21}, s_{31}) = \max_{0 \leqslant x_1 \leqslant \min\left(s_{11}, \frac{s_{31}}{3}\right)} \{3x_1 + f_2(s_{11} - x_1, s_{21}, s_{31} - 3x_1)\}$$

$$= \max_{0 \leqslant x_1 \leqslant 4} \left\{3x_1 + \min\left[\frac{5}{2}(s_{21}, s_{31} - 3x_1)\right]\right\}$$

因为 $\min\left[\frac{5}{2}(s_{21}, s_{31} - 3x_1)\right] = \min\left[\frac{5}{2}(12, 18 - 3x_1)\right]$

$$= \min\left[30, \frac{90 - 15x_1}{2}\right] = \begin{cases} 30 & (x_1 \leqslant 2) \\ 3x_1 + \dfrac{90 - 15x_1}{2} & (x_1 \geqslant 2) \end{cases}$$

所以
$$f_1(s_{11}, s_{21}, s_{31}) = \max_{0 \leqslant x_1 \leqslant 4} \begin{cases} 3x_1 + 30 & (x_1 \leqslant 2) \\ 3x_1 + \dfrac{90 - 15x_1}{2} & (x_1 \geqslant 2) \end{cases}$$

$$= \max_{0 \leqslant x_1 \leqslant 4} \begin{cases} 3x_1 + 30 & (x_1 \leqslant 2) \\ 45 - \dfrac{9}{2}x_1 & (x_1 \geqslant 2) \end{cases} = 36 \quad (x_1^* = 2)$$

由此
$$x_2^* = \min\left(\frac{s_{22}}{2}, \frac{s_{32}}{2}\right) = \min\left(\frac{s_{21}}{2}, \frac{s_{31} - 3x_1}{2}\right) = \min\left(6, \frac{18 - 6}{2}\right) = 6$$

综上所述,本例的最优解为 $x_1^* = 2$, $x_2^* = 6$, $z^* = 3 \times 2 + 5 \times 6 = 36$。

6.3.4 随机性动态规划问题举例

以上所讨论的问题中,状态转移是完全确定的,这一类问题称为确定性多阶段决策问题。但是,在实际问题中,可能出现一些随机因素,当决策变量确定之后,下一阶段的状态仍是不确定的,它需要根据一定的概率分布来确定,但这个概率分布由本阶段的状态和决策完全决定。因此,状态变量是随机变量。具有这种性质的多阶段决策过程就称为随机性多阶段决策过程。动态规划的优点之一就是对这一类问题的处理方法和确定性动态规划问题是类似的。

例 6.10 某厂和公司签订了试制某种新产品的合同。如果三个月生产不出一个合格品,则要罚款 2 000 元,每次试制的个数不限,试制周期为一个月,制造一个产品的成本为 100 元,每一个试制品合格的概率为 0.4,生产一次的装配费为 200 元。问如何安排试制,且每次生产几个,才能使期望费用最小?

解 (1) 根据题意,最多能安排三次生产,把三次试制当作三个阶段。

(2) 每次试制前是否已有合格品作为状态变量 s_k,有合格品时记 $s_k = 0$,无合格品时记 $s_k = 1$,即状态变量只有 0,1 两种取值,第一阶段 $s_1 = 1$。

(3) 每次生产的个数作为决策变量 x_k。由于 x_k 只有整数的要求,而无上限,因此在下面的求解过程中应寻找 f_k 随 x_k 变化的规律,以期在有限的 x_k 内找到最优解。

(4) 如果第 k 阶段已得 $s_k = 0$,自然有 $s_{k+1} = 0$;如果 $s_k = 1$,则需求出下阶段状态 $s_{k+1} = 0$ 或 1 的概率。由生产一个合格品的概率为 0.4,得不合格品的概率为 0.6,所以生产 x_k 个均不合格的概率应为 0.6^{x_k},至少有一个合格品的概率为 $1 - 0.6^{x_k}$,于是 $s_k = 1$ 下的状态转移方程为
$$\begin{cases} P(s_{k+1} = 1) = 0.6^{x_k} \\ P(s_{k+1} = 0) = 1 - 0.6^{x_k} \end{cases}$$

随机性动态规划的基本结构可用图 6-3 表示。

(5) 以 $c(x_k)$ 表示生产成本及装配费用,则由每次装配费 200 元,每个产品生产成本 100 元(为计算方便,函数中以百元为单位),得阶段指标函数:
$$c(x_k) = \begin{cases} 2 + x_k, & x_k > 0 \\ 0, & x_k = 0 \end{cases}$$

(6) 写出基本方程。若 $s_k = 0$,则自然有 $f_k(0) = 0$;若 $s_k = 1$,则有
$$f_k(1) = \min_{x_k \in D_k(1)} \left[c(x_k) + (1 - 0.6^{x_k}) f_{k+1}(0) + 0.6^{x_k} f_{k+1}(1) \right]$$
$$= \min_{x_k \in D_k(1)} \left[c(x_k) + 0.6^{x_k} f_{k+1}(1) \right]$$

于是当 $k=3$ 时,有

$$f_3(1) = \min_{x_3 \in D_3(1)} [c(x_3) + 0.6^{x_3} \times f_4(1)] = \min_{x_3 \in D_3(1)} [c(x_3) + 0.6^{x_3} \times 20]$$

$f_4(1)$ 的意义为第四个月初仍未得到一个合格品,应按合同要求需赔偿 2 000 元,故有 $f_4(1)=2\,000$。

观察到 $f_3(1)$ 为一个线性增长函数和一个指数下降函数之和,因此存在全局唯一的极小值,如图 6-4 所示。计算中随着 x_3 的增大,指标值先是单调下降,当开始上升时则已经经过了唯一的极小值,此时即得最优指标值,极小值后的 f_3 不必再计算,因其后指标值随 x_3 的增大而增大,是单调上升的。计算后得表 6-17 的结果。

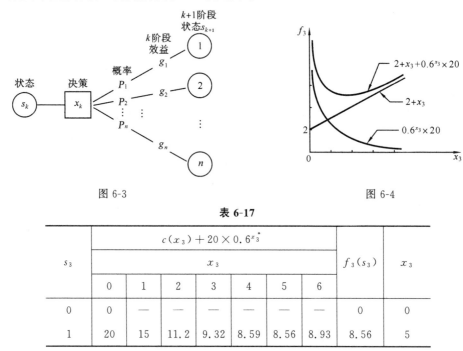

图 6-3   图 6-4

表 6-17

s_3	$c(x_3) + 20 \times 0.6^{x_3}$							$f_3(s_3)$	x_3^*
	x_3								
	0	1	2	3	4	5	6		
0	0	—	—	—	—	—	—	0	0
1	20	15	11.2	9.32	8.59	8.56	8.93	8.56	5

当 $k=2$ 时,有

$$f_2(1) = \min_{x_2 \in D_2(1)} [c(x_2) + 8.56 \times 0.6^{x_2}]$$

计算后可得表 6-18 所示的结果。

表 6-18

s_2	$c(x_2) + 8.56 \times 0.6^{x_2}$					$f_2(s_2)$	x_2^*
	x_2						
	0	1	2	3	4		
0	0	—	—	—	—	0	0
1	8.56	8.14	7.08	6.85	7。11	6.85	3

当 $k=1$ 时,$s_1=1$,同样有

$$f_1(1) = \min_{x_1 \in D_1(1)} [c(x_1) + 6.85 \times 0.6^{x_1}]$$

计算后可得表 6-19 所示的结果。

表 6-19

s_1	$c(x_1)+6.85\times 0.6^{x_1}$					$f_1(s_1)$	x_1^*
	x_1						
	0	1	2	3	4		
1	6.85	7.11	6.47	6.48	6.89	6.47	2

表 6-17 ~ 表 6-19 中 x_k 取较大数值时 $c(x_k)+0.6^{x_k}f_{k+1}(1)$ 的值没有列出来,但可以证明,以后的数值随 x_k 的增大而增大,是单调上升的。

至此,求得最优策略是第一次生产 2 个;如果都不合格,则第二次生产 3 个;如果再都不合格,则第三次生产 5 个。这样能使期望费用最小,为 646 元(近似值)。

例 6.11　设某商店一年分上、下半年两次进货,上、下半年的需求情况是相同的,需求量 y 服从均匀分布,其概率密度函数为

$$f(y)=\begin{cases}\dfrac{1}{10}, & 20\leqslant y\leqslant 30\\[2mm] 0, & \text{其他}\end{cases}$$

其进货价格及销售价格在上、下两个半年中是不同的,分别为 $q_1=3,q_2=2,p_1=5,p_2=4$。年底有剩货时,以单价 $p_3=1$ 处理出售,可以清理完剩货。设年初存货为 0,若不考虑存储费及其他开支,问两次进货各应为多少,才能获得最大的期望利润?

解　这里,以半年为一个阶段,共分两个阶段,以每一次进货数量 x_k 作为决策变量,以期初存货 s_k 作为状态变量,则当 $s_k+x_k\geqslant y_k$ 时,销售量为 y_k;当 $s_k+x_k<y_k$ 时,销售量为 s_k+x_k。于是有

$$s_{k+1}=\begin{cases}s_k+x_k-y_k, & s_k+x_k\geqslant y_k\\ 0, & s_k+x_k<y_k\end{cases}$$

因此,可以算出每一期的期望利润函数 $f_k(s_k)$。

当 $k=2$ 时,有

$$f_2(s_2)=\max_{x_2}\left\{\int_{20}^{s_2+x_2}\frac{p_2y_2}{10}\mathrm{d}y_2+\int_{s_2+x_2}^{30}\frac{p_2(s_2+x_2)}{10}\mathrm{d}y_2-x_2q_2+\int_{20}^{s_2+x_2}\frac{p_3(s_2+x_2-y_2)}{10}\mathrm{d}y_2\right\}$$

$$=\max_{x_2}\left\{-\frac{p_2-p_3}{20}(s_2+x_2)^2+(3p_2-2p_3)(s_2+x_2)-20(p_2-p_3)-x_2q_2\right\}$$

以 $p_2=4,p_3=1,q_2=2$ 代入得

$$f_2(s_2)=\max_{x_2}\left\{10s_2-\frac{3}{20}s_2^2-60+\left(8-\frac{3}{10}s_2\right)x_2-\frac{3}{20}x_2^2\right\}$$

记 $\varphi_2(x_2)=\left(8-\dfrac{3}{10}s_2\right)x_2-\dfrac{3}{20}x_2^2$,令 $\varphi_2'(x_2)=0$ 得

$$\varphi_2'(x_2)=8-\frac{3}{10}s_2-\frac{3}{10}x_2=0$$

$$x_2=\frac{80}{3}-s_2$$

由 $\varphi_2''(x_2)=-\dfrac{3}{10}<0$ 知,当 $x_2=\dfrac{80}{3}-s_2$ 时,$\varphi_2(x_2)$ 取得极大值,于是

$$f_2(s_2)=2s_2+46\frac{2}{3}$$

当 $k=1$ 时,因 $s_1=0$,故得

$$s_2 = \begin{cases} x_1 - y_1, & x_1 > y_1 \\ 0, & x_1 \leqslant y_1 \end{cases}$$

$$f_1(0) = \max_{x_1} \left\{ \int_{20}^{x_1} \frac{p_1 y_1}{10} dy_1 + \int_{x_1}^{30} \frac{p_1 x_1}{10} dy_1 - x_1 q_1 + f_2(s_2) \right\}$$

$$= \max_{x_1} \left\{ \int_{20}^{x_1} \frac{p_1 y_1}{10} dy_1 + \int_{x_1}^{30} \frac{p_1 x_1}{10} dy_1 - x_1 q_1 + 2s_2 + 46\frac{2}{3} \right\}$$

由 $x_1 > y_1$ 时, $s_2 = x_1 - y_1$,得 $\qquad s_2 = \int_{20}^{x_1} \frac{(x_1 - y_1)}{10} dy_1$

于是

$$f_1(0) = \max_{x_1} \left\{ \int_{20}^{x_1} \frac{p_1 y_1}{10} dy_1 + \int_{x_1}^{30} \frac{p_1 x_1}{10} dy_1 - x_1 q_1 + \int_{20}^{x_1} \frac{2(x_1 - y_1)}{10} dy_1 + 46\frac{2}{3} \right\}$$

以 $p_1 = 5, q_1 = 3$ 代入得

$$f_1(0) = \max_{x_1} \left\{ -\frac{3}{20} x_1^2 + 8x_1 - 13\frac{1}{3} \right\}$$

记

$$\varphi_1(x_1) = -\frac{3}{20} x_1^2 + 8x_1 - 13\frac{1}{3}$$

令 $\varphi'_1(x_1) = 0$ 得

$$\varphi'_1(x_1) = -\frac{3}{10} x_1 + 8 = 0$$

$$x_1 = \frac{80}{3}$$

由 $\varphi''_1(x_1) = -\frac{3}{10} < 0$ 可知,当 $x_1 = 26\frac{2}{3}$ 时, $\varphi_1(x_1)$ 取得极大值,得

$$f_1(0) = 93\frac{1}{3}$$

因此,最优决策为:上半年进货 $\frac{80}{3}$ 个单位;若上半年销售后剩下 s_2 个单位的货,则下半年再进货 $\frac{80}{3} - s_2$ 个单位的货,这时将获得期望利润 $93\frac{1}{3}$。

6.4　动态规划中存在的问题

自 20 世纪 50 年代问世以来,动态规划已在工程技术、经营管理、工业生产、军事、自动控制及生物信息等领域中得到了长足的发展和广泛的应用,以上仅对动态规划的一些最基本的内容作了介绍。从这些最基本的例子中可以看出,动态规划横贯了线性规划、整数规划和非线性规划,可以用来解决一大类问题,在这里也可看出动态规划的作用。另外,多阶段决策的思想方法,对于处理一些大而烦琐的问题具有重要意义,是管理人员必须掌握的有效工具。

动态规划解决多阶段决策问题的效果是明显的,它提供了一个节省计算次数及存储单元的方法。例如一个包含 10 个阶段,每个阶段有 10 种状态及 10 种决策的问题,用穷举法需在 10^{10} 个解中找一个最优解,而用动态规划只需做 10^3 次组合运算就够了。

　　当然,动态规划的方法也有一定的局限性。首先,它没有统一的处理方法,必须根据问题的各种性质并结合一定的技巧来处理问题;其次,它要求的条件比较强,无后效性这一条件在一些问题中得不到满足,例如著名的旅行推销商问题(travelling salesman problem),如用一般的方法划分阶段,无后效性就得不到满足,因而动态规划对于旅行推销商问题来说就不是很有效。

　　另外,虽然动态规划和穷举法相比有很大的优越性,但当阶段数 k 及每一阶段的状态数及决策数增加时,特别是当维数 m 增加时,总的计算量及记忆容量将以 m 为指数的速度增加。因而,受计算机存储容量及计算速度的限制,目前的计算机仍不能用动态规划来解决较大的问题,这就是所谓的维数障碍。这一点也使动态规划的使用受到了限制。这些问题说明,如何有效地利用动态规划,还有待于在今后的实践和应用中进行深入的探索与研究。

6.5　LINGO 在动态规划中的应用

　　现代化生产过程中,生产部门面临的突出问题之一,便是如何合理确定生产率。生产率过高,导致产品大量积压,使流动资金不能及时回笼;生产率过低,产品不能满足市场需要,使生产部门失去获利的机会。可见,生产部门在生产过程中必须时刻注意市场需求的变化,以便适时调整生产率,获取最大收益。

　　例 6.12　请用 LINGO 求解例 6.2。

　　这种离散型动态规划问题实质为指派问题,也就是可以将问题转化为 0-1 规划来求解。

　　程序如下:

```
model:
sets:
user/1..3/:;
capital/1..6/:b;
arcs(user,capital):c,e,x;
endsets
data:
c = 0 2 4 5 5 6
    0 1 3 4 6 8
    0 3 4 5 5 6;
e = 0 1 2 3 4 5
    0 1 2 3 4 5
    0 1 2 3 4 5;
enddata
max = @ sum(arcs(i,j):c(i,j) * x(i,j));  !目标函数;
@ for(arcs:@ bin(x));  !限制 x 为整数;
@ for(user(i):@ sum(arcs(i,k):x(i,k)) = 1); !每个公司只能分配 1 次;
@ sum(arcs(i,j):e(i,j) * x(i,j)) = 5;  !资金总数为 5;
end
```

　　求解结果如下:

```
Objective value:            10.00000
Variable        Value       Reduced Cost
```

X(1, 1)	0.000000	0.000000
X(1, 2)	0.000000	−2.000000
X(1, 3)	1.000000	−4.000000
X(1, 4)	0.000000	−5.000000
X(1, 5)	0.000000	−5.000000
X(1, 6)	0.000000	−6.000000
X(2, 1)	0.000000	0.000000
X(2, 2)	0.000000	−1.000000
X(2, 3)	1.000000	−3.000000
X(2, 4)	0.000000	−4.000000
X(2, 5)	0.000000	−6.000000
X(2, 6)	0.000000	−8.000000
X(3, 1)	0.000000	0.000000
X(3, 2)	1.000000	−3.000000
X(3, 3)	0.000000	−4.000000
X(3, 4)	0.000000	−5.000000
X(3, 5)	0.000000	−5.000000
X(3, 6)	0.000000	−6.000000

即 $x_{13}=1$（Ⅰ经营单位在第三个资金水平上取值，$x_1=2$），$x_{23}=1$（Ⅱ经营单位在第三个资金水平上取值，$x_2=2$），$x_{32}=1$（Ⅲ经营单位在第二个资金水平上取值，$x_3=1$），也就是当投 2 万元到Ⅰ经营单位，投 2 万元到Ⅱ经营单位，投 1 万元到Ⅲ经营单位时获利最大，最大利润为 10 万元。

例 6.12 讲解视频

例 6.13 请用 LINGO 求解例 6.5。

该题属于连续性动态规划，可以直接根据目标函数和约束方程写出程序。

假设第 k 年在高负荷状态下安排的设备台数为 x_k，在低负荷状态下安排的设备台数为 y_k，可得第 k 年利润为

$$g_k=10x_k+6(s_k-x_k)=10x_k+6y_k$$

第 $k+1$ 年年初完好设备台数为

$$s_1=x_1+y_1=125$$

$$s_{k+1}=\left(1-\frac{1}{2}\right)x_k+\left(1-\frac{1}{5}\right)(s_k-x_k)$$

$$=0.5x_k+0.8y_k \quad (k=1,2,3,4,5)$$

从题目可知，每一年将所有的设备都投入生产，所得利润才会最大化，因此

$$0.5x_k+0.8y_k=x_{k+1}+y_{k+1} \quad (k=1,2,3,4,5)$$

编写程序如下：

```
model:
max = 10*(x1+x2+x3+x4+x5) + 6*(y1+y2+y3+y4+y5);
```

```
x1+ y1 = 125;
x2+ y2-0.5* x1-0.8* y1 = 0;
x3+ y3-0.5* x2-0.8* y2 = 0;
x4+ y4-0.5* x3-0.8* y3 = 0;
x5+ y5-0.5* x4-0.8* y4 = 0;
end
```

结果如下：

```
Objective value:              2790.000
Variable          Value       Reduced Cost
X1        0.000000            2.120000
X2        0.000000            1.400000
X3        0.000000            0.5000000
X4        64.00000            0.000000
X5        32.00000            0.000000
Y1        125.0000            0.000000
Y2        100.0000            0.000000
Y3        80.00000            0.000000
Y4        0.000000            1.000000
Y5        0.000000            4.000000
```

即第 1，2，3 年在高负荷状态下分别安排 125 台、100 台、80 台设备，第 4，5 年在低负荷状态下分别安排 64 台、32 台设备，所得利润最大，为 2 790 万元。

例 6.14 请用 LINGO 求解以下问题。

某工厂是生产某种电子仪器的专业厂家，该厂以销量来确定产量，1～6 月份各个月生产能力、合同销量和单台仪器平均生产费用如表 6-20 所示。

表 6-20

月份	正常生产能力 / 台	加班生产能力 / 台	销量 / 台	单位生产费用 / 万元
1	60	10	104	15
2	50	10	75	14
3	90	20	115	13.5
4	100	40	160	13
5	100	40	103	13
6	80	40	70	13.5

又知上年末积压库存 103 台仪器没售出。如果生产出的仪器当月不交货，则需要运到库房，每台仪器需增加运输成本 0.1 万元，另外每台仪器每月的仓储和维护费为 0.2 万元，第 6 个月末需要留出库存 80 台；若要加班生产，则每台仪器增加成本 1 万元。试问应该如何安排 1～6 月份的生产，可使总的生产成本（包括运输、仓储和维护）费用最少？

解 设第 i 个月正常生产 x_i 台，加班生产 y_i 台，不交货 z_i 台，售出上月库存 w_i 台，库存 h_i 台，销量为 b_i 台，单台生产的费用为 c_i，正常生产能力为 d_i，加班生产能力为 e_i。

根据以上假设可知，第 i 个月正常生产的成本为 $c_i x_i$，加班生产的成本为 $c_i y_i$，不交货仪器

的运输费用为 $0.1z_i$,库存仪器的仓储和维护费为 $0.2h_i$。

模型的目标函数为 $f = \sum\limits_{i=0}^{6} [c_i x_i + (c_i+1)y_i + 0.1z_i + 0.2h_i]$。

下面考虑本模型的限定条件。

第 i 个月销量的约束为 $x_i + y_i - z_i + w_i \geqslant b_i$。

第 i 个月正常生产能力的约束为:$x_i \leqslant d_i$。

第 i 个月加班生产能力的约束为:$y_i \leqslant e_i$。

$1 \sim 6$ 月库存的约束为:$\begin{cases} h_1 = 103 - w_1 - z_1 \\ h_i = h_{i-1} - w_i - z_i, & i \geqslant 2 \end{cases}$。

于是问题的数学模型为

$$\min f = \sum_{i=0}^{6} [c_i x_i + (c_i+1)y_i + 0.1z_i + 0.2h_i]$$

$$\text{s. t.} \begin{cases} x_i + y_i - z_i + w_i \geqslant b_i \\ x_i \leqslant d_i \\ y_i \leqslant e_i \\ h_i = h_{i-1} - w_i - z_i \\ h_0 = 103 \\ h_6 = 80 \\ x_i, y_i, z_i, w_i, h_i \geqslant 0, i=1,2,\cdots,6 \end{cases}$$

编写 LINGO 程序如下:

```
MODEL:
sets:
num_i/1..6/:b,c,d,e,x,y,z,w,h;
endsets
data:
b = 104,75,115,160,103,70;
c = 15,14,13.5,13,13,13.5;
d = 60,50,90,100,100,80;
e = 10,10,20,40,40,40;
enddata
[OBJ]min = @ sum(num_i(i):c(i) * x(i) + c(i) * y(i) + y(i) + 0.1* z(i) + 0.2* h(i));
@ for(num_i(i):x(i) + y(i) - z(i) + w(i) > = b(i));
@ for(num_i(i):x(i) < = d(i);
@ for(num_i(i):y(i) < = e(i));
h(1) = 103 - w(1) + z(1);h(2) = h(1) - w(2) + z(2);
h(3) = h(2) - w(3) + z(3);h(4) = h(3) - w(4) + z(4);
h(5) = h(4) - w(5) + z(5);h(6) = h(5) - w(6) + z(6);
h(6) = 80;
@ for(num_i(i):x(i) > = 0);@ for(num_i(i):y(i) > = 0);for(num_i(i):z(i) > = 0);@ for
(num_i(i): w(i) > = 0);
@ for(num_i(i):h(i) > = 0);
@ for(num_i(i):@ gin(x(i)),@ gin(y(i)),@ gin(z(i));@ gin(w(i));@ gin(h(i)););
end
```

　　运行该程序后,就可以得到最优解为 $x=(41,50,90,100,100,80)$, $y=(0,10,20,40,40,33)$, $z=(0,0,0,0,37,43)$, $w=(63,15,5,20,0,0)$, $h=(40,25,20,0,37,80)$,最优值为 $f=8296.9$。这样,该厂 1～6 月份的生产计划如下:1 月份正常生产仪器 41 台,上月库存售出 63 台,库存 40 台;2 月份正常生产仪器 50 台,加班生产仪器 10 台,上月库存售出 15 台,库存 25 台;3 月份正常生产仪器 90 台,加班生产仪器 20 台,上月库存售出 5 台,库存 20 台;4 月份正常生产仪器 100 台,加班生产仪器 40 台,上月库存售出 20 台,没有库存;5 月份正常生产仪器 100 台,加班生产仪器 40 台,库存 37 台;6 月份正常生产仪器 80 台,加班生产仪器 33 台,库存 80 台,总的生产成本为 8296.9 万元。

习　题　6

6.1　求图 6-5 中 A 到 E 的最短路线及其长度。

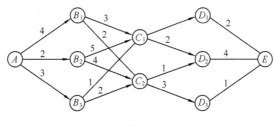

图 6-5

6.2　某厂计划用 17 万元购买一批机器,现有四种型号的机器可供选购,其价格和生产能力如表 6-21 所示。

表 6-21

机器型号	1	2	3	4
价格／万元	5	4	3	6
生产能力	7	5	3.5	8

　　为使所购机器具有最大的生产能力,问四种型号的机器各应采购多少台?

6.3　有 60 万元的资金用于四个工厂的扩建,已知每个工厂的利润增长额同投资额之间的关系数据如表 6-22 所示(投资额以 10 万元为单位)。

表 6-22　　　　　　　　　　　　　　　　单位:十万元

工　厂	投　资　额						
	0	1	2	3	4	5	6
	收　益						
工厂 1	0	20	42	6	75	85	90
工厂 2	0	25	45	57	65	70	73
工厂 3	0	18	39	61	78	90	95
工厂 4	0	28	47	65	74	80	85

试运用动态规划的方法确定使总的投资利润增长额最大的工厂扩建投资方案。

6.4　某电子仪器由三个串联的组件($j=1,2,3$)构成,因而有一个组件失效,仪器即无法工作。为提高仪器的可靠性,每个组件中可增加并联的备用元件数。用 R_j 代表各组件的可靠性,k_j 代表 j 组件中并联的元件数,c_j 代表并联不同元件时第 j 组件的相应费用,有关数据见表 6-23。若限定用于仪器中组件总费用不超过 1 000 元,试确定使该仪器可靠性为最高的设计方案。

表 6-23

k_j	$j=1$		$j=2$		$j=3$	
	R_1	c_1	R_2	c_2	R_3	c_3
1	0.6	100	0.7	300	0.5	200
2	0.8	200	0.8	500	0.7	400
3	0.9	300	0.9	600	0.9	500

6.5　用动态规划求解:

$$\max z = 5x_1 - x_1^2 + 9x_2 - 2x_2^2$$
$$\text{s.t.} \begin{cases} x_1 + x_2 \leqslant 5 \\ x_1, x_2 \geqslant 0 \end{cases}$$

6.6　某企业生产一种产品,该产品在未来四个月销售量的估计如表 6-24 所示。

若该产品的装配费为 3 万元 / 批,每件成本为 1 元,存储费为每月 0.7 元 / 件,假定 1 月初存货为 1 万件,5 月初存货为 0,且每月的产量不限,试求该厂四个月内的最优生产计划。

表 6-24

月　份	1	2	3	4
销售量 / 万件	3	4	3	5

6.7　某公司对产品制订一份 4 个月的生产计划。假定每个月的需求量为 2,3,1,4,该产品每月生产 x_k 单位的生产费用 $C_p(x_k)$ 如表 6-25 所示。

表 6-25

x_k	0	1	2	3	4	5	6
$C_p(x_k)$	0	5	8	10	1	12	13

若该产品每一件一个月的存储费为 0.5 元,公司一个月最多能生产 6 件,假定 1 月初及 5 月初的库存均为 0。问该公司每个月应生产多少该产品,才能使总成本最低?

6.8　某厂有 100 台同样的机器,四年后这种机器将被其他新机器取代。现有两种生产任务,根据以往经验知道:用于第一种生产任务的机器中,一年后将有 $\frac{1}{3}$ 的机器损坏报废,每台机器的年收益为 9 万元;用于第二种生产任务的机器中,一年后将有 $\frac{1}{10}$ 的机器损坏报废,每台机器的年收益为 6 万元。问应怎样安排生产任务,才能使这些机器在四年中获得最大的收益?

6.9　根据市场调查,某产品今后四个时期的需求量分别为 2 件、3 件、2 件和 4 件,且该产

品每件生产费用 C 与生产数量 x 的关系为

$$C = \begin{cases} 0, & x = 0 \\ 3 + x, & 0 < x \leqslant 6 \\ \infty, & x > 6 \end{cases}$$

又已知生产出来的产品当期内销售不出去,每件产品一个时期的库存费用为 0.5 元。假定第一个时期初和第四个时期末该产品库存均为 0,试用动态规划技术讨论:在满足市场需求的条件下,该产品四个时期的生产和库存费用最小的生产方案。

第7章 网络分析

【基本要求、重点、难点】

基本要求

(1) 了解图与树的基本概念。

(2) 掌握最小部分树的求法(避圈法和破圈法)。

(3) 掌握网络最短路径问题及标号法、矩阵算法。

(4) 掌握网络最大流和最小割的概念及其求法。

(5) 掌握最小费用最大流问题的概念及求法。

重点　掌握网络最小树、最短路径和最大流、最小费用最大流的求法。

难点　最短路径、最大流和最小费用流的求解及应用。

图论(theory of graphs 或 graph theory)起源于一个非常经典的问题 —— 哥尼斯堡(Konigsberg)七桥问题。1738 年,瑞士数学家欧拉(Leonhard Euler)解决了哥尼斯堡七桥问题,由此图论诞生,欧拉也成为图论的创始人。

图论

图论十分古老,但又十分活跃。它是应用非常广的一个数学分支,是建立和处理离散数学模型的一个重要工具。网络分析(network analysis)是图论的重要组成部分。随着近代科学技术的不断发展,特别是计算机的广泛应用,图论及在图论基础上发展起来的网络分析,在自然科学、社会科学、工程技术、边缘学科等领域中得到了广泛的应用。

网络是指连接不同点的路线系统或通道系统,如交通网、电网和管道网等。有些问题初看起来并不存在网络,如设备更新问题必须经过适当的处理才能画出相应的网络,并采用网络分析的方法来求解。

网络分析内容丰富,方法多样,应用广泛,所以此处不打算全面论述。本章着重从应用的角度出发,介绍图与网络的基本知识、基本算法及典型应用。

7.1 基本知识

7.1.1 基本概念

在生产和日常生活中,经常碰到各种各样的图,如公路或铁路图、管网图、通信联络图等。本章研究的就是上述各类图的抽象概况,表明一些研究对象和这些对象之间的相互联系。

下面介绍网络分析中的一些基本概念。若用点表示研究对象,用边表示对象之间的联系,则图 G 定义为点和边的集合,记

$$G = \{V, E\}$$

其中，V 是点的集合，E 是边的集合。注意，在几何学中，图中点的位置、线的长度和斜率等都十分重要，而本章只关心图中有多少个点及哪些点之间有连线。

一般来说，图中的点（又称为节点或顶点）用 v 表示，边用 e 表示。每条边可以用它所连接的点表示，如图 7-1(a) 中记 $e_1=[v_1,v_1]$，$e_3=[v_1,v_2]$ 或 $e_3=[v_2,v_1]$。边也可以用它连接的两个端点表示，如记 $e_{ij}=[v_i,v_j]$。图的基本概念如图 7-1 所示。

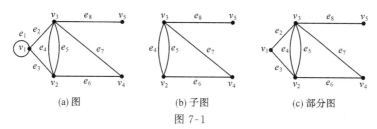

(a) 图　　　　　　　　　　(b) 子图　　　　　　　　　(c) 部分图

图 7-1

端点、关联边、相邻　　若边 e 可表示为 $e=[v_i,v_j]$，称点 v_i 和 v_j 是边 e 的端点，反之，称边 e 为点 v_i 和 v_j 的关联边；若边 e_i 和 e_j 具有公共的端点，称边 e_i 和 e_j 相邻。

环、多重边、简单图　　若边 e 的两个端点相重，称该边为环，如图 7-1(a) 中边 e_1 为环。如果两个点之间的边多于一条，称为具有多重边，如图 7-1(a) 中的 e_4 和 e_5。无环、无多重边的图称为简单图。

次、奇点、偶点、孤立点　　与某一个点 v_i 相关联的边的数目称为点 v_i 的次，记为 $d(v_i)$。图 7-1 中 $d(v_2)=4$，$d(v_3)=5$，$d(v_5)=1$。次为奇数的点称为奇点，次为偶数的点称为偶点，次为 0 的点称为孤立点。

定理 1　　图 $G=(V,E)$ 中，所有点的次的和是边数的两倍，即

$$\sum_{v\in V}d(v)=2q$$

这是显而易见的，因为在计算各点的次时，每条边被它的两个端点各用了一次。

定理 2　　任一个图中，奇点的个数为偶数。

证明　　根据图中所有点的次的和可以分解为"所有奇点的次的和＋所有偶点的次的和"，由定理 1 知

$$\sum_{v\in 奇点}d(v)+\sum_{v\in 偶点}d(v)=\sum_{v\in V}d(v)=2q$$

由于 $\sum_{v\in V}d(v)$ 是偶数，$\sum_{v\in 偶点}d(v)$ 也是偶数，因此 $\sum_{v\in 奇点}d(v)$ 必为偶数，即奇数相加之和为偶数，必有奇点个数为偶数。

链、圈、连通图　　图中有些点和边的交替序列 $\mu=\{v_0,e_1,v_2,\cdots,e_k,v_k\}$，若其中各边互不相同，且对任意 $v_{i,t-1}$ 和 $v_{it}(2\leqslant t\leqslant k)$ 均相邻，称 μ 为链。起点与终点相重合的链称为圈，起点与终点重合的路称为回路。若在一个图中，每两点之间至少存在一条链，则称这样的图为连通图，否则称该图是不连通的。

完全图、偶图　　若一个简单图中任意两点之间均有边相连，则称这样的图为完全图。含有 n 个顶点的完全图，其边数有 $C_n^2=\dfrac{1}{2}n(n-1)$ 条。如果图的顶点能分成两个互不相交的非空集合 V_1 和 V_2，使在同一集合中任意两个顶点均不相邻，则称这样的图为偶图（也称二分图）。如果偶图的顶点集合 V_1 和 V_2 之间的每一对不同顶点都由一条边相连，则称这样的图为

完全偶图。若完全偶图中 V_1 含 m 个顶点，V_2 含 n 个顶点，则其边数共有 $m \cdot n$ 条。

子图、部分图　图 $G_1 = \{V_1, E_1\}$ 和图 $G_2 = \{V_2, E_2\}$，如果有 $V_1 \subset V_2$，$E_1 \subset E_2$，称 G_1 是 G_2 的一个子图。若 $V_1 = V_2$，$E_1 \subset E_2$，则称 G_1 是 G_2 的一个部分图。

图 7-1(b) 是图 7-1(a) 的一个子图，图 7-1(c) 是图 7-1(a) 的部分图。注意，部分图也是子图，但子图不一定是部分图。

网络、有向网络、无向网络　若给图中点和边赋予具体的含义和权数，如距离、费用、容量等，则称为网络图，记为

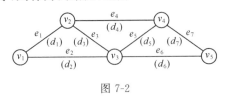

图 7-2

$$N = \{V, E, W\}$$

网络图示例如图 7-2 所示。有些网络的边是有方向的，称这种网络为有向网络，用箭头表示指向。如管道网络就是有向网络，这是因为管道内的液体是有流动方向的，不可能出现倒流现象。但另有一些网络又是无方向的，称无向网络，边上不标箭头。如可以双向行驶的交通网络就是无向网络。

7.1.2　图的应用

借助于图论中"点表示研究对象，边表示对象之间的联系"的思想，用图来研究问题直观而明了，能够实现复杂问题的简化，因此许多工程、管理的实际问题可以转化为图论模型来研究。下面给出两个简单的实例。

例 7.1　10 名学生参加 6 门考试，表 7-1 中打"√"的是各学生参加的考试科目，每天上午和下午各考 1 门，3 天结束，问 6 门考试的顺序应如何安排，可做到每人每天最多考 1 门？

表 7-1

学　　生	课　　程					
	A	B	C	D	E	F
1	√	√		√		
2	√		√			
3	√					√
4		√			√	√
5	√		√	√		
6			√		√	
7			√	√		
8		√		√		
9	√	√				√
10	√		√			√

解　把考试科目作为研究对象，用点表示，可以用点 A, B, C, D, E, F 分别代表这六门考试。用线代表两门考试不能连续安排的关系。如果同一名学生参加两门考试，在代表这两门考试的点之间连一条线。由表 7-1 可知，学生 1 同时参加 A, B 考试，则 A 与 B 间连线，依次给

出点与点之间存在的所有连线,如图 7-3 所示。

若两点之间无连线,代表这两门考试可连续安排,找出图 7-3 中两点之间没有的连线,如图 7-4 所示,即为图 7-3 完全图的补图。由图 7-4 可见,能连续安排的考试为 A 与 E,F 与 D,B 与 C,E 与 D,据此可以作出 3 天的考试安排,不止一种方案。

例 7.2 某单位储存八种化学物品,其中某些物品不能放在同一个仓库里。用 $V_1,V_2,\cdots,V_8$ 表示八种物品,若两种物品不能放在同一个仓库里,则在两者之间连一条直线,如图 7-5 所示。问至少要几个仓库存放这些物品?

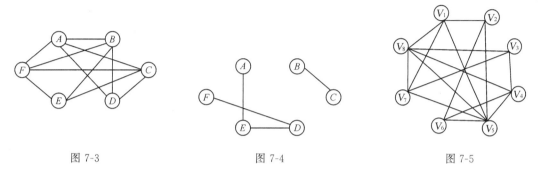

图 7-3　　　　　　　　　　图 7-4　　　　　　　　　　图 7-5

解 观察到图中存在顶点数为 3 的完全图,如以 V_1,V_2,V_5 为顶点时两两之间都有连线,意味着两两不兼容,要存放 V_1,V_2,V_5 必有三个仓库;在此基础上再进一步寻找是否存在顶点数为 4 的完全图,以 V_1,V_2,V_5,V_8 为顶点即构成完全图,可见存放这四者需四个仓库;再寻找顶点数更多的完全图,图中没有,故只需四个仓库即可。给出一个存放方案:$\{V_1\}$,$\{V_2,V_4,V_7\}$,$\{V_3,V_5\}$,$\{V_6,V_8\}$。

7.2　最小树问题

在各种各样的图中,有一类图极其简单却极其有用,这就是树图。树图因与大自然中的树类似而得名。管理组织机构、学科分类和一些决策过程往往都可以用树图的形式表示。

7.2.1　基本概念

树 无圈的连通图,记为 $T(V,E)$。

根据树的定义,可得到树的三条性质。

性质 1 树中任意两顶点之间必有且仅有一条链。

性质 2 在树中任意除掉一条边,必不构成连通图。

性质 3 在树中不相邻的两顶点上添一条边,必得一圈。

由以上性质可以得到以下结论。

(1) 树是无圈连通图中边数最多的,在树图上只要任意加上一条边,必定会出现圈。

(2) 由于树图是无圈的连通图,即树图的任意两个点之间有且仅有一条通路,因此树图也是最脆弱的连通图。只要从树图中取走任一条边,图就不连通了。因此,一些重要的网络不能按树的结构设计。

支撑树 如果 G_1 是 G_2 的部分图,又是树图,则称 G_1 是 G_2 的支撑树。

树图的各条边称为树枝(假定各边都有权重),一般图含有多个支撑树,设 T 是 G 的一棵支撑树,称 T 中所有边的权之和为支撑树 T 的权,记为 $W(T)$。

最小支撑树   如果支撑树 T^* 的权 $W(T^*)$ 是 G 所有支撑树的权中的最小者,则称 T^* 是 G 的最小支撑树(简称**最小树**)。

求最小树问题就是求给定连通赋权图 G 的最小支撑树。

7.2.2 最小树问题

假定给定一些城市,已知每个城市间交通线的建造费用。要求建造一个连接这些城市的交通网,使总的建造费用最少。这个问题就是求最小树问题。

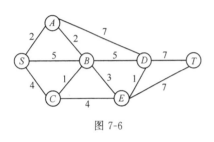

图 7-6

例 7.3 某地要在 7 个地点间架设电线,要求任意 2 个地点之间都通电,并且总线路最短。各地点之间的距离(km)和分布如图 7-6 所示。

解   显然,图 7-6 为连通图,要使每个地点都通电,只要每个地点都有一条边相连即可;要使线路短,则必然不存在圈(即回路),这是因为若图中存在圈,从圈上任意去除一边,余下的图仍是连通的,这样可以省去一条电线。因此,满足要求的,必定是一个无圈的连通图。又要求总线路最短,故本题可转化求最小树。

下面介绍求最小树的两种方法。

1. 避圈法

避圈法是一种选边法。开始选权最小的边,以后每一步中,总从未被选取的边中选权最小的边,并使之与已选取的边不构成圈(每一步中,若有两条或两条以上的边权值同为最小,则任选一条)。重复以上步骤,直到选得 $n-1$ 条边为止(n 为节点数,连接 n 个节点的最小树边数为 $n-1$ 条)。

或者也可按以下步骤:先从图 7-6 中任选一点,设为 S。令 $S \in V$,其余点属于集合 $\bar{V}$,V 与 $\bar{V}$ 之间的最短边为 $[S,A]$,将该边加粗,标志它是最小树内的边,再令 $V \cup A \Rightarrow V$,$\bar{V}/A \Rightarrow \bar{V}$,重复上述步骤,直到所有点连通为止,具体过程见图 7-7。

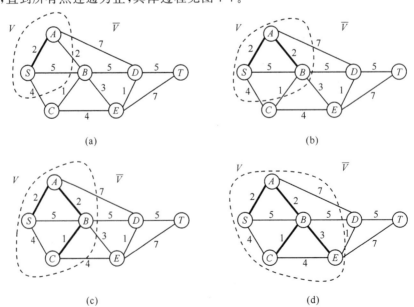

图 7-7

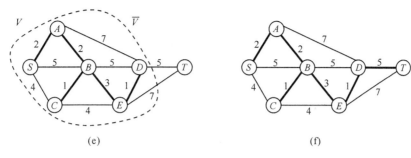

续图 7-7

2. 破圈法

破圈法是一种去边法。在网络图中任取一个圈,去掉其中权最大的一边(因求最小树),重复这个步骤,直到网络图中无圈为止,便得到了最小树。

按照上述方法,对图 7-6 中的网络图进行破圈,如取 $S—A—D—E—C—S$ 构成的一个圈,去掉最长距离 AD 的边······ 如此反复破圈得到如图 7-8 所示的最小树,连通各地点的电线,与避圈法所求相同。

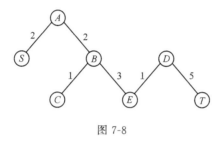

图 7-8

7.2.3 最小树的应用

例 7.4 图 7-9 为一地区交通网络图,其中节点表示乡村,边表示原有的简易道路。边上的权数表示距离。现在该地区计划修建正式公路使各乡互通,并在某一乡村盖一个文化娱乐中心。问:

(1) 如何在原有的简易道路上修建正式公路,既保证各乡互通,又使公路的总里程最短?

(2) 文化娱乐中心盖在哪一乡,使离文化娱乐中心最远的乡参加文化娱乐活动时所走路程最短?

解 (1) 显然,此问题属于最小树问题。用避圈法或破圈法得到最小树,如图 7-10 所示,即为修路方案,其最小公路里程为 13.8。

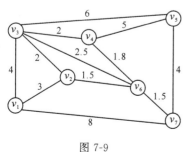

图 7-9

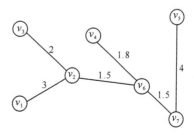

图 7-10

（2）确定建文化娱乐中心的地点。根据图 7-10 求出 i 村到 j 村的距离 $d_{ij}(j=1,2,\cdots,7)$，然后在其中选取最大者 d_i^u，即

$$d_i^u = \max\{d_{ij}\} \quad (i=1,2,\cdots,7) \tag{7.1}$$

将所有的村到各村的 d_{ij} 及 $d_i^u=(i=1,2,\cdots,7;j=1,2,\cdots,7)$ 都求出并列于表 7-2 中。

表 7-2

i 村	j 村							d_i^u
	v_1	v_2	v_3	v_4	v_5	v_6	v_7	
	d_{ij}							
v_1	0	3	5	6.3	10	4.5	6	10
v_2	3	0	2	3.3	7	1.5	3	7
v_3	5	2	0	5.3	9	3.5	5	9
v_4	6.3	3.3	5.3	0	7.3	1.8	3.3	7.3
v_5	10	7	9	7.3	0	5.5	4	10
v_6	4.5	1.5	3.5	1.8	5.5	0	1.5	5.5
v_7	6	3	5	3.3	4	1.5	0	6

最后，在其中选取最小者对应的村 v^*，有

$$d(v^*) = \min\{d_i^u\} = 5.5$$

相应地，$v^* = v_6$ 为建文化娱乐中心的村，即文化娱乐中心应建在 v_6 村，这样能使离文化娱乐中心最远的村 v_5 参加文化娱乐活动时所走的路程 5.5 最短，最短路程为 5.5。

例 7.5 仍以图 7-10 所示的交通网络为例，准备建一中心仓库以收购储存各乡村的粮食，各乡村交售粮食的数量（单位：kg）如图 7-11 所示，问中心仓库盖在哪一乡村可使总的运费最小？

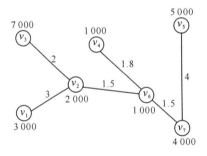

图 7-11

解 设每吨每单位路程运费为 C。仓库建在 v_i 的总运费为

$$g(v_i) = \sum_{j=1}^{7} CW_j \cdot d_{ij} \tag{7.2}$$

其中，W_j 表示 j 村的粮仓交售量（单位吨），d_{ij} 表示 j 村到 i 村的距离。

如：
$$\begin{aligned}
g(v_1) = &[(3\times0)+(2\times3)+(7\times5)+(1\times6.3)\\
&+5\times10+(1\times4.5)+(4\times6)]C = 125.8C
\end{aligned}$$

将仓库建在各乡的总费用都计算出来并列于表 7-3 中。

表 7-3

v_i	v_1	v_2	v_3	v_4	v_5	v_6	v_7
$g(v_i)$	$125.8C$	$74.8C$	$92.8C$	$114.1C$	$135.8C$	$76.3C$	$83.8C$

从 $g(v_i)$ 中选取最小者

$$g(v^*) = \min\{g(v_i)\}$$

对应的乡村为中心仓库建设地点,这里 $v^* = v_2$,即 v_2 村为中心仓库建设地点,总运费 $74.8C$ 为最小。

7.3　最短路径问题

求最短路径问题,一般来说,就是求给定网络上任意两点之间的最短距离,这里所说的距离只是权数的代称,实际中,权数可能是时间、费用等。最短路径问题是图的分析中的一个基本问题,许多问题,如选址、管道铺设选线、设备更新、投资、某些整数规划和动态的问题,都可以归结为求最短路径的问题。因此,这类问题在生产实际中得到广泛应用。

求最短路径有两种算法:一是求从某一点至其他各点最短距离的迪杰斯特拉(Dijkstra) 算法;另一种是求网络图上任意两点之间最短距离的矩阵算法(也叫作 Floyd 算法)。

Floyd 算法

7.3.1　算法

Dijkstra算法的基本思路:假设 $\{v_1,v_2,v_3,v_4\}$ 是 $v_1 \to v_4$ 的最短链,则 $\{v_1,v_2,v_3\}$ 必是 $v_1 \to v_3$ 的最短链,$\{v_1,v_2\}$ 必是 $v_1 \to v_2$ 的最短路径(见

Dijkstra 算法

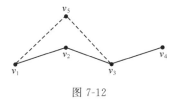

图 7-12

图 7-12)。不然的话,设 $v_1 \to v_3$ 之间还有另外的链 $\{v_1,v_5,v_3\}$ 更短,那么 $v_1 \to v_4$ 之间必然有另外的链 $\{v_1,v_5,v_3,v_4\}$ 且 $\{v_1,v_5,v_3,v_4\} < \{v_1,v_2,v_3,v_4\}$,这与原假设矛盾,从而利用反证法得证。从这个思路出发,可以逐步比较各段路的长短,求出从某一点到其他各点的最短距离。

若用 d_{ij} 表示图中从节点 i 到节点 j 的直接距离。路线 (i,j) 中间无连线时,$d_{ij} = \infty$,又 $d_{ii} = 0$,L_{sj} 表示从节点 s 到节点 j 的最短距离,则 Dijkstra 算法的步骤可叙述如下。

(1) 从节点 s 出发,$L_{ss} = 0$,将此值填进 s 旁的小方框内,表示节点 s 已标号;

(2) 从节点 s 出发,找出与 s 相邻节点中距离最近的一个,设为 r,将 $L_{ss} + d_{sr}$ 的值填入节点 r 旁的小方框内,表明节点 r 也已标号;

(3) 从已标号节点出发,找出与这些已标号节点紧邻的所有未标号节点,若有 $L_{sp} = \min\{L_{sr} + d_{rp}\}$(式中,$s$ 为出发点,r 是已标号节点,p 是未标号节点),则对节点 p 标号,即在节点 p 旁画一个小方框,并将 L_{sp} 的值填进去;

(4) 重复第(3)步,一直到所有节点都标号为止。各节点旁边小方框内的数字表示从节点 s 到该节点的最短距离。

例 7.6　在图 7-13 所示的网络中,连线上的数据表示距离,求节点 S 到节点 T 的最短距离。

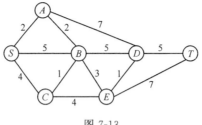

图 7-13

解　用 Dijkstra 算法如下。

（1）从节点 S 出发，对 S 标号，将 $L_{SS}=0$ 填进 S 旁的小方框内，令 $S \in V$，其余节点属于 $\overline{V}$（见图 7-14(a)）。

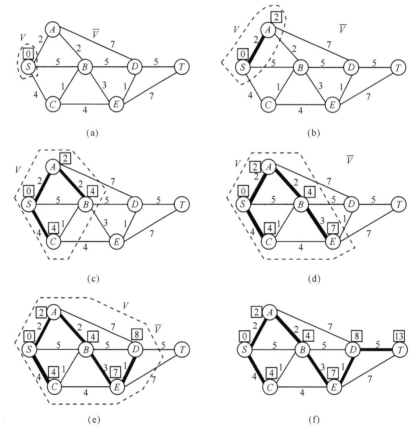

图 7-14

（2）与已标号节点 S 相邻的未标号节点有三个：A，B，C。

$L_{Sp}=\min\{d_{SA},d_{SB},d_{SC}\}=\min\{2,5,4\}=2$，即 A 是与 S 距离最近的点，故对 A 标号，将 L_{SA} 的值填入节点 A 旁的小方框内，将边 $[S,A]$ 加粗，并记 $S \cup A \in V$（见图 7-14(b)）。

（3）与已标号节点集合 V 相邻的未标号节点有 B，C，D。

$L_{Sp}=\min\{L_{SA}+d_{AD},L_{SA}+d_{AB},L_{SS}+d_{SB},L_{SS}+d_{SC}\}=\min\{2+7,2+2,0+5,0+4\}$

因 $L_{SA}+d_{AB}$ 与 $L_{SS}+d_{SC}$ 都为 4，有两个最小值，故对 B，C 同时标号，并分别在小方框中填上 4（有 $L_{SB}=L_{SC}=4$），将边 $[A,B]$，$[S,C]$ 加粗，并使 $S \cup A \cup B \cup C \in V$（见图 7-14(c)）。

（4）与已标号节点集合 V 相邻的未标号节点有 D,E。因为

$$L_{Sp} = \min\{L_{SA} + d_{AD}, L_{SB} + d_{BD}, L_{SB} + d_{BE}, L_{SC} + d_{CE}\}$$
$$= \min\{2+7, 4+5, 4+3, 4+4\} = 7$$

所以应对 E 标号，将 $L_{SE}=7$ 记入节点 E 旁边的小方框内，将边 $[B,E]$ 加粗，并使 $S \cup A \cup B \cup C \cup E \in V$（见图 7-14(d)）。

（5）现与 V 相邻的未标号节点为 D,T。

因为

$$L_{Sp} = \min\{L_{SA} + d_{AD}, L_{SB} + d_{BD}, L_{SE} + d_{ED}, L_{SE} + d_{ET}\} = \min\{2+7, 4+5, 7+1, 7+7\}$$
$$= \min\{9, 9, 8, 14\} = 8$$

所以应对节点 D 标号，将 L_{SD} 记入节点 D 旁的小方框内，将边 $[E,D]$ 加粗，并令 $S \cup A \cup B \cup C \cup E \cup D \in V$（见图 7-14(e)）。

（6）现在 V 的相邻节点只有 T。因为

$$L_{Sp} = \min\{L_{SD} + d_{DT}, L_{SE} + d_{ET}\} = \min\{8+5, 7+7\} = 13$$

所以将 $L_{ST}=13$ 记入节点 T 旁的小方框内，将边 $[D,T]$ 加粗，并使 $S \cup A \cup B \cup C \cup E \cup D \cup T \in V$（见图 7-14(f)）。

由于所有节点均包含在集合 V 内，因此计算结束。图 7-14(f) 中的粗线表明了从节点 S 到其他节点的最短路线，节点旁边小方框中的数字是从节点 S 到各个节点的最短距离。

7.3.2　矩阵算法

Dijkstra 算法提供了网络中从标号初始点到其余各点的最短距离，但实际问题中往往要求网络所有各点之间的最短距离，如仍采用 Dijkstra 算法一点一点地分别计算就显得麻烦，并且 Dijkstra 算法不适用于有负权值的图。下面介绍矩阵算法。

矩阵算法的思路为：在有 p 个节点的网络图中，任意两点的最短距离，通过的中间节点数必定是 $0,1,2,\cdots,p-2$ 中的一种。因此，先考察两点之间通过中间节点数为 0 的最短距离矩阵 $\boldsymbol{D}^{(0)}$，在此基础上再求两点之间通过中间节点数最多为 1 的最短距离矩阵 $\boldsymbol{D}^{(1)}$，依次增加，直至求得最多通过中间节点数为 $p-2$ 的最短距离矩阵 $\boldsymbol{D}^{(k)}$，问题即得解。

例 7.7　对例 7.6 用矩阵算法求最短路。

矩阵算法具体步骤　在例 7.6 中，将网络各点之间的距离用矩阵 $\boldsymbol{D}$ 表示。如网络的两个节点 i,j 之间无直接连线，则 $D_{ij} = \infty$。此外，还有 $D_{ii}=0$，$D_{ij}=D_{ji}$（本例为无向图）。由此可得各点间的距离矩阵 $\boldsymbol{D}$ 为

$$\boldsymbol{D}^{(0)} = \begin{array}{c} \\ S \\ A \\ B \\ C \\ D \\ E \\ T \end{array} \begin{array}{c} \begin{array}{ccccccc} S & A & B & C & D & E & T \end{array} \\ \begin{bmatrix} D_{SS} & D_{SA} & D_{SB} & D_{SC} & D_{SD} & D_{SE} & D_{ST} \\ D_{AS} & D_{AA} & D_{AB} & D_{AC} & D_{AD} & D_{AE} & D_{AT} \\ D_{BS} & D_{BA} & D_{BB} & D_{BC} & D_{BD} & D_{BE} & D_{BT} \\ D_{CS} & D_{CA} & D_{CB} & D_{CC} & D_{CD} & D_{CE} & D_{CT} \\ D_{DS} & D_{DA} & D_{DB} & D_{DC} & D_{DD} & D_{DE} & D_{DT} \\ D_{ES} & D_{EA} & D_{EB} & D_{EC} & D_{ED} & D_{EE} & D_{ET} \\ D_{TS} & D_{TA} & D_{TB} & D_{TC} & D_{TD} & D_{TE} & D_{TT} \end{bmatrix} \end{array} = \begin{bmatrix} 0 & 2 & 5 & 4 & \infty & \infty & \infty \\ 2 & 0 & 2 & \infty & 7 & \infty & \infty \\ 5 & 2 & 0 & 1 & 5 & 3 & \infty \\ 4 & \infty & 1 & 0 & \infty & 4 & \infty \\ \infty & 7 & 5 & \infty & 0 & 1 & 5 \\ \infty & \infty & 3 & 4 & 1 & 0 & 7 \\ \infty & \infty & \infty & \infty & 5 & 7 & 0 \end{bmatrix}$$

上面的矩阵表明从节点 i 直接到达节点 j 时的最短距离。因为从节点 i 到节点 j 最短链不一定是链 $\{i,j\}$，也可能是 $\{i,r,j\}$，$\{i,r,k,j\}$ 或 $\{i,r,\cdots,k,j\}$，其中 r，k 表示中间节点，所以接下来考虑以下内容。

先考虑有一个中间节点的情况，如本例中 S 到 B 经过一个中间节点的最短距离应为 $\min\{D_{SS}+D_{SB},D_{SA}+D_{AB},D_{SB}+D_{BB},D_{SC}+D_{CB},D_{SE}+D_{EB},D_{ST}+D_{TB}\}$，即 $\min\{D_{Sr}+D_{rB}\}$，其中 r 为中间节点，分别将 r 取为 $S,A,\cdots,T$ 各点，当 r 取为 S 和 B 时，表示以自己为中间节点，即 $D_{SS}+D_{SB}$ 和 $D_{SB}+D_{BB}$ 是两点之间直接到达的距离。

为此，可以构造一个新的矩阵 $\boldsymbol{D}^{(1)}$。令 $\boldsymbol{D}^{(1)}$ 中的每个元素 $D_{ij}^{(1)}=\min(D_{ir}^{(0)}+D_{rj}^{(0)})$，则矩阵 $\boldsymbol{D}^{(1)}$ 给出了网络中任意两点之间直接到达和经过一个中间节点到达的最短距离。

再构造矩阵 $\boldsymbol{D}^{(2)}$。令 $D_{ij}^{(2)}=\min(D_{ir}^{(1)}+D_{rj}^{(1)})$，则 $\boldsymbol{D}^{(2)}$ 给出了网络中任意两点直接到达，经过一个中间节点到达，经过两个中间节点到达及经过三个中间节点到达的最短距离。

一般地，有 $D_{ij}^{(k)}=\min(D_{ir}^{(k-1)}+D_{rj}^{(k-1)})$，矩阵 $\boldsymbol{D}^{(k)}$ 给出网络中任意两点直接到达，经过 1 个，2 个，$\cdots$，2^k-1 个中间节点到达的最短距离。

当 $\boldsymbol{D}^{(k-1)}=\boldsymbol{D}^{(k)}$ 时，计算停止，便得各点之间的最短距离。

设网络有 p 个节点，则最多计算到 $\boldsymbol{D}^{(k)}$，因为任意两个点之间的中间节点最多为 $p-2$ 个，所以有

$$2^{(k-1)}-1 \leqslant p-2 \leqslant 2^k-1$$

计算次数 k 满足不等式 (7.3)。

$$k-1 < \frac{\lg(p-1)}{\lg2} < k \tag{7.3}$$

如在例 7.7 中，$\dfrac{\lg(p-1)}{\lg2}=\dfrac{\lg6}{\lg2}=2.6$，所以 $k=3$，应计算到 $\boldsymbol{D}^{(3)}$，共 3 次。

现将例 7.6 用矩阵计算的每步结果列在下面。

$$\boldsymbol{D}^{(1)}=\begin{bmatrix} 0 & 2 & 4 & 4 & 9 & 8 & \infty \\ 2 & 0 & 2 & 3 & 7 & 5 & 12 \\ 4 & 2 & 0 & 1 & 4 & 3 & 10 \\ 4 & 3 & 1 & 0 & 5 & 4 & 11 \\ 9 & 7 & 4 & 5 & 0 & 1 & 5 \\ 8 & 5 & 3 & 4 & 1 & 0 & 6 \\ \infty & 12 & 10 & 11 & 5 & 6 & 0 \end{bmatrix}$$

$$\boldsymbol{D}^{(2)}=\begin{bmatrix} 0 & 2 & 4 & 4 & 8 & 7 & 14 \\ 2 & 0 & 2 & 3 & 6 & 5 & 11 \\ 4 & 2 & 0 & 1 & 4 & 3 & 9 \\ 4 & 3 & 1 & 0 & 5 & 4 & 10 \\ 8 & 6 & 4 & 5 & 0 & 1 & 5 \\ 7 & 5 & 3 & 4 & 1 & 0 & 6 \\ 14 & 11 & 9 & 10 & 5 & 6 & 0 \end{bmatrix}$$

$$\boldsymbol{D}^{(3)} = \begin{bmatrix} 0 & 2 & 4 & 4 & 8 & 7 & 13 \\ 2 & 0 & 2 & 3 & 6 & 5 & 11 \\ 4 & 2 & 0 & 1 & 4 & 3 & 9 \\ 4 & 3 & 1 & 0 & 5 & 4 & 10 \\ 8 & 6 & 4 & 5 & 0 & 1 & 5 \\ 7 & 5 & 3 & 4 & 1 & 0 & 6 \\ 13 & 11 & 9 & 10 & 5 & 6 & 0 \end{bmatrix}$$

$\boldsymbol{D}^{(3)}$ 中元素即表示网络中相应各点之间的最短距离。清楚起见,可用表格形式列出,如表 7-4 所示。

表 7-4

起　始　点	到　达　点						
	S	A	B	C	D	E	T
S	0	2	4	4	8	7	13
A	2	0	2	3	6	5	11
B	4	2	0	1	4	3	9
C	4	3	1	0	5	4	10
D	8	6	4	5	0	1	5
E	7	5	3	4	1	0	6
T	13	11	9	10	5	6	0

注:此表为网络各点之间的最短距离表。

7.4　最大流问题

许多系统中包含了流量问题,例如公路系统中有车辆流,控制系统中有信息流,供水系统中有水流,金融系统中有现金流等。对于这样一些包含了流量问题的系统,往往要求求出其最大流量,例如某公路系统容许通过的最多车辆数,某供水系统的最大水流量等,以便更好地对现实网络系统进行改造。

7.4.1　最大流问题的概念及模型

容量、流量　容量网络上的弧 (i,j) 的权为容量,记成 c_{ij},如图 7-15 中各弧上的权值即为其容量,弧 (i,j) 的通过量称为它的流量,记成 f_{ij},每个弧上有 $f_{ij} \leqslant c_{ij}$,即流量应小于或等于容量。

网络流、可行流　定义在弧集合上的一个函数 $f = \{f_{ij}\}$ 称为网络上的流,它的流量记为 $V(f)$。图 7-15 中指定 S 为发点,T 为收点,其他的点为中间节点,若对每个弧均给出一个流量,即形成一个网络流。对于一个运输网络的实际问题,令运输量等于弧流量,可以看出,对于流有两个明显的要求:一是弧流量不能超过弧容量;二是中间节点流量为零。由此可得可行流的条件为

$$
\begin{cases}
0 \leqslant f_{ij} \leqslant c_{ij} & \leftarrow \text{容量限制条件} \\
\sum_j f(v_i, v_j) - \sum_j f(v_j, v_i) = 0, \quad i \neq S, T \\
V(f) = \sum_j f(v_S, v_j) = \sum_j f(v_j, v_T)
\end{cases}
\quad \leftarrow \text{流量平衡条件}
\tag{7.4}
$$

所有 $f_{ij} = 0$ 的流称为零流。

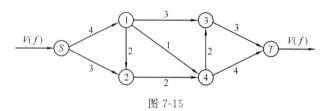

图 7-15

最大流　网络的最大流,是指在满足容量限制条件和流量平衡条件的情况下,使 $V(f)$ 值达到最大的流 $\{f_{ij}\}$。求网络的最大流是实践中经常碰到的一类网络问题,例如在一个由道路网络构成的交通网络中,每一条弧(道路)都有一定的通过能力。网络的最大流也就是网络中从发点到收点之间允许通过的最大流量。

最大流问题可以归结为线性规划问题。图 7-15 是一个容量网络图,它的最大流问题可归纳如下。

目标函数　　$\max z = V(f)$

约束条件　　$f_{S1} + f_{S2} = V(f)$　（发点 S 的流量平衡）

$\qquad\qquad f_{12} + f_{13} + f_{14} = f_{S1}$　（节点 1 的流量平衡）

$\qquad\qquad f_{24} = f_{12} + f_{S2}$　（节点 2 的流量平衡）

$\qquad\qquad f_{3T} = f_{13} + f_{43}$　（节点 3 的流量平衡）

$\qquad\qquad f_{4T} + f_{43} = f_{14} + f_{24}$　（节点 4 的流量平衡）

$\qquad\qquad f_{3T} + f_{4T} = V(f)$　（收点 T 的流量平衡）

$$
\left.
\begin{array}{l}
0 \leqslant f_{S1} \leqslant 4 \\
0 \leqslant f_{S2} \leqslant 3 \\
0 \leqslant f_{12} \leqslant 2 \\
0 \leqslant f_{13} \leqslant 3 \\
0 \leqslant f_{14} \leqslant 1 \\
0 \leqslant f_{24} \leqslant 2 \\
0 \leqslant f_{43} \leqslant 2 \\
0 \leqslant f_{3T} \leqslant 3 \\
0 \leqslant f_{4T} \leqslant 4
\end{array}
\right\}
\quad \text{（各弧的流非负且不超过其容量）}
$$

这个模型显然可用单纯形法求解,但太麻烦,因为有 10 个决策变量,加上松弛变量和人工变量共有 25 个变量、15 个函数约束条件。这种简单的网络图尚且如此,复杂的网络最大流问题用单纯形法求解就更加麻烦了,在 7.4.3 小节中将介绍一种较简便的方法 —— 标号法。

7.4.2　割与最大流最小割定理

割集　所谓割集是这样一些弧的集合:如果把这些弧从网络中拿去,则网络图将被分割为两部分,一部分节点集合(记为 V)必须包含发点 S,另一部分节点集合(记为 $\bar{V}$)必须包含收点 T;如果将割集的任一弧放回去,网络又将沟通。割集简记成 $(V, \bar{V})$。图 7-16(a)、(b) 是

图 7-15 的两个割集的例子。割集中由 V 到 $\overline{V}$ 的弧的容量总和称为割集的容量(简称割量),记为 $c(V,\overline{V})$。表 7-5 给出了图 7-15 所有割集及其容量。

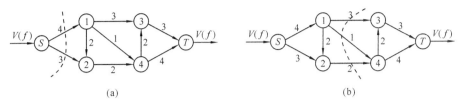

(a)   (b)

图 7-16

表 7-5

V	$\overline{V}$	割集$(V,\overline{V})$	$c(V,\overline{V})$
S	$1,2,3,4,T$	$(S,1),(S,2)$	7
$S,1$	$2,3,4,T$	$(1,3),(1,4),(1,2),(S,2)$	9
$S,2$	$1,3,4,T$	$(S,1),(2,4),(1,2)^*$	6
$S,1,2$	$3,4,T$	$(1,3),(1,4),(2,4)$	6
$S,1,3$	$2,4,T$	$(S,2),(1,2),(1,4),(3,T),(3,4)^*$	9
$S,2,4$	$1,3,T$	$(S,1),(4,3),(4,T),(1,2)^*,(1,4)^*$	10
$S,1,2,3$	$4,T$	$(3,T),(1,4),(2,4),(4,3)^*$	6
$S,1,2,4$	$3,T$	$(1,3),(4,3),(4,T)$	9
$S,1,2,3,4$	T	$(3,T),(4,T)$	7

在计算割集容量 $c(V,\overline{V})$ 时,不能把箭头由 $\overline{V}$ 指向 V 的弧的容量计算在内,如表 7-5 带星号 "*" 的弧的容量不能计入。当选定一个割集把网络划分为 V 和 $\overline{V}$ 后,由发点 S 发出的任一可行流 $V(f)$ 必经过割集才能输送到 $\overline{V}$ 一侧的 T 点,也就是说从发点发出的流量必须与割集具有如下关系:

$$V(f) \leqslant c(V,\overline{V}) \tag{7.5}$$

由表 7-5 可知,割量最小为 6,对应的割集为 $\{(S,1),(2,4)\}$ 或 $\{(1,3),(1,4),(2,4)\}$ 或 $\{(3,T),(1,4),(2,4)\}$。这种容量最小的割集称为最小割。

最大流最小割定理 对于任一容量网络,从发点到收点的最大流量等于最小割量。

由最大流最小割定理知,一个容量网络,各弧容量 c_{ij} 配置得不恰当,会出现下列后果:① 有的割能通过较大的流量,而有的割能通过的流量却很小;② 根据木桶原理,小流量的地方限制了网络最大流的上限,成为网络的"瓶颈"。

因此,割是研究网络流"瓶颈"的有效工具。

由最大流最小割定理知,通过计算所有割量,可以找到网络的最大流量。标号法可以在没有给出相应的流的情况下求出最大流,而且还能找出最小割集。

7.4.3 福特-富尔克逊(Ford-Fulkerson)标号法

从一个可行流出发(若网络中没有给定可行流 f,则可以假设 f 是零流),经过标号过程与调整过程,就能求得最大流。

标号法的实质是判断是否有增广链存在,并设法把增广链找出来。

标号法的基本原理是找出一条能从发点输送正的流量到收点的链——增广链,利用这条链把尽可能多的流量从发点 S 送到收点 T，重复这个过程，直到再也找不到增广链为止，这时网络的流便是最大流。

所谓增广链，是一条从发点 S 到收点 T 的链。在这条链上，前向弧的流量小于容量，后向弧的流量大于零，意味着弧未饱和，前向弧可增加流量为 $c_{ij} - f_{ij}$，后向弧可增加流量为 f_{ij}。例如，图 7-17 是图 7-15 所示的网络的一条增广链的示意图。

标号法是从一个可行流出发（若网络中没有给定的初始可行流，则从零流出发），经历如下两个过程。

（1）标号过程。这是用来寻找增广链的过程。先从发点 S 开始，如果能从发点 S 送一正流到节点 i，i 是可标号的，从任一节点 i 开始，如能满足以下条件之一，就可将节点 j 标号（获得标号的节点打上星号"＊"）：

① 连接节点 i 和 j 的弧 (i,j) 是前向弧，即 $i \rightarrow j$，且 $f_{ij} < c_{ij}$；

② 连接节点 i 和 j 的弧 (j,i) 是后向弧，即 $i \leftarrow j$，且 $f_{ij} > 0$。

当收点 T 被标号时，就得到一条增广链。

注意：前向弧与后向弧是在特定的链中才有方向划分的，一弧在某条链中为前向弧，但可能在另一链中为后向弧。

（2）调整过程。这是用来增大增广链流量的过程。根据节点的标号，沿着找出的增广链，算出增广链上能增大的流量——调整量 θ，在增广链上的一切前向弧上增加 θ，一切后向弧上减少 θ，其余弧的流量不变，这样就得到新的可行流。将这个新的可行流重新转入标号过程，当不能找到新的增广链时，算法终止。

调整量 θ 的求法是这样的：设求得的增广链的前向弧集合为 μ^+，后向弧集合为 μ^-，弧 (i, j) 的流量为 f_{ij}，容量为 c_{ij}，则

$$\theta = \min\{c_{ij} - f_{ij}(i,j) \in \mu^+; f_{ij}(i,j) \in \mu^-\} \tag{7.6}$$

例 7.8　求图 7-18 所示的容量网络的最大流。设初始可行流为零流，图 7-18 中弧 (i,j) 上的数字代表 (f_{ij}, c_{ij})，其中 f_{ij} 表示流量，c_{ij} 表示容量。

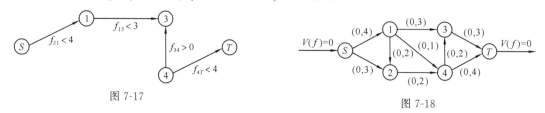

图 7-17　　　　　　　　　　　　　　图 7-18

解　（1）第一次迭代。

① 标号过程。给发点 S 标号。前向弧 $(S,2)$ 的 $f_{S2} < c_{S2}$，节点 2 可标号，从节点 2 通过前向弧 $(2,4)$ 可给节点 4 标号（$f_{24} < c_{24}$），从节点 4 通过前向弧 $(4,3)$ 可给节点 3 标号（$f_{43} < c_{43}$），从节点 3 通过前向弧 $(3,T)$ 可给收点 T 标号（$f_{3T} < c_{3T}$）标号。这样就得到了由前向弧组成的增广链，如图 7-19 所示，图中弧上数字为剩余容量 $c_{ij} - f_{ij}$。

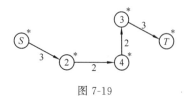

图 7-19

② 调整过程。由于 $\theta = \min\{3,2,2,3\} = 2$，因此上述增广链中各前向弧增加流量 $\theta = 2$，得如图 7-20 所示的新可行流，即第二个可行流。

（2）第二次迭代。

① 标号过程。考虑图 7-20，给发点 S 标号，根据前向弧上 $f_{ij} < c_{ij}$ 的标号规则，可得由前向弧组成的增广链，如图 7-21 所示。

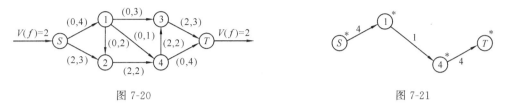

图 7-20　　　　　　　　　　　　　　　图 7-21

② 调整过程。调整量 $\theta = \min\{4,1,4\} = 1$，上述增广链各前向弧流量增加 1 后，可得到如图 7-22 所示的新可行流，即第三个可行流。

（3）第三次迭代。

① 标号过程。考虑图 7-22，给发点 S 标号，根据前向弧上 $f_{ij} < c_{ij}$ 的标号规则，又可得由前向弧组成的增广链，如图 7-23 所示。

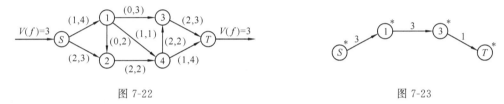

图 7-22　　　　　　　　　　　　　　　图 7-23

② 调整过程。由于 $\theta = \min\{3,3,1\} = 1$，上述增广链的各弧流量增加 1 后，可得到如图 7-24 所示的新可行流，即第四个可行流。

（4）第四次迭代。

① 标号过程。考虑图 7-24，给发点 S 标号，根据前向弧上 $f_{ij} < c_{ij}$ 的标号规则可以给节点 1 和节点 2 标号，从节点 1 通过前向弧 (1,3) 可以给节点 3 标号，但从节点 3 不能给收点 T 标号，这是因为弧 (3,T) 已饱和。然而从节点 3 可以给节点 4 标号，因为弧 (4,3) 是节点 3 的后向弧，且有 $f_{43} > 0$，根据后向弧上 $f_{ij} > 0$ 的标号规则，节点 4 得到标号。从节点 4 可以给收点 T 标号（$f_{4T} < c_{4T}$）。于是得到由三条前向弧与一条后向弧组成的增广链（前向弧上的数字为 $c_{ij} - f_{ij}$，后向弧上的数字为 f_{ij}），如图 7-25 所示。

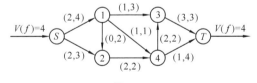

图 7-24

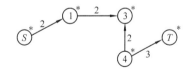

图 7-25

② 调整过程。前向弧集合 $\mu^+ = \{(S, 1), (1,3), (4,T)\}$，后向弧集合 $\mu^- = \{(4, 3)\}$，调整量 $\theta = \min\{c_{S1} - f_{S1}, c_{13} - f_{13}, c_{4T} - f_{4T}, f_{43}\} = \min\{2,2,3,2\} = 2$，对前向弧流量增加 2、后向弧流量减少 2 后，可得到如图 7-26 所示的新可行流，即第五个可行流。

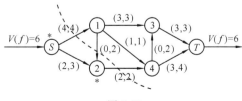

图 7-26

（5）第五次迭代。

标号过程：考虑图 7-26，给发点 S 标号，节点 2 可从发点 S 获得标号（$f_{S2} < c_{S2}$），其他节点不能继续获得标号，也就是再也找不到增广链了，算法到此结束。此时已标号点为"$S,2$"，未标号点为"$1,3,4,T$"，令已标号点和未标号点分别属于 V 和 $\bar{V}$，则割集 $(V,\bar{V}) = \{(S,1),(2,4)\}$ 即为最小割。

标号法中，当不存在增广链而使得标号过程中断时，已标号点与未标号点之间的割集即为最小割，也就是网络瓶颈所在。

流的分布如图 7-26 所示，此时的网络流量等于图 7-26 中开始的所有出路 $(S,1),(S,2)$ 和最终的所有进路 $(3,T),(4,T)$ 的流量之和：

$$f_{S1} + f_{S2} = 4 + 2 = 6$$
$$f_{3T} + f_{4T} = 3 + 3 = 6$$

于是得到该网络的最大流为 6。

7.4.4 应用举例

例 7.9 某河流中有几个岛屿，从两岸至各岛屿及岛屿之间的桥梁编号如图 7-27 所示。在一次敌对的军事行动中，问至少应炸断几座及哪几座桥梁，才能完全切断两岸的交通联系？

解 将两岸及岛屿用点表示，相互间有桥梁联系的用线表示，如图 7-28 所示。

图 7-28 中连线方向根据从 A 出发通向 F 的方向来确定。如果 $A \to F$ 走不通，则 $F \to A$ 也走不通。D 与 E 之间可能 $D \to E$，也可能 $E \to D$，故画出相对方向的两条线。各弧旁数字为两点的桥梁数，相当于容量。求切断 A 与 F 之间的交通联系的最少桥梁数，就相当于求图 7-28 中网络的最小割。因此，可以在图中任意给出一个可行流，用标号法求出网络的最大流，如图 7-29 所示。

由图 7-29 中已标号点（标 $*$）和未标号点得该网络的最小割为 $\{(A,E),(D,E),(D,F)\}$，对照图 7-27 中桥梁的编号可知至少应炸断编号为 $7,9,10$ 的三座桥梁，才能完全切断两岸的交通联系。

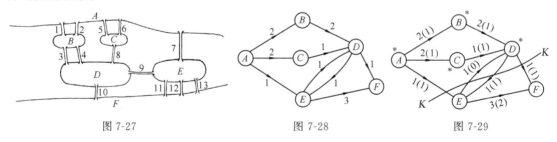

图 7-27 　　　　　　　　　　图 7-28 　　　　　　　　　图 7-29

例 7.10 匹配问题

有三根相同的轴（编号为 1,2,3），又有三个相同的齿轮（编号为 4,5,6），由于精度不高，不能做到任意互配。根据图纸工艺要求，已知轴 1 能和齿轮 4,5 配合，轴 2 能和齿轮 5,6 配合，轴 3 能和齿轮 4,5 配合。要求合理确定装配方案，以得到轴与齿轮的最大匹配数。

解 将上述问题用图的形式表示。用点①、点②、点③分别代表三根轴，点④、点⑤、点⑥分别代表三个齿轮。轴 1 能与齿轮 4,5 配合，就在点①与点④及⑤之间各连一条线；轴 2 能与齿轮 5,6 配合，就在点②与点⑤及点⑥之间分别连一条线，依次类推，得图 7-30。先研究左边的点，由于对每根轴来说，只能与一个齿轮匹配，如轴 1 与齿轮 4 匹配，就不能再与齿轮

5 匹配,因此可以这样设想,进入点 ① 有一个流量 $f=1$,给从点 ① 出来的连线规定一个指向,并令每条线上的容量 c 都为 1,因此在 f_{14} 和 f_{15} 中有一个取 1 时,另一个必取 0(见图 7-31)。点 ② 和点 ③ 情况类似。再看图 7-30 右侧的三个点。若齿轮 4 与轴 1 匹配,就不能再与轴 3 匹配,因此可以同样设想,从点 ④ 输出的流量为 $f=1$,而在进入点 ④ 的流量中只能有一个为 1,其余为 0(见图 7-32)。点 ⑤、点 ⑥ 情况类似。

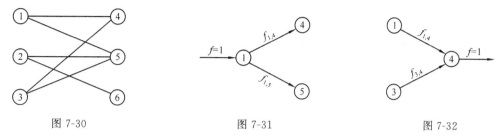

图 7-30   图 7-31   图 7-32

在图 7-30 中增加一个假想发点与一个假想收点,如图 7-33 所示。求轴与齿轮的最大匹配数就变为求图 7-33 网络上的最大流。

在图 7-33 中先给出一个初始流,并用 Ford-Fulkerson 标号法找出该网络的最大流,如图 7-34 所示。

图 7-33   图 7-34

由图 7-34 中流量的分布情况知 $f_{14}=1$,$f_{26}=1$,$f_{35}=1$,即使轴 1 与齿轮 4、轴 2 与齿轮 6、轴 3 与齿轮 5 匹配,就能得到轴与齿轮的最大匹配数。

7.5   最小费用最大流问题

7.4 节中讨论了寻求网络中最大流的问题,在实际生活中,涉及"流"的问题时,人们考虑的还不止是流量,还有"费用"的因素。本节介绍的最小费用最大流问题就是这类问题之一。例如在图 7-35 所示的网络系统中,将物资从产地 v_1 运送到销地 v_7,求怎样运送才能运送最多的物资并使得总的运输费用最小。

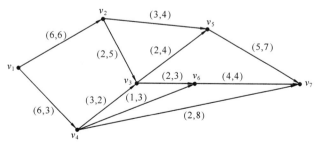

图 7-35

如果网络中的每一弧上,除了已给弧容量 c_{ij} 以外,还给了一个单位流量的费用 $b(v_i,v_j) \geqslant 0$(简记为 b_{ij})。所谓最小费用最大流问题,就是要求一个最大流 f,使流的总运输费用

$$b(f) = \sum_{(v_i,v_j) \in A} b_{ij} f_{ij}$$

取最小值。

通过 7.4 节的学习可知,寻求最大流量的方法是从某个可行流出发,找到关于这个流的一条增广链 μ。沿着 μ 调整 f,对新的可行流试图寻求关于它的增广链,如此反复直至求得最大流。现在要寻求最小费用的最大流,首先考察下面的问题:当沿着一条关于可行流的增广链 μ,以 $\theta = 1$ 调整 f,得到新的可行流 f' 时(显然,流量 $v(f') = v(f)+1$),费用 $b(f')$ 比 $b(f)$ 增加多少? 不难看出

$$b(f') - b(f) = \left[\sum_{\mu^+} b_{ij}(f'_{ij} - f_{ij}) - \sum_{\mu^-} b_{ij}(f_{ij} - f'_{ij}) \right]$$
$$= \sum_{\mu^+} b_{ij} - \sum_{\mu^-} b_{ij}$$

把 $\sum\limits_{\mu^+} b_{ij} - \sum\limits_{\mu^-} b_{ij}$ 称为这条增广链 μ 的费用。

可以证明,若 f 是流量 $V(f)$ 的所有可行流中费用的最小者,而 μ 是关于 f 的所有增广链中费用最小的增广链,那么沿 μ 去调整 f,得到的可行流 f',就是流量为 $V(f')$ 的所有可行流中的最小费用流。这样当 f' 是最大流时,它也就是我们所求的最小费用最大流了。

注意:由于 $b_{ij} \geqslant 0$,因此 $f = 0$ 必是流量为 0 的最小费用最大流。这样,总可以从 $f = 0$ 开始。一般地,设已知 f 是流量 $V(f)$ 的最小费用流,余下的问题就是如何去寻求关于 f 的最小费用增广链。为此,构造一个赋权有向图 $W(f)$,它的顶点是原网络 D 的顶点,而把 D 中的每一条弧 (v_i,v_j) 变成两个相反方向的弧 (v_i,v_j) 和 (v_j,v_i)。定义 $W(f)$ 中弧的权为

$$\omega_{ij} = \begin{cases} b_{ij}, & f_{ij} < c_{ij}, \\ +\infty, & f_{ij} = c_{ij}; \end{cases}$$
$$\omega_{ji} = \begin{cases} -b_{ij}, & f_{ij} > 0, \\ +\infty, & f_{ij} = 0 \end{cases}$$

其中,长度为 $+\infty$ 的弧可以从 $W(f)$ 中略去。

于是在网络 D 中寻求关于 f 的最小费用增广链就等价于在赋权有向图 $W(f)$ 中,寻求从 v_s 到 v_t 的最短路。因此,有如下算法。

开始取 $f^{(0)} = 0$,一般若在第 $k-1$ 步得到最小费用流 $f^{(k-1)}$,则构造赋权有向图 $W(f^{(k-1)})$,在 $W(f^{(k-1)})$ 中寻求从 v_s 到 v_t 的最短路径。若不存在最短路径(即最短路权是 $+\infty$),则 $f^{(k-1)}$ 就是最小费用最大流;若存在最短路径,则在原网络 D 中得相应的增广链 μ,在增广链 μ 上对 $f^{(k-1)}$ 进行调整。调整量为

$$\theta = \min\left[\min_{\mu^+}(c_{ij} - f_{ij}^{(k-1)}), \min_{\mu^-}(f_{ij}^{(k-1)}) \right]$$

令

$$f_{ij}^{(k)} = \begin{cases} f_{ij}^{(k-1)} + \theta, & (v_i,v_j) \in \mu^+, \\ f_{ij}^{(k-1)} - \theta, & (v_i,v_j) \in \mu^-, \\ f_{ij}^{(k-1)}, & (v_i,v_j) \notin \mu \end{cases}$$

得到新的可行流 $f^{(k)}$,再对 $f^{(k)}$ 重复上述步骤。

例 7.11　以图 7-36 为例,求最小费用最大流。弧旁数字为 (b_{ij}, c_{ij})。

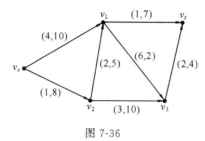

图 7-36

解　(1) 取 $f^{(0)} = 0$ 为初始可行流。

(2) 构造赋权有向图 $W(f^{(0)})$,并求出从 v_s 到 v_t 的最短路径 (v_s, v_2, v_1, v_t),如图 7-37(a) 所示(粗箭头为最短路径)。

(3) 在网络 D 中,与这条最短路相应的增广链为 $\mu = (v_s, v_2, v_1, v_t)$。

(4) 在 μ 上进行调整,$\theta = 5$,得到 $f^{(1)}$(见图 7-37(b))。按照上述算法依次得 $f^{(1)}, f^{(2)}$, $f^{(3)}, f^{(4)}$,流量依次为 5,7,10,11,构造相应的赋权有向图 $W(f^{(1)}), W(f^{(2)})$, $W(f^{(3)}), W(f^{(4)})$,具体过程如图 7-37(c) ~ (i) 所示。

注意,$W(f^{(4)})$ 中已经不存在从 v_s 到 v_t 的最短路径,所以 $f^{(4)}$ 为最小费用最大流。

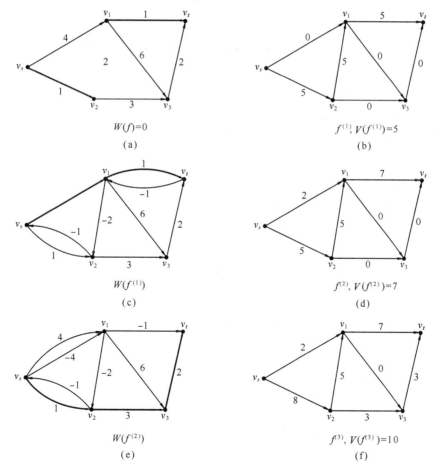

图 7-37

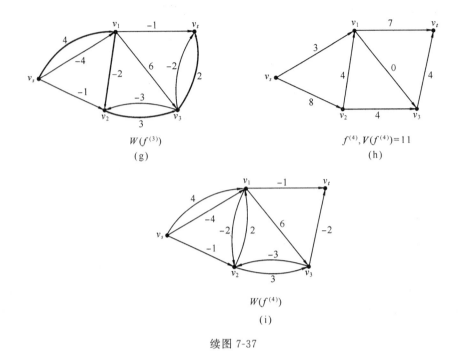

$W(f^{(3)})$
(g)

$f^{(4)}, V(f^{(4)})=11$
(h)

$W(f^{(4)})$
(i)

续图 7-37

7.6　LINGO 在网络分析中的应用

网络分析中常用到的 LINGO 函数有 @in(s,x),@index(s,x),@wrap(i,n),@size(s),具体含义及使用方法见第 1 章 1.7.3.5 小节。其中:@wrap(i,n) 函数在循环、多阶段计划编制中特别有用;@size(s) 函数在当模型中明确给出集的大小时使用,可以使模型更加数据中立,集大小改变时也更易维护。

例 7.12　最短路问题

设有一批货物要从 v_1 运到 v_7,边上的数字表示该段路的距离(网络图见图 7-38),求出最短距离的运输路线。

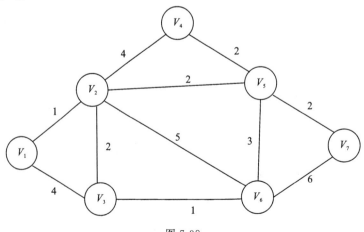

图 7-38

解 规定：当两个节点之间没有线路时，这两个节点之间的距离为 M（利用计算机进行求解时换成一个大数，在本例中所有权重之和小于 100，可以设 $M = 100$）。

LINGO 程序如下：

```
model:
sets:
city/1..7/: ;    !定义了图 7-38 的点集 city;
link(city,city):dist,x;   !定义了图 7-38 的边集 link 和属性 dist,x;
endsets
data:
dist =     !输入属性 dist 的数值(距离);
! 从       V1    V2    V3    V4    V5    V6    V7;
! 从 V1;   0     1     4     100   100   100   100;
! 从 V2;   1     0     2     4     2     5     100;
! 从 V3;   4     2     0     100   100   1     100;
! 从 V4;   100   4     100   0     2     100   100;
! 从 V5;   100   2     1     2     0     3     2;
! 从 V6;   100   5     1     100   3     0     6;
! 从 V7;   100   100   100   100   2     6     0;
s = 1; !s 表示要选择的始点;
t = 7; !t 表示要选择的终点;
enddata
@for(city(i):x(i,s) = 0);   !限制流入始点;
@for(city(i):x(t,i) = 0);   !限制流出终点;
@for(city(i)|i#ne#t#and#i#ne#s: !对于中间点满足:流进量 = 流出量;
@sum(city(j):x(i,j)) = @sum(city(k):x(k,i)) );
min = @sum(link:dist*x);   !目标函数;
@sum(city(i):x(s,i)) = 1;   !流出 1;
end
```

运行模型可以得到：

Variable	Value	Reduced Cost
x(1,2)	1.000000	1.000000
x(2,5)	1.000000	2.000000
x(5,7)	1.000000	2.000000

相应的最短路线为 $V_1 \rightarrow V_2 \rightarrow V_5 \rightarrow V_7$，最短距离为 5。

该题采用矩阵算法输入各点之间的距离，也可以采用直接定义各弧和属性的方法来编写程序，见例 7.13。

例 7.13 以例 7.6 为例，求任意两点之前的最短距离。

解 LTNGO 程序如下。

```
model:
sets:
city/s,a,b,c,d,e,t/;
roads(city,city)/s,a s,b s,c a,b a,d b,d b,e c,b c,e e,d e,t d,t/: w,x;
endsets
```

```
data:
w = 2 5 4 2 7 5 3 1 4 1 7 5;
enddata
n = @ size(city);
min = @ sum(roads: w* x);
@ for(city(i) | i# ne# 1# and# i# ne# n:
@ sum(roads(i,j): x(i,j)) = @ sum(roads(j,i): x(j,i)));
@ sum(roads(i,j) | i# eq# 1: x(i,j)) = 1;
end
```

结果如下：

Objective value:		13.00000
Variable	Value	Reduced Cost
X(S, A)	1.000000	0.000000
X(S, B)	0.000000	1.000000
X(S, C)	0.000000	1.000000
X(A, B)	1.000000	0.000000
X(A, D)	0.000000	1.000000
X(B, D)	0.000000	1.000000
X(B, E)	1.000000	0.000000
X(C, B)	0.000000	0.000000
X(C, E)	0.000000	0.000000
X(E, D)	1.000000	0.000000
X(E, T)	0.000000	1.000000
X(D, T)	1.000000	0.000000

求出 S 到 T 点的最短路线为 $S \to A \to B \to E \to D \to T$，最短距离为 13。

例 7.13 讲解视频

例 7.14　最小生成树问题

请用 LINGO 求解例 7.3。

解　方法：把最小生成树问题转化为整数规划。

$$\min z = \sum_{i=1}^{n} \sum_{i=1}^{n} c_{ij} x_{ij}$$

$$\text{s. t.} = \begin{cases} \sum_{i=1}^{n} x_{ij} = 1 & (j = 2,3,\cdots,n, i \neq j) \\ \sum_{i=2}^{n} x_{1j} \geqslant 1 \\ u_1 = 0, 1 \leqslant u_i \leqslant n-1 & (i = 2,3,\cdots,n) \\ u_j \geqslant u_k + x_{kj} - (n-2)(1-x_{kj}) + (n-3)x_{jk} & (k = 1,2,\cdots,n, j = 2,3,\cdots,n, j \neq k) \end{cases}$$

其中，决策变量 x 是 0-1 型，约束变量 u 是整数型。

将 S, A, B, C, D, E, T 分别用 $1, 2, 3, 4, 5, 6, 7$ 代替,假设不相邻的点之间的距离为 100(远大于网络图中两点之前的距离),用 LINGO 编写程序如下:

```
model:
sets:
city/1..7/:u;!定义 7 个地点;
link(city,city):dist,x;  !距离矩阵和决策变量;
endsets
n = @ size(city);
data:  !dist 是距离矩阵;
dist = 0 2 5 4 100 100 100
       2 0 2 100 7 100 100
       5 2 0 1 5 6 100
       4 100 1 0 100 4 100
       100 7 5 100 0 1 7
       100 100 3 4 1 0 7
       100 100 100 100 7 7 0;    !这里可以改为所要解决的问题的数据;
enddata
min = @ sum(link:dist* x); !目标函数;
u(1) = 0; !表示用顺序算法计算;
@ for(link:@ bin(x));   !定义 x 为 0-1 变量;
@ for(city(k) |k# gt# 1:@ sum(city(i) |i# ne# k:x(i,k)) = 1;   !第 1 个约束方程;
@ for(city(j) |j# gt# 1# and# j# ne# k:
u(j) > = u(k) +x(k,j) -(n-2)* (1-x(k,j)) +(n-3)* x(j,k););); !第 4 个约束方程;
@ sum(city(j) |j# gt# 1:x(1,j)) > = 1;   !第 2 个约束方程;
@ for(city(k) |k# gt# 1:u(k) > = 1; u(k) <= n-1-(n-2)* x(1,k);); !第 3 个约束方程;
end
```

求解结果为 $x_{12} = 1, x_{23} = 1, x_{34} = 1, x_{36} = 1, x_{56} = 1, x_{57} = 1$。

以上程序具有通用性,求解其他最小生成树问题时,只需改变程序中的数据部分即可。

在上面三个例题中,大量运用了逻辑运算符 #ne#,#gt#,#ge#,#and# 等,具体含义和使用方法见第 1 章 1.7.3.1 小节。

例 7.15　最大流问题

请用 LINGO 求解例 7.8。

解　对每一条弧(顶点 i 到 j),定义 $f(i, j)$ 为该弧上从顶点 i 到顶点 j 的流量,用 C_{ij} 表示其上的流量限制。对任意一个中转点,流进与流出相等,但顶点 ① 只有流出,顶点 ⑥ 只有流进,并且两者大小相等(方向相反),如果在图上虚拟一条从 ⑥ 到 ① 的弧,其流量不受限制,并假设从 ① 流到 ⑥ 的总量又从该虚拟弧上返回 ①,整个网络系统就会构成一个封闭的不停流动的回路,任意顶点都满足流进等于流出。

目标函数是 $\max f(n, 1)$,n 是收点,1 是发点。

约束条件有两条:

(1) 流量限制,即 $0 < f(i, j) < C_{ij}$。

(2) 对每个顶点,流进等于流出,即 $\sum_{k \in V} f(k, i) = \sum_{j \in V} f(i, j)$,$i = 1, 2, \cdots, n$,等式左边的求和对所有以顶点 i 为终点的边进行,右边的求和对所有以顶点 i 为起点的边进行。

假设 S 点编号为 1；$1,2,3,4$ 点编号为 $2,3,4,5$；T 点编号为 6。

完整的模型为

$$\max f(n,1)$$

$$\text{s. t.} \begin{cases} \sum_{k \in V} f(k,i) = \sum_{j \in V} f(i,j) & (i = 1,2,\cdots n) \\ 0 \leqslant f(i,j) \leqslant C_{ij}, \text{顶点 } v_i, v_j \in V \end{cases}$$

这是线性规划模型，编写 LINGO 程序如下：

```
model:
sets:
chsh/1..6/;
links(chsh,chsh)/1,2 1,3 2,3 2,4 2,5 3,5 4,6 5,4 5,6 6,1/:c,f; !该集合列出有弧相连
的顶点对,与每一条弧一一对应,6,1是虚拟弧;
endsets
data:
C = 4,3,2,3,2,2, 3,2, 4,100; !虚拟弧上的流量不受限制(可以取相对很大的数);
enddata
max = f(6,1); !目标函数;
@for(links(i,j):f(i,j) <= C(i,j)); !流量限制;
@for(chsh(i):@sum(links(j,i):f(j,i)) = @sum(links(i,j):f(i,j))); !每个顶点的流
进等于流出;
end
```

结果为：

```
Objective value:              6.000000
Variable      Value           Reduced Cost
F( 1, 2)      4.000000        0.000000
F( 1, 3)      2.000000        0.000000
F( 2, 3)      0.000000        1.000000
F( 2, 4)      2.000000        0.000000
F( 2, 5)      2.000000        0.000000
F( 3, 5)      2.000000        0.000000
F( 4, 6)      2.000000        0.000000
F( 5, 4)      0.000000        0.000000
F( 5, 6)      4.000000        0.000000
F( 6, 1)      6.000000        0.000000
```

最大流为 6，流量方案见表 7-6。该方案与手动计算结果不同，但目标函数值相同，说明达到最大流时的输送方案不唯一。

表 7-6

弧	$1-2$	$1-3$	$2-4$	$2-5$	$3-5$	$4-6$	$5-6$	虚拟弧 $6-1$
对 应 原 弧	$S-1$	$S-2$	$1-3$	$1-4$	$2-4$	$3-T$	$4-T$	$T-S$
流 量	4	2	2	2	2	2	4	6

以上程序具有通用性，求解其他最小生成树问题时，只需改变程序中的数据部分即可。

例 7.16 最小费用最大流问题

请用 LINGO 求解例 7.11。

解 第一步:假设 v_s 为节点 1;v_1,v_2,v_3,v_t 为节点 2,3,4,5,先求出顶点 $v_s - v_t$ 的最大流为 13,运输方案见表 7-7。

表 7-7

弧	1—2	1—3	2—4	2—5	3—2	3—4	4—5	虚拟弧 5—1
对应原弧	$v_s - v_1$	$v_s - v_2$	$v_1 - v_3$	$v_1 - v_t$	$v_2 - v_1$	$v_3 - v_2$	$v_3 - v_t$	虚拟弧 $v_t - v_s$
流量	3	8	0	7	4	4	4	11

第二步:把求出的最大流作为约束条件,即把 $f(5,1)=11$ 作为约束条件,目标函数是求总运输费用最小,于是得到最小费用最大流模型为

$$\min z = \sum_{(i,j) \in E} c_{ij} f_{ij} \quad (i < n, j = 1,2,\cdots,n)$$

$$\text{s. t.} \begin{cases} \sum_{k \in V} f(k,i) = \sum_{j \in V} f(i,j) \quad (i = 1,2,\cdots,n) \\ 0 \leqslant f(i,j) \leqslant C_{ij}, \text{顶点}(v_i, v_j \in V) \\ f(n,1) = f_v \end{cases}$$

式中,f_v 是第一步求出的最大流。

编写 LINGO 程序如下:

```
model:
sets:
chsh/1..5/;
links(chsh,chsh)/1,2 1,3 2,4 2,5 3,2 3,4 4,5 5,1/:c,u,f; !5,1是虚拟弧,u为流量限制,
c为费用,f为实际流量;
endsets
data:
u=10,8,2,7,5,10,4;
c=4,1,6,1,2,3,2;
enddata
n=@size(chsh);
f(5,1)=11; !把上一步求出的最大流量作为约束条件;
min=@sum(links(i,j)|i#lt#n:c(i,j)*f(i,j)); !目标函数;
@for(links(i,j):f(i,j)<=u(i,j)); !流量限制;
@for(chsh(i):@sum(links(j,i):f(j,i))=@sum(links(i,j):f(i,j))); !每个顶点的流
进等于流出;
end
```

求得最小费用为 55,最大流为 11。

习 题 7

7.1 已知有十六个城市及它们之间的道路联系,如图 7-39 所示。某旅行者从城市 A 出发,沿途依次经过 $J,N,H,K,G,B,M,I,E,P,F,C,L,D,O,C,G,N,H,K,O,D,L,P,$

E,I,F,B,J,A，最后到达城市 M。由于疏忽，该旅行者忘了在图上标明各城市的位置。请应用图的基本概念及理论，在图 7-39 中标明城市 $A \sim P$ 的位置。

7.2 分别用避圈法和破圈法求图 7-40(a)、(b) 中的最小树。

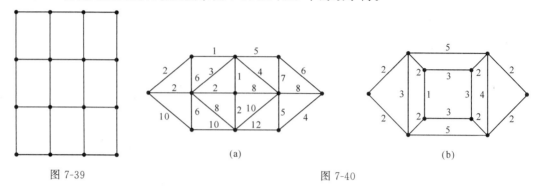

图 7-39　　　　　　　　　　　　　　　　图 7-40

7.3 求网络图 7-41 中从节点 1 到其余各节点的最短路径。

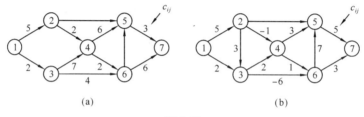

图 7-41

7.4 在图 7-42 中：(1) 用 Dijkstra 算法求出从节点 v_1 到各点的最短路径；(2) 指出对于 v_1 来说，哪些顶点是不可到达的。

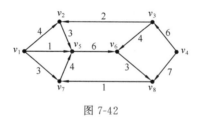

图 7-42

7.5 某公司职员因工作需要购置一台摩托车，他可以连续使用或在任何一年末将旧车卖掉，换一辆新车，表 7-8 列出了于第 i 年末购置或更新的车至第 j 年末的各项费用的累计（含更新所需费用、运行费用及维修费用），试据此确定此人最佳的更新策略，使从第 i 年末至第 5 年末的各项费用累计之和为最小。

表 7-8

i	j			
	2	3	4	5
1	0.4	0.54	0.98	1.37
2		0.43	0.62	0.81
3			0.48	0.71
4				0.49

7.6 考虑图 7-43 中的有向网络,图中 S 是发点,T 是收点,弧上的数字表示弧的容量。

(1) 用 Ford-Fulkerson 标号法求 S 到 T 的最大流;

(2) 求最小割集,验证最大流最小割定理。

7.7 求如图 7-44 所示网络的最小费用最大流,图中每条弧旁的数字为 (b_{ij}, c_{ij})。

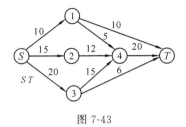

图 7-43

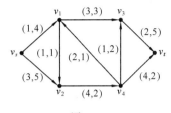

图 7-44

第 8 章　网络计划技术

【基本要求、重点、难点】

基本要求

(1) 掌握与网络计划技术相关的概念。

(2) 正确绘制网络计划图,注意绘制中的技巧。

(3) 正确计算网络计划图中的时间参数,特别要注意节点的时间参数和作业的时间参数之间的关系和基本概念。

(4) 确定关键路线,并进行分析和讨论。

(5) 正确优化网络计划图,重点在时间(工期)、费用及人力安排方面。

(6) 掌握工期完成概率的计算,并利用总时差进行分析与讨论。

重点　关键路线的确定。

难点　网络中各种时间参数的计算。

长期以来,安排工程项目的进度计划时,往往采用横道图(bar charts)的方法,工程项目中每项活动的开始时间和结束时间都是按一定的时间尺度用横道图来表示的。但是横道图不能确切地反映不同活动之间的逻辑关系、时间衔接和资源、费用优化等。20 世纪 50 年代晚期发展起来的网络计划技术,就是针对以上要求发展起来的技术。本章将介绍这种项目管理与分析技术。

8.1　网络计划技术概述

20 世纪以来,科学、技术和生产迅速发展,科研与生产的体系和规模变得庞大、复杂,在大规模的科研和生产过程中,工序繁多,参加的单位和人员成千上万,合理组织生产,使各环节密切配合,很难凭经验做到,这时就需要用科学的方法去组织、安排、控制各个工序。

20 世纪 50 年代,美国启动北极星导弹计划。北极星导弹是美国的地(水)对地中程导弹,射程为 1 500 英里(1 英里＝1.609 344 千米),包括导弹、核潜艇和水下通信设备等,是一个比较复杂的武器系统。从事研制工作的共有 8 家总承包公司、250 家分公司,还有近 9 000 个转包商,管理工作极其复杂。负责该计划的美国海军特种计划局在该研究的管理中创造了一种计划评审技术(program evaluation and review technology,PERT),使得原定 6 年的计划,提前 2 年完成,节约经费 10％ ～ 15％。同期,美国杜邦公司在它的公司体制改革过程中提出了运用图解理论的方法来制订计划。第二年,图解理论被应用于建造一个价值 1 000 万美元的化工厂,使整个工期缩短了 4 个月。 这种项目管理的方法称为关键路线法(critical path method,CPM)。

PERT 与 CPM 的区别在于对工作项目时间的估计不同。PERT 考虑不确定性因素,着重于时间的控制。CPM 兼顾时间和费用两大因素。 两者在应用中互相补充、互相渗透,渐为一体,用 PERT/CPM 表示,统称为网络计划技术。网络计划技术借助网络计划图来表达研究的内容,用于制订计划、安排工作、控制工程的进度、平衡资源、降低总费用等方面。1965 年,我国著名的数学家华罗庚教授在我国开始推广和应用 PERT 和 CPM,并定名为统筹法。该方法在我国国民经济各部门得到了广泛的应用,并取得了显著的效果。

网络计划技术的优点在于它特别适用于生产技术复杂、工作项目繁多的项目计划安排,如产品研制开发、工程项目管理、生产准备、设备大修等,在优化时间、资源、人力及费用方面具有很强的实用性。它是运筹学应用于实际中成功案例最多的一种方法。目前,许多大型工程项目在招标过程中,必须出具网络计划报告,且在实际工作中,已经开发出了适用于项目工程管理的商业软件。

网络计划技术的基本原理是:将研究的工程作为一个系统,用网络计划图表达工程系统中各工序间相互制约的关系;通过计算找出关键路线;从系统整体出发,选择一个兼顾时间和费用两方面的最佳方案,并在计划的执行中进行有效的控制和协调,以保证用最少的消耗获得较大的经济效益。

1. 网络计划技术的优点

(1)生产(工程)进度计划应用网络计划图图形化之后,对整个工程项目一目了然,省去了很多的文字说明。

(2)执行计划的各单位,对自己在该工程项目中担负的任务和所处的地位比较清楚,有利于加强责任感和提高积极性。

(3)统观全局,有利于抓住主要矛盾,便于领导决策和指挥。

(4)局部环节出了问题,易于发现和及时解决。

2. 推广和应用网络计划技术应具备的条件

(1)网络计划技术对于一次性工程项目,效果比较明显,但对于设计不稳定,材料、协作等无把握的项目,原则上是不适用的。

(2)网络计划技术强调组织实践,因此,要有强有力的作业监督和现场服务。

(3)网络计划修改后,要认真组织各有关单位和部门,共同协商说明,以维护计划的严肃性。

8.2　网络计划图的绘制

网络计划技术是用网络计划图来表达某任务或项目的计划的技术,所以它是生产任务或工程项目及其组成部分内在联系的综合反映,是制订计划、进行计算及控制和管理的基础。网络计划图由带有编号的圆圈和若干条箭线,按照一定的要求连接而成,箭线上标明工作(工序)的内容和完成该项工作(工序)所要的时间(小时、天、周、月等)。为了更好地弄清概念,可以结合下面的例子来理解。

例 8.1　某工厂要组织进行一次机器大修,这项修理工程用网络计划图表示,如图 8-1所示。

图 8-1 表示了整个修理工程的各项工序(工作)及其相互关系。

8.2.1　基本概念

1. 工序

工序又称作业或活动,是指一项需要消耗人力、物力,经过一定时间才能完成的生产(或活

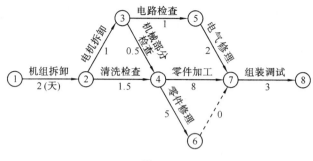

图 8-1

动）过程，如例 8.1 中机组拆卸、清洗检查、零件加工等就是工序，一般用箭线"→"表示。箭线尾表示工序的开始，箭线头表示工序的结束，箭线上（或下）的数字表示完成工序所需的时间，但是箭线不表示矢量，可长可短，长短不表示时间长短，时间长短由箭线上的权（数字）表示。箭线还可以弯曲，但不能中断。

2. 虚工序

虚工序是指不消耗资源（人力、物力）、不占用时间的工序。引出"虚工序"概念，是为了表示工序间的逻辑关系和出于作图的需要。如例 8.1 中 ⑥ ------→ ⑦ 就是一个虚工序，它仅表示组装调试要在零件修理之后，同时，如果不引出此虚工序，零件加工与零件修理连在一起使 ④ 到 ⑦ 的时间无法确定。虚工序常用虚线"------→"表示，其权为 0。

3. 节点

节点又称事项或事件，是表示前道工序完成、后道工序开始的交接点。它用带编号的圆圈表示，仅是工序开始或结束的一个符号，不消耗资源，也不占用时间。

4. 路线、路线长度、关键路线、关键工序

（1）路线是指从初始节点开始的一条通路，或者说是从初节点到终节点连贯的工作序列，是从初节点到终节点的一条链。

（2）路线长度是指路线上各工序时间之和。

（3）关键路线是指网络中最长的路线，短于关键路线的任何路线称为非关键路线，关键路线有着特别重要的地位和作用，它决定了整个工程的总工期，是整个工程的关键所在，后面还要详细论述。关键路线一般要用双箭线标出，一个网络计划图上至少有一条关键路线，也可以不止一条关键路线。

（4）关键工序是指关键路线上的工序。

图 8-1 中，有四条路线，它们是

Ⅰ   ① $\xrightarrow{2}$ ② $\xrightarrow{1}$ ③ $\xrightarrow{1}$ ⑤ $\xrightarrow{2}$ ⑦ $\xrightarrow{3}$ ⑧   路线长度为 9

Ⅱ   ① $\xrightarrow{2}$ ② $\xrightarrow{1}$ ③ $\xrightarrow{0.5}$ ④ $\xrightarrow{8}$ ⑦ $\xrightarrow{3}$ ⑧   路线长度为 14.5

Ⅲ   ① $\xrightarrow{2}$ ② $\xrightarrow{1.5}$ ④ $\xrightarrow{8}$ ⑦ $\xrightarrow{3}$ ⑧   路线长度为 14.5

Ⅳ   ① $\xrightarrow{2}$ ② $\xrightarrow{1.5}$ ④ $\xrightarrow{5}$ ⑥ $\xrightarrow{0}$ ⑦ $\xrightarrow{3}$ ⑧   路线长度为 11.5

显然，路线 Ⅱ 和 Ⅲ 为关键路线，它们上面的每道工序都是关键工序。

8.2.2　绘制网络计划图的规则

为了清楚地用网络计划图表示各工序间的相互关系，网络计划图要具有通读性。绘制网络计划图应该遵循如下规则。

（1）有向图的方向从左指向右。网络计划图是一个有向网络,规定从左指向右,这是大家遵守的习惯。

（2）节点编号的大小顺序为从左到右、从上到下。为了计算方便,必须遵循此规定,以保证工序箭尾节点的编号小于箭头节点的编号。

（3）不允许存在多个初节点和多个终节点。任何一项计划都是一个系统的整体,总是只有一个开端和一个结束。一般将所有的初节点汇总成一个初节点,所有的终节点汇总成一个终节点,如图 8-2 所示(还可引用虚工序汇总)。

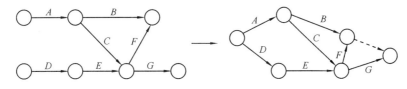

图 8-2

（4）工序的前后关系用节点衔接。只有当进入中间节点的全部工序完成后,才能从该节点开始,进行新的后续工序。如图 8-3 所示,只有 A,B,C 三个工序都完成以后,D,E 两个工序才能开始。称 A,B,C 为 D,E 的紧前工作,而称 D,E 为 A,B,C 的紧后工序。

（5）不允许出现如图 8-4 所示的闭回路。任何一项任务或工序,从开始到结束都是随着时间推移而逐步进行的过程,时间是不可逆的,因此,网络计划图也具有不可逆性,但是闭合回路中必存在时间的倒逆,如图 8-4 所示的 C 工序,这在现实中是不可能出现的。

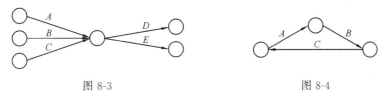

图 8-3　　　　　　　　　　　　　　　　　　图 8-4

（6）作网络计划图尽量避免交叉,万不得已出现交叉时要用拱桥式画出,如图 8-5(a) 所示。有些交叉经过调整后可以避免,如图 8-5(b) 所示。

（7）不允许两相邻节点之间有多条箭线。如从某节点出发有两个平行工序,如图 8-6(a) 所示,则要引入虚工序进行表示,如图 8-6(b) 所示。

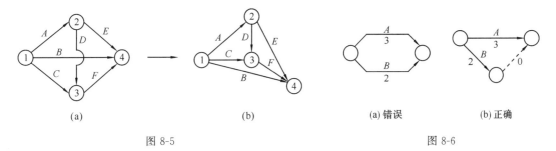

（a）　　　　　　　　　　　　　　　　（b）　　　　　　　　（a）错误　　　　　　　（b）正确

图 8-5　　　　　　　　　　　　　　　　　　　图 8-6

在工程项目管理中,为了缩短工期,往往采用交错作业方式。这种方式也要引用虚工序。如华北平原的农民在三夏期间为抢农时,收小麦、整地、播夏玉米三道工序总是采取交错作业的方式,即收一片、整一片、播一片,在整一片的同时又收第二片 …… 记第一片的三种作业为收 1、整1、播 1;第二片的三种作业为收 2、整 2、播 2。这些作业用网络计划图表示时必须引用虚工序,如图 8-7 所示。

在图 8-7 中,图 8-7(a) 不符合规则"不允许两相邻节点之间有多条箭线";图 8-7(b) 虽然符

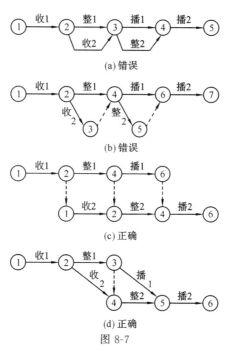

图 8-7

合作图规则,但是工序间的逻辑不清楚,如从图 8-7(b) 中得出,播 1 必须在收 2 和整 1 都完成后才能进行,而实际中播 1 在整 1 完成后就可以进行,收 2 是否完成无关紧要。所以,图 8-7(b) 也是错误的。图 8-7(c)、(d) 既符合作图规则,又符合工序间的逻辑关系。所以,图 8-7(c)、(d) 都可以表示交错作业。

8.2.3 网络计划图的绘制步骤

1. 任务的分解

一项任务无论性质、规模如何,都可以视为一个系统。根据系统的层次性,任何一个系统都具有可分的特性。总系统可以分解为几个子系统,一个子系统又可以分解为几个二级子系统 …… 在分解过程中,可以初步确定它们之间的先后顺序和相互关系。这里的各级子系统是完成任务的工序。任务的分解是绘制网络计划图的基础和关键。根据不同的需要,任务的分解可粗可细。对于一个整体工程来说,常常要绘三套网络计划图:总图、分图和生产工序图。总图较粗,主要反映工程各主要部门之间的关系,供工程指挥部领导掌握;分图稍细些,供各独立施工单位使用,如工程的独立大队使用;生产工序图最详细、最具体,供工段和班组使用。

任务的分解工作是一项深入细致的工作,要深入基层,充分发动广大群众进行多个方面的调查研究,不断修改,才能客观而正确地搞清楚任务结构及其相互关系。

不同性质的工程或任务,分解的具体内容可能不同,但根据实践分解时一般应遵循下述原则。

(1) 由不同单位执行的工序要分开。如在建设一座公路桥的工程中,桥墩 1 由甲建造,桥墩 2 由乙建造,那么,建桥墩 1 和建桥墩 2 就应分为两个工序。

(2) 所需时间不同的工序(或任务)要分开。如在图 8-1 中,零件加工要 8 天,零件修理要 5 天,时间长短不一样,所以,要分成两道工序。

(3) 使用不同设备、器材的工序要分开。

（4）工作方法不同的工序要分开。

（5）实施区域不同的工序要分开。如建桥工程中,建桥墩与制桥梁往往不是在一个地方进行的,必须分成两个工序。

2. 列出工序清单

任务分解好后,根据各工序先后顺序和相互关系,列出工序间的逻辑清单。清单的内容包括工序名称、工序代号及各工序的紧前工序。下面举例说明。

例 8.2　某公司计划新建一个材料加工厂,该计划由 9 项工作(也即 9 道工序)组成,它们之间的先后顺序和相互关系如表 8-1 所示。

表 8-1

工作名称	工作代号	紧前工作	工作时间 / 周	工作名称	工作代号	紧前工作	工作时间 / 周
市场调查	A	无	3	建厂计划	F	E,C	2
材料调查	B	无	2	建材计划	G	F,C	1
资金筹备估计	C	无	1	机械、设备计划	H	E,C	2
需求分析	D	A	2	计划汇总	I	G,H	1
规模分析	E	B,C,D	1				

3. 画网络计划图

根据工序清单上列出的先后顺序(紧前工序),从第一道工序开始,以箭线代表工序,节点"○"表示前面的工序结束和后面的工序开始,从左到右依次画下去,一直到最后一道工序为止。然后,在节点"○"内按规则"从左到右、从上到下"给节点编号,即得到了网络计划图。图 8-8 就是根据表 8-1 画出的新建工厂的网络计划图。

当然,根据工序清单画出的网络计划图,一开始可能很难看,可能虚工序和交叉的箭线很多,在图 8-8 中,将 F 与 H 交换后就是如此,但经过几次调整,各箭线的位置(不改变其逻辑关系)就会逐渐少,从而网络计划图也就变得比较美观。

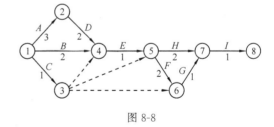

图 8-8

8.2.4　网络计划图的简化与合并

一项复杂任务,往往由若干个子系统(子任务)组成。同理,一个总网络计划图常常是由若干个子网络计划图组合而成的,于是就产生了网络计划图的合并。在子网络计划图中,工序一般分得较细,但对于一个总网络计划图的管理人员来说,只关心各个子网络计划图的细节是没有必要的,于是就产生了网络计划图的简化。

1. 网络计划图的简化

所谓简化,就是把网络计划图中较细的若干工序集合起来变换成一项等效工序。

网络计划图能够简化的条件:在两个节点之间的路线中,当除这两个节点外,中间的一些节点不与这些路线以外的节点发生联系时,这两个节点之间的一些工序,就可以用一项等效工序来代替。等效工序的时间为这两个节点之间最长路线的时间。图 8-9 所示就是一个网络计划图的简化过程。

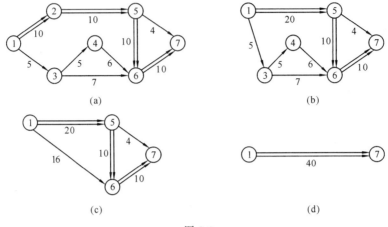

图 8-9

简化对于非常庞大而又复杂的工程来说是十分必要的,如果不简化,是难以用一张图画出所有工序的。必须分级画网络计划图时,先分区段画具体的比较详细的网络计划图,然后简化,再向总网络计划图合并。下面就介绍网络计划图的合并方法。

2. 网络计划图的合并

任何一个总网络计划图总由若干个子网络计划图组成,在子网络计划图之间必定有一个或几个相互联系的节点,这个节点称为交界节点,网络计划图的合并就是通过交界节点实现的。这里必须注意的是,交界节点是客观实际的反映,不能随意指定或添加。图 8-10 中的总网络计划图是由 1 号和 2 号子网络计划图通过交界节点 8 合并而成的,合并后出现了多个初节点和多个终节点。因此,按照规则(3)必须引出虚工序将它们分别并为一个初节点和一个终节点(实际中可能这两个子网络计划图的初节点和终节点是更大总网络计划图的交界节点)。

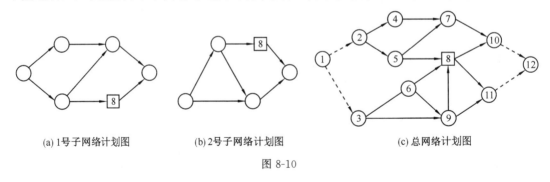

(a) 1号子网络计划图　　　　(b) 2号子网络计划图　　　　(c) 总网络计划图

图 8-10

8.3　网络计划图时间参数的计算

计算网络计划图的时间参数,是网络分析的基础和依据。下面介绍这些时间参数的概念、符号、计算公式等。

一般情况下,当节点较少(少于 200 个)时,采用图上算法;当节点较多时,采用矩阵算法,多利用计算机计算。这里主要介绍图上算法。

8.3.1　工序时间的估算

工序时间是完成一项工序所需要的时间。它是网络的基础数据，又是计算其他参数的依据。工序时间的单位可以是时、日、周、月等，具体采用什么单位，应随工作性质而定。

确定工序时间要分两种情况。

（1）确定型网络。当网络计划技术用于工程管理时，如果工程的各工序时间比较稳定，时间变化也不大，就可以通过深入调查研究，按照最可能的完成时间确定工序时间。

（2）不确定型网络。当网络计划技术用于科研项目和一次性计划或采用新工艺、新技术、新材料的工程项目计划时，由于在这些情况下，对各工序没有经验，所需时间很难确定，再加上一些主观和客观原因，工序的时间产生波动，因此，一般采用三点估计法确定工序时间，即

a—— 最乐观时间，指在非常顺利情况下，完成工序所需时间，即最短时间；

b—— 最悲观时间，指在极不利的情况下，完成工序所需时间，即最长时间；

m—— 最可能时间，指一般情况下完成工序的时间。

用上述三种时间的加权平均值来估计工序时间 $t(i,j)$，取 m 的权 4 倍于 a,b，即

$$t(i,j) = \frac{a + 4m + b}{6} \tag{8.1}$$

8.3.2　节点的时间参数计算

1. 节点的最早可能开始时间 $T_E(j)$

节点的最早可能开始时间是指从初始节点起到此节点的最长路线的时间（最长路线的长度），它的计算是从初始节点开始，自左向右逐个节点进行计算，直到最后一个节点为止。令初始节点的最早可能开始时间为 0，即 $T_E(1)=0$。根据定义，其他节点的最早可能开始时间的计算公式为

$$T_E(j) = \max\{T_E(i) + t(i,j)\} \tag{8.2}$$

式中，$T_E(j)$ 为箭头节点的最早可能开始时间，$T_E(i)$ 为箭尾节点的最早可能开始时间，$t(i,j)$ 为工序时间。

式（8.2）表明：箭头节点的最早可能开始时间等于箭尾节点的最早可能开始时间与工序时间之和；若某箭头节点有多个箭头指向它，则选择其中的最大值为该箭头节点的最早可能开始时间。

例如，图 8-11 中的节点 ⑦ 有三个紧前工序，其箭尾节点为 ④、⑤、⑥，已知 $T_E(4)=20$，$T_E(5)=33$，$T_E(6)=40$，$t(i,j)$ 如图 8-11 所示。

$$T_E(7) = \max\{T_E(4) + t(4,7), T_E(5) + t(5,7), T_E(6) + t(6,7)\}$$
$$= \max\{20 + 11, 33 + 15, 40 + 25\} = 65$$

2. 节点的最迟必须结束时间 $T_L(i)$

节点的最迟必须结束时间，就是在此时期内该节点以前的工序必须完成，否则就要影响紧后的各工序的按时开工，从而影响整个工程的工期。一般令最终节点的最迟必须结束时间等于它的最早可能完工时间，从而得到最后一个节点的 $T_L(n)$，这就是总完工期。$T_L(i)$ 的计算是从最终节点开始，自大号节点向小号节点逐个节点后退着计算，首先令最终节点 n 的 $T_L(n)$ $= T_E(n)$，其他节点计算公式为

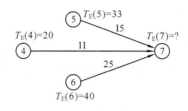

图 8-11

$$T_{\mathrm{L}}(i) = \min\{T_{\mathrm{L}}(j) - t(i,j)\} \tag{8.3}$$

其中，$T_{\mathrm{L}}(n)$ 为最终节点的最迟必须结束时间，$T_{\mathrm{E}}(n)$ 为最终节点的最早可能开始时间，$T_{\mathrm{L}}(i)$ 为箭尾节点的最迟必须结束时间，$T_{\mathrm{L}}(j)$ 为箭头节点的最迟必须结束时间。

式(8.3)表明：若箭尾节点同时引出了几条箭线，则选取其中差值最小者为此该箭尾节点的最迟必须结束时间。

例如，图 8-12 中的节点 ④ 有两个后接节点 ⑥，⑦，已知 $T_{\mathrm{L}}(6)=40$，$T_{\mathrm{L}}(7)=65$，工序时间 $t(i,j)$ 如图 8-12 所示。

$$T_{\mathrm{L}}(4) = \min\{T_{\mathrm{L}}(6) - t(4,6), T_{\mathrm{L}}(7) - t(4,7)\} = \min\{40-25, 65-8\} = 15$$

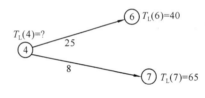

图 8-12

3. 节点的时差 $S(i)$

节点的时差是指该节点最迟必须结束时间与最早可能开始时间之差。它表明节点有多少机动时间可以利用，计算公式为

$$S(i) = T_{\mathrm{L}}(i) - T_{\mathrm{E}}(i) \tag{8.4}$$

节点的时间参数的计算可以直接在图上进行，称为图上算法。根据网络计划图的结构，计算节点的最迟必须结束时间 $T_{\mathrm{L}}(i)$ 时，主要看从该节点引出几条箭线，计算了 $T_{\mathrm{E}}(i)$ 和 $T_{\mathrm{L}}(i)$ 以后就很容易用两者之差得到 $S(i)$。一般 $T_{\mathrm{E}}(i)$ 和 $T_{\mathrm{L}}(i)$ 用得比较多，它们是计算工序时间参数的基础，分别用方框"□"及三角形"△"把 $T_{\mathrm{E}}(i)$ 的数字及 $T_{\mathrm{L}}(i)$ 的数字标在各节点的旁边。

8.3.3 工序的时间参数计算

1. 工序的最早可能开工时间 $T_{\mathrm{ES}}(i,j)$

一项工序(i,j)必须等它的所有紧前工序都完工以后才能开始，在此之前是不具备开工条件的，这个时间值就称为工序(i,j)的最早可能开工时间 $T_{\mathrm{ES}}(i,j)$。

$T_{\mathrm{ES}}(i,j)$ 可以用节点的最早可能开始时间 $T_{\mathrm{E}}(i)$ 计算。显然，某工序的最早可能开工时间就是它的箭尾节点的最早可能开始时间，即

$$T_{\mathrm{ES}}(i,j) = T_{\mathrm{E}}(i) \tag{8.5}$$

2. 工序的最早可能完工时间 $T_{EF}(i,j)$

某项工序的最早可能完工时间就是它的最早可能开工时间加上该工序所需要的时间,即

$$T_{EF}(i,j) = T_{ES}(i,j) + t(i,j) \tag{8.6}$$

3. 工序的最迟必须完工时间 $T_{LF}(i,j)$

工序的最迟必须完工时间就是为了不影响紧后工序的如期开工,此工序最迟必须完工的时间。显然,它等于箭头节点的最迟必须结束时间,即

$$T_{LF}(i,j) = T_L(j) \tag{8.7}$$

4. 工序的最迟必须开工时间 $T_{LS}(i,j)$

工序的最迟必须开工时间就是为了不影响紧后工序的如期开工,此工序最迟必须开始工作的时间。显然,它等于箭头节点的最迟必须结束时间减去本工序时间(箭线的权),即

$$T_{LS}(i,j) = T_L(j) - t(i,j) \tag{8.8}$$

5. 工序的总时差 $R(i,j)$

工序的总时差(又称总机动时间)是在该工序的完工不会影响整个工程总工期的条件下,可以推迟开工的机动时间。它表明工序有多少机动时间可以利用,并且总时差是该工序的最大机动时间,它为计划进度的合理安排提供了依据,从而可以挖掘时间潜力,使计划安排和资源分配合理化。工序的总时差计算公式为

$$R(i,j) = T_L(j) - T_E(i) - t(i,j) \tag{8.9}$$

即箭头节点的最迟必须结束时间减去箭尾节点的最早可能开始时间,再减去工序时间。

所有总时差为零的工序构成的路线就是**关键路线**,这是判别关键路线的充要条件。

工序的总时差是以不影响整个工程的完工时间为前提求出的,它可以储存在该工序所在的路线中,可以将本工序的一部分或全部总时差转让给同一路线(非关键路线)的其他工序使用。当路线上某一工序占用了这部分总时差后,该路线上的其他工序就不能再使用了。

6. 工序的单时差 $r_1(i,j)$ 和 $r_2(i,j)$

工序的单时差(又称局部机动时间)是指在工序的完工期内,以不影响紧后工序的最早开始时间(或不影响紧前工序的最迟完工时间)为前提,该工序可以利用的机动时间。这里针对两种不同前提,提出了两类单时差。

1) 工序的第一类单时差 $r_1(i,j)$

工序的第一类单时差(又称第一类局部机动时间)是指该工序的箭尾节点和箭头节点都在最早可能开始时间的条件下,该工序可以利用的机动时间。其计算公式为

$$r_1(i,j) = T_E(j) - T_E(i) - t(i,j) \tag{8.10}$$

式中,$T_E(j)$ 为箭头节点的最早可能开始时间,$T_E(i)$ 为箭尾节点的最早可能开始时间。

2) 工序的第二类单时差 $r_2(i,j)$

工序的第二类单时差(又称第二类局部机动时间)是指该工序的箭尾节点和箭头节点都在最迟必须结束时间的条件下,该工序可以利用的机动时间。其计算公式为

$$r_2(i,j) = T_L(j) - T_L(i) - t(t,j) \tag{8.11}$$

式中,$T_L(j)$ 为箭头节点的最迟必须结束时间,$T_L(i)$ 为箭尾节点的最迟必须结束时间。

工序的总时差和两类单时差与节点的时间参数的关系可以用图 8-13 来说明。

工序的三个时差可以利用节点的最早可能开始时间、最迟必须结束时间及工序时间,在网

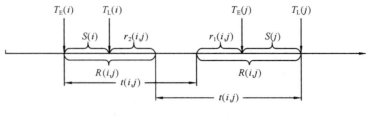

图 8-13

络计划图上直接按式(8.9)、式(8.10)、式(8.11)计算出来,并按 $<r_2,R,r_1>$ 的方式标在工序的箭线上面,如图 8-14 所示,也可以标在工序的箭线下面。

图 8-14 中,r_2 为工序(i,j)的第二类单时差,r_1 为工序(i,j)的第一类单时差,R 为工序的总时差,t 为工序时间。

例 8.3   某工程的网络计划图及工序时间 $t(i,j)$ 如图 8-15 所示,计算节点时间参数和工序的三个时差,并确定关键路线及工期(工序时间单位:h)。

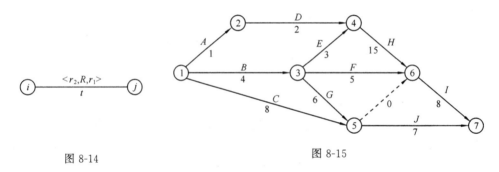

图 8-14   图 8-15

解   求各节点的时间参数,根据图 8-15 计算如下。

$T_E(1)=0,$ $T_L(7)=T_E(7)=30$

$T_E(2)=0+1=1,$ $T_L(6)=30-8=22$

$T_E(3)=0+4=4,$ $T_L(5)=\min\{22-0,30-7\}=22$

$T_E(4)=\max\{1+2,4+3\}=7,$ $T_L(4)=22-15=7$

$T_E(5)=\max\{4+6,0+8\}=10,$ $T_L(3)=\min\{7-3,22-5,22-6\}=4$

$T_E(6)=\max\{7+15,4+5,10+0\}=22,$ $T_L(2)=7-2=5$

$T_E(7)=\max\{22+8,10+7\}=30,$ $T_L(1)=\min\{\{5-1,4-4,22-8\}=0$

将时间参数标在图 8-16 上。

根据图 8-16 上标出的各节点的时间参数和工序时间,按照式(8.9)、式(8.10)和式(8.11),即

$$R(i,j)=T_L(j)-T_E(i)-t(i,j)$$
$$r_1(i,j)=T_E(j)-T_E(i)-t(i,j)$$
$$r_2(i,j)=T_L(j)-T_L(i)-t(i,j)$$

很容易算出 $R(i,j)$,$r_1(i,j)$ 和 $r_2(i,j)$,然后按照 $<r_2,R,r_1>$ 的方式标在各工序的箭线上面(或下面),并由总时差 $R(i,j)=0$ 的工序得到关键路线,如图 8-16 所示,而 $T_E(7)=T_L(7)=30$ 就是该工程的工期。

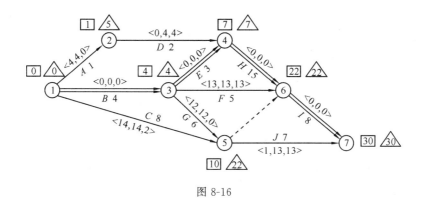

图 8-16

8.4　工序各种时差的分析与使用

计算工序时差的目的是分析网络中各条路线及各工序的松弛情况,为网络的控制、协调、资源(人力、物力)合理分配及网络最优化提供科学的依据。下面作一些简要的分析。

8.4.1　总时差、单时差、路线时差的关系

总时差与单时差的关系是:在某一工序上,总时差最大,第一类单时差和第二类单时差都小于或等于该工序的总时差,即

$$R(i,j) \geqslant r_1(i,j) \quad \text{和} \quad R(i,j) \geqslant r_2(i,j) \tag{8.12}$$

通过各工序的时差计算,可以求出路线时差。所谓路线时差,就是关键路线与某条非关键路线的持续时间之差。路线时差越大,说明与关键路线相比,该条路线所需作业时间越短,在时间上的潜力越大。由于路线上各个工序的总时差是在保证整个工期的前提下求得的,可以储存在路线中,为各工序所共用,因此,路线的时差不能用工序的总时差计算。路线的时差等于该路线上各工序的同类单时差之和,即等于第一类单时差之和或第二类单时差之和,记为 P_s。

$$P_s = \sum_1^n r_1(i,j) \tag{8.13}$$

或

$$P_s = \sum_1^n r_2(i,j) \tag{8.14}$$

式中,P_s 为第 s 条非关键路线的时差,n 为第 s 条非关键路线中共有工序个数,$r_1(i,j)$ 为非关键线中各工序的第一类单时差,$r_2(i,j)$ 为非关键路线中各工序的第二类单时差。

例如,图 8-16 中的 ① $\xrightarrow[<14,14,2>]{}$ ⑤ $\xrightarrow[<1,13,13>]{}$ ⑦ 为一条非关键路线,其路线时差为

$$P_s = r_1(1,5) + r_1(5,7) = 2 + 13 = 15$$

或

$$P_s = r_2(1,5) + r_2(5,7) = 14 + 1 = 15$$

即该路线时差为 15。

8.4.2　工序时差的使用

所谓工序时差的使用,就是通过对某工序的人、财、物的调整,改变该工序的作业时

间 $t(i,j)$，从而使该工序的时差（机动时间）减小或消失，由非关键路线变成关键路线。

由上述总时差与单时差的关系可知，单时差是总时差中的一部分，一般优先考虑使用单时差，然后再考虑使用总时差，这是因为使用单时差时对紧后（紧前）工序的时差使用不会造成影响。工序时差的最大使用范围不能超过总时差，否则，会影响整个工期。

时差是路线上的时差，因此要考虑对于某一处工序使用时差后，对紧前工序和紧后工序可利用时差的影响，在遵循使用时差不超过总时差（关键路线不变）的条件下，有以下几种情况。

（1）若使用的时差既在第一类单时差 $r_1(i,j)$ 的范围内，又在第二类单时差 $r_2(i,j)$ 的范围内，则紧前工序和紧后工序的总时差都不会减小（即不变）。

（2）若使用的时差在 $r_1(i,j)$ 的范围内，但超过了 $r_2(i,j)$ 的范围，则紧前工序的总时差要减小，而紧后工序的总时差不变。

（3）若使用的时差在 $r_2(i,j)$ 的范围内，但超过了 $r_1(i,j)$ 的范围，则紧后工序的总时差要减小，而紧前工序的总时差不变。

（4）若使用的时差在 $R(i,j)$（总时差）的范围内，但超过了 $r_1(i,j)$ 和 $r_2(i,j)$ 的范围，则紧前工序和紧后工序的总时差都要减小。

$<r_2,R,r_1>$ 就是上述情况的形象描述。"$<r_2$"指向紧前工序，表明使用时差超过 r_2 时，紧前工序的总时差要减小；同理，"$r_1>$"表示对紧后工序的总时差影响；"$<r_2,R,r_1>$"表明使用时差在 R 以内，但超过了 r_1 和 r_2 时，对紧前工序和紧后工序的总时差的影响（减小）。

例如，图 8-16 中 ① $\xrightarrow[<14,14,2>]{\genfrac{}{}{0pt}{}{C}{8}}$ ⑤ $\xrightarrow[<1,13,13>]{\genfrac{}{}{0pt}{}{J}{7}}$ ⑦，如果 C 工序 ① $\longrightarrow$ ⑤ 使用时差为 2

（$\leqslant r_1$）时，即调走人力、物力，使原来的 $t(1,5)=8$ 变成 10，则 J 工序 ⑤ $\longrightarrow$ ⑦ 的总时差等于 13 保持不变；如果 C 工序 ① $\longrightarrow$ ⑤ 使用时差为 3，即调走人力、物力，使 $t(1,5)=8$ 变成 11，此时可以计算得 $R(5,7)=12$，即比原来的 13 减小了 1，减小量正好等于超出 r_1 的量。

8.5　完工期的概率估计

在新建项目或科研项目中，对工序所需的时间 $t(i,j)$ 没有把握，前面介绍过是用 a,b,m 三个点估计的，即工序时间的数学期望和方差为

$$\begin{cases} t(i,j)=\dfrac{a+4m+b}{6} \\ \sigma(i,j)=\dfrac{b-a}{6} \end{cases} \tag{8.15}$$

若在某项工程中，关键路线一共有 S 个关键工序，则此工程完工期的期望值为

$$T_E=\sum_{R=1}^{S}\frac{a_R+4m_R+b_R}{6} \tag{8.16}$$

式中，a_R,m_R,b_R 为关键工序的三点估计值。该工程完工期的均方差为

$$\sigma=\sqrt{\sum_{R=1}^{S}\left(\frac{b_R-a_R}{6}\right)^2} \tag{8.17}$$

一般可以认为,工程的完工时间具有随机性,服从以 T 为均值、以 σ 为均方差的正态分布。如果要规定工程的完工期为 T_K,在 T_E 已知的条件下,可以利用标准正态分布表求出在时间 T_K 内完工的概率,其求法是先作标准化转换,即得

$$\lambda = \frac{T_K - T_E}{\sigma} \tag{8.18}$$

然后,根据 λ 查标准正态分布表,就可求得工程在时间 T_K 内完成的概率 $P(\lambda)$。

反之,可以求出希望完成工程的概率不小于 P_0 的工期 T_{K0}。其方法是,先根据 P_0 在标准正态分布表上查到 λ_0,然后由式(8.18)可得

$$T_{K0} = T_E + \lambda_0 \sigma \tag{8.19}$$

例8.4 某工程的关键路线为$(1,3,5,7,9)$,表8-2给出了关键工序的最乐观时间、最可能时间和最悲观时间,即 a,m,b 的三点估计值,试求该工程在17天内完工的概率和在19天完工的概率。

解 根据 a,m,b,由式(8.15)计算出期望时间和均方差,列于表8-2的后两列。

表 8-2

工序	a	m	b	$T_E(i,j)$	$\sigma(i,j)^2$
$(1,3)$	1	2	3	2	1/9
$(3,5)$	2	3	10	4	16/9
$(5,7)$	2	5	8	5	1
$(7,9)$	3	4	5	4	1/9

由式(8.16)和式(8.17)计算得到工程的完工期期望值和均方差为

$$T_E = \sum T_E(i,j) = 15$$

$$\sigma = \sqrt{\sum \sigma(i,j)^2} = \sqrt{3}$$

由此可知工程完工期服从正态分布 $N(15,\sqrt{3})$。

(1) 17天内完工的概率,由式(8.18)计算得到,即

$$\lambda_1 = \frac{T_k - T_E}{\sigma} = \frac{17 - 15}{\sqrt{3}} = 1.15$$

以 $\lambda_1 = 1.15$ 查标准正态分布表得,概率 $P_1 = 87\%$,即17天内的完工概率为87%。

(2) 同理求得 $\lambda_2 = 2.3$,查表得19天内的完工概率为99%。

8.6 网络计划的平衡与优化

前面用较长的篇幅介绍了网络计划图的建立和基于网络计划图的时间分析,这还只是描述系统和发现问题,包括影响并决定工程工期的关键路线、非关键路线、非关键路线中存在着松弛时间(时差)等。然而,网络计划技术的目的是解决问题,例如缩短工期、资源(人,财,物)的合理分配及网络的优化等。这就是下面要介绍的内容。

8.6.1 时间的平衡与调整

时间的平衡与调整的目的在于科学地计划、安排工序,以期缩短工程的工期。在网络

计划中,关键路线决定着工程的工期,因此,缩短工期的着眼点是关键路线,主要途径有以下几种。

（1）采取技术措施,缩短某些关键工序时间,如采取先进工艺等。

（2）采取组织、管理措施,在工艺流程允许的条件下,对关键工序组织平行、交错作业。

（3）利用时差,从非关键工序中抽调人力、物力,集中在关键工序上使用,以缩短关键工序时间,从而达到缩短工期的目的。关于时差的使用原则前面已介绍过。

8.6.2　资源的平衡与调整

资源的平衡是指在网络计划中,在保证一定工期的前提下,合理地使用资源（人力、物力）。

为了合理地使用资源,必须对网络计划图进行调整,调整的原理是"移峰填谷"。调整的原则如下。

（1）优先保证关键工序和时差较小的工序对资源的需要。

（2）充分利用时差,在时差允许的范围内,尽可能错开各工序的开工时间,使资源均衡、连续地投入生产过程,避免出现骤增骤减的现象。

（3）万不得已时,可以适当调整工期,以保证资源均衡、合理地使用。

8.6.3　网络计划的优化

所谓网络计划的优化,就是运用最优化原理调整和改善原始网络计划,以做出最理想的进度安排。优化的主要内容是:合理安排进度以使用最低的总成本获得最短的工期;在一定资源条件下,寻求最短的工期,或在一定工期条件下,使投入的资源数量最少等。下面着重讨论时间 - 费用优化。

时间 - 费用优化就是研究用最低的总成本获得最佳工期。这里的总费用包括直接成本（材料费、人工费等）和间接成本（管理费、库存费等）。

总成本是直接成本与间接成本之和,缩短工期需要付出一定的代价,从而引起直接成本增加。因缩短单位时间而引起直接成本的增加量称为直接费用增加率（或称费用梯度）,记为q,即

$$q = \frac{\Delta c}{\Delta t} \tag{8.20}$$

式中,Δc 表示由缩短工期引起的直接费用增加量,Δt 表示工期的缩短时间。

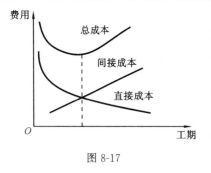

图 8-17

同时,间接成本会因工期缩短而减少。反之,延长工期会引起直接成本的减少和间接成本的增加。直接成本和间接成本与时间的关系可以用图 8-17 来表示,可以简单地表示为:直接成本是时间的指数下降函数;间接成本是时间的线性增长函数;总成本为直接成本和间接成本之和,表现为先降后升,有一个全局最低点。时间 - 费用优化就是求总成本的最低点。

下面举例说明时间 - 费用优化的过程。

例 8.5　考虑如表 8-3 所示的计划项目,已知间接费用每天 5 元,要求利用直接费用增加率和间接费用来确定本项目的最优工期。

表 8-3

工　序	A	B	C	D	E	F	G	H
紧前工序	无	无	B	A,C	A,C	D	E	F,G
工序时间 / 天	10	5	3	4	5	6	5	5
允许工序缩短天数 / 天	3	1	1	1	2	3	3	1
直接费用增加率 /(千元 / 天)	4	2	2	3	3	5	1	4

解　（1）按表 8-3 中的工序衔接关系和工序时间作出网络计划图（见图 8-18），并计算出有关时间参数。

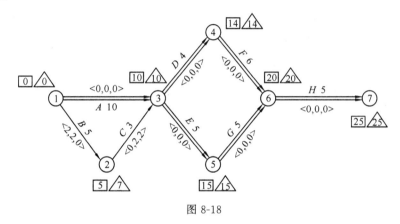

图 8-18

（2）必须明确一个思想：缩短工期，必定是在关键工序上缩短时间。

要使总成本较低，应优先考虑那些直接费用增加率较小的关键工序，并且与节省的间接费用进行比较，当关键工序的直接费用增加率小于间接费用的节省时，可以通过缩短工期来减少总成本。

当选定缩短时间的关键工序后，随后要考虑在该工序上的缩短时间，缩短时间必须在允许范围之内。除此之外，还要考虑到次关键路线的路线时差，防止时间缩短过多，而使得次关键路线凸现成为最长的关键路线，也就是必须保证缩短的时间是在使原关键路线仍为关键路线的范围内。

根据以上的原则，对图 8-18 分析如下。

从所有关键工序的直接费用增加率来看，G 工序最小，但仅缩短 G 并不能缩短工期，必须把 G 与 D（或 G 与 F）同时缩短才能缩短工期，G 工序的直接费用增加率与 D 工序的直接费用增加率之和与 A 工序、H 工序的直接费用增加率相同，且均为 4 千元 / 天，这比节省的间接费用 5 千元 / 天要小，即缩短 A 或 H 或 G 和 D 一天能降低总费用（5−4）千元＝1 千元，所以，首先要考虑这几个工序的缩短天数。

H 工序只允许缩短 1 天，于是将 H 工序缩短 1 天。

A 工序允许缩短 3 天，但是缩短 2 天后再继续缩短并不能缩短工期，因为非关键路线的时差只有 2 天，要继续缩短必须把 A 和 B（或 A 和 C）同时缩短，但它们的直接费用增加率之和都是（4＋2）千元 / 天 ＝ 6 千元 / 天，这比节约的间接费用 5 千元 / 天要高，所以 A 工序只能缩短 2 天。

G 和 D 工序同时缩短，由于 D 只允许缩短 1 天，因此将 G 和 D 工序各缩短 1 天，到此为止工期已经缩短了 4 天,这时工期为 21(即 25 - 4 = 21) 天。

D 和 E(或 D 和 F) 同时缩短也能缩短工期,但直接费用增加率之和均超过了节约的间接费用,所以缩短它们不合算。

通过分析可知,工期不一定是缩短到最短就是最优,缩短到一定程度后,若要继续缩短,则总成本会增加,这是继续缩短工期代价太高的原因。本例正常完工期为 25 天,允许缩短到 17 天,但最优工期是 21 天(将 A 压缩 2 天,H 压缩 1 天,D 和 G 各压缩 1 天,其余工序不变),最小总费用为

$$z = (21 \times 5 + 2 \times 4 + 1 \times 4 + 1 \times 4) \text{千元} = 121 \text{千元}$$

对于较大的网络计划,采用上述分析方法是比较麻烦的,一般可以采用规划方法(线性规划)来处理。

设工程项目的每道工序 (i,j) 的正常时间为 k_{ij},可压缩到 l_{ij}(允许缩短 $k_{ij} - l_{ij}$),压缩时间的直接费用增加率为 c_{ij},单位时间的间接费用为 f,各工序的规划时间为 t_{ij}(要求的变量),t_i 为工序的箭尾节点最早开工时间,t_j 为工序的箭头节点最早开工时间(t_i, t_j 均为变量)。一般令 $t_1 = 0$ 为初始节点最早开工时间(t_n 为最终节点最早开工时间),则可用如下线性规划模型求解时间 - 费用优化问题。

$$\min z = f(t_i - t_1) + \sum_{(i,j)} c_{ij}(k_{ij} - t_{ij})$$

$$\text{s. t.} \begin{cases} t_1 = 0 \\ t_j - t_i \geq t_{ij} \\ l_{ij} \leq t_{ij} \leq k_{ij} \\ t_i, t_{ij} \geq 0 \end{cases} \quad (\text{对一切工序}(i,j))$$

如果要求工程项目的完工期不迟于 T,求直接费用最小,则模型应修改为

$$\min z = \sum_{(i,j)} c_{ij}(k_{ij} - t_{ij})$$

$$\text{s. t.} \begin{cases} t_1 = 0 \\ t_j - t_i \geq t_{ij} \\ l_{ij} \leq t_{ij} \leq k_{ij} \\ t_n - t_1 \leq T \\ t_i, t_{ij} \geq 0 \end{cases} \quad (\text{对一切工序}(i,j))$$

如果用于缩短工期的资金限额为 B,求工期最小可以缩短到多少,则模型应修改为

$$\min s = t_n - t_1$$

$$\text{s. t.} \begin{cases} t_1 = 0 \\ t_j - t_i \geq t_{ij} \\ l_{ij} \leq t_{ij} \leq k_{ij} \\ \sum_{(i,j)} c_{ij}(k_{ij} - t_{ij}) \leq B \\ t_i, t_{ij} \geq 0 \end{cases} \quad (\text{对一切工序}(i,j))$$

例 8.6   用线性规划方法求解例 8.5。

$$\min z = 5(t_7 - t_1) + 4(10 - t_{13}) + 2(5 - t_{12}) + 2(3 - t_{23}) + 3(4 - t_{34})$$
$$+ 3(5 - t_{35}) + 5(6 - t_{46}) + (5 - t_{56}) + 4(5 - t_{67})$$

$$\text{s. t.}\begin{cases} t_1 = 0, & 7 \leqslant t_{13} \leqslant 10 \\ t_3 - t_1 \geqslant t_{13}, & 4 \leqslant t_{12} \leqslant 5 \\ t_2 - t_1 \geqslant t_{12}, & 2 \leqslant t_{23} \leqslant 3 \\ t_3 - t_2 \geqslant t_{23}, & 3 \leqslant t_{34} \leqslant 4 \\ t_4 - t_3 \geqslant t_{34}, & 3 \leqslant t_{35} \leqslant 5 \\ t_5 - t_3 \geqslant t_{35}, & 3 \leqslant t_{46} \leqslant 6 \\ t_6 - t_4 \geqslant t_{46}, & 2 \leqslant t_{56} \leqslant 5 \\ t_6 - t_5 \geqslant t_{56}, & 4 \leqslant t_{67} \leqslant 5 \\ t_7 - t_6 \geqslant t_{67}, & t_i \geqslant 0 \quad (i = 1, 2, \cdots, 7) \end{cases}$$

解　由此线性规划(可以用单纯形)解得

$$t_1 = 0, \quad t_2 = 5, \quad t_3 = 8, \quad t_4 = 11, \quad t_5 = 13,$$
$$t_6 = 17, \quad t_7 = 21, \quad t_{13} = 8, \quad t_{12} = 5 \quad t_{23} = 3,$$
$$t_{34} = 3 \quad t_{35} = 5, \quad t_{36} = 6, \quad t_{56} = 4, \quad t_{67} = 4$$
$$\min z = 121$$

最优工期为 21 天($t_7 = 21$),工序 A 压缩 2 天,D, G, H 各压缩 1 天即可,这与前面分析所得到的结果相同。

8.7　LINGO 在网络计划技术中的应用

例 8.7　时间参数求解

某公司计划推出一种新型产品,产品开发的相关数据如表 8-4 所示,请用 LINGO 求出按照计划工时完成新产品开发的最短时间,并列出各项工作的最早可能开工时间和最迟必须开工时间。

表 8-4

工 作	工 作 内 容	紧 前 工 作	计划工时 / 周	最短工时 / 周	缩短 1 周增加费用 / 百元
A	市场调查	—	4	3	600
B	资金筹备	—	10	8	1 000
C	需求分析	A	3	2	500
D	产品设计	A	6	5	1 200
E	产品研制	D	8	7	1 100
F	制订成本计划	C,E	2	1	800
G	制订生产计划	F	3	1	900
H	筹备设备	B,G	2	2	—
I	筹备原材料	B,G	8	6	700
J	安装设备	H	5	4	750
K	调集人员	G	2	2	—
L	准备开工投资	I,J,K	1	1	—

解　为了计算方便,增加一个虚拟作业 S,它的工时为 0,作为整个工程的开始作业,画出节点如图 8-19 所示,按照计划工时,完成新产品的最短时间,即从 S 到 L 的时间最长路的路长,这里的权重为路上所有顶点的权重之和。

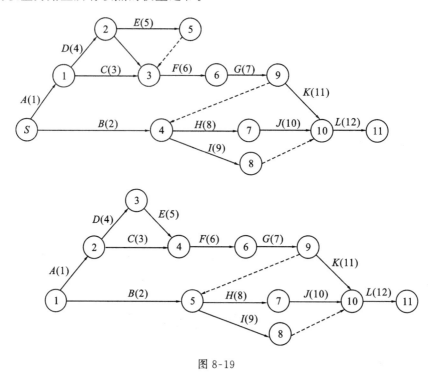

图 8-19

把作业 $A,B,\cdots,L$ 依次编号为 $1,2,\cdots,12$,弧也对应地用编号 $<i,j>$ 表示。记第 $i(i=1,2,\cdots,12)$ 项作业的计划需要时间为 t_i,为了不影响整个工作进度,第 i 项作业的最晚开工时间为 y_i,最早开工时间为 z_i,第 i 项作业的松弛时间为 $s_i=y_i-z_i$,则最早可能开工时间 z_i 和最迟必须开工时间 y_i 的递推公式为

$$z_1=0,z_i=\max_{<j,i>}\{z_j+t_j\}\quad(i=2,3,\cdots,13)$$

$$y_{13}=z_{13},y_i=\min_{<i,j>}\{y_i-t_i\}\quad(i=12,11,\cdots,1)$$

利用上面两个递推公式进行 LINGO 编程:

```
model:
sets:
tasks/0 1 2 3 4 5 6 7 8 9 10 11/:s,t,y,z;
pred(tasks,tasks)/ 0,1 0,4 1,3 1,2 2,5 3,6 6,9 4,7 4,8 7,10 9,10 10,11/;
endsets
data:
t = 4,10,3,6,8,2,3,2,8,5,2,1;
enddata
@for(tasks(i)|i# gt# 1:z(i)= @max(pred(j,i):z(j)+t(j)));
@for(tasks(i)|i# lt# n:y(i)=@min(pred(i,j):y(j)-t(i)));
@for(tasks(i):s(i) = y(i) - z(i));
```

```
z(1) = 0;    !第一项工作的最早可能开工时间;
n = @size(tasks);    !作业的总数量;
y(n) = z(n);    !最后一项作业的最迟必须开工时间 = 最后一项工作的最早可能开工时间;
tt = y(n) + t(n);
end
```

由运算结果可以得出完成该项目的最短时间 $T = 31$。具体结果如表 8-5 所示。

表 8-5

作　　业	A	B	C	D	E	F	G	H	I	J	K	L
最早开工时间(z_i)	0	4	14	14	4	17	20	12	12	23	28	30
最迟开工时间(y_i)	0	4	0	14	13		20	21		23	28	30
松弛时间(s_i)	0	0		0	9		0	9		0	0	0

例 8.7 讲解视频

例 8.8　网络优化

在例 8.7 的基础上对项目计划进行优化,要求整个项目在 28 周内完成,各项作业的最短时间和缩短 1 周的费用如表 8-4 所示,求产品在 28 周内上市的最小增加费用。

解　设第 i 项作业上缩短的工期为 x_i,第 i 项作业缩短 1 周增加的费用为 c_i,第 i 项作业能够缩短的工期的上界为 u_i,则 u_i 取值如表 8-6 所示。

表 8-6

作业	A	B	C	D	E	F	G	H	I	J	K	L
u_i	1	2	1	1	1	1	2	0	2	1	0	0

工期缩短后,为了使增加的费用最小,建立如下数学规划模型:

$$\min z = \sum_{i=1}^{13} c_i x_i$$

$$\text{s.t.} \begin{cases} z_1 = 0 \\ z_i = \max_{<j,i>} \{z_j + t_j - x_i\} & (i = 2,3,\cdots,13) \\ y_{13} = z_{13} \\ y_i = \min_{<i,j>} \{y_i - t_i + x_i\} & (i = 12,11,\cdots,1) \\ 0 \leqslant x_i \leqslant u_i & (i = 1,2,\cdots,13) \end{cases}$$

根据数学模型进行 LINGO 编程:

```
model:
sets:
tasks/ S A B C D E F G H I J K L/:s,t,y,z,x,u,c;
```

```
coo(tasks, tasks)/S A,S B,A C,A D,B H,B I, C F,D E,E F,F G,G H,G I,G K,H J,I L,J L,
K L/;
    endsets
    data:
    c = 0, 600, 1000, 500, 1200, 1100, 800, 900, 0, 700, 750, 0, 0;
    t = 0, 4, 10, 3, 6, 8, 2, 3, 2, 8, 5, 2, 1;
    u = 0, 1, 2, 1, 1, 1, 1, 2, 0, 2, 1, 0, 0;
    enddata
    min = @ sum(fac(i):c(i) * x(i));
    @ for(tasks(i) |i# gt# 1:z(i) = @ max(coo(j,i):z(j) + t(j) - x(j)));
    @ for(tasks(i) |i# lt# n:y(i) = @ min(coo(i,j):y(j) - t(i) + x(i)));
    @ for(tasks(i):s(i) = y(i) - z(i);x(i) < u(i));
    z(1) = 0;!第一项工作的最早可能开工时间;
    n = @ size(tasks);!作业的总数量;
    y(n) = z(n);!最后一项作业的最迟必须开工时间 =最后一项工作的最早可能开工时间;
    y(n) + t(n) - x(n) = 28;
    end
```

运算结果如下

```
Objective value:                3000.000
Variable      Value             Reduced Cost
X(A)          1.000000          0.000000
X(B)          0.000000          1000.000
X(C)          0.000000          500.0000
X(D)          0.000000          300.0000
X(E)          0.000000          200.0000
X(F)          1.000000          0.000000
X(G)          1.000000          0.000000
X(H)          0.000000          0.000000
X(I)          1.000000          0.000000
X(J)          0.000000          550.0000
X(K)          0.000000          0.000000
X(L)          0.000000          0.000000
```

最优解为:作业 A,F,G,I 分别缩短工期 1 周,分别增加费用 600 百元、800 百元、900 百元、700 百元,共增加费用为 3 000 百元。

习　题　8

8.1　已知某工程的工序衔接关系及时间如表 8-7 所示。

表 8-7

工　序	a	b	c	d	e	f	g
紧前工序	—	—	b	a	a	b,d	e,f
工作时间／天	4	8	6	3	5	7	4

（1）作出该项目的网络计划图；

（2）计算各个工序的最早可能开工时间 $T_{ES}(i,j)$、最早可能完工时间 $T_{EF}(i,j)$、最迟必须开工时间 $T_{LS}(i,j)$、最迟必须结束时间 $T_{LF}(i,j)$，以及各工序的总时差 $R(i,j)$；

（3）标出关键路线。

8.2　一个计划项目由 A,B,C,D,E,F,G,H 和 I 九道工序组成，其前后工序关系如表 8-8 所示。

表 8-8

工　序	A	B	C	D	E	F	G	H	I
紧前工序	—	—	A,B	A,B	B	D,E	C,F	D,E	G,H
工序时间／天	3	5	6	8	9	2	7	10	4

（1）画出该项目的网络计划图；

（2）计算各时间参数并标在网络计划图上。

8.3　有一个工程包含 $A,B,\cdots,P$ 十一项活动，它们的先后次序为

（1）活动 A,B 和 C 可以同时开始；

（2）活动 D,E 和 F 在 A 完成后同时开始；

（3）活动 I 和 G 在 B 和 D 都完成后开始；

（4）活动 H 在 C 和 G 都完成后开始；

（5）活动 K 和 L 紧接在 I 之后；

（6）活动 J 紧接在 E 和 H 之后开始；

（7）活动 M 和 N 紧接在 F 之后，但必须在 E 和 H 都完成后才能开始；

（8）活动 O 紧接在 M 和 I 之后；

（9）活动 P 紧接在 J,L 和 O 之后；

（10）活动 K,N 和 P 是工程的结尾活动。

根据上述关系画出网络计划图。

8.4　已知某工程的工序衔接关系及时间如表 8-9 所示。

表 8-9

工　序	a	b	c	d	e	f
紧前工序	—	a	b	a	b,d	c,e
工作时间／天	5	4	3	2	7	9

工　序	g	h	i	j	k
紧前工序	—	g	h	h	e,i,j
工作时间／天	6	5	8	3	6

（1）作出该项目的网络计划图；

（2）计算各个工序的最早可能开工时间 $T_{ES}(i,j)$、最早可能完工时间 $T_{EF}(i,j)$、最迟必须开工时间 $T_{LS}(i,j)$、最迟必须完工时间 $T_{LF}(i,j)$，以及各工序的总时差 $R(i,j)$ 和单时差 $r_1(i,j),r_2(i,j)$；

（3）标出关键路线；

（4）在 c 工序上延期 4 天，对整个工程有什么影响？在 j 工序上延期 8 天，对整个工程有什么影响？

8.5 指出图 8-20 所示 PERT 网络计划图的错误并改正。

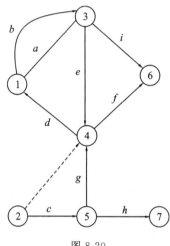

图 8-20

8.6 某项目的网络计划图如图 8-21 所示。

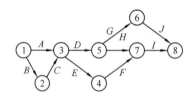

图 8-21

正常完成时间、最快完成时间及每天的费用（梯度）如表 8-10 所示。

表 8-10

工序	正常时间/天	最快时间/天	每天费用/元	工序	正常时间/天	最快时间/天	每天费用/元
A	10	7	4	F	6	3	5
B	5	4	2	G	5	2	1
C	3	2	2	H	6	4	4
D	4	3	3	I	6	4	3
E	5	3	3	J	4	3	3

（1）求项目完工期的最大值 T_{max} 和最小值 T_{min}（T_{max} 为正常完工期，T_{min} 为最快完工期）；

（2）设计划项目在 21 天内完成，每天的间接费用为 5 元，如何安排才能使总费用最小？并列出其线性规划模型。

8.7　考虑习题 8.5,设备活动的三个估计值如表 8-11 所示。

表 8-11

工　　序	(a,b,m)	工　　序	(a,b,m)
A	$(5,8,6)$	F	$(8,13,9)$
B	$(1,4,3)$	G	$(5,10,9)$
C	$(2,5,4)$	H	$(3,5,4)$
D	$(4,6,5)$	I	$(4,10,8)$
E	$(7,10,8)$	J	$(5,8,6)$

(1) 求每项活动的期望时间和方差;

(2) 求整个计划项目的期望工期 $E(T)$ 和方差 $\sigma(T)$;

(3) 求比期望工期提前 5 天的概率。

8.8　某工程的工序关系和时间估计如表 8-12 所示。

表 8-12

工　　序	紧前工序	最乐观时间 a	最可能时间 m	最悲观时间 b
A	—	2	5	6
B	A	6	9	12
C	A	5	14	17
D	B	5	8	11
E	C、D	3	6	9
F	—	3	12	21
G	E、F	1	4	7

(1) 绘制网络计划图并计算每个工序的期望时间与方差。

(2) 总工期的期望值与方差是多少?

(3) 分别计算以下两种情况的概率:

① 比总工期的期望值提前 3 天;

② 比总工期的期望值延迟不多于 5 天。

第 9 章 存 储 论

【基本要求、重点、难点】

基本要求

(1) 掌握几种确定性存储模型。

(2) 了解随机单周期库存模型。

重点　确定性存储模型的求解及应用。

难点　随机性存储模型的应用。

存储论(storage theory)又称库存论(inventory theory),是定量方法和技术应用最早的领域之一。早在 1915 年人们就开始了对存储论的研究。人们在生产和日常生活中往往将所需的物资、食物或用品暂时地存储起来,以备将来使用或消费。这种存储物品的现象是为了解决供应与需求在数量和时间上的不协调和不一致的问题,如供不应求或供过于求。存储论就是以存储为研究对象,利用运筹学的方法去寻求最合理、最经济的存储方案。

在信息化社会,作为生产与销售的中间环节,尽管呈现出存储环节逐渐减弱的趋势,但是并不意味着物流管理完全被信息流的管理取代,存储问题的内容会发生变化,但是对存储问题的研究却仍然是企业发展的需要。

9.1　存储论的基本概念

9.1.1　存储问题的提出

存储是缓解供应与需求之间出现的供不应求或供过于求等不协调情况而采取的必要的方法和措施。现举例说明如下。

(1) 一场战斗在 1～2 天内可能要消耗几十万发炮弹,而工厂不可能在这么短的时间内生产出这么多炮弹,这就是供需之间的不协调性。为了解决这一矛盾,只能将工厂每天生产的炮弹存储到军火库内,以便发生战争时能满足大量消耗炮弹的需求。

(2) 一座水力发电站,每天要消耗一定的水量以推动水轮发电机正常运转。如果在夏季,不把大量雨水存储起来,到冬季枯水时,就会缺少足够的水量推动水轮发电机,进而造成浪费。为解决这个矛盾,需建造大的水库,把雨季的水存储起来,供全年均匀使用。

(3) 商店里若存储商品数量不足,会发生缺货现象,进而失去销售机会而减少利润;如果存储商品数量过多,一时售不出去,会造成商品积压,占用流动资金,从而导致资金周转不灵,这样,也会给商家造成经济损失。而顾客购买何种商品及购买多少,都带有随机性,因此商店的管理人员需要研究并采取科学的存储策略,以使得总的期望收益最高。

人们在供应与需求这两个环节之间加上存储这个环节,用以起到协调与缓解供需之间的矛盾的作用。以存储为中心,可把供应与需求看作一个具有输入(供应)与输出(需求)的控制系统,如图 9-1 所示。

在供应和需求之间加上存储环节之后,就可以减少供需不协调带来的损失。但增加存储环节也产生了存储的费用,如保管物资需要消耗人力、物力等。采用什么样的存储策略,才能做到经济合理,是存储论所要研

图 9-1

究和解决的问题。在存储系统里,需要解决的两个最基本的问题是:① 一次订货量为多少;② 何时订货,即确定订货时间。

存储论中的存储物这个概念具有广泛的含义。在物资的流通过程中,一切暂存在仓库中的物资,以及在生产过程中两个阶段之间、上下两道工序之间的在制品,都属于存储物。在生产经营活动中,为了不间断和有效地进行工作,手中掌握的一部分暂存物品也是存储物。在生产开始以前,原材料是存储物;在生产过程中,在制品是存储物;在生产结束后,成品也是存储物。

将原材料、在制品和成品保持在预期的水平,使生产过程或流通过程不间断和有效地进行的技术,称为存储控制技术。根据所研究的存储问题,建立相应的存储模型来分析、研究存储活动,将有利于对存储进行科学的管理和控制。

9.1.2　存储论的基本概念

1. 存储问题包括的基本要素

(1) 需求率(D)。需求率指单位时间(年、月、日) 内对某种物品的需求量,通常用 D 表示。对存储系统来说,需求率是输出。在生产过程中,上道工序在制品的输出可以看作下道工序的输入(供应)。输出可以是均匀的,如在连续装配线上装配汽车,每若干分钟出产一辆汽车;输出也可以是间断成批的,如生产厂家向商店供货,是每隔一段时间输送一批货物;输出也可以是随机的,如一个商店每天出售商品的数量是一个随机变量。

(2) 订货批量(Q)。订货往往采用以一定数量的物品为一批的方式进行。一次订货中包含某种物品的数量称为批量,通常用 Q 表示。

(3) 订货间隔期(t)。订货间隔期指两次订货之间的时间间隔,通常用 t 表示。

(4) 订货提前期(L)。订货提前期指从提出订货到收到货物的时间间隔,通常用 L 表示。设已知某种物品的订货提前期为10天,若希望能在3月25日收到这种物品,那么,最迟应在 3 月 15 日提出订货。

(5) 存储(订货)策略。存储(订货) 策略指什么时间提出订货及订货的数量。例如:按固定间隔期提出固定数量的订货;按固定间隔期提出最大存储量与现有存储量差值的订货量;当存储量降低到规定水平(保险储备水平或安全存储量) 时,提出固定数量的订货量;等等。

2. 与存储问题有关的基本费用项目

(1) 订货费用或准备结束费用(C_{D}):每组织一次生产、订货或采购某种物品所必需的费用,如手续费和电信往来、人员外出采购等费用。这项费用分摊到单位物品上的数额会随批量的增大而减少。如采购员到外地购买某种物品,购买一件物品花费的差旅费与购买十件物品基本一样。因此,分配到每件物品上的订货费用或准备结束费用随购买量增加而减少。订货费用或准备结束费用通常用 C_{D} 表示。

(2) 存储费用(C_{P}):包括仓库保管费、占用流动资金的利息、保险金、存储物的变质损失等。这类费用随存储物的增加而增加,以每件存储物在单位时间内所发生的费用计算,通常用

C_P 表示。

（3）短缺损失费用（C_S）：因存储物已耗尽，发生供不应求而造成需求方的经济损失。例如原材料供应不上造成机器和工人停工待料的损失等。短缺损失费用以每发生一件短缺物品在单位时间内需求方的损失费用大小来计算，通常用 C_S 表示。

以上项目是存储问题中的主要费用项目。随所分析的实际问题的不同，所考虑的费用项目也有所不同。

在一个存储问题中主要考虑：供应（需求）量的多少，简称量的问题；何时供应（需求），简称期的问题。按期与量这两个参数的确定性或随机性，将存储模型分为确定性存储模型与随机性存储模型两大类。下面分别讨论这两类模型中的一些典型情况。

9.2 经济订货批量的存储模型

本节讨论的存储模型中的期和量的参数都是确定性的，所讨论的一种零件或物品的存储量与同期其他物品的存储量之间互不影响。这样规定就是为了将一个实际存储问题简化，以便于分析。

下面讨论五种典型的随机性存储模型。

9.2.1 基本的 E. O. Q.（经济订货批量）模型

研究、建立模型时，需要做一些假设，其目的是使模型简单、易于理解、便于计算。对基本的 E. O. Q.（经济订货批量）模型的假设可概括为不允许缺货、备货时间极短。具体说明如下。

（1）短缺损失费用 C_S 无穷大，即不允许发生缺货；

（2）订货提前期 $L=0$，当存储量降至零时，可以立即得到补充，即瞬时到货；

（3）需求是连续均匀的，设需求率 D 为常数，则 t 时间内的需求量为 $D \cdot t$；

（4）每次订货批量 Q 不变，订购费用 C_D 不变，存储费用 C_P 不变。

该系统中存储量变化可用图 9-2 表示。图中表示，每到一批货，存储量由 0 立刻上升到 Q，然后以 D 的速率均匀消耗掉。存储量沿斜线下降，一旦存储量为 0，就立刻补充，存储量再次恢复到 Q，如此往复循环。

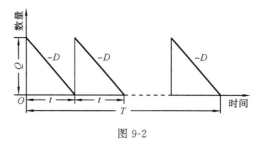

图 9-2

例 9.1 假设在一种物品的存储中，已知需求率 D（件／年）、订货费用 C_D（元／次）及存储费用 C_P（元／（年·个）），建立模型如下。

TC 表示全年发生的总费用，以求 TC 最小为目标，存储论中 TC 常使用单位时间内的总平均费用，此处时间单位为年。

TOC 表示全年发生的总的订货费用。

TCC 表示全年内总的存储费用。

假设货物单价为 K, K 为常数,则全年内总的订货成本费用为 KD。

n 表示全年平均订货次数, $n = \dfrac{D}{Q}$,本模型中,

总订货费用为
$$\mathrm{TOC} = C_{\mathrm{D}} \cdot n = C_{\mathrm{D}} \cdot \frac{D}{Q}$$

总存储费用为
$$\mathrm{TCC} = \frac{1}{2} C_{\mathrm{P}} Q$$

所以总费用为
$$\mathrm{TC} = \mathrm{TOC} + \mathrm{TCC} + KD = C_{\mathrm{D}} \cdot \frac{D}{Q} + \frac{1}{2} C_{\mathrm{P}} Q + KD \tag{9.1}$$

目标是 TC 最小,从 TC 表达式中看出,TC 是 Q 的函数。将 TC 对 Q 求导,为求最小值,令其等于 0 得

$$\frac{\mathrm{dTC}}{\mathrm{d}Q} = -\frac{C_{\mathrm{D}} D}{Q^2} + \frac{1}{2} C_{\mathrm{P}} = 0$$

故
$$Q^* = \sqrt{\frac{2 C_{\mathrm{D}} \cdot D}{C_{\mathrm{P}}}} \tag{9.2}$$

因 $\dfrac{\mathrm{d}^2 \mathrm{TC}}{\mathrm{d}Q^2} = \dfrac{2 C_{\mathrm{D}} D}{Q^3} > 0$,故式(9.2)中得到的 Q^* 使 TC 最小。

从式(9.2)还可发现以下规律。

① Q^* 与货物单价 K 无关。在确定性存储模型中,如果 K 不随 Q 变化(无订货量折扣),则 Q^* 只与 C_{D}, D, C_{P} 有关,因此在求总费用 TC 的式(9.1)中可略去订货成本费用 KD。

② Q^* 的发展趋势。在信息时代,随着交通、通信的发达, C_{D} 呈下降趋势;随着人工、场地等资源费用的上涨, C_{P} 呈上升趋势。因此,综合来看, Q^* 呈下降趋势。这反映了在信息化社会里,作为生产与销售的中间环节,存储环节呈现出逐渐减弱的趋势,甚至有企业提出零库存的概念。但是这并不意味着物流管理完全被信息流的管理取代,对存储问题的研究仍然是企业发展的需要。

将式(9.2)代入式(9.1)并略去式(9.1)中的 KD,再由

订货批量＝订货期内需求量 （即 $Q = Dt$）

得
$$\begin{cases} t = \sqrt{\dfrac{2 C_{\mathrm{D}}}{C_{\mathrm{P}} D}} \\ \mathrm{TC} = \sqrt{2 C_{\mathrm{D}} C_{\mathrm{P}} D} \end{cases} \tag{9.3}$$

综合式(9.2)和式(9.3)即得 E.O.Q. 模型公式。下例是 E.O.Q. 模型公式应用示例。

例 9.2 某厂对某材料的年需求量为 10 000 t,每次采购费用为 2 000 元,年存储费用为 10 元 /t,求最佳订货量、最佳订货周期、年订货次数。

解 由题意得
$$C_{\mathrm{P}} = 10 \text{ 元 } /(\mathrm{t} \cdot \text{年}), \quad C_{\mathrm{D}} = 2\,000 \text{ 元}, \quad D = 10\,000 \text{ t/ 年}$$

于是最佳订货量为 $Q^* = \sqrt{\dfrac{2 C_{\mathrm{D}} \cdot D}{C_{\mathrm{P}}}} = \sqrt{\dfrac{2 \times 2\,000 \times 10\,000}{10}} \text{ t} = 2\,000 \text{ t}$

因为 $Q^* = Dt^*$,所以最佳订货周期为
$$t^* = Q^* / D = 2\,000 / 10\,000 \text{ 年} = 0.2 \text{ 年}$$

年订货次数为
$$N = t/t^* = 1/0.2 \text{ 次} = 5 \text{ 次}$$

9.2.2　生产需一定时间、不允许缺货的 E.O.Q. 模型

本模型的假设条件除供货方式不同外,其余皆与基本的 E.O.Q.(经济订货批量)模型相同。通过生产供货,边生产边供货,生产速率为 P,一般 $P > D$,生产的产品一部分满足同期需求,剩余部分才用于存储,这时存储量变化如图9-3所示。图中 t_1 为周期 t 中的生产时间,t_1 内存储量以速率 $P - D$ 增加,t_2 内存储量以速率 D 减少。

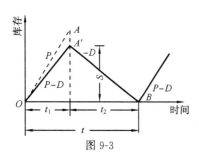

图 9-3

在最大存储量 A' 点处,有

$$(P - D)t_1 = D(t - t_1) \Rightarrow t_1 = \frac{Dt}{P}$$

周期 t 内平均存储量为 $\frac{1}{2}(P - D)t_1\left(\text{或写为}\frac{1}{2}Dt_2\right)$,

则周期 t 内平均存储费用为 $\frac{1}{2}C_P(P - D)t_1$。

周期 t 内所需的平均订货费用为 $\frac{C_D}{t}$。

单位时间的总费用(平均费用)为

$$\mathrm{TC} = \frac{1}{2}C_P(P - D)t_1 + \frac{C_D}{t} = \frac{1}{2}C_P(P - D)\frac{Dt}{P} + \frac{C_D}{t} \tag{9.4}$$

为求 min TC,令 $\dfrac{\partial \mathrm{TC}}{\partial t} = 0$,求得

$$t^* = \sqrt{\frac{2C_D}{C_P \cdot D}} \cdot \sqrt{\frac{P}{P - D}} \tag{9.5}$$

再由 $Q^* = Dt^*$ 得

$$Q^* = \sqrt{\frac{2C_D \cdot D}{C_P}} \cdot \sqrt{\frac{P}{P - D}} \tag{9.6}$$

将 t^* 代入式(9.4)得　　$\mathrm{TC}^* = \sqrt{2C_D C_P D} \cdot \sqrt{\dfrac{P - D}{P}}$ 　　　(9.7)

另可求出最佳生产时间为

$$t_1^* = \frac{D}{P}t^* = \sqrt{\frac{2C_D}{C_P \cdot P}} \cdot \sqrt{\frac{D}{P - D}} \tag{9.8}$$

系统内最大存储量为

$$A'^* = Q^* - Dt_1^* = \sqrt{\frac{2C_D \cdot D}{C_P}} \cdot \sqrt{\frac{P - D}{P}} \tag{9.9}$$

将前面 9.2.1 小节中求 t^*,Q^* 和 TC^* 的公式与式(9.5)、式(9.6)、式(9.7)相比较发现,它们只差 $\sqrt{\dfrac{P}{P - D}}$ 这个因子,称该因子为供货因子。当 $P \to \infty$ 时,$\sqrt{\dfrac{P}{P - D}} \to 1$,9.2.1 小节中的模型与本小节中的模型相同。

例 9.3　某厂每月需某种产品 100 件,每月生产率为 500 件,每次生产的装配费用为 5 元,每月每件产品的存储费用为 0.4 元,试求该厂的经济批量及最低费用。

解　由式(9.6)和式(9.7)得

$$Q^* = \sqrt{\frac{2C_D D}{C_P}} \sqrt{\frac{P}{P-D}} = \sqrt{\frac{2 \times 5 \times 100}{0.4}} \times \sqrt{\frac{500}{500-100}} \text{ 件} = 56 \text{ 件}$$

$$TC^* = \sqrt{2C_D C_P D} \sqrt{\frac{P-D}{P}} = \sqrt{2 \times 5 \times 0.4 \times 100} \times \sqrt{\frac{500-100}{500}} \text{ 元} = 17.9 \text{ 元}$$

例 9.4 某商店需要某种产品 100 件,其单价成本为 500 元,年存储费用为成本的 20%,年需求量为 365 件,需求速率为常数。该商品的订货费用为 20 元,订货后需要 10 天生产,试求经济批量及最低费用。

解 此例题从表面上看似乎应该按照生产需一定时间、不允许缺货的 E. O. Q. 模型来求解,其实不然。实际上,本题的求解与基本的 E. O. Q.(经济订货批量)模型完全相同,只需在存储量降至 0 时提前 10 天订货即可。因此,按照基本的 E. O. Q.(经济订货批量)模型计算,经济批量为

$$Q^* = \sqrt{\frac{2C_D \cdot D}{C_P}} = \sqrt{\frac{2 \times 20 \times 365}{100}} \text{ 件} = 12 \text{ 件}$$

最低费用为

$$\min TC = \sqrt{2C_D C_P D} = \sqrt{2 \times 20 \times 100 \times 365} \text{ 元} = 1\,208 \text{ 元}$$

说明:由于提前期为 10 天,而 10 天内的需求为 10 件产品,因此只要当存储量降至 10 件时,就要订货。一般地,设 L 为订货提前期,D 为需求率,则当存储量降至 $L \cdot D$ 时就提出订货。$L \cdot D$ 称为订购点(或订货点)。

9.2.3 订货提前期为零、允许缺货的 E. O. Q. 模型

该类模型可用图 9-4 来表示。设 S 为最大允许的短缺量。在时间间隔 t_1 内,存储量是正值,在时间间隔 t_2 内发生短缺。每当新的一批零件到达,马上补足供应所短缺的数量 S,然后将数量为 $Q-S$ 的物品暂存在仓库。因此,这种情况下,最高的存储量为 $Q-S$。在这个模型中总的费用包括订货费用 C_D、存储费用 C_P 及短缺损失费用 C_S。现需要确定经济批量 Q 及供应间隔期 t,使平均总的费用最小。

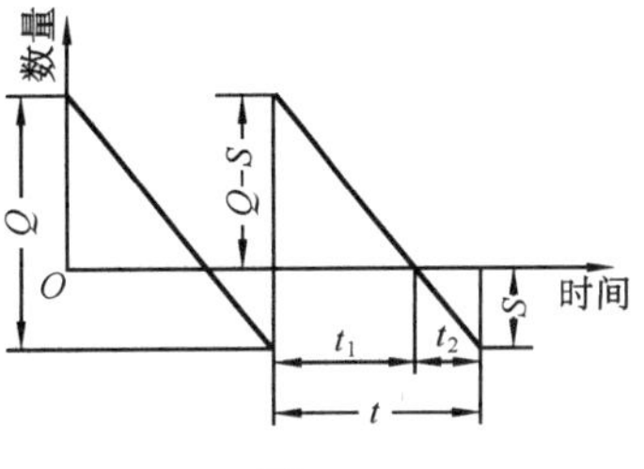

设 TSC 表示单位时间内发生短缺损失的费用,则有

$$TC = TOC + TCC + TSC$$

$$TOC = C_D \cdot \frac{D}{Q}$$

$$TCC = \frac{1}{2}(Q-S) \cdot \frac{t_1}{t} \cdot C_P = \frac{1}{2} \cdot \frac{(Q-S)^2}{Q} \cdot C_P$$

$$TSC = \frac{1}{2} S \cdot \frac{t_2}{t} \cdot C_S = \frac{1}{2} \frac{S^2}{Q} \cdot C_S$$

图 9-4

所以

$$TC = C_D \frac{D}{Q} + \frac{1}{2} \frac{(Q-S)^2}{Q} \cdot C_P + \frac{1}{2} \frac{S^2}{Q} \cdot C_S \tag{9.10}$$

由式看出,TC 是 Q 与 S 的函数。将 TC 分别对 Q 与 S 求偏导数,并令其等于 0,即

$$\frac{\partial TC}{\partial Q} = -\frac{C_D D}{Q^2} + \frac{1}{2} C_P \left[\frac{2(Q-S)}{Q} - \frac{(Q-S)^2}{Q^2} \right] - \frac{S^2}{2Q^2} \cdot C_S = \frac{-2C_D D + C_P(Q^2 - S^2) - S^2 C_S}{2Q^2}$$

$$= \frac{-2C_D D + C_P Q^2 - S^2(C_P + C_S)}{2Q^2} = 0$$

所以
$$Q^2 = \frac{2C_D D + S^2(C_P + C_S)}{C_P} \tag{9.11}$$

又
$$\frac{\partial TC}{\partial S} = \frac{1}{2}C_P\left[\frac{-2(Q-S)}{Q}\right] + \frac{S}{Q}\cdot C_S = -C_P + \frac{S}{Q}(C_P + C_S) = 0$$

所以
$$S = Q\cdot\frac{C_P}{C_P + C_S} \quad \text{或} \quad Q = S\cdot\frac{C_P + C_S}{C_P}$$

所以
$$Q^2 = S^2\frac{(C_P + C_S)^2}{C_P^2} \tag{9.12}$$

将式(9.11)代入式(9.12)得
$$\frac{2C_D\cdot D + S^2(C_P + C_S)}{C_P} = S^2\frac{(C_P + C_S)^2}{C_P^2}$$

即
$$2C_D\cdot D = S^2\left[\frac{(C_P + C_S)^2}{C_P} - (C_P + C_S)\right] = S^2\left[\frac{C_S(C_P + C_S)}{C_P}\right]$$

所以
$$S = \sqrt{\frac{2C_D\cdot D\cdot C_P}{C_S(C_P + C_S)}} \tag{9.13}$$

将式(9.13)代入式(9.11)得
$$Q^2 = \frac{2C_D\cdot D}{C_P} + \frac{C_P + C_S}{C_P}\cdot\frac{2C_D D\cdot C_P}{C_S(C_P + C_S)} = \frac{2C_D\cdot D}{C_P} + \frac{2C_D\cdot D}{C_S} = \frac{2C_D D(C_P + C_S)}{C_P C_S}$$

所以
$$Q^* = \sqrt{\frac{2C_D\cdot D}{C_P}\cdot\frac{C_P + C_S}{C_S}} \tag{9.14}$$

说明：

(1) 称 $Q^* = \sqrt{\dfrac{2C_D\cdot D}{C_P}\cdot\dfrac{C_P + C_S}{C_S}}$ 为允许库存发生短缺的 E. O. Q. 模型；

(2) 由式(9.14)得
$$Q^* = \sqrt{\frac{2C_D\cdot D}{C_S} + \frac{2C_D\cdot D}{C_P}} \tag{9.15}$$

当不允许缺货时,有 $C_S \to \infty$,将其代入式(9.15),得 $Q^* = \sqrt{\dfrac{2C_D\cdot D}{C_P}}$。此式与式(9.2)相同,即基本的 E. O. Q. 模型是本模型的特例。

(3) 由 $Q^* = Dt^*$ 得　　　$t^* = \sqrt{\dfrac{2C_D}{C_P\cdot D}\cdot\dfrac{C_P + C_S}{C_S}}$

(4) 单位时间内发生的最小总平均费用为
$$TC^* = \sqrt{2C_D C_P D\frac{C_S}{C_P + C_S}} \tag{9.16}$$

(5) 将9.2.1小节中求 Q^*,t^* 和 TC^* 的公式与本小节比较,发现它们只差 $\sqrt{\dfrac{C_P + C_S}{C_S}}$ 这个因子,称该因子为缺货因子。当 $C_S \to \infty$ 时,$\sqrt{\dfrac{C_P + C_S}{C_S}} \to 1$,9.2.1小节中的模型与本小节中的模型相同。

9.2.4 一般的 E.O.Q. 模型

综合前面讲到的三个模型得到一般的 E.O.Q. 模型,即通过生产供货,并允许库存发生短缺的情形(见图 9-5)。生产部门按一定速率 P 进行生产,需求部门的需求率为 D。生产从 O 点开始,在时间段 t_1 内按速率 P 进行。假如这段时期内无需求,总存储量应达到 A 点,但由于需求消耗,实际只能达到 A' 点,最大存储量为 S_1。在时间段 t_2 和 t_3 内生产停止,而需求量仍按速率 D 变化,至 B 点存储量降至 0,到 C 点发生最大短缺,最大缺货量为 S_2。从 C 点起又恢复生产,到 E 点补上短缺量,并开始一个新的生产周期。

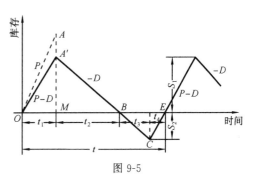

图 9-5

设 S_1 为最大存储量,S_2 为最大短缺量,C_D 为开始一个周期的生产准备费用,C_P 为产品的存储费用,C_S 为发生短缺时的损失费用,试确定总费用为最小的最佳生产批量 Q。

问题的求解:由图 9-5 知,一个生产周期的长度为 $t_1+t_2+t_3+t_4$,假如分别用 OC,CC, SC 表示一个周期的生产准备费用、存储费用和短缺损失费用,用 TC 表示单位时间的平均总费用,则有

$$OC = C_D$$

$$CC = \frac{C_P S_1}{2}(t_1 + t_2)$$

$$SC = \frac{C_S S_2}{2}(t_3 + t_4)$$

因此有
$$TC = \frac{OC + CC + SC}{t_1 + t_2 + t_3 + t_4} = \frac{\left[C_D + \frac{C_P S_1}{2}(t_1 + t_2) + \frac{C_S S_2}{2}(t_3 + t_4) \right]}{t_1 + t_2 + t_3 + t_4} \qquad (9.17)$$

因为
$$S_1 = (P - D)t_1 = Dt_2 \qquad (9.18)$$

所以
$$t_1 = \frac{D}{P - D} \cdot t_2, \quad t_1 + t_2 = \frac{P}{P - D} \cdot t_2 \qquad (9.19)$$

又因
$$S_2 = Dt_3 = (P - D)t_4 \qquad (9.20)$$

故
$$t_4 = \frac{D}{P - D} \cdot t_3, \quad t_3 + t_4 = \frac{P}{P - D} \cdot t_3 \qquad (9.21)$$

由此
$$t_1 + t_2 + t_3 + t_4 = \frac{P}{P - D}(t_2 + t_3) \qquad (9.22)$$

$$Q = D(t_1 + t_2 + t_3 + t_4) = \frac{PD}{P - D}(t_2 + t_3) \qquad (9.23)$$

将式(9.19)~ 式(9.22)代入式(9.17)得

$$TC = \frac{C_D + \frac{C_P}{2} \cdot Dt_2 \cdot \frac{P}{P - D}t_2 + \frac{C_S}{2} \cdot Dt_3 \cdot \frac{P}{P - D}t_3}{\frac{P}{P - D}(t_2 + t_3)}$$

$$= \frac{C_D \cdot \left(\frac{P-D}{P}\right) + \frac{D}{2}(C_P t_2^2 + C_S t_3^2)}{t_2 + t_3} \tag{9.24}$$

这是一个有 t_2，t_3 两个变量的二元函数，要求其极小值，就要使下列两个偏导数等于 0，即

$$\begin{cases} \frac{\partial TC}{\partial t_2} = (t_2 + t_3)^{-2}\left[-C_D\left(\frac{P-D}{P}\right) + \frac{D}{2}(t_2 + t_3)(2C_P t_2) - \frac{D}{2}(C_P t_2^2 + C_S t_3^2)\right] = 0 \tag{9.25} \\[2mm] \frac{\partial TC}{\partial t_3} = (t_2 + t_3)^{-2}\left[-C_D\left(\frac{P-D}{P}\right) + \frac{D}{2}(t_2 + t_3)(2C_S t_3) - \frac{D}{2}(C_P t_2^2 + C_S t_3^2)\right] = 0 \tag{9.26} \end{cases}$$

由式(9.25)和式(9.26)得

$$2C_P t_2 = 2C_S t_3 \quad 或 \quad t_2 = \frac{C_S}{C_P} t_3 \tag{9.27}$$

故

$$t_2 + t_3 = \frac{C_S + C_P}{C_P} \cdot t_3 \tag{9.28}$$

将式(9.27)和式(9.28)代入式(9.26)得

$$C_D\left(\frac{P-D}{P}\right) = \frac{D}{2}\left(\frac{C_S + C_P}{C_P}\right)t_3(2C_S t_3) - \frac{D}{2}\left(\frac{C_S^2}{C_P} \cdot t_3^2 + C_S t_3^2\right)$$

转化为

$$C_D\left(\frac{P-D}{P}\right) = Dt_3^2\left(\frac{C_S^2 + C_P \cdot C_S}{C_P}\right) - \frac{Dt_3^2}{2}\left(\frac{C_S^2 + C_P C_S}{C_P}\right) = \frac{Dt_3^2}{2}\left(\frac{C_S^2 + C_P C_S}{C_P}\right) \tag{9.29}$$

由式(9.29)得

$$t_3^2 = 2C_D\left(\frac{P-D}{PD}\right)\frac{C_P}{C_S}\left(\frac{1}{C_P + C_S}\right) = \frac{2C_D}{C_P D} \cdot \frac{P-D}{P} \cdot \frac{C_P}{C_P + C_S} \cdot \frac{C_P}{C_S} \tag{9.30}$$

所以

$$t_3^* = \sqrt{\frac{2C_D}{C_P D} \cdot \frac{P-D}{P} \cdot \frac{C_P}{C_P + C_S} \cdot \frac{C_P}{C_S}} \tag{9.31}$$

将式(9.31)代入式(9.27)得

$$t_2^* = \sqrt{\frac{2C_D}{C_P D} \cdot \frac{P-D}{P} \cdot \frac{C_S}{C_P + C_S}} \tag{9.32}$$

由式(9.27)、式(9.31)、式(9.32)和式(9.23)得

$$Q^* = \frac{PD}{P-D}\left[\left(1 + \frac{C_S}{C_P}\right)t_3\right] = \sqrt{\frac{2C_D D}{C_P} \cdot \frac{P}{P-D} \cdot \frac{C_P + C_S}{C_S}}$$

$$t^* = \frac{Q^*}{D} = \sqrt{\frac{2C_D}{C_P D} \cdot \frac{P}{P-D} \cdot \frac{C_P + C_S}{C_S}} \tag{9.33}$$

将式(9.32)代入式(9.18)得最大存储量为

$$S_1^* = Dt_2^* = \sqrt{\frac{2C_D \cdot D}{C_P} \cdot \frac{P-D}{P} \cdot \frac{C_S}{C_P + C_S}} \tag{9.34}$$

将式(9.31)代入式(9.20)得最大短缺量为

$$S_2^* = Dt_3^* = \sqrt{\frac{2C_D \cdot D}{C_P} \cdot \frac{P-D}{P} \cdot \frac{C_P}{C_P + C_S} \cdot \frac{C_P}{C_S}} \tag{9.35}$$

由式(9.17)得

$$TC^* = \sqrt{2C_D C_P D \cdot \frac{P-D}{P} \cdot \frac{C_S}{C_P + C_S}} \tag{9.36}$$

在本例中,当 $P \gg D$,即瞬时到货时,$P \to \infty$,有 $\dfrac{P}{P-D} \to 1$;不允许缺货时,可视为缺货损失费用 $C_S \to \infty$,有 $\dfrac{C_P + C_S}{C_S} \to 1$,即前三小节中的三个模型为本小节中的模型的特殊情况。

例 9.5 某厂月需某零件 300 件,生产该零件生产准备费用为 10 元 / 次,生产速率为 400 件 / 月,存储费用为 0.1 元 /(件·月),短缺损失率为 0.3 元 /(件·月),求最优存储策略。

解 由题意得 $D = 300$ 件 / 月,$C_P = 0.1$ 元 /(件·月),$C_S = 0.3$ 元 /(件·月),$C_D = 10$ 元 / 次,$P = 400$ 件 / 月。

最优存储期为

$$t^* = \sqrt{\frac{2C_D}{C_P \cdot D}} \cdot \sqrt{\frac{P}{P-D}} \cdot \sqrt{\frac{C_P + C_S}{C_S}} = \sqrt{\frac{2 \times 10}{0.1 \times 300}} \times \sqrt{\frac{400}{400-300}} \times \sqrt{\frac{0.1+0.3}{0.3}} \text{ 月}$$

$$= 1.89 \text{ 月}$$

经济生产批量为　$Q^* = Dt^* = \sqrt{\dfrac{2C_D \cdot D}{C_P}} \cdot \sqrt{\dfrac{P}{P-D}} \cdot \sqrt{\dfrac{C_P + C_S}{C_S}} = 566$ 件 / 次

平均总费用为

$$TC^* = \sqrt{2C_P C_D \cdot D} \cdot \sqrt{\frac{C_S}{C_P + C_S}} \cdot \sqrt{\frac{P-D}{P}}$$

$$= \sqrt{2 \times 0.1 \times 10 \times 400} \times \sqrt{\frac{0.3}{0.1+0.3}} \times \sqrt{\frac{400-300}{400}} \text{ 元 / 月}$$

$$= 12.2 \text{ 元 / 月}$$

另可由式(9.32)和式(9.33)推知 $t_2 = \dfrac{C_S}{C_P + C_S} \cdot \dfrac{P-D}{P} \cdot t^*$

所以　　　　　　　$t_2 = \dfrac{0.3}{0.1+0.3} \times \dfrac{400-300}{400} \times 1.89$ 月 $= 0.35$ 月

由式(9.19)得　　　　$t_1 = \dfrac{D}{P-D} t_2 = \dfrac{300}{400-300} \cdot 0.35$ 月 $= 1.05$ 月

　最大存储量为　　　　$S_1 = Dt_2 = 400 \times 0.35$ 件 $= 140$ 件

由 $t_2 = \dfrac{C_S}{C_P} t_3$ 推知　　　$t_3 = \dfrac{C_P}{C_S} t_2 = \dfrac{0.1}{0.3} \times 0.35$ 月 $= 0.12$ 月

则　　　　　　　　　$t_4 = \dfrac{D}{P-D} t_3 = \dfrac{300}{400-300} \times 0.12$ 月 $= 0.36$ 月

最大缺货量为　　　　$S_2 = Dt_3 = 400 \times 0.12$ 件 $= 48$ 件

　所以,最优存储策略为存储周期为 1.89 月;当生产至存储量为 0 后,再生产 1.05 月后停止生产,此时达到最大存储量 140 件,再经过 0.35 月,存储量降至 0,开始缺货之后经过 0.12 月再次开始生产,此时最大缺货量为 48 件,开始生产后经 0.36 月后生产补足缺货至缺货量为 0;其间总生产量为 566 件,平均总费用为 12.2 元 / 月。

9.2.5　价格有折扣的存储模型

　以上讨论的货物单价是常量,因此得到的存储策略与货物单价无关。下面将介绍货物单价 K 随订货批量 Q 变化而变化的存储策略。

　在此假设货物单价会因为一次购买量过多而降低,其余条件都与 9.2.1 小节中的模型的假设相同,下面研究如何制订存储策略。

记货物单价为 $K(Q)$，设 $K(Q)$ 有图 9-6 所示的三个数量等级变化。

由图 9-6 可得

$$K(Q) = \begin{cases} K_1, & 0 \leqslant Q < Q_1 \\ K_2, & Q_1 \leqslant Q < Q_2 \\ K_3, & Q_2 \leqslant Q \end{cases}$$

当订购批量为 Q 时，一个周期内所需的费用为

$$\frac{1}{2}C_P Q \frac{Q}{D} + C_D + K(Q)Q = \begin{cases} \frac{1}{2}C_P Q \frac{Q}{D} + C_D + K_1 Q, & 0 \leqslant Q < Q_1 \\ \frac{1}{2}C_P Q \frac{Q}{D} + C_D + K_2 Q, & Q_1 \leqslant Q < Q_2 \\ \frac{1}{2}C_P Q \frac{Q}{D} + C_D + K_3 Q, & Q_2 \leqslant Q \end{cases}$$

平均每单位货物所需的费用 $C(Q)$ 如图 9-7 所示。其表达式为

$$C^{\mathrm{I}}(Q) = \frac{1}{2}C_P \frac{Q}{D} + \frac{C_D}{Q} + K_1, \quad Q \in [0, Q_1)$$

$$C^{\mathrm{II}}(Q) = \frac{1}{2}C_P \frac{Q}{D} + \frac{C_D}{Q} + K_2, \quad Q \in [Q_1, Q_2)$$

$$C^{\mathrm{III}}(Q) = \frac{1}{2}C_P \frac{Q}{D} + \frac{C_D}{Q} + K_3, \quad Q \in [Q_2, +\infty)$$

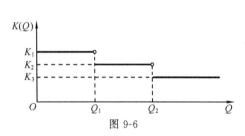

图 9-6

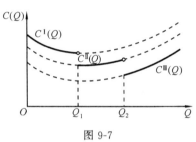

图 9-7

如果不考虑 $C^{\mathrm{I}}(Q)$，$C^{\mathrm{II}}(Q)$，$C^{\mathrm{III}}(Q)$ 的定义域，则它们之间只差一个常数，因此它们的导函数相同。为求极小值，令 $C^{\mathrm{I}}(Q)$，$C^{\mathrm{II}}(Q)$，$C^{\mathrm{III}}(Q)$ 关于 Q 的导数等于 0，可解出 Q_0。但是 Q_0 落在哪一个区间，事先难以预计。如果假设 $Q_1 \leqslant Q_0 < Q_2$，也不能保证 $C^{\mathrm{II}}(Q_0)$ 最小。图 9-7 启发我们考虑 $C^{\mathrm{III}}(Q_2)$ 的费用是否更小。设最佳订货批量为 Q^*，下面给出在价格有折扣的情况下，求最佳订货批量 Q^* 的步骤。

(1) 求 $C^{\mathrm{I}}(Q)$ 的极值点 Q_0。

(2) 若 $Q_0 < Q_1$，计算

$$C^{\mathrm{I}}(Q_0) = \frac{1}{2}C_P \frac{Q_0}{D} + \frac{C_D}{Q_1^*} + K_1$$

$$C^{\mathrm{II}}(Q_1) = \frac{1}{2}C_P \frac{Q_1}{D} + \frac{C_D}{Q_1} + K_2$$

$$C^{\mathrm{III}}(Q_2) = \frac{1}{2}C_P \frac{Q_2}{D} + \frac{C_D}{Q_2} + K_3$$

由 $\min\{C^{\mathrm{I}}(Q_0), C^{\mathrm{II}}(Q_1), C^{\mathrm{III}}(Q_2)\}$ 得到单位货物最小费用的订货批量 Q^*。例如 $\min\{C^{\mathrm{I}}(Q_0), C^{\mathrm{II}}(Q_1), C^{\mathrm{III}}(Q_2)\} = C^{\mathrm{II}}(Q_1)$，则取 $Q^* = Q_1$。

(3) 若 $Q_1 \leqslant Q_0 < Q_2$，计算 $C^{\mathrm{II}}(Q_0)$，$C^{\mathrm{III}}(Q_2)$。由 $\min\{C^{\mathrm{II}}(Q_0), C^{\mathrm{III}}(Q_2)\}$ 决定 Q^*。

(4) 若 $Q_2 \leqslant Q_0$,则取 $Q^* = Q_0$。

以上步骤易于推广到单价折扣分 m 个等级的情况。

比如,订货批量为 Q,单价 $K(Q)$ 为

$$K(Q) = \begin{cases} K_1, & 0 \leqslant Q < Q_1 \\ K_2, & Q_1 \leqslant Q < Q_2 \\ \vdots & \vdots \\ K_j, & Q_{j-1} \leqslant Q < Q_j \\ \vdots & \vdots \\ K_m, & Q_{m-1} \leqslant Q \end{cases}$$

对应的平均货物所需费用为

$$C^j(Q) = \frac{1}{2} C_P \frac{Q}{D} + \frac{C_D}{Q} + K_j \quad (j = 1, 2, \cdots, m)$$

对 $C^{\mathrm{I}}(Q)$ 求得极值点为 Q_0。 若 $Q_{j-1} \leqslant Q_0 \leqslant Q_j$,求 $\min\{C^j(Q_0), C^{j+1}(Q_j),$ $\cdots, C^m(Q_{m-1})\}$,设从此式得到的最小值为 $C^l(Q_{l-1})$,则取 $Q^* = Q_{l-1}$。

例 9.6 某厂每年需某种元件 5 000 个,每次订货费用为 500 元,每件每年保管费用为 10 元,且不允许缺货。元件单价 K 随采购数量不同而变化,即

$$K(Q) = \begin{cases} 20, & Q < 1\ 500 \\ 19, & Q \geqslant 1\ 500 \end{cases}$$

试确定使平均总费用最少的订购策略。

解 利用 E.O.Q. 公式得

$$Q_0 = \sqrt{\frac{2C_D D}{C_P}} = \sqrt{\frac{2 \times 500 \times 5\ 000}{10}}\ 个 \approx 707\ 个$$

订购 707 个和 1 500 个元件的平均单位元件所需费用分别为

$$C(707) = \left(\frac{1}{2} \times 10 \times \frac{707}{5\ 000} + \frac{500}{707} + 20\right) 元 / 个 = 21.414\ 元 / 个$$

$$C(1\ 500) = \left(\frac{1}{2} \times 10 \times \frac{1\ 500}{5\ 000} + \frac{500}{1\ 500} + 19\right) 元 / 个 = 20.833\ 元 / 个$$

由于 $C(1\ 500) < C(707)$,因此最佳订货批量为 $Q^* = 1\ 500$ 件。

在本小节中,由于订货批量不同,订货周期长短不一样,因此才利用平均单位货物所需费用比较优劣。当然也可以利用不同批量,计算全年所需费用来比较优劣。

也有的折扣条件为

$$K(Q) = \begin{cases} K_1 & 当 Q < Q_1 时, \\ K_2 & 当 Q > Q_1 时,超过 Q_1 部分 (Q - Q_1) 才按 K_2 计算货物单价 \end{cases}$$

如果 $K_2 < K_1$,显然是鼓励大量购买货物。在特殊情况下会出现 $K_2 > K_1$,这时利用价格的变化限制购货数量。本节提供的方法稍加变化后可解决此类问题。

9.3 随机性存储模型

上述各类模型都假定各时期的需求量是确定的。但实际问题中,需求量往往是一个不确定的值,这就需要用到随机性存储模型。随机性存储模型的重要特点是需求为随机的,其概率

或分布为已知。本节介绍两种随机性存储模型,有些存储问题比较复杂,或不在本章介绍模型公式的适用范围内,可根据具体情况建模求解。

9.3.1 单时期的随机存储性模型

单时期的随机性存储模型描述为在一个周期内订货只进行一次,若未到期末已经售完缺货,也不再补充订货;若发生滞销,未售出的货不能在下一期出售,只能在期末处理掉。每个周期之间的订货批量与销售量是互相保持独立的。对于一些时效性强的货物,如水果、服装、报纸等可以采取单时期存储。

报童问题是这类模型的一个典型案例:报童每天从邮局订购报纸零售,每份的单位成本为 C,与订货批量无关,若每天对报纸的需求量是一个随机变量 x,分布律为 $p(x)$,每份报纸售价为 S。当需求量大于订购量,发生供应短缺时,每短缺一份报纸的损失为 C_s 元,若到期末有未售出的报纸,每份报纸处理价为 $C_g(C_g < C)$ 元。试确定报童每天从邮局订购的最优订货批量 Q,使预期利润最大。

假设报童订货批量为 Q,则分以下两种情况讨论。

(1) 当需求量 $x \leqslant Q$ 时,出现滞销现象,此时"期望收益＝售出利润－处理损失",即

$$E(Q) = \sum_{x \leqslant Q}^{Q} (S-C)xp(x) - \sum_{x=0}^{Q} (C-C_g)(Q-x)p(x) \tag{9.37}$$

(2) 当需求量 $x > Q$ 时,出现缺货现象,此时"期望收益＝售出利润－缺货损失",即

$$E(Q) = \sum_{x>Q}^{\infty} (S-C)xp(x) - \sum_{x=Q+1}^{Q} C_s(x-Q)p(x) \tag{9.38}$$

综合(1)和(2)得总期望收益为

$$E(Q) = \sum_{x=0}^{Q} (S-C)xp(x) - \sum_{x=0}^{Q} (C-C_g)(Q-x)p(x) + \sum_{x=Q+1}^{\infty} (S-C)Qp(x)$$
$$- \sum_{x=Q+1}^{\infty} C_s(x-Q)p(x) \tag{9.39}$$

对于最佳订货批量 Q^*,必有

$$\begin{cases} E(Q^*) \geqslant E(Q^*+1) \\ E(Q^*) \geqslant E(Q^*-1) \end{cases} \tag{9.40}$$

由式(9.40)中 $E(Q^*) \geqslant E(Q^*+1)$ 可得

$$\sum_{x=0}^{Q} (S-C)xp(x) - \sum_{x=0}^{Q} (C-C_g)(Q-x)p(x) + \sum_{x=Q+1}^{\infty} (S-C)Qp(x) - \sum_{x=Q+1}^{\infty} C_s(x-Q)p(x)$$
$$\geqslant \sum_{x=0}^{Q+1} (S-C)xp(x) - \sum_{x=0}^{Q+1} (C-C_g)(Q+1-x)p(x) + \sum_{x=Q+2}^{\infty} (S-C)(Q+1)p(x)$$
$$- \sum_{x=Q+2}^{\infty} C_s(x-Q-1)p(x)$$

化简可得

$$\sum_{x=0}^{Q} p(x) \geqslant \frac{S+C_s-C}{S+C_s-C_g} \tag{9.41}$$

同理,由式(9.40)中 $E(Q^*) \geqslant E(Q^*-1)$ 可得

$$\sum_{x=0}^{Q-1} p(x) \leqslant \frac{S+C_s-C}{S+C_s-C_g} \tag{9.42}$$

所以
$$\sum_{x=0}^{Q-1} p(x) \leqslant \frac{S+C_s-C}{S+C_s-C_g} \leqslant \sum_{x=0}^{Q} p(x) \tag{9.43}$$

式(9.43)中的 $\frac{S+C_s-C}{S+C_s-C_g}$ 还可改写为 $\frac{(S-C)+C_s}{(S-C)+C_s+(C-C_g)}$,其中 $S-C$ 为每件产品销售出去后的盈利,$C-C_g$ 为每件产品未能销售出去时的亏损,C_s 表示每发生一件产品短缺时候的损失,这样分母为单位产品的售出盈利、滞销损失、缺货损失之和,分子为单位产品的售出盈利、缺货损失之和。综上所述,最佳订货批量 Q^* 应满足

$$\sum_{x=0}^{Q^*-1} p(x) \leqslant \frac{(S-C)+C_s}{(S-C)+C_s+(C-C_g)} \leqslant \sum_{x=0}^{Q^*} p(x) \tag{9.44}$$

例 9.7 报童问题。已知报童每天的报纸销售量 x 的概率分布为 $p(x)$,见表 9-1,又每售出一份报纸的盈利为 $S-C=5$,每滞销一份报纸的亏损为 $C-C_g=3$,要求确定订货批量 Q 的最佳值。

表 9-1

x	9	10	11	12	13	14
$p(x)$	0.05	0.15	0.20	0.40	0.15	0.05

解 由式(9.44)计算得到

$$\sum_{x=0}^{12-1} p(x) = 0.40 \leqslant \frac{5+0}{5+0+3} \leqslant \sum_{x=0}^{12} p(x) = 0.80$$

$$Q^* = 12$$

因此,报童最佳订货批量应为 12 份。

例 9.8 某航空旅游公司经营 8 架直升机用于观光旅游。该直升机上有一种零件需要经常更换。据过去经验,对该种零件的需求服从泊松分布,8 架直升机平均每年需 2 件该种零件。由于现有直升机型号 2 年后将淘汰,因此生产该机型的工厂决定投入最后一批生产,并征求该航空旅游公司对该种零件的备件订货。规定为立即订货,每件收费 900 元,如果最后一批直升机投产结束后提出对该种零件临时订货,按每件 1 600 元收费,并于 2 周后才能到货。而当一架直升机因缺乏该种零件停飞时,每周损失为 1 200 元。对于订购的多余备件,飞机淘汰时其处理价为每件 100 元。试决定该航空旅游公司应立即提出多少个备件的订货,才能做到最经济合理。

解 参照式(9.44),本题中有 $C-C_g=900-100=800$,$S-C=0$,$C_s=(1\,600-900)+1\,200\times2=3\,100$。代入式(9.44)得

$$\sum_{x=0}^{Q^*-1} p(x) \leqslant \frac{(S-C)+C_s}{(S-C)+C_s+(C-C_g)} \leqslant \sum_{x=0}^{Q^*} p(x)$$

又 $\lambda=8/2=4$,所以
$$p(x) = \frac{\lambda^x \cdot e^{-\lambda}}{x!} = \frac{4^x \cdot e^{-4}}{x!}$$

因
$$\frac{(S-C)+C_s}{(S-C)+C_s+(C-C_g)} = \frac{3\,100}{3\,900} = 0.794\,9$$

由泊松分布表查得,当 $\lambda=4$ 时,有

$$\sum_{x=0}^{5} p(x) = 0.785, \quad \sum_{x=0}^{6} p(x) = 0.889$$

故本题中 $Q^*=6$,即该航空旅游公司应提出 6 个备件的订货,才能做到最经济合理。

式(9.44)适用于 $p(x)$ 服从任何离散概率分布的情况,如果 x 为连续变量,则对某种产品的需求量 x 是连续的概率分布,其概率密度函数为 $f(x)$。此种情况下,假设订货批量为 Q,则分以下两种情况讨论。

(1) 当需求量 $x \leqslant Q$ 时,期望收益为

$$E(Q) = \int_0^Q (S-C) x f(x) \mathrm{d}x - \int_0^Q (C-C_g)(Q-x) f(x) \mathrm{d}x \tag{9.45}$$

(2) 当需求量 $x > Q$ 时,期望收益为

$$E(Q) = \int_Q^\infty (S-C) Q f(x) \mathrm{d}x - \int_Q^\infty C_S (x-Q) f(x) \mathrm{d}x \tag{9.46}$$

综合(1)和(2)得总期望收益为

$$E(Q) = \int_0^Q [(S-C)x - (C-C_g)(Q-x)] f(x) \mathrm{d}x + \int_Q^\infty [(S-C)Q - C_S(x-Q)] f(x) \mathrm{d}x \tag{9.47}$$

为求 $\min E(Q)$,令 $\dfrac{\mathrm{d}E(Q)}{\mathrm{d}Q} = 0$,得

$$\int_0^{Q^*} f(x) \mathrm{d}x = \frac{(S-C) + C_S}{(S-C) + C_S + (C-C_g)} \tag{9.48}$$

又 $\dfrac{\mathrm{d}^2 E(Q^*)}{\mathrm{d}Q^{*2}} = -(S-C_g) f(Q^*) < 0$,所以 $E(Q^*)$ 即为最大值。

例 9.9 某商店每天对面包的需求量服从 $\mu = 300, \sigma = 50$ 的正态分布。已知每个面包的售价为 0.50 元,成本价为每个 0.30 元,对当天未售出面包的处理价为每个 0.20 元。问该商店所属的工厂每天应生产多少面包,可使预期利润最大。

解 设该商店所属的工厂每天生产面包数为 Q。由题知 $S = 0.50, C = 0.30, C_g = 0.20$,因未考虑供不应求时的损失,故 $C_S = 0$。由式(9.48) 得

$$\int_0^{Q^*} f(x) \mathrm{d}x = \frac{(S-C) + C_S}{(S-C) + C_S + (C-C_g)} = \frac{(0.5-0.3) + 0}{(0.5-0.3) + 0 + (0.3-0.2)} = 0.67$$

由正态分布表查得 $x = 0.43$,所以

$$Q^* = \mu + \sigma x = 300 + 50 \times 0.43 = 322$$

即该商店所属的工厂每天应生产 322 个面包,才能使预期的利润最大。

9.3.2 多时期的随机性存储模型

该类模型中各个时期的需求量是随机的,当存储量降低到 r 时,立即提出订货,故 r 称为订货点。订货批量与订货提前期分别为常数值 Q 和 L。这类模型的示意图如图 9-8 所示。

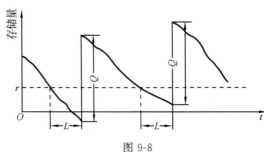

图 9-8

设一次订货所需费用为 C_D,存储费用为 C_P,对该种产品需求率的期望值为 D,在订货提前期内,需求量 x 的概率为 $f(x)$,期望值为 μ。$\mu=DL$。当 $\mu>r$ 时,发生供不应求的现象,短缺的数量到下批订货到达时给补上,用 C_S 表示每短缺一件时的损失。若用 $\mathrm{ETC}(Q,r)$ 代表订货点为 r、订货批量为 Q 时的年总费用的期望值,则有

$$\mathrm{ETC}(Q,r)=\mathrm{TOC}+\mathrm{TCC}+\mathrm{TSC} \tag{9.49}$$

$\mathrm{TOC},\mathrm{TSC},\mathrm{TCC}$ 分别为年订货费用、年短缺损失费用和年存储费用,现分别讨论如下。

(1) TOC。

$$\mathrm{TOC}=C_D\cdot\frac{D}{Q} \tag{9.50}$$

(2) TSC。仅当订货提前期内需求量超过 r 时,才发生供应短缺。用 x 表示订货提前期内的需求量,则需补充的短缺量为 $x-r$(当 $x>r$ 时)。当 $x\leqslant r$ 时,不需要补充。

若用 $S(r)$ 代表一个周期内的期望短缺量,则有

$$S(r)=\int_r^\infty(x-r)f(x)\mathrm{d}x \tag{9.51}$$

所以

$$\mathrm{TSC}=C_S\cdot\frac{D}{Q}\cdot S(r) \tag{9.52}$$

(3) TCC。要严格计算一个周期内的平均存储量是很复杂的。下面采用近似计算法。因订货时的存储量为 r,在订货提前期内的期望需求量为 μ,故在一批新订货到达前的存储量为 $r-\mu$,而订货到达后的存储量为 $Q+r-\mu$。其中,$Q+r-\mu$ 是一个周期内存储的最高点,$r-\mu$ 为最低点,平均存储量为 $[(Q+r-\mu)+(r-\mu)]/2=\frac{Q}{2}+r-\mu$。因而有

$$\mathrm{TCC}=C_P\left(\frac{Q}{2}+r-\mu\right) \tag{9.53}$$

将式(9.50)、式(9.52)、式(9.53)代入式(9.49)有

$$\mathrm{ETC}(Q,r)=C_D\cdot\frac{D}{Q}+C_S\cdot\frac{D}{Q}\cdot S(r)+C_P\left(\frac{Q}{2}+r-\mu\right) \tag{9.54}$$

将式(9.54)分别对 Q 和 r 求偏导数,并令其为 0,得

$$\frac{\partial\mathrm{ETC}(Q,r)}{\partial Q}=-\frac{C_D D}{Q^2}-\frac{C_S\cdot D\cdot S(r)}{Q^2}+\frac{C_P}{2}=0$$

所以

$$Q^*=\sqrt{\frac{2D[C_D+C_S\cdot S(r)]}{C_P}} \tag{9.55}$$

$$\frac{\partial\mathrm{ETC}(Q,r)}{\partial r}=\left(\frac{C_S D}{Q}\right)\frac{\mathrm{d}S(r)}{\mathrm{d}r}+C_P=0 \tag{9.56}$$

由式(9.51)得

$$\frac{\mathrm{d}S(r)}{\mathrm{d}r}=-\int_r^\infty f(x)\mathrm{d}x \tag{9.57}$$

将式(9.57)代入式(9.56)得

$$-\frac{C_S D}{Q}\int_r^\infty f(x)\mathrm{d}x+C_P=0$$

所以

$$\int_r^\infty f(x)\mathrm{d}x=\frac{C_P\cdot Q}{C_S\cdot D} \tag{9.58}$$

注意到式(9.55)和式(9.58)两表达式中,为求 Q 需知道 r,为求 r 值需知道 Q,所以需采用

以下迭代的算法：

① 作为初始解，在式(9.55)中令 $S(r)=0$，求解得出 Q_1；

② 将 Q_1 的值代入式(9.58)，求解得出 r_1；

③ 将 r_1 的值代入式(9.51)，计算 $S(r_1)$；

④ 将 $S(r_1)$ 值代入式(9.55)，求得 Q_2；

⑤ 重复步骤 ②～④，直到 Q_i 和 r_i 的值基本上不再有较大的变化为止。

实际问题中，这种计算的收敛速度是很快的，一般只需迭代 2～3 个循环。

注意到 $S(r)$ 的表达式即式(9.51)，当需求量 x 的概率密度函数 $f(x)$ 比较复杂时，积分式 $\int_r^\infty (x-r)f(x)\mathrm{d}x$ 很难计算。在 $f(x)$ 服从正态分布的特殊情况下，式(9.51)可写为

$$S(r)=\int_r^\infty (x-r)\frac{1}{\sigma\sqrt{2\pi}}\exp\left[-\frac{1}{2}\left(\frac{x-\mu}{\sigma}\right)^2\right]\mathrm{d}x$$

$$=\int_r^\infty\left[\frac{x-\mu}{\sigma}+\frac{\mu-r}{\sigma}\right]\frac{1}{\sqrt{2\pi}}\exp\left[-\frac{1}{2}\left(\frac{x-\mu}{\sigma}\right)^2\right]\mathrm{d}x \qquad (9.59)$$

若令 $y=\dfrac{x-\mu}{\sigma}$，则 $\mathrm{d}y=\dfrac{\mathrm{d}x}{\sigma}$，由此

$$\mathrm{d}x=\sigma\,\mathrm{d}y \qquad (9.60)$$

将式(9.60)代入式(9.59)有

$$S(r)=\int_{\frac{r-\mu}{\sigma}}^\infty y\cdot\frac{\sigma}{\sqrt{2\pi}}\exp\left[-\frac{1}{2}y^2\right]\mathrm{d}y+\int_{\frac{r-\mu}{\sigma}}^\infty\left(\frac{\mu-r}{\sigma}\right)\frac{\sigma}{\sqrt{2\pi}}\exp\left[-\frac{1}{2}y^2\right]\mathrm{d}y$$

$$=\frac{\sigma}{\sqrt{2\pi}}\int_{\frac{r-\mu}{\sigma}}^\infty y\cdot\exp\left[-\frac{1}{2}y^2\right]\mathrm{d}y+(\mu-r)\int_{\frac{r-\mu}{\sigma}}^\infty\frac{1}{\sqrt{2\pi}}\exp\left[-\frac{1}{2}y^2\right]\mathrm{d}y=A+B \qquad (9.61)$$

其中，$\quad A=\dfrac{\sigma}{\sqrt{2\pi}}\int_{\frac{r-\mu}{\sigma}}^\infty -\exp\left[-\frac{1}{2}y^2\right]\mathrm{d}\left(-\frac{1}{2}y^2\right)=\dfrac{\sigma}{\sqrt{2\pi}}\left[-\exp\left(-\frac{1}{2}y^2\right)\Big|_{(r-\mu)/\sigma}^\infty\right]$

$$=\frac{\sigma}{\sqrt{2\pi}}\exp\left[-\frac{1}{2}\left(\frac{r-\mu}{\sigma}\right)^2\right]=\sigma f\left(\frac{r-\mu}{\sigma}\right)$$

$$B=(\mu-r)\left[1-\int_{-\infty}^{\frac{r+\mu}{\sigma}}\frac{1}{\sqrt{2\pi}}\exp\left(-\frac{1}{2}y^2\right)\mathrm{d}y\right]=(\mu-r)G\left(\frac{r-\mu}{\sigma}\right)$$

$G\left(\dfrac{r-\mu}{\sigma}\right)$ 是一个与正态分布互补的分布。将 A 和 B 代入式(9.61)得

$$S(r)=\sigma f\left(\frac{r-\mu}{\sigma}\right)+(\mu-r)G\left(\frac{r-\mu}{\sigma}\right) \qquad (9.62)$$

例 9.10 已知对某种产品的需求期望值为 $D=1\,600$ 件／年，订货费用为 $C_D=4\,000$ 元／次，存储费用为 $C_P=10$ 元／(件·年)，短缺损失费用为 $C_S=2\,000$ 元／件，订货提前期内的需求量服从 $N(750,50^2)$ 分布，要求确定最佳订货点 r^* 与最佳订货批量 Q^*。

解 令 $S(r)=0$，由式(9.55)可得

$$Q_1=\sqrt{\frac{2C_D D}{C_P}}=\sqrt{\frac{2\times4\,000\times1\,600}{10}}=1\,132$$

因为 $\qquad\displaystyle\int_{\frac{r-\mu}{\sigma}}^\infty f(x)\mathrm{d}x=\frac{C_P\cdot Q}{C_S\cdot D}=\frac{10\times1\,132}{2\,000\times1\,600}=0.003\,5$

由正态分布表查得 $\qquad\qquad\dfrac{r-\mu}{\sigma}=2.7$

所以 $\qquad r_1 = 750 + 50 \times 2.7 = 750 + 135 = 885$

由式(9.62)知

$$S(r) = 50f\left(\frac{885 - 750}{50}\right) + (750 - 885)G\left(\frac{885 - 750}{50}\right)$$

$$= 50 \times 0.010\ 4 - 135 \times 0.003\ 5 = 0.047\ 5$$

代入式(9.55)得

$$Q_2 = \sqrt{\frac{2 \times 1\ 600 \times (4\ 000 + 2\ 000 \times 0.047\ 5)}{10}} = 1\ 145$$

因为 $\qquad \int_{\frac{r-\mu}{\sigma}}^{\infty} f(x)\mathrm{d}x = \frac{1\ 145 \times 10}{2\ 000 \times 1\ 600} = 0.003\ 6$

由正态分布表查得 $\qquad \frac{r - \mu}{\sigma} = 2.69$

所以 $\qquad r_2 = 750 + 50 \times 2.69 = 884.5$

$$S(r) = 50f\left(\frac{134.5}{50}\right) - (134.5)G\left(\frac{134.5}{50}\right) = 50 \times 0.010\ 7 - 134.5 \times 0.003\ 6 = 0.050\ 8$$

$$Q_3 = \sqrt{\frac{2 \times 1\ 600 \times (4\ 000 + 2\ 000 \times 0.050\ 8)}{10}} = 1\ 145.65$$

因为 $\qquad \int_{\frac{r-\mu}{\sigma}}^{\infty} f(x)\mathrm{d}x = \frac{1\ 145.65 \times 10}{2\ 000 \times 1\ 600} = 0.003\ 6$

所以 $\qquad r_3 = 884.5$

由此可得最优解为 $Q^* = 1\ 145, r^* = 885$。

9.4 具有约束条件的存储模型

假如存储模型中包含多种物品,且订货批量要受到仓库面积和资金等方面的限制,这样,在考虑最优订货批量时需增加必要的约束条件。

设 Q_i 为第 $i(i = 1, 2, \cdots, n)$ 种物品的订货批量,已知每件第 i 种物品占用存储空间为 w_i,仓库的最大存储容量为 W,则考虑各种物品的订货批量时,应加上一个约束条件,即

$$\sum_{i=1}^{n} Q_i w_i \leqslant W \tag{9.63}$$

又若第 i 种物品的订货提前期为零,单位时间的需求率为 D_i,与每批订货有关的费用及单位时间的存储费用分别为 $C_{\mathrm{D}i}$ 和 $C_{\mathrm{P}i}$,由此在上述带约束条件的存储问题中,为了使总的费用最小,可归结为求解下述数学模型:

$$\min \mathrm{TC} = \sum_{i=1}^{n}\left(C_{\mathrm{D}i} \cdot \frac{D_i}{Q_i} + \frac{1}{2}C_{\mathrm{P}i}Q_i\right)$$

$$\mathrm{s.\,t.} \begin{cases} \sum_{i=1}^{n} Q_i w_i \leqslant W \\ Q_i \geqslant 0 \quad (i = 1, 2, \cdots, n) \end{cases}$$

当不考虑约束条件时,由式(9.2)知,每种物品的最佳订货批量为

$$Q_i^* = \sqrt{\frac{2C_{\mathrm{D}i} \cdot D_i}{C_{\mathrm{P}i}}} \quad (i = 1, 2, \cdots, n) \tag{9.64}$$

若将由式(9.64)求出的结果代入式(9.63)能得到满足,则由式(9.64)求得的 Q_i^* 值分别是每种物品的最优订货批量,否则就需要建立以下拉格朗日(Lagrangian)函数:

$$L(\lambda, Q_1, \cdots, Q_r) = \sum_{i=1}^{n} \left(C_{\mathrm{D}i} \cdot \frac{D_i}{Q_i} + \frac{1}{2} C_{\mathrm{P}i} Q_i \right) - \lambda \left(\sum_{i=1}^{n} Q_i w_i - W \right) \tag{9.65}$$

式中,$\lambda < 0$ 称为拉格朗日乘数。将式(9.65)分别对 Q_i 和 λ 求偏导数,并令其为 0,有

$$\frac{\partial L}{\partial Q_i} = -\frac{C_{\mathrm{D}i} D_i}{Q_i^2} + \frac{1}{2} C_{\mathrm{P}i} - \lambda w_i = 0 \tag{9.66}$$

$$\frac{\partial L}{\partial \lambda} = -\sum_{i=1}^{n} Q_i w_i + W = 0 \tag{9.67}$$

式(9.67)说明,Q_i 的值必须满足存储面积的约束。由式(9.66)得

$$Q_i^* = \sqrt{\frac{2 C_{\mathrm{D}i} \cdot D_i}{C_{\mathrm{P}i} - 2\lambda w_i}} \tag{9.68}$$

式(9.68)中的 λ 值可以通过将式(9.67)、式(9.68)联立求解得到。但通常的做法是先令 $\lambda = 0$,由式(9.68)求出 Q_i 值,将其代入式(9.63)看其是否满足。如果不满足,可通过试算,逐步减小 λ 值,直到求出的 Q_i 值满足式(9.63)为止。

例 9.11   考虑一个具有三种物品的存储问题,有关数据见表 9-2。已知总的存储容量为 $W = 30 \text{ m}^3$,试求每种物品的最优订货批量。

表 9-2

物　　品	C_{D}	D_i	$C_{\mathrm{P}i}$	w_i / m^3
1	10	2	0.3	1
2	5	4	0.1	1
3	15	4	0.2	2

解   当 $\lambda = 0$ 时,由式(9.68)解得

$$Q_1 = \sqrt{\frac{2 \times 10 \times 2}{0.3}} = \sqrt{\frac{40}{0.3}} = 11.5$$

$$Q_2 = \sqrt{\frac{2 \times 5 \times 4}{0.1}} = \sqrt{\frac{40}{0.1}} = 20$$

$$Q_3 = \sqrt{\frac{2 \times 15 \times 4}{0.2}} = \sqrt{\frac{120}{0.2}} = 24.5$$

因为

$$\sum_{i=1}^{3} Q_i w_i = 56 > 30$$

所以通过逐步减小 λ 值进行试算,试算过程见表 9-3。

表 9-3

λ	Q_1	Q_2	Q_3	$\sum\limits_{i=1}^{3} Q_i w_i$
-0.05	10.0	14.1	17.3	41.4
-0.10	9.0	11.5	14.1	34.6
-0.15	8.2	10.0	12.2	30.4
-0.20	7.6	8.9	11.0	27.5

由表 9-3,可取 $Q_1^* = 8$,$Q_2^* = 9$,$Q_3^* = 11$。

9.5　动态的存储模型

动态存储模型的特点是对某种物品的需求量可划分为若干个时期,在同一时期内需求量是常数,但在不同时期,需求量是变化的。假设订货提前期为零,即提出订货后,库存立即得到补充。订货于每个时期初提出,不允许发生缺货。

现作如下假定:

$i(i=1,2,\cdots,N)$ 表示时期;

q_i 为第 i 个时期提出的订货量;

d_i 为第 i 个时期对该种物品的需求量;

x_i 为第 $i-1$ 个时期末的存储量;

C_{Pi} 为单位物品从第 i 个时期到第 $i+1$ 个时期的存储费用;

C_{Di} 为第 i 个时期提出订货的订货费用;

$C_i(q_i)$ 为第 i 时期该种物品的生产费用函数。

问题的目标是决定各个时期的最佳订货批量 q_i^*,使在满足需求的条件下,N 个时期的各项费用总和最小。

从问题的叙述看出,这是一个多阶段的决策问题,可以用动态规划的方法求解。

将 N 个时期看成 N 个阶段,用 $i(i=1,2,\cdots,N)$ 代表阶段;第 i 个阶段的状态变量 x_i 为前一阶段末的存储量,亦即本阶段初提出订货前的存储量;决策变量 q_i 为第 i 阶段的订货批量,因不允许缺货,故应满足 $q_i+x_i\geqslant d_i,q_i\geqslant 0$,若第 N 个时期末该种物品存储量为零,则有 $q_i+x_i\leqslant d_i+\cdots+d_N$;状态转移方程为 $x_{i+1}=x_i+q_i-d_i$。

若用 $f_i(x_i)$ 表示第 i 阶段的初状态为 x_i,采用最优订货策略从第 i 阶段到第 N 阶段的各项费用的总和,则可以写出动态规划的递推方程,即

$$f_i(x_i)=\min_{q_i\in D_i(x_i)}\{C_{Di}+C_i(q_i)+C_{Pi}(x_i+q_i-d_i)+f_{i+1}(x_{i+1})\} \qquad (9.69)$$

式中,$D_i(x_i)=\{q_i\mid q_i\geqslant 0,d_i\leqslant q_i+x_i\leqslant d_i+\cdots+d_N\}$。又因存储费用应为 $C_{Pi}\left(\dfrac{x_i+x_{i+1}}{2}\right)$,为了便于计算,式中用 x_{i+1} 代替 $(x_i+x_{i+1})/2$。

边界条件为

$$f_N(x_N)=\min_{q_N\in D_N(x_N)}\{C_{DN}+C_N(q_N)+f_{N+1}(x_{N+1})\} \qquad (9.70)$$

例 9.12　已知三个时期内对某种产品的需求量、各时期的订货费用及存储费用如表 9-4 所示,又生产费用函数为

$$C_i(q_i)=\begin{cases}10q_i, & 0\leqslant q_i\leqslant 3 \\ 30+20(q_i-3), & q_i\geqslant 4\end{cases}$$

要求确定各个时期最佳订货批量 q_i^*,使三个时期各项费用和最小。已知第 1 个时期初有一件库存,第 3 时期末库存为零。

表 9-4

i	d_i	C_{Di}	C_{Pi}
1	3	3	1
2	2	7	3
3	4	6	2

解　利用动态规划的逆序算法,当 $i=3$ 时,因 $d_3=4$,而 $q_3+x_3\geqslant d_3$,故 $0\leqslant x_3\leqslant 4$,$0\leqslant q_3\leqslant 4$,计算过程见表 9-5。

表 9-5

x_3	$C_{D3}+C_3(q_3)$					$f_3(x_3)$	q_3^*
	q_3						
	0	1	2	3	4		
0	—	—	—	—	6＋50	56	4
1	—	—	—	6＋30	—	36	3
2	—	—	6＋20	—	—	26	2
3	—	6＋10	—	—	—	16	1
4	0	—	—	—	—	0	0

当 $i=2$ 时,有 $d_2\leqslant q_2+x_2\leqslant d_2+d_3=6$,故 $0\leqslant x_2\leqslant 6$,$0\leqslant q_2\leqslant 6$。计算过程见表 9-6。

表 9-6

x_2	$A^*+C_{P2}(x_3)+f_3(x_3)$							$f_2(x_2)$	q_2^*
	q_2								
	0	1	2	3	4	5	6		
	A								
	0	7＋10	7＋20	7＋30	7＋50	7＋70	7＋90		
0	—	—	27＋56	37＋39	57＋32	77＋25	97＋12	76	3
1	—	17＋56	27＋39	37＋32	57＋25	77＋12	—	66	2
2	0＋56	17＋39	27＋32	37＋25	57＋12	—	—	56	0
3	0＋39	17＋32	27＋25	37＋12	—	—	—	39	0
4	0＋32	17＋25	27＋12	—	—	—	—	32	0
5	0＋25	17＋12	—	—	—	—	—	25	0
6	0＋12	—	—	—	—	—	—	12	0

注:$A=C_{D2}+C_2(q_2)$。

当 $i=1$ 时,有 $q_1+x_1\leqslant d_1+d_2+d_3=9$,因已知 $x_1=1$,故 $2\leqslant q_1\leqslant 8$。计算过程见表 9-7。

表 9-7

x_1	$A^*+C_{P1}(x_2)+f_2(x_2)$							$f_1(x_1)$	q_1^*
	q_2								
	2	3	4	5	6	7	8		
	A								
	3＋20	3＋30	3＋50	3＋70	3＋90	3＋110	3＋130		
1	23＋76	33＋67	53＋58	73＋42	93＋36	113＋30	133＋18	99	2

注:$A=C_{D1}+C_1(q_1)$。

由计算结果知 $x_1=1$,$q_1^*=2$;$x_2=0$,$q_2^*=3$;$x_3=1$,$q_3^*=3$;三个时期最小费用总和为 99。

上述模型中,当生产费用函数 $C_i(q_i)$ 和存储费用 $C_{Pi}(x_{i+1})$ 分别是 q_i 和 x_{i+1} 的线性函数、线性递减函数或凹函数时,H. Wagner 和 T. Whitin 证明如下。

(1) 对于任一时期 i,只有当 $x_i=0$ 时,有 $q_i>0$;当 $x_i>0$ 时,一定有 $q_i=0$,故恒有 $x_iq_i=0$。

（2）第 i 时期的最优订货批量 q_i^* 或为零,或相当于从第 i 时期开始的随后若干个时期需求量之和,即 $q_i^*=0$,或 $q_i^*=d_i$,或 $q_i^*=d_i+d_{i+1}$,或 $q_i^*=d_i+d_{i+1}+d_{i+2}+\cdots$

以上两点结论不难理解:若第 $i-1$ 时期末有库存 $x_i<d_i$,其中每件的生产费用加存储费用累计为 C',又在第 i 时期该种产品折合每件的生产费用为 C'',当 $C''\leqslant C'$ 时,上期末剩余的 x_i 件产品在本期内的生产更经济,故应有 $x_i=0$;当 $C''\geqslant C'$ 时,即本期内的需求,应由前一时期末的库存来供应,应有 $q_i=0$。当然,上述推理只有当 q_i 及相应的 x_{i+1} 值增大时,生产费用及存储费用只呈线性递增或线性递减的假定条件下才成立。下面,通过实例来说明由此带来的计算上的简化。

例 9.13　已知各时期内对某种产品的需求量、提出订货的费用、存储费用如表 9-8 所示。又 $C_i(q_i)=2q_i$,期初库存 $x_1=15$,期末库存 $x_5=0$,要求确定各个时期最佳的订货批量 q_i^*,使四个时期各项费用的总和最小。

表 9-8

i	d_i	C_{Di}	C_{Pi}
1	76	98	1
2	26	114	1
3	90	185	1
4	67	70	1

解　依据式(9.69)、式(9.70)进行逆序计算。当 $i=4$ 时,由上述性质知,$x_4=0$,$q_4=67$ 或 $x_4=67$,$q_4=0$。计算过程见表 9-9。

表 9-9

x_4	$C_{D4}+C_4(q_4)$		$f_4(x_4)$	q_4^*
	q_4			
	0	67		
0	—	$70+134$	204	67
67	0	—	0	0

当 $i=3$ 时,若 $x_3=0$,q_3 可以为 90 或 157;又 x_3 为 90 或 157 时,$q_3=0$。计算过程见表 9-10。

表 9-10

x_3	$C_{D3}+C_3(q_3)+C_{P3}(x_4)+f_4(x_4)$			$f_3(x_3)$	q_3^*
	q_3				
	0	90	157		
0	—	$185+180+0+204=569$	$185+314+67+0=566$	566	157
90	$0+0+0+204=204$	—	—	204	0
157	$0+0+67+0=67$	—	—	67	0

当 $i=2$ 时,若 $x_2=0$,q_2 可以为 26,116 或 183;当 x_2 为其他值时,$q_2=0$。计算过程见表 9-11。

表 9-11

x_2	$C_{D2} + C_2(q_2) + C_{P2}(x_3) + f_3(x_3)$				$f_2(x_2)$	q_2^*
	q_2					
	0	26	116	183		
0	—	$114+52+0$ $+566=732$	$114+232+90$ $+204=640$	$114+366$ $+157+67=704$	640	116
26	$0+0+0+566=566$	—	—	—	566	0
116	$0+0+90+204=294$	—	—	—	294	0
183	$0+0+157+67=224$	—	—	—	224	0

当 $i=1$ 时，因已知 $x_1=15$，故 q_1 可以为 $61,87,177$ 或 244。计算过程见表 9-12。

表 9-12

x_1	$C_{D1} + C_1(q_1) + C_{P1}(x_2) + f_2(x_2)$				$f_1(x_1)$	q_1^*
	q_1					
	61	87	117	244		
15	$98+122+0$ $+640=860$	$98+174+26$ $+566=864$	$98+354+116$ $+294=862$	$98+488+183$ $+224=993$	860	61

由上述计算，各时期的最佳订货批量为

$$q_1^* = 61 \rightarrow x_2 = 0, \quad q_2^* = 116 \rightarrow x_3 = 90, \quad q_3^* = 0 \rightarrow x_4 = 0, \quad q_4^* = 67$$

9.6　LINGO 在存储问题中的应用

例 9.14　确定性存储模型

某公司需要购买某种零件用于产品的生产，不允许缺货，需求速率 $R = 250\,000$ 个／年，每次订货费用为 $1\,000$ 元，每年单位存储费用是单位购进价格的 24%，供应商给出的折扣价政策如表 9-13 所示，求最佳订货策略。

表 9-13

订货批量	$1 \leqslant Q < 4\,000$	$4\,000 \leqslant Q < 20\,000$	$20\,000 \leqslant Q < 40\,000$	$Q \geqslant 40\,000$
单位价格	12	11	10	9

解　LINGO 程序如下：

```
Model:
Sets:
fac/1..4/:K,C1,Q,Qw,C;
endsets
Data:
K=12,11,10,9;
Q=1 4000 20000 40000;
R=250000;
```

```
C3 = 1000;

enddata

Calc:

@for(fac:c1 = 0.24* k;Qw = @ sqrt(2* c3* R/c1));

Cw = @ sqrt(2* c1(2)* c3* R) +R* k(2);

@for(fac(i)|i# ge# 3:c(i) =1/2* c1(i)* Q(i) +c3* R/Q(i) +R* k(i));

T = 40000/250000* 365;

endCalc

end
```

本例中,由于原始数据不能直接用于模型,因此采用 Calc 作为数据预处理过程。

由运算结果可以看出最优订购周期为 58.4 天,平均费用为 2 786 332 元 / 年,最优订购批量为 40 000 件,最小费用为 2 299 450 元 / 年。

例 9.14 讲解视频

此类题也有另外的编程方法,如例 9.15 所示。

例 9.15　某工厂每周需要零配件 32 箱,存储费用为每箱每周 1 元,每次订货费用为 25 元,不允许缺货。零配件进货时的单价 K 随订货批量 Q 不同而有变化。供应商给出的折扣价政策如表 9-14 表所示,求最佳订购策略(包括订货周期、最优订货批量、最小费用)。

表 9-14

订 货 批 量	$1 \leqslant Q < 10$	$10 \leqslant Q < 50$	$50 \leqslant Q < 100$	$Q \geqslant 100$
单 位 价 格	12	10	9.5	9

解　根据题意,有 $R = 32$ 箱 / 周,$C_1 = 1$ 元 / 周,$C_3 = 25$ 元 / 次。

采用 LINGO 编程如下:

```
model:

sets:

num/1..7/:q0,K0,w;!Q0,K0 分别为 K(Q) 上 7 个分点的 x,y 坐标,w 是定义 K(Q) 的权重向量;

endsets

data:

Q0 = 1, 9, 10, 49, 50, 99, 100;

K0 = 12, 12, 10, 10, 9.5, 9.5, 9;

R = 32; C1 = 1; C3 = 25;

enddata

min = C1* Q/2 +C3* R/Q +R* Kq;

@ sum(num(k):w(k)) = 1;

Q = @ sum(num(k):Q0(k)* w(k));

Kq = @ sum(num(k): K0(k)* w(k));

@ for(num(k):@ sos2('sos2_sets',w(k)));

t1 = Q/R; t2 = t1* 7;!计算最佳订购周期;
```

```
end
```

结果如下:

```
Objective value:              345.0000
Variable         Value          Reduced Cost
Q               50.00000        0.000000
Kq              9.500000        0.000000
T1              1.562500        0.000000
T2              10.93750        0.000000
```

因此,最优订货批量 $Q^* = 50$ 箱,最小费用 $C^* = 345$ 元/周,订购周期 $T^* = Q^*/R = 50/32$ 周 ≈ 11 天。

例 9.16 随机性存储模型

某工厂将从国外进口 150 台设备。这种设备有一个关键部件,其备件必须在进口设备时购买,不能单独订货。该种备件订购单价为 500 元,无备件时导致的停产损失和修复费用合计为 10 000 元。根据有关资料计算,在计划使用期内,150 台设备因关键部件损坏而需要 r 个备件的概率 $P(r)$ 如表 9-15 所示。问工厂应为这些设备同时购买多少关键部件的备件?

表 9-15

r	0	1	2	3	4	5	6	7	8	9	9 以上
P	0.47	0.20	0.07	0.05	0.05	0.03	0.03	0.03	0.03	0.02	0.02

解 当某设备的关键部件损坏时,如有备件替换,则可避免 10 000 元的损失,故边际收益 $k = (10\,000 - 500)$ 元 $= 9\,500$ 元;当备件多余时,每多余一个备件将造成 500 元的浪费,故边际损失 $h = 500$ 元。因此,损益转折概率为

$$N = \frac{k}{k+h} = \frac{9\,500}{9\,500 + 500} = 0.95$$

根据表 9-15,计算备件需要量 r 的累积概率 $F(Q) = \sum_{i=0}^{Q} P(i)$。

$$\sum_{i=0}^{Q} P(i) = 0.93 < N = 0.95 < \sum_{i=0}^{8} P(i) = 0.96$$

因此,$Q^* = 8$,即工厂应同时购买 8 个关键部件的备件,可以使损失期望值最小。

LINGO 编程如下:

```
model :
sets:
num/1..11/:a,b,ind;
endsets
data:
a = 0.47 0.20 0.07 0.05 0.05 0.03 0.03 0.03 0.03 0.02 0.02;
enddata
@for( num(i):b(i) = @sum(num(j)| j#le#i:a(j))); !求累加和;
k = 9500;h = 500;N = k/(k+h);
```

```
@ for(num(i):ind(i) = i* (b(i) # le# N) );    !求哪些下标的取值小于或等于 N;
   Q = @ max( num:ind ) ; !下标的最大值作为购买的备件数;
   end
```

例 9.17　具有约束条件的存储模型

某公司需要 5 种物资,其供应与存储模型为确定性、周期补充、均匀消耗和不允许缺货模型。设该公司的最大库容量(W_T) 为 1 500 m^3,一次订货占用流动资金的上限(J) 为 40 万元,订货费(C_D) 为 1000 元。5 种物资的年需求量 D_i、物资单价 K_i、物资的存储费用 C_{Pi}、单位占用库容量 W_i 如表 9-16 所示。试求各种物品的订货次数、订货批量和总的存储费用。

表 9-16

物资 i	年需求量 D_i	单价 K_i /(元 / 件)	存储费用 C_{Pi} /(元 /(件·年))	单位占用库容量 W_i /(m^3 / 件)
1	600	300	60	1.0
2	900	1 000	200	1.5
3	2 400	500	100	0.5
4	12 000	500	100	2.0
5	18 000	100	20	1.0

解　设 n_i 是第 $i(i=1,2,3,4,5)$ 种物资的年订货次数,一次订货的成本为 K_iQ_i,假设按照带有资金与库容量约束的最佳批量模型,写出相应的整数规划模型,为

$$\min \sum_{i=1}^{5} \left(\frac{1}{2}C_{Pi}Q_i + \frac{C_D D_i}{Q_i} \right)$$

$$\text{s. t.} \begin{cases} \sum_{i=1}^{5} K_iQ_i \leqslant J \\ \sum_{i=1}^{5} w_iQ_i \leqslant W_T \\ n_i = \dfrac{D_i}{Q_i},\text{且 } n_i \text{ 为整数},i=1,2,\cdots,5 \\ Q_i \geqslant 0,i=1,2,\cdots,5 \end{cases}$$

编写 LINGO 程序如下:

```
model:
sets:
kinds/1..5/:C_P,D,K,W,Q,N;
endsets
min = @ sum(kinds:0.5* C_P* Q+C_D* D/Q);
@ sum(kinds:K* Q) < J;
@ sum(kinds:W* Q) < W_T;
@ for(kinds:N = D/Q;
@ gin(n));
data :
C_D = 1000;
D = 600 900 2400 12000 18000;
```

```
K = 300 1000 500 500 100;
C_P = 60 200 100 100 20;
W = 1.0 1.5 0.5 2.0 1.0;
J = 400000;
W_T = 1500;
enddata
end
```

运行结果如下:

Objective value:		142272.8
Variable	Value	Reduced Cost
Q(1)	85.71429	0.000000
Q(2)	69.23077	0.000000
Q(3)	171.4286	0.000000
Q(4)	300.0000	0.000000
Q(5)	620.6896	0.000000
N(1)	7.000000	632.6530
N(2)	13.00000	467.4555
N(3)	14.00000	387.7550
N(4)	40.00000	625.0000
N(5)	29.00000	785.9691
Row	Slack or Surplus	Dual Price
1	142272.8	−1.000000
2	7271.706	0.000000
3	4.035724	0.000000

求得总费用为 142 272.8 元,订货资金还余 7 271.706 元,库容量余 4.035 724 m³,其余计算结果请读者自行分析。

上述计算采用整数规划,如果不计算年订货次数,而只计算年订货周期,则不需要整数约束。

习　题　9

9.1 若某种产品装配时需一种外购件,已知年需求量为 10 000 件,单价为 100 元。又每组织一次订货需 2 000 元,每件每年的存储费用为外购件价值的 20%,试求经济订货批量及每年最小的存储加订购总费用(设订货提前期为 0)。

9.2 某厂每月需购进某种零件 2 000 件,每件 150 元。已知每件的年存储费用为成本的 16%,每组织一次订货需 1 000 元,订货提前期为 0。(1) 求经济订货批量及最小费用;(2) 如果该种零件允许缺货,每短缺一件的损失费用为 5 元/(件·年),求经济订货批量、最小费用及最大允许缺货量。

9.3 某加工制作羽绒服的工厂预测下年度的销售量为 15 000 件,准备在全年 300 个工作日内均衡生产。假如加工制作一件羽绒服所需各种原材料费用为 48 元,每件羽绒服所需原材料年存储费用为其成本的 22%,又提出一次订货所需费用为 250 元,订货提前期为 0,求经济订货批量。

9.4 上题中工厂一次订购三个月加工所需的原材料时,原材料的价格可给予 8% 的折扣优待(存储费用也相应减低),试问该厂能否接受此优惠条件?

9.5 某电器零售商店预期年电器销售量为 350 件,且在全年(按 300 天计)内基本均衡。若该商店每组织一次进货需订货费用 50 元,存储费用为每年每件 13.75 元,当供应短缺时,每短缺一件的机会损失为 25 元。已知订货提前期为 0,求经济订货批量和最大允许的短缺量。

9.6 设某单位每年需某种零件 5 000 件,每次订货费用为 49 元。已知该种零件每件购入价格为 10 元,每件每年存储费用为购入价格的 20%。又知当订购批量较大时,可享受折扣优惠,折扣率见表 9-17。试确定该零件的订购批量。

9.7 在习题 9.5 中,若每提出一批订货,所订电器将从订货之日起,按每天 10 件的速率到达,重新求经济订货批量及最大允许的短缺量。

9.8 考虑具有约束条件的存储模型,已知有关数据如表 9-18 所示,表中 w_i 为每件物品占用的仓库容积。已知仓库最大容积为 1 400,试求每种物品最优的订货批量。

表 9-17

订货批量	折扣率 /(%)
0 ~ 999	100
1 000 ~ 2 499	97
> 2 500	95

表 9-18

物　品	C_D	D_i	C_{Pi}	w_i
1	50	1 000	0.4	2
2	75	500	2.0	8
3	100	2 000	1.0	5

9.9 某公司对某种配件的存储与采购情况如下:订货每月只组织一次,于月初第一天提出,且订货提前期为 0;对该种配件的全月需求量为 R,于每月 16 日一次运送到生产场地;该种配件每月每件的存储费用为 C 元,并不允许缺货;又每组织一次订货的费用为 V 元,试根据上述情况推导一个经济订货批量的公式。

9.10 求解下述含四个时期的确定性存储模型,已知有关数据如表 9-19 所示。又若生产费用函数为 $C_i(q_i) = \begin{cases} 3q_i, & q_i \leqslant 6, \\ 18 + 2(q_i - 6), & q_i > 6, \end{cases}$ 试确定各个时期的最佳订货批量 q_i^*,使四个时期各项费用总和最小。

9.11 求解下述含五个时期的确定性存储问题,已知有关数据如表 9-20 所示。又若生产费用函数为 $C_i(q_i) = \begin{cases} 20q_i, & q_i \leqslant 30, \\ 600 + 10(q_i - 30), & q_i > 30, \end{cases}$ 试确定各个时期的最佳订货批量 q_i^*,使五个时期各项费用总和最小。

表 9-19

i	d_i	C_{Di}	C_{Pi}
1	5	5	1
2	7	7	1
3	11	9	1
4	3	7	1

表 9-20

i	d_i	C_{Di}	C_{Pi}
1	50	80	1
2	70	70	1
3	100	60	1
4	30	80	1
5	60	60	1

9.12 某商店准备于年末销售一批明信片,已知每售出 100 本盈利 300 元;如明信片在年前售不完,过年后需削价处理,此时每 100 本损失 400 元。根据以往经验,市场需求情况如表 9-21 所示。如该商店只进一批货,问应订几百本明信片,使获利的期望值最大?

表 9-21

需求量 x	4	5	6	7	8	9
$p(x)$	0.05	0.10	0.25	0.35	0.15	0.10

9.13 例 9.9 中,若发生面包供应短缺,机会损失及商店信誉损失总计为每短缺一个 1 元,试重新确定该面包所属的工厂每天生产面包的最佳数量。

9.14 考虑一个多时期的随机性存储模型。已知 $C_D = 100$ 元,$C_P = 0.15$ 元 /(件·年),$D = 10\,000$ 件 / 年,$C_S = 1$ 元,订货提前期内需求量 $x \sim N(1\,000, 250^2)$,试确定最佳订货点 r^* 及最佳订货批量 Q^*。

9.15 报童每天从邮局订购报纸零售。若对每天报纸的需求量为随机变量 x,其概率分布为 $p(x)$。又每售出一份报纸可盈利 0.08 元,若当天售不出去,每份报纸亏损 0.05 元。已知每天销售量 x 的概率分布 $p(x)$ 的值如表 9-22 所示。若不考虑订购批量不足时的机会损失,要求确定报童每天订报数量的最佳值。

表 9-22

x	31	32	33	34	35	36	37	38	39	40	41	42
$p(x)$	0.05	0.07	0.09	0.10	0.11	0.12	0.11	0.10	0.08	0.06	0.06	0.05

9.16 某厂生产准备车间安装了一台自动下料机,生产速率为 50 件 /min。由于该机需定期检修,为保证后面生产车间的正常生产,需存储一定数量的毛坯。据测算,生产车间停工损失为 500 元 /min,毛坯存储费用为 0.05 元 /(件·min)。已知该下料机每工作 2 h 需停机检修一次,每次检修时间服从参数为 μ 的负指数分布,且 $1/\mu = 2$ min。试确定使总费用最小的毛坯最佳储量。

第 10 章 排 队 论

【基本要求、重点、难点】

基本要求

（1）掌握排队系统的组成及基本特征。

（2）熟练掌握排队模型研究的问题及排队模型的种类。

（3）熟练掌握各种常见的排队模型的状态转移关系图和各状态间的转移差分方程、系统运行指标。

（4）掌握常见的排队模型及各种系统运行指标。

重点　各种排队模型系统运行指标的求法。

难点　排队系统的分析及求解，排队系统的优化。

排队是一种常见的现象。每当要求服务的人数超过了服务机构（服务台、服务员等）的容量，也就是到达的人不能立刻得到服务时，就出现了排队现象。除此之外，电话局的占线，车站、码头等交通枢纽的车船堵塞和疏导，故障机器的停机待修，水库水量的存储调节等都是有形或无形的排队现象，因此将所有要求服务的对象统称为顾客。由于顾客到达和服务时间的随机性，可以说排队现象几乎不可避免。

如果增添服务设施，就要增加投资或者发生空闲浪费；如果服务设施太少，排队现象就会严重，服务系统性能下降。因此，应该研究如何在这两者之间取得平衡，既满足一定的服务质量指标，又使服务设施费用经济合理，恰当地解决顾客排队时间与服务设施费用大小这对矛盾，这也就是研究随机服务系统的理论 —— 排队论所要研究解决的问题。

排队论（queuing theory）所研究的内容可分为以下三个部分。

（1）性态问题，即研究各种排队系统的统计规律，主要是研究队长、等待时间分布和忙期分布等，包括瞬态和稳态两种情形。

（2）最优化问题，分为静态最优和动态最优，前者指最优设计，后者指现有排队系统的最优运营。

（3）排队系统的统计推断，即根据给定的统计数据，判断一个排队系统符合哪种模型，以便根据排队理论进行分析研究。

排队论起源于对电话服务系统的研究。从 1909 年开始，丹麦的电话工程师爱尔朗（A. K. Erlang）等人在这方面进行了长期的工作，取得了最早的成果。此后，排队论陆续应用于陆空交通、机器管理、水库设计和可靠性理论等方面。时至今日，排队论无论在理论上还是在应用上都有了飞速进展。由于数字模拟技术在电子计算机上的应用和发展，排队论已成为解决工程设计和管理问题的有力工具。

这里将介绍排队论的一些基本知识，分析几个常见的排队模型，最后将介绍排队系统的最优化问题。

10.1　排队系统的基本概念

用排队论来研究排队系统,首先要对各种排队系统进行分类描述。图 10-1 就是排队过程的一般模型,每个顾客由顾客源(总体)出发,达到服务台(服务站、服务机构)前按一定的规则排队等候接受服务,被服务完成后离开。表 10-1 中给出了排队系统中顾客与服务站的一些定义。

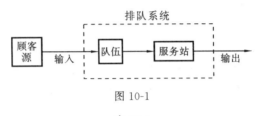

图 10-1

表 10-1

到达的顾客	要求服务内容	服　务　站
不能运转的机器	修理	修理技工
电话呼唤	通话	交换台
文件稿	打字	打字员
到达机场上空的飞机	降落	跑道
上游河水进入水库	放水、调整水位	水闸管理员
进入我方阵地的敌机	我方高射炮进行射击	我方高射炮

从表 10-1 看到,任何排队系统可以描述为以下四个方面。

(1) 输入是指顾客到达排队系统的情况。① 按到达的时间间隔分,有确定的时间间隔、随机的时间间隔两种情况;② 从顾客到达人数的情况看,有按单个到达、按成批到达两种情况;③ 从顾客源总体看,有顾客源总数无限和顾客源总数有限两种情况,但只要顾客源总数足够大,就可以把顾客源总数有限的情况近似地当成顾客源总数无限的情况处理。

(2) 输出是指顾客离开服务机构的情况。顾客的输出是通过得到服务后离开,因此输出规律即为服务站的服务规律,有定长的服务时间,有随机的服务时间。如自动冲洗汽车的装置对每辆汽车冲洗(服务)的时间是确定型的,但大多数情形的服务时间是随机型的。对于随机型的服务时间,需要知道它的概率分布。本章只讨论输入与输出的概率分布是平稳的情况,即分布的期望值、方差等参数都不受时间的影响。

(3) 排队服务规则。① 从顾客损失看,有损失制与等待制两种情况。损失制是指顾客到达时,若所有服务设施均被占用,则顾客自动离去,永不再来。电话服务系统就属于这种情况。当一个电话打不通时,需要重新拨号,意味着一个新顾客的到来,而原来顾客已永远离去。等待制是指顾客到达时如果服务设施已被占用,就留下来等待服务,一直到被服务完毕才离去。这里又有两种情况:一种是无限等待的系统,不管排队系统中已有多少顾客,新到的顾客都进入系统;另一种是有限等待的系统,当排队系统中顾客数量超过一定限度时,新到的顾客就不再等待,而自动离开排队系统。② 从服务次序看,有先到先服务(FCFS)、带优先服务权(PR)、随机服务(SIRO) 三种情况。先到先服务,即按到达先后次序排成队伍依次接受服务。当有多个服务设施时,一种是顾客分别在每个设施前排成一队,也可以排成一个公共的队伍,当任何一个服务设施有空时,排在队首的顾客首先得到服务。带优先服务权,即到达的顾客按重要性进行分类,服务设施优先对重要性级别高的顾客服务,级别相同的顾客按到达先后次序排队。随机服务,即到达排队系统的顾客不形成队伍,当服务设施有空时,随机选取一名服务,对每一名等待的顾客来说,被选取的概率相等。

(4) 服务站是指服务设施的个数、排列及服务方式。① 按服务设施的个数,有一个或多个之分(通常称单站排队系统与多站排队系统)。② 按排列方式,多站排队系统有串联与并联之分,有 S 个服务站的并联系统一次可以同时服务 S 个顾客,而在串联的情况下,每个顾客要依次经过这 S 个服务站,就像一个零件要经过 S 道工序加工一样。③ 按服务方式有单个服务,也有成批服务,如公共汽车一次就装载大批乘客,本章只研究单个服务方式。

根据排队系统的以上特征,肯达尔(Kendall)于 1953 年提出了排队模型分类方法,称为 Kendall 记号,根据对排队系统影响最大的三个特征 —— 顾客相继到达间隔时间的分布、服务时间的分布、服务台的个数,提出分类记号为输入 / 输出 / 并联的服务站数。

通常采用以下的分类记号:

M—— 泊松输入或服从负指数分布的服务时间(M 是 Markov 的字头,因负指数分布具有无记忆性,即 Markov 性);

D—— 定长输入或定长服务时间;

E_k—— 服从 k 阶爱尔朗分布的输入与服务;

GI—— 一般独立输入;

G—— 一般服务时间分布。

例如,$M/M/n$ 表示顾客输入呈泊松分布,服务时间呈负指数分布,有 n 个并联服务站的排队系统;$D/G/1$ 表示定长输入、一般服务时间、单个服务站的随机服务系统;$GI/E_k/1$ 表示一般独立输入、爱尔朗服务时间、单个服务站的排队系统。

如果不附加特别的说明,以上记号都指顾客总体数量无限、系统中的队长可以无限、排队服务规则为先到先服务。对其他情况需要有附加的说明。

1971 年,国际排队符号标准会将上述分类记号扩充到六项,记为

$$(a/b/c):(d/e/f)$$

式中:a,b,c 为三项同以上的记号说明,分别为输入、输出(或服务时间)的分布及并联的服务站数;d 为最多可容纳的顾客数;e 为顾客源总数;f 为排队服务规则。

排队系统的分析计算中常用的名词、概念及符号如下。

(1) 系统状态:一个排队系统中的顾客数(包括正在被服务的顾客数),通常用 L_s 表示。

(2) 队长:系统中等待服务的顾客数,它等于系统状态减去正在被服务的顾客数,通常用 L_q 表示。

(3) $N(t)$:在时刻 t 排队系统中的顾客数,即系统在时刻 t 的瞬时系统状态。

(4) $P_n(t)$:在时刻 t 排队系统中恰好有 n 个顾客的概率。对于达到稳态的系统,有 n 个顾客的概率不再随时间变化,可用 P_n 代替 $P_n(t)$。

(5) λ_n:当系统中有 n 个顾客时,新来顾客的平均到达率(单位时间内新顾客的到达数)。当 λ_n 为常数时,可用 λ 代替 λ_n。

(6) μ_n:当系统中有 n 个顾客时,整个系统的平均服务率(单位时间内服务完毕离去的顾客数),当 $n \geqslant 1$,且 μ_n 是常数时,可用 μ 代替 μ_n。

(7) S:排队系统中并联的服务站个数。

(8) 稳定状态:当一个排队系统开始运转时,系统状态在很大程度上取决于系统的初始状态和运转经历的时间,但过了一段时间后,系统的状态将独立于初始状态及经历的时间,这时称系统处于稳定状态。由于对系统的瞬时状态研究起来很困难,因此在排队论中主要研究系统处于稳定状态时的工作情况。由于处于稳定状态时的工作情况与时刻 t 无关,因此 $P_n(t)$ 可写为 P_n,$N(t)$ 可写为 N。

衡量一个排队系统工作状况的主要指标有以下几个方面。

(1) 顾客在排队系统中从进入到被服务完毕离去的平均逗留时间 W_s,或顾客排队等待服务的平均等待时间 W_q。这对顾客来讲最关心,每个顾客希望这段时间越短越好。

(2) 忙期。它指服务机构累计的工作时间占全部时间的比例,这是衡量服务机构工作强度和利用效率的指标,即

$$忙期 = \frac{用于服务顾客的时间}{服务设施总的服务时间} = 1 - \frac{服务设施总的空闲时间}{服务设施总的服务时间}$$

(3) 系统中平均顾客数(L_s)或平均队长(L_q)。这是顾客和服务机构都关心的指标,它在设计排队系统时也很重要,因为它涉及排队系统需要的空间大小。

上述指标实际上反映了排队系统工作状态的几个侧面,它们之间是互为联系、互相转换的关系,这就是排队论中重要的 Little 公式。

设 λ 表示单位时间内顾客的平均到达数,μ 表示单位时间内被服务完毕离去的平均顾客数,则 $1/\lambda$ 表示相邻两个顾客到达的平均间隔时间,$1/\mu$ 表示对每个顾客的平均服务时间,由此自然得到

$$L_s = \lambda W_s \quad 或 \quad W_s = L_s / \lambda \tag{10.1}$$

$$L_q = \lambda W_q \quad 或 \quad W_q = L_q / \lambda \tag{10.2}$$

$$W_s = W_q + 1/\mu \tag{10.3}$$

对式(10.1)可作这样的理解:一名顾客进入排队系统,直到经过 W_s 的时间离开之际,回望身后排队系统内的人数即为在 W_s 时间段内新进入的人数,而因顾客是每隔 $1/\lambda$ 的时间进入一个,因此总的人数 $L_s = \dfrac{W_s}{(1/\lambda)} = \lambda W_s$。

将式(10.1)和式(10.2)代入式(10.3)得到

$$L_s = L_q + \frac{\lambda}{\mu} \tag{10.4}$$

以式(10.1)～式(10.4)共同构成 Little 公式。可见,如果知道 L_s,L_q,W_s,W_q 中的任何一个,即可由 Little 公式得到其他值。

对于 L_s 或 L_q,通常由以下公式获得。

$$L_s = \sum_{n=0}^{\infty} n P_n \tag{10.5}$$

$$L_q = \sum_{n=s+1}^{\infty} (n-s) P_n \tag{10.6}$$

由式(10.5)和式(10.6)可见,求得系统中顾客数为 n 的概率 P_n(方法在 10.3 节中作介绍)后,即可利用式(10.5)和式(10.6)和 Little 公式得到 L_s,L_q,W_s 及 W_q。

如果是单服务站,则当 $n=0$ 时,$P_n=P_0$(没有顾客的概率),$1-P_0$ 即为排队系统的忙期。

10.2 输入与服务时间的分布

在组成一个排队系统的四个要素中,由于输入与服务时间(输出)是随机的,且比较复杂,因此要单独研究。

10.2.1 最简单流的定义

在排队论中常常用到"最简单流"这个概念。这里讲的最简单流,是指在 t 这段时间内有 k 个顾客来到排队系统的概率 $v_k(t)$,它服从泊松分布,即

$$v_k(t)=\mathrm{e}^{-\lambda t}\frac{(\lambda t)^k}{k!}\quad(k=0,1,2,\cdots) \tag{10.7}$$

在什么情况下,顾客的到达才是最简单流的情况呢? 这需要满足以下三个条件。

(1)平稳性。平稳性是指在一定时间间隔内,来到排队系统有 k 个顾客的概率,它仅与这段时间间隔的长短有关,而与这段时间的起始时刻无关,亦即在时间区间 $[0,t]$ 或 $[a,a+t]$ 内的 $v_k(t)$ 值是一样的。

(2)无后效性。无后效性是指在不相交的时间区间内到达的顾客数是相互独立的,或者说在时间区间 $[a,a+t]$ 内有 k 个顾客到来的概率与时刻 a 之前到来多少顾客没有关系。

(3)普通性。普通性是指在一个充分小的时间区间 Δt 内最多只能有一个顾客到达,不可能出现有两个以上顾客同时到达的情况。如用 $\Phi(t)$ 表示在区间 $[0,t]$ 内有两个或两个以上顾客到达的概率,则有

$$\Phi(\Delta t)=o(\Delta t)\quad(\Delta t\to0)$$

当 $\Delta t\to0,o(\Delta t)$ 是关于 Δt 的高阶无穷小。

最简单流的上述三条性质大大地简化了对问题的分析与计算。但实际情况下,顾客的到达是否符合或接近以上三条性质呢? 可以通过以下几个例子来分析。

(1)到达工厂机修车间的要维修的机器符合最简单流。由于每台机器在各个时刻的状态大致一样,因此在相等时间区间内,各台机器损坏的概率大致相同,即要求维修的机器流具有平稳性;一台机器的故障不会引起别的机器的故障,且对同一台机器而言,这段时间内的损坏次数不影响到以后的损坏次数,这表明它具有无后效性;每台机器损坏概率很小,在足够小的时间区间内同时发生两台或两台以上机器损坏的概率几乎为零,这就符合普通性。因此,对到达工厂机修车间的要维修的机器可以认为是最简单流。

(2)来到自动电话的呼唤流可近似地看作最简单流。由于一昼夜时间内,呼唤流呈周期性变化,差异很大,因此需要划分很多时间区段,在这些区段内把呼唤流看成近似平稳的流。由于电话通话内容往往有联系,如甲打电话给乙,乙又转给丙和丁,这样前一段时间内呼唤流的次数不能不影响到后一段时间内的通话次数,特别是一个紧急通知、一个重要消息的传播,会引起电话呼唤次数的急剧增加,因此无后效性这一点并不严格具备。至于普通性,一般也不具备。但尽管这样,最简单流仍可以认为是实际现象相当程度的近似。根据巴尔姆‐辛钦极限定理,大量相互独立的小强度流的总和近似于最简单流,且其中每个流都是平稳且普通的。由于电话局得到的总呼唤流是个别用户(强度相对很小)发出呼唤的总和,而每一个别用户的

呼唤可以近似地看成平稳、普通的流,因此电话局得到流的总和可以近似看作最简单流。

由于最简单流与实际顾客到达流的近似性,加之最简单流容易处理,因此排队论中大量研究的是最简单流的情况。而且事实上,到目前为止,应用排队论来研究实际问题也较多地局限于最简单流。

10.2.2 最简单流的一些性质

(1) 参数 λ 代表单位时间内到达顾客的平均数。

证 令式(10.7)中的 $t=1$,求 $v_k(t)$ 的数学期望。

$$\sum_{k=0}^{\infty} k v_k(1) = \sum_{k=0}^{\infty} k \frac{\lambda^k}{k!} e^{-\lambda} = \lambda \sum_{k=0}^{\infty} \frac{\lambda^{k-1}}{(k-1)!} e^{-\lambda} = \lambda$$

(2) 在时间区间 $[t, t+\Delta t]$ 内没有顾客到达的概率为 $1-\lambda \Delta t$。

$$v_0(\Delta t) = e^{-\lambda \Delta t} = (1-\lambda \Delta t) + 0(\Delta t) = 1 - \lambda \Delta t \tag{10.8}$$

其中,Δt 是指一个充分小的时间区间。

(3) 在时间区间 $[t, t+\Delta t]$ 内恰好有一个顾客到达的概率为 $\lambda \Delta t$。

$$v_1(\Delta t) = 1 - v_0(\Delta t) - \Phi(\Delta t) = \lambda \Delta t \tag{10.9}$$

(4) 由式(10.7)可得,在最简单流中,时间 $[0, t]$ 内没有顾客到达的概率为

$$v_0(t) = e^{-\lambda t} \tag{10.10}$$

那么,时间区间 $[0, t]$ 内至少有一个顾客到达的概率为

$$1 - v_0(t) = 1 - e^{-\lambda t} \tag{10.11}$$

10.2.3 服从负指数分布的服务时间

若用 $f(t)$ 代表依次到达的两个顾客的间隔时间 $t(t \geqslant 0)$ 的概率密度函数,用 $F(t)$ 代表 t 的概率分布函数,即

$$F(t) = \int_0^t f(x) \mathrm{d}x$$

假定 T 为前一顾客到达时算起的时间,则在时间间隔 T 内无顾客到达的概率为

$$P(t > T) = P_0(t)$$

若顾客到达服从参数为 λ 的泊松分布,则由式(10.10)得

$$P(t > T) = P_0(t) = e^{-\lambda t} \tag{10.12}$$

或

$$f(t) = \lambda e^{-\lambda t}, \quad F(t) = 1 - e^{-\lambda t} \tag{10.13}$$

式(10.13)中的两个表达式分别是负指数分布的概率密度函数和分布函数。

由以上可知,当输入过程为泊松流时,顾客相继到达的时间间隔必服从负指数分布。因此,相继到达的时间间隔独立且服从负指数分布(概率密度函数为 $\lambda e^{-\lambda t}, t \geqslant 0$),与输入过程为泊松流(参数为 λ)是等价的,在 Kendall 记号中二者都用 M 表示。对于泊松流,λ 代表单位时间平均到达的顾客数,所以 $1/\lambda$ 表示相继顾客到达的平均间隔时间。

服务时间 μ 的分布,对一顾客的服务时间来说,也就是在忙期相继离开系统的两顾客的间隔时间,有时也服从指数分布。这时,假设它的分布函数和概率密度函数分别为

$$F(t) = 1 - e^{-\mu t}, \quad f(t) = \mu e^{-\mu t}$$

若服务站对每个顾客的服务时间服从参数为 μ 的负指数分布 $f(t) = \mu e^{-\mu t}(t \geqslant 0)$,则它具有以下性质:

（1）μ 表示单位时间内能被服务完的顾客数，称为平均服务率，对每一个顾客的平均服务时间为 $1/\mu$。

（2）对服务站有：① 时间区间 $[t, t+\Delta t]$ 内没有顾客离去的概率为 $1-\mu \Delta t$；② 在时间区间 $[t, t+\Delta t]$ 内恰好有一个顾客离去的概率为 $\mu \Delta t$；③ 如果 Δt 足够小，则在时间区间 $[t, t+\Delta t]$ 内有多于两个以上顾客离去的概率为 $\Phi(\Delta t) \rightarrow o(\Delta t)$。

（3）如果服务设施对顾客的服务时间服从负指数分布，则不管对某一个顾客的服务已进行了多久，剩下来的服务时间的概率分布仍为与原先的负指数分布一样，即对任何 $t > 0, \Delta t > 0$，有

$$P\{T > t+\Delta t \mid T > \Delta t\} = P\{T > t\}$$

证　$P\{T > t+\Delta t \mid T > \Delta t\} = \dfrac{P\{T > \Delta t, T > t+\Delta t\}}{P\{T > \Delta t\}} = \dfrac{P\{T > t+\Delta t\}}{P\{T > \Delta t\}}$

$$= \frac{\mathrm{e}^{-\mu(t+\Delta t)}}{\mathrm{e}^{-\mu \Delta t}} = \mathrm{e}^{-\mu t} = P\{T > t\}$$

对于有规定基本动作的服务项目，这一点是很难想象的，这是因为一般服务进行时间越长，很快结束的可能性就越大。但是对没有固定服务内容的服务项目（如治病等）来说，可能还比较接近，这是因为服务一段之后，还不知道应采取什么样的诊治措施。

（4）若干独立的负指数分布的最小值服从负指数分布。设 $T_1, T_2, \cdots, T_n$ 分别表示参数为 $\mu_1, \mu_2, \cdots, \mu_n$ 的独立负指数分布的随机变量，让 U 总是取这些变量的最小值，即 $U = \min(T_1, T_2, \cdots, T_n)$，则 U 也是服从负指数分布的随机变量。

证　对任意 $t \geqslant 0$，有

$$P\{U > t\} = P\{T_1 > t, T_2 > t, \cdots, T_n > t\} = P\{T_1 > t\}P\{T_2 > t\}\cdots P\{T_n > t\}$$

$$= \exp\left\{-\sum_{i=1}^{n} \mu_i t\right\} \tag{10.14}$$

即 U 服从参数为 $\mu\left(\mu = \sum_{i=1}^{n} \mu_i\right)$ 的负指数分布。

性质（4）说明：第一，如果来到服务机构的有 n 类不同类型的顾客，每类顾客来到服务站的间隔时间服从具有参数 μ_i 的负指数分布，则从总体来讲，到达服务机构的顾客的间隔时间仍服从负指数分布；第二，如果一个服务机构中有 S 个并联的服务设施，如各服务设施对顾客的服务时间服从具有相同参数 μ 的负指数分布，于是整个服务机构的输出服从具有参数 $S \cdot \mu$ 的负指数分布。这样，对具有多个并联服务站的服务机构来说就可以与具有单个服务站的服务机构一样处理。

10.2.4　关于概率分布的检验

检验实际排队模型中顾客的到达或离去是否服从某一概率分布，通常要采用统计学中的 χ^2（卡方检验）假设检验方法。下面通过例子来说明。

例 10.1　顾客随机地到达某排队系统。根据 63 个小时的观察记录，每小时到达顾客数为 n 的频数 f_n，如表 10-2 所示。试用 χ^2 检验确定到达该排队系统的顾客流是否服从泊松分布。

表 10-2

n	0	1	2	3	4	5	6	7	8
f_n	0	0	0	0	0	1	0	3	3
n	9	10	11	12	13	14	15	16	$\geqslant 17$
f_n	6	5	9	10	11	8	6	1	0

解 用 χ^2 检验时,先假设顾客到达流服从泊松分布,然后将观察数据与泊松分布的理论值相比较,确定假设是否应予否定。具体求解步骤如下。

(1) 根据表 10-2 中的数据,可计算出平均每小时到达的顾客数为

$$\bar{n} = \sum_{n=0}^{16} nf_n \Big/ \sum_{n=0}^{16} f_n = 734/63 = 11.65$$

(2) 当 $\lambda = 11.65$ 时,单位时间内到达 n 个顾客的概率 P_n 为

$$P_n = v_n(1) = \frac{(\lambda)^n e^{-\lambda}}{n!} = \frac{(11.65)^n e^{-11.65}}{n!}$$

因共有 63 个小时的观察记录,故理论上单位时间内到达 n 个顾客的频数为

$$e_n = 63 P_n$$

(3) 计算 χ^2 的值,过程见表 10-3。

表 10-3

n	f_n	e_n	$(f_n - e_n)^2/e_n$
$0 \sim 4$	0 ⎫		
5	1 ⎪		
6	0 ⎬ 7	11.3	1.636
7	3 ⎪		
8	3 ⎭		
9	6	5.99	0.000
10	5	6.97	0.557
11	9	7.38	0.356
12	10	7.17	1.117
13	11	6.42	3.267
14	8	5.35	1.313
15	6 ⎫		
16	1 ⎬ 7	12.42	2.365
$\geqslant 17$	0 ⎭		
$\sum$	63	63	10.6

表 10-3 中的数据分 8 个组,因估计了一个平均数 $\bar{n}$,又令 $\sum f_n = \sum e_n$,故其自由度为

$$v = 8 - 1 - 1 = 6$$

若取显著性水平为 $\alpha = 0.05$,由 χ^2 分布表查得 $\chi_6^2(0.05) = 12.592$。因表 10-2 中计算得出的 χ^2 值 10.6 小于 $\chi_6^2(0.05)$,故结论是不应该否定"到达该系统的顾客流为泊松分布的假设"。

10.3 生 灭 过 程

10.3.1 问题的描述及假设

1. 问题的描述

生灭过程是用来处理输入为最简单流、服务时间服从负指数分布这样一类最简单排队模型的方法。

什么是生灭过程？举例来说，假如有一堆细菌，每个细菌在时间 Δt 内分裂成两个的概率为 $\lambda \Delta t + o(\Delta t)$，每个细菌在时间 Δt 内灭亡的概率为 $\mu \Delta t + o(\Delta t)$。各个细菌在任何时段内的分裂和灭亡都是独立的，如果把细菌的分裂和灭亡都看作一个事件，那么经过时间 t 后细菌将变成多少个？如果把细菌的分裂看成一个新顾客的到达，把细菌的灭亡看成一个服务完毕的顾客的离去，则生灭过程恰好反映了一个排队系统的瞬时状态 $N(t)$ 将怎样随时间 t 而变化。

在生灭过程中，生与灭的发生都是随机的，它们的平均发生率依赖于现有的细菌数，即系统所处的状态。

2. 问题的假设

(1) 给定 $N(t)=n$，到下一个生（顾客到达）的间隔时间服从参数 $\lambda_n (n=0,1,2,\cdots)$ 的负指数分布；

(2) 给定 $N(t)=n$，到下一个灭（顾客离去）的间隔时间服从参数 $\mu_n (n=1,2,\cdots)$ 的负指数分布；

(3) 在同一时刻只可能发生一个生或一个灭（即同时只能有一个顾客到达或离去）。

由泊松分布与负指数分布的关系，λ_n 就是系统处于 $N(t)$ 时单位时间内顾客的平均到达率，μ_n 则是单位时间内顾客的平均离去率。若将上面几个假定合在一起，则可用生灭过程的发生率图来表示（见图 10-2）。

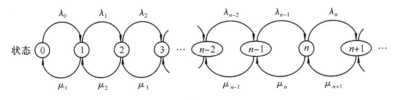

图 10-2

图 10-2 中箭头指明了各种系统状态发生转换的所有可能性。在每个箭头边上注明了当系统处于箭头起点状态时的转换平均率。

要求出系统的瞬时状态 $N(t)$ 的概率分布是很困难的，所以下面只考虑系统处于稳定状态时的情形。

10.3.2 生灭过程的状态平衡方程

1. 输入率等于输出率原则

先考虑系统处于某一特定状态 $N(t)=n (n=0,1,2,\cdots)$，计算进入这个状态和离开这个状态的次数。因为在同一时刻这两个事件都只能发生一次，所以进入和离开这个状态的次数或者相等，或者刚好相差一次。在稳定状态下，在很长一段时间内，对每个状态而言，进出系统的顾客数保持平衡,即在系统的任何状态 $N(t) = n(n = 0, 1, 2, \cdots)$,进入事件平均率(单位时间平均到达的顾客数)等于离去事件平均率(单位时间平均离开的顾客数),这就是所谓的输入率等于输出率原则。用来表示这个原则的方程称为系统的状态平衡方程。

下面就是要通过建立系统的状态平衡方程来求解一些比较简单的排队模型。

2. 生灭过程的状态平衡方程

先考虑 $n = 0$ 的状态。由图 10-2 可见,状态 0 的输入仅仅来自状态 1。处于状态 1 时,系统的稳定状态概率为 P_1,而从状态 1 进入状态 0 的平均转换率为 μ_1,因此从状态 1 进入状态 0 的输入率为 $\mu_1 P_1$。从其他状态直接进入状态 0 的概率为 0,所以状态 0 的总输入率为 $\mu_1 P_1$。

根据类似上面的分析,状态 0 的总输出率为 $\lambda_0 P_0$。

根据输入率等于输出率原则,对于状态 0,有以下状态平衡方程:

$$\mu_1 P_1 = \lambda_0 P_0$$

对其他每一个状态,都可以建立类似的状态平衡方程,但要注意的是,其他状态的输入、输出均有两种可能性。表 10-4 中列出了对各个状态建立的平衡方程。

表 10-4

状　　　态	输入率 ＝ 输出率
0	$\mu_1 P_1 = \lambda_0 P_0$
1	$\lambda_0 P_0 + \mu_2 P_2 = (\lambda_1 + \mu_1) P_1$
2	$\lambda_1 P_1 + \mu_3 P_3 = (\lambda_2 + \mu_2) P_2$
⋮	⋮
$n - 1$	$\lambda_{n-2} P_{n-2} + \mu_n P_n = (\lambda_{n-1} + \mu_{n-1}) P_{n-1}$
n	$\lambda_{n-1} P_{n-1} + \mu_{n+1} P_{n+1} = (\lambda_n + \mu_n) P_n$
⋮	⋮

3. 状态平衡方程的求解

由表 10-4 知

$$P_1 = \frac{\lambda_0}{\mu_1} P_0$$

$$P_2 = \frac{\lambda_1}{\mu_2} P_1 + \frac{1}{\mu_2}(\mu_1 P_1 - \lambda_0 P_0) = \frac{\lambda_1}{\mu_2} P_1 = \frac{\lambda_1 \lambda_0}{\mu_2 \mu_1} P_0$$

$$P_3 = \frac{\lambda_2}{\mu_3} P_2 + \frac{1}{\mu_3}(\mu_2 P_2 - \lambda_1 P_1) = \frac{\lambda_2}{\mu_3} P_2 = \frac{\lambda_2 \lambda_1 \lambda_0}{\mu_3 \mu_2 \mu_1} P_0$$

$$\vdots$$

$$P_n = \frac{\lambda_{n-1}}{\mu_n} P_{n-1} + \frac{1}{\mu_n}(\mu_{n-1} P_{n-1} - \lambda_{n-2} P_{n-2}) = \frac{\lambda_{n-1}}{\mu_n} P_{n-1} = \frac{\lambda_{n-1} \lambda_{n-2} \cdots \lambda_0}{\mu_n \mu_{n-1} \cdots \mu_1} P_0$$

如果令

$$C_n = \frac{\lambda_{n-1} \lambda_{n-2} \cdots \lambda_0}{\mu_n \mu_{n-1} \cdots \mu_1} \quad (n = 1, 2, \cdots), \quad C_0 = 1 \tag{10.15}$$

则以上各式可统一表示为

$$P_n = C_n P_0 \quad (n = 1, 2, \cdots) \tag{10.16}$$

因为

$$\sum_{n=0}^{\infty} P_n = \sum_{n=0}^{\infty} C_n P_0 = 1$$

所以有
$$P_0 = 1 \Big/ \sum_{n=0}^{\infty} C_n \qquad (10.17)$$

求得 P_0 后可以推出 P_n，再根据式(10.1)～式(10.6)求出排队系统的各项指标，即 L_s，L_q，W_s，W_q。

以下即为利用生灭过程解决排队系统问题的步骤：

（1）进行平衡分析，由式(10.15)求出 C_n 或其表达式；

（2）根据 C_n，由式(10.17)求出 P_0；

（3）根据 C_n，P_0，由式(10.16)求出 $P_n(n=1,2,\cdots)$；

（4）由 P_n 的通式，根据式(10.5)或式(10.6)求出 L_s 或 L_q；

（5）由 Little 公式求得其他指标，并进行系统分析或其他问题的优化。

接下来就将建立排队系统的模型。

10.4　最简单的排队系统的模型

最简单的排队系统，是指输入为最简单流、服务时间服从负指数分布的排队系统。在这一节中假定排队服务规则为先到先服务，在有多个服务站的情况下，顾客排成一支单一的队伍。

下面分几种类型讨论。

10.4.1　顾客源无限、队长不受限制的排队模型

假定：

（1）到达排队系统的顾客的平均率为常数，即对所有的 n，有 $\lambda_n = \lambda$；

（2）服务机构的平均服务率也是常数，当服务站为单个时 $\mu_n = \mu$，当服务站为多个时有

$$\mu_n = \begin{cases} n\mu & (n=1,2,\cdots,S) \\ S\mu & (n=S,S+1,\cdots) \end{cases} \quad (S \text{ 为并联的服务站个数})$$

（3）$\rho = \dfrac{\lambda}{S\mu} < 1$，即服务机构总的服务效率应高于顾客的平均到达率，才能保证系统最终能进入稳定状态，这样就可以利用前一节中生灭过程的有关结论。

由于单服务站和多服务站在 C_n 上的不同，因此以下将分别讨论单服务站($S=1$)和多服务站($S>1$)的情况。

1. 单个服务站($S=1$)

单个服务站即标准的 $M/M/1$ 模型，该模型生灭过程如图 10-3 所示。

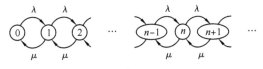

图 10-3

因该模型中 $\lambda_n = \lambda$，$\mu_n = \mu$，故由式(10.15)得

$$C_n = \left(\frac{\lambda}{\mu}\right)^n = \rho^n \quad (n=1,2,\cdots)$$

代入式(10.16)得
$$P_n = \rho^n P_0$$

由式(10.17)得

$$P_0 = \frac{1}{\sum\limits_{n=0}^{\infty} \rho^n} = \frac{1}{\dfrac{1}{1-\rho}} = 1 - \rho \tag{10.18}$$

因此由式(10.16)得
$$P_n = (1-\rho)\rho^n \tag{10.19}$$

在单服务站的排队系统中 $\rho = \dfrac{\lambda}{\mu}$，它是单位时间内顾客平均到达率与平均服务率的比值，反映了服务机构的忙碌或利用的程度。而前面10.1节中提到的单服务站服务机构的忙期为 $1-P_0$，将由式(10.18)求得的 P_0 代入，也可知单服务站服务机构忙期为 $1-P_0=1-(1-\rho)=\rho$，与直观理解完全一致。

下面再推导排队系统其他指标。

$$L_s = \sum_{n=0}^{\infty} nP_n = (1-\rho)\sum_{n=0}^{\infty} n\rho^n = (1-\rho)\rho \sum_{n=0}^{\infty} \frac{\mathrm{d}}{\mathrm{d}\rho}(\rho^n) = (1-\rho)\rho \frac{\mathrm{d}}{\mathrm{d}\rho}\left(\sum_{n=0}^{\infty} \rho_n\right)$$
$$= (1-\rho)\rho \frac{\mathrm{d}}{\mathrm{d}\rho}\left(\frac{1}{1-\rho}\right) = \frac{\rho}{1-\rho} = \frac{\lambda}{\mu-\lambda} \tag{10.20}$$

$$L_q = L_s - \frac{\lambda}{\mu} = \frac{\lambda}{\mu-\lambda} - \frac{\lambda}{\mu} = \frac{\lambda^2}{\mu(\mu-\lambda)} \tag{10.21}$$

$$W_s = \frac{L_s}{\lambda} = \frac{1}{\mu-\lambda} \tag{10.22}$$

$$W_q = \frac{L_q}{\lambda} = \frac{\lambda}{\mu(\mu-\lambda)} \tag{10.23}$$

下面再计算两个常用指标。

(1) 顾客在系统中停留时间超过 t 的概率是多少？

分析：假定一个顾客来到系统时，系统中已有 n 个人，则该顾客在系统中的停留时间应该是系统对前 n 个顾客的服务时间加上对他的服务时间。分别用 $T_1,T_2,\cdots,T_n$ 表示前 n 个顾客的服务时间，T_{n+1} 表示对该顾客的服务时间。

令 $S_{n+1} = T_1 + T_2 + \cdots + T_n + T_{n+1}$，则

$$f(S_{n+1}) = \frac{\mu}{n!}(\mu t)^n \mathrm{e}_0^{-\mu t}$$

$$P\{S_{n+1} \leqslant t\} = \int_0^t \frac{\mu}{n!}(\mu t)^n \mathrm{e}_0^{-\mu t}\,\mathrm{d}t$$

所以，顾客在系统中停留时间小于 t 的概率为

$$P\{W_s \leqslant t\} = \sum_{n=0}^{\infty} P_n P\{S_{n+1} \leqslant t\} = \sum_{n=0}^{\infty} (1-\rho)\rho^n \cdot \int_0^t \frac{\mu}{n!}(\mu t)^n \mathrm{e}^{-\mu t}\,\mathrm{d}t$$
$$= 1 - \mathrm{e}^{-\mu(1-\rho)t}$$

所以，顾客等待时间大于 t 的概率为

$$P\{W_s > t\} = 1 - P\{W_s \leqslant t\} = \mathrm{e}^{-\mu(1-\rho)t} \tag{10.24}$$

(2) 已经有人等待的情况下，顾客还要等待多久？

$$E(W_q \mid W_q > 0) = \frac{W_q}{1-P_0} = \frac{\lambda}{\mu(\mu-\lambda)} \cdot \frac{\mu}{\lambda} = \frac{1}{\mu-\lambda} \tag{10.25}$$

2. 多个服务站($S > 1$)

再看一下有 S 个并联服务站的一些结果。

有 S 个并联服务站，顾客排成一行的排队系统的服务过程如图10-4所示。

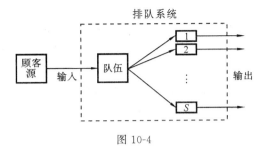

图 10-4

在这种情况下,服务机构的效率为

$$\mu_n = \begin{cases} n\mu & (n=1,2,\cdots,S) \\ S\mu & (n=S,S+1,\cdots) \end{cases}$$

用生灭过程表示,如图 10-5 所示。

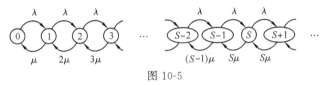

图 10-5

因此

$$C_n = \begin{cases} \dfrac{\lambda_{n-1}\lambda_{n-2}\cdots\lambda_1\lambda_0}{\mu_n\mu_{n-1}\cdots\mu_2\mu_1} = \dfrac{\lambda\cdot\lambda\cdots\cdot\lambda\cdot\lambda}{n\mu\cdot(n-1)\mu\cdots\cdot2\mu\cdot\mu} = \dfrac{(\lambda/\mu)^n}{n!} & (n=1,2,\cdots,S) \\ \dfrac{\lambda_{n-1}\lambda_{n-2}\cdots\lambda_0}{(\mu_n\cdots\mu_{S+1})(\mu_S\cdots\mu_1)} = \dfrac{\lambda^n}{(S\mu)^{n-S}(S!\ \mu^S)} = \dfrac{(\lambda/\mu)^n}{S!\ S^{n-S}} & (n\geqslant S) \end{cases}$$

由此

$$P_0 = 1\Big/\left[\sum_{N=0}^{S-1}\frac{(\lambda/\mu)^n}{n!} + \frac{(\lambda/\mu)^S}{S!}\sum_{n=S}^{\infty}\left(\frac{\lambda}{S\mu}\right)^{n-S}\right]$$

$$= 1\Big/\left[\sum_{n=0}^{S-1}\frac{(\lambda/\mu)^n}{n!} + \frac{(\lambda/\mu)^S}{S!}\cdot\frac{1}{1-(\lambda/S\mu)}\right] \tag{10.26}$$

$$P_n = \begin{cases} \dfrac{(\lambda/\mu)^n}{n!}P_0 & (n=0,1,\cdots,S) \\ \dfrac{(\lambda/\mu)^n}{S!\ S^{n-S}}P_0 & (n\geqslant S) \end{cases} \tag{10.27}$$

在有多个服务站的情况下,$\rho = \dfrac{\lambda}{S\mu}$,并令 $n-S=j$,故有

$$L_q = \sum_{n=S}^{\infty}(n-S)P_n = \sum_{j=0}^{\infty}jP_{S+j} = \sum_{j=0}^{\infty}j\frac{(\lambda/\mu)^S}{S!}\rho_j P_0 = P_0\frac{(\lambda/\mu)^S}{S!}\rho\sum_{j=0}^{\infty}\frac{d}{d\rho}(\rho^j)$$

$$= P_0\frac{(\lambda/\mu)^S}{S!}\rho\frac{d}{d\rho}\left(\frac{1}{1-\rho}\right) = \frac{P_0(\lambda/\mu)^S\rho}{S!\ (1-\rho)^2} \tag{10.28}$$

另外,L_s,W_q 和 W_s 可分别根据 Little 公式中的式(10.4)、式(10.2)及式(10.1)推导出来。

例 10.2 某厂有大量同一型号的车床,当该种车床损坏后或送机修车间修理或由机修车间派人来修。已知该种车床的损坏率服从泊松分布,平均每天 2 台。又机修车间对每台损坏车床的修理时间为服从负指数分布的随机变量,平均每台的修理时间为 $1/\mu$ 天,其中 μ 是一个与机修人员编制及维修设备配备好坏(即与机修车间每年开支费用 K(单位:元))有关的

函数。已知

$$\mu(K) = 0.1 + 0.001K \quad (K \geqslant 1\,900)$$

又已知机器损坏后,每台每天的生产损失为 400 元,每个月工作天数为 22 天,试决定使该厂生产最经济的 K 及 μ 值。

解　在这个问题中包括两方面费用:(1) 机器损坏造成的生产损失 S_1;(2) 机修车间的开支 S_2。要使整个系统最经济,就是要使 $S = S_1 + S_2$ 取最小值。下面以一个月为期进行计算。

$$S_1 = 正在修理和待修机器数 \times 每台每天的生产损失 \times 每个月的工作日数$$

$$= L_s \times 400 \times 22 = \left(\frac{\lambda}{\mu - \lambda}\right) \times 8\,800$$

$$= \left(\frac{\lambda}{0.1 + 0.001K - \lambda}\right) \times 8\,800 = \left(\frac{2}{0.001K - 1.9}\right) \times 8\,800$$

又　　　　　　　　　　　　　　　$$S_2 = K/12$$

所以　　　　　　　　$$S = \left(\frac{2}{0.001K - 1.9}\right) \times 8\,800 + K/12$$

令　　　　　　　　$$\frac{dS}{dK} = -\frac{17\,600 \times 0.001}{(0.001K - 1.9)^2} + \frac{1}{12} = 0$$

$$(0.001K - 1.9)^2 = 211.2$$

$$0.001K - 1.9 = 14.53$$

得　　　　　　　　　　　$$K = 16\,430, \quad \mu = 16.63$$

例 10.3　病人到达只有一名医生的医院门诊部的时间为平均 20 min 一个,设对每个病人的诊治时间平均为 15 min,又已知以上两种时间均服从负指数的概率分布。若该门诊部希望到达的病人 90% 以上能有座位,则该医院应设置一个有多少个座位的候诊室?

解　设候诊室座位有 C 个,则加诊治病人座位共 $C+1$ 个。这样到达的 90% 病人能有座位,相当于该医院门诊部内病人总数不多于 $C+1$ 个的概率为 0.90,即

$$\sum_{n=0}^{C+1} P_n \geqslant 0.90$$

由式(10.19) 得　　　$$\sum_{n=0}^{C+1} P_n = (1-\rho)\sum_{n=0}^{C+1}\rho^n = 1 - \rho^{C+2} \geqslant 0.90$$

$$\rho^{C+2} \leqslant 0.1$$

$$C + 2 \geqslant \frac{\lg 0.1}{\lg \rho} = \frac{\lg 0.1}{\lg 0.75} = 8$$

所以　　　　　　　　　　　　　$$C \geqslant 6$$

即该医院门诊部候诊室至少应有 6 个座位,才能保证 90% 以上病人有座。

10.4.2　顾客源无限、队长受限制的排队模型

在实际生活中碰到很多顾客源无限、队长受限制的情况,如:医院规定每天挂 100 个号,那么第 101 个到达者就会自动离去;理发店内等待的座位都满员时,后来的顾客就会设法另找理发店等待;生产中每道工序存放在制品的场地有限,当超过限度时,就要把多余的搬进仓库;等等。

假定在一个排队系统中可以容纳 M($M \geqslant S$)个顾客(包括被服务与等待的总数),如果这

时候顾客的到达率仍是常数,但由于系统中已有 M 个顾客时,新到的顾客将自动离去,因此有

$$\lambda_n = \begin{cases} \lambda & (n=0,1,\cdots,M-1) \\ 0 & (n \geqslant M) \end{cases}$$

1. 单个服务站($S=1$)

这里仍先研究单个服务站($S=1$)的情况,即 $M/M/1/M/\infty$ 模型。

设系统中最多只能有 M 个顾客,因此,系统状态为 $0,1,\cdots,M$,用生灭过程表示如图 10-6 所示。

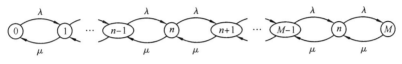

图 10-6

因为
$$C_n = \begin{cases} (\lambda/\mu)^n = \rho^n & (n=1,2,\cdots,m) \\ 0 & (n>m) \end{cases}$$

有
$$P_0 = 1 \bigg/ \sum_{n=0}^{M} \rho^n = \frac{1-\rho}{1-\rho^{M+1}} \quad (\rho \neq 1) \tag{10.29}$$

$$P_n = \left(\frac{1-\rho}{1-\rho^{M+1}} \right) \rho^n \quad (n \leqslant M, \rho \neq 1) \tag{10.30}$$

由此可得

$$L_s = \sum_{n=0}^{M} n P_n = \frac{1-\rho}{1-\rho^{M+1}} \rho \sum_{n=0}^{M} \frac{\mathrm{d}}{\mathrm{d}\rho}(\rho^n) = \frac{1-\rho}{1-\rho^{M+1}} \rho \frac{\mathrm{d}}{\mathrm{d}\rho}\left(\sum_{n=0}^{M} \rho^n\right) = \frac{1-\rho}{1-\rho^{M+1}} \rho \frac{\mathrm{d}}{\mathrm{d}\rho}\left(\frac{1-\rho^{M+1}}{1-\rho}\right)$$

$$= \frac{\rho}{1-\rho} - \frac{(M+1)\rho^{M+1}}{1-\rho^{M+1}} \quad (\rho \neq 1) \tag{10.31}$$

当 $\rho < 1, M \to \infty$ 时,式(10.31)的后一项值趋于 0。此时式(10.31)与式(10.20)一样,即 10.4.1 小节中的模型为本节中的模型的特例。

为了计算系统的其他各项指标,先要引进有效输入率 λ_{eff} 的概念。因为在队长受限的情形下,当到达顾客数 $n \geqslant M$ 时,新来顾客会自动离去,所以虽然顾客以平均为 λ 的速率到排队系统,但由于一部分顾客离去,真正进入排队系统的顾客输入率却是小于 λ 的 λ_{eff}。因此式(10.1)、式(10.2)、式(10.4)中的 λ 在有限排队的情形下,都应换成有效输入率 λ_{eff},即有

$$W_s = \frac{L_s}{\lambda_{\text{eff}}} \tag{10.32}$$

$$W_q = \frac{L_q}{\lambda_{\text{eff}}} \tag{10.33}$$

$$L_q = L_s - \frac{\lambda_{\text{eff}}}{\mu} \tag{10.34}$$

系统中平均排队的顾客数总是等于系统中的平均顾客数减去平均正在受服务的顾客数,即有

$$L_q = \sum_{n=1}^{M} (n-1) P_n = L_s - (1-P_0) \tag{10.35}$$

由式(10.34)、式(10.35)得

$$\lambda_{\text{eff}} = \mu(1-P_0) \tag{10.36}$$

对队长受限制的排队模型,当系统中有 M 个顾客时,新到顾客会自动离去,故不一定要求

$\rho < 1$。当 $\rho = 1$ 时，因

$$P_n = P_0 \rho^n = P_0 \quad (n = 1, 2, \cdots, M)$$

故有
$$P_0 = P_1 = \cdots = P_M = 1/(M+1) \quad (\rho = 1) \tag{10.37}$$

$$L_s = \sum_{n=0}^{M} n P_n = \frac{1}{M+1} \sum_{n=0}^{M} n = \frac{M}{2} \quad (\rho = 1) \tag{10.38}$$

2. 多个服务站($S > 1$)

下面再来研究有 S 个并联服务站的情况。因为系统中不允许多于 M 个顾客，当 $n < M$ 时，λ_n 与队长不受限制时一样，但当 $n \geqslant M$ 时，$\lambda_n = 0$，所以有

$$C_n = \begin{cases} \dfrac{(\lambda/\mu)^n}{n!} & (n = 1, 2, \cdots, S) \\[3mm] \dfrac{(\lambda/\mu)^n}{S! \ S^{n-S}} & (n = S, S+1, \cdots, M) \\[3mm] 0 & (n > M) \end{cases}$$

因此
$$P_0 = 1 \Big/ \left[1 + \sum_{n=1}^{S-1} \frac{(\lambda/\mu)^n}{n!} + \frac{(\lambda/\mu)^S}{S!} \sum_{n=S}^{M} \left(\frac{\lambda}{S\mu} \right)^{n-S} \right]$$

若令 $\rho = \lambda/S\mu$，则有

$$P_0 = 1 \Big/ \left[\sum_{n=0}^{S-1} \frac{(\lambda/\mu)^n}{n!} + \frac{S^S \cdot \rho^S (1 - \rho^{M-S+1})}{S! \ (1-\rho)} \right] \quad (\rho \neq 1) \tag{10.39a}$$

$$P_0 = 1 \Big/ \left[\sum_{n=0}^{S-1} \frac{(\lambda/\mu)^n}{n!} + \frac{S^S \cdot \rho^S}{S!} (M - S + 1) \right] \quad (\rho = 1) \tag{10.39b}$$

$$P_n = \begin{cases} \dfrac{(\lambda/\mu)^n}{n!} P_0 & (n = 1, 2, \cdots, S) \\[3mm] \dfrac{(\lambda/\mu)^n}{S! \ S^{n-S}} P_0 & (n = S, S+1, \cdots, M) \\[3mm] 0 & (n > M) \end{cases} \tag{10.40}$$

$$L_q = \sum_{n=S}^{\infty} (n-S) P_n = \sum_{j=0}^{M-S} j P_{S+j} = \sum_{j=0}^{M-S} j \frac{(\lambda/\mu)^S}{S!} \left(\frac{\lambda}{S\mu} \right)^j P_0 = \frac{(\lambda/\mu)^S P_0}{S!} \sum_{j=0}^{M-S} j \left(\frac{\lambda}{S\mu} \right)^j$$

$$= \frac{(\lambda/\mu)^S P_0}{S!} \sum_{j=0}^{M-S} \rho \frac{\mathrm{d}}{\mathrm{d}\rho}(\rho^j) = \frac{(\lambda/\mu)^S P_0}{S!} \rho \frac{\mathrm{d}}{\mathrm{d}\rho} \left(\frac{1 - \rho^{M-S+1}}{1-\rho} \right)$$

$$= \frac{(\lambda/\mu)^S P_0 \rho}{S! \ (1-\rho)^2} [1 - \rho^{M-S} - (1-\rho)(M-S)\rho^{M-S}] \quad (\rho \neq 1) \tag{10.41a}$$

$$L_q = \frac{(\lambda/\mu)^S P_0}{S!} \sum_{j=0}^{M-S} j = \frac{(\lambda/\mu)^S P_0 (M-S)(M-S+1)}{2S!} \quad (\rho = 1) \tag{10.41b}$$

因为
$$L_s = \sum_{n=0}^{M} n P_n = \sum_{n=0}^{S-1} n P_n + \sum_{n=S}^{M} n P_n$$

$$L_q = \sum_{n=S}^{M} (n-S) P_n$$

$$L_s - L_q = \sum_{n=0}^{S-1} n P_n + S \sum_{n=S}^{M} P_n = \sum_{n=0}^{S-1} n P_n + S \left(1 - \sum_{n=0}^{S-1} P_n \right)$$

所以
$$L_s = L_q + S + \sum_{n=0}^{S-1} (n-S) P_n \tag{10.42}$$

又因为
$$\frac{\lambda_{eff}}{\mu} = L_s - L_q$$

所以
$$\lambda_{eff} = \mu \left[S - \sum_{n=0}^{S-1} (S-n) P_n \right] \tag{10.43}$$

此外,W_s,W_q 仍按式(10.1)、式(10.2)来求,不过公式中 λ 应换作 λ_{eff}。

顾客源无限、队长受限制的排队模型,当 $M \to \infty$ 时,就与队长不受限制的模型一样。这在推导单个服务站的系统时已经提到,推导具有多个服务站的系统时也是一样。另一种是 $M=S$ 的特殊情况,就是带损失制的排队系统,只要在式(10.39a)、式(10.40)中令 $M=S$,就得到了计算损失制的排队系统的基本公式。

$$P_0 = 1 \left/ \left[1 + \sum_{n=1}^{S} \frac{(\lambda/\mu)^n}{n!} \right] \right. = 1 \left/ \left[\sum_{n=1}^{S} \frac{(\lambda/\mu)^n}{n!} \right] \right. \tag{10.44}$$

$$P_n = \frac{(\lambda/\mu)^n}{n!} P_0 = \frac{(\lambda/\mu)^n/n!}{\sum\limits_{n=0}^{S} \frac{(\lambda/\mu)^n}{n!}} \quad (n=0,1,\cdots,S) \tag{10.45}$$

$$L_s = \sum_{n=0}^{S} n P_n = \frac{\sum\limits_{n=0}^{S} \frac{n(\lambda/\mu)^n}{n!}}{\sum\limits_{n=0}^{S} \frac{(\lambda/\mu)^n}{n!}} = \left(\frac{\lambda}{\mu} \right) \frac{\sum\limits_{n=0}^{S-1} \frac{(\lambda/\mu)^n}{n!}}{\sum\limits_{n=0}^{S} \frac{(\lambda/\mu)^n}{n!}} \tag{10.46}$$

例 10.4 某单位电话交换台有一台 200 门内线的总机。已知在上班的 8 h 内,有 20% 的内线分机平均每 40 min 要一次外线电话,80% 的内线分机平均隔 2 h 要一次外线电话,又知从外单位打来的电话呼唤率为平均每分钟一次,设外线通话时间平均为 3 min,以上两个时间均属服从负指数分布。如果要求电话接通率为 95%,问该交换台应设置多少外线?

解 (1)来到电话交换台的呼唤有两类,一是各分机往外打的电话,二是从外单位打进来的电话。前一类 $\lambda_1 = \left(\frac{60}{40} \times 0.2 + \frac{1}{2} \times 0.8 \right) \times 200 = 140$,后一类 $\lambda_2 = 60$,根据泊松分布的性质知,来到交换台的总呼唤流仍服从泊松分布,其参数 $\lambda = \lambda_1 + \lambda_2 = 200$。

(2)这是一个具有多个服务站带损失制的排队系统,根据式(10.45),要使电话接通率为 95%,就是要使损失率低于 5%,即

$$P_S = \frac{\left(\frac{\lambda}{\mu} \right)^S / S!}{\sum\limits_{n=0}^{S} \frac{\left(\frac{\lambda}{\mu} \right)^n}{n!}} \leqslant 0.05$$

本例中,$\mu = 20$,$\frac{\lambda}{\mu} = 10$,可以用表 10-5 来确定 S。

表 10-5

S	$\left(\frac{\lambda}{\mu} \right)^S / S!$	$\sum\limits_{n=0}^{S} \left(\frac{\lambda}{\mu} \right)^n / n!$	P_S
0	1.0	1.0	1.0
1	10.0	11.0	0.909
2	50.0	61.0	0.820
3	166.7	227.7	0.732

S	$\left(\dfrac{\lambda}{\mu}\right)^{s}\Big/S!$	$\displaystyle\sum_{n=0}^{s}\left(\dfrac{\lambda}{\mu}\right)^{n}\Big/n!$	P_S
4	416.7	644.4	0.647
5	833.3	1 477.7	0.564
6	1 388.9	2 866.6	0.485
7	1 984.1	4 850.7	0.409
8	2 480.2	7 330.9	0.338
9	2 755.7	10 086.6	0.273
10	2 755.7	12 842.3	0.215
11	2 505.2	15 347.5	0.163
12	2 087.7	17 435.2	0.120
13	1 605.9	19 041.1	0.084
14	1 147.1	20 188.2	0.057
15	764.7	20 952.9	0.036

根据计算看出,为了使外线接通率达到 95%,应不少于 15 条外线。

说明:① 计算中没有考虑外单位打来电话时内线是否占用,也没有考虑分机打外线时对方是否占用;② 当电话一次打不通时,就要打第二次、第三次 …… 因此实际上呼唤次数要远远高于计算次数,实际接通率也要比 95% 低得多。

例 10.5 某市新开设一家专业诊所,有 4 名医生为病人诊治。由于医术较高,前来诊治的病人络绎不绝。据统计分析,病人按泊松分布到达,$\lambda = 20$ 人/h。医生为每名病人诊治的时间服从负指数分布,$1/\mu = 11.5$ min。由于发现病人等待时间过长,该诊所决定,当诊所内病人数达到 20 人时,将让新到病人离去改日再来。试分析该诊所采取这项决定前后系统工作情况的变化。

解 本例中,$\lambda/\mu = \dfrac{20 \times 11.5}{60} = 3.833,\lambda/(S\mu) = 0.958$。

采取决定前的系统为 $(M/M/4):(\infty/\infty/FCFS)$,由式(10.26)、式(10.28)等算出有关指标为

$$P_0 = \left[1 + 3.833 + \frac{(3.833)^2}{2!} + \frac{(3.833)^3}{3!} + \frac{(3.833)^4}{4!} \times \frac{1}{1-0.958}\right]^{-1} = 0.004\ 24$$

$$L_q = \frac{0.004\ 24}{4!} \times \frac{(3.833)^4 \times 0.958}{(1-0.958)^2} = 20.71$$

$$W_q = L_q/20 = 1.035$$

采取决定后的系统为 $(M/M/4):(20/\infty/FCFS)$,由式(10.39a)、式(10.40)、式(10.41a)等算得的有关指标为

$$P_0 = \left[1 + 3.833 + \frac{(3.833)^2}{2!} + \frac{(3.833)^3}{3!} + \frac{4^4 \times (0.958)^4 \times (1-0.958^{17})}{4!\ (1-0.958)}\right]^{-1} = 0.007\ 55$$

$$L_q = \frac{(3.833)^4 \times 0.007\ 55 \times 0.958}{4!\ \times (1-0.958)^2}\left[1 - 0.958^{16} - (1-0.958)(20-4) \times 0.958^{16}\right]$$

$$= 5.863$$

$$P_{20} = \frac{(3.833)^{20}}{4! \ 4^{20-4}} \times 0.007\ 55 = 0.034\ 32$$

$$\lambda_{\text{eff}} = \lambda(1 - P_{20}) = 20(1 - 0.034\ 32) = 19.31$$

$$W_q = L_q / \lambda_{\text{eff}} = 5.863 / 19.31 = 0.303\ 6$$

可见,该诊所采取限制病人数的决定后,病人等待诊治时间缩短到原来的 30%,但由此会造成约 3.4% 的病人需改日再来。

10.4.3 顾客源有限的排队模型

这种模型在工业生产中应用很多。如一个车间有几十台机器,当个别损坏时,再发生机器损坏的概率就会有明显改变。这类模型中,设顾客总数为 N,当有 n 个顾客在排队系统内时,在排队系统外的潜在顾客数就减少为 $N-n$。假定每个顾客来到排队系统的时间间隔服从参数为 λ 的负指数分布,则根据负指数分布的性质有 $\lambda_n = (N-n)\lambda$,因此对顾客来源有限的排队模型也可以用生灭过程的发生率图来表示(见图 10-7)。

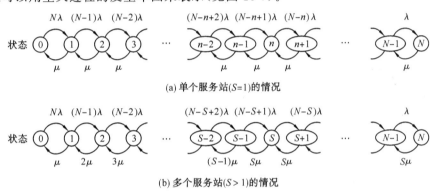

(a) 单个服务站(S=1)的情况

(b) 多个服务站(S>1)的情况

图 10-7

在图 10-7(a)中,有

$$\lambda_n = \begin{cases} (N-n)\lambda & (n=0,1,\cdots,N) \\ 0 & (n \geqslant N) \end{cases}$$

$$\mu_n = \mu \quad (n=1,2,\cdots,N)$$

在图 10-7(b)中,有

$$\lambda_n = \begin{cases} (N-n)\lambda & (n=0,1,\cdots,N) \\ 0 & (n \geqslant N) \end{cases}$$

$$\mu_n = \begin{cases} n\mu & (n=1,2,\cdots,S) \\ S\mu & (n=S,S+1,\cdots) \end{cases}$$

由于对 $n=N$,有 $\lambda_n=0$,因此这类系统最终一定会达到稳定状态,也因此可以应用求解稳定状态的方法进行处理。

1. 单个服务站($S=1$)

先求解单个服务站($S=1$)的情况。

当 $S=1$ 时,有

$$C_n = \frac{\lambda_{n-1}\lambda_{n-2}\cdots\lambda_0}{\mu_n\mu_{n-1}\cdots\mu_1} = \frac{(N-n+1)\lambda(N-n+2)\lambda\cdots(N-1)\lambda \cdot N\lambda}{\mu^n}$$

$$= N(N-1)\cdots(N-n+1)\left(\frac{\lambda}{\mu}\right)^n = \frac{N!}{(N-n)!}\left(\frac{\lambda}{\mu}\right)^n \quad (n=1,2,\cdots,N)$$

$$C_n = 0, \quad (n > N)$$

所以
$$P_0 = 1\bigg/ \sum_{n=0}^{N}\left[\frac{N!}{(N-n)!}\left(\frac{\lambda}{\mu}\right)^n\right] \tag{10.47}$$

$$P_n = \frac{N!}{(N-n)!}\left(\frac{\lambda}{\mu}\right)^n P_0 \quad (n=1,2,\cdots,N) \tag{10.48}$$

$$L_q = \sum_{n=1}^{N}(n-1)P_n = \sum_{n=1}^{N}(n-1)\frac{N!}{(N-n)!}\left(\frac{\lambda}{\mu}\right)^n P_0 \tag{10.49}$$

$$L_s = \sum_{n=0}^{N}nP_n = L_q + (1-P_0) \tag{10.50}$$

由于顾客输入率 λ_n 随系统状态而变化,因此平均输入率 $\bar{\lambda}$ 可按下式计算。

$$\bar{\lambda} = \sum_{n=0}^{\infty}\lambda_n P_n = \sum_{n=0}^{N}(N-n)\lambda P_n = \lambda(N-L) \tag{10.51}$$

且有
$$W_s = \frac{L_s}{\bar{\lambda}}, \quad W_q = \frac{L_q}{\bar{\lambda}} \tag{10.52}$$

2. 多个服务站$(S>1)$

下面再研究多个服务站$(S>1)$的情况。

当 $S>1$ 时,有

$$C_n = \begin{cases} \dfrac{N!}{(N-n)!\ n!}\left(\dfrac{\lambda}{\mu}\right)^n & (n=1,2,\cdots,S) \\[3mm] \dfrac{N!}{(N-n)!\ S!\ S^{n-S}}\left(\dfrac{\lambda}{\mu}\right)^n & (n=S,S+1,\cdots,N) \\[3mm] 0 & (n>N) \end{cases}$$

$$P_n = \begin{cases} \dfrac{N!}{(N-n)!\ n!}\left(\dfrac{\lambda}{\mu}\right)^n P_0 & (0 \leqslant n \leqslant S) \\[3mm] \dfrac{N!}{(N-n)!\ S!\ S^{n-S}}\left(\dfrac{\lambda}{\mu}\right)^n P_0 & (S \leqslant n \leqslant N) \\[3mm] 0 & (n \geqslant N) \end{cases} \tag{10.53}$$

因此
$$P_0 = 1\bigg/\left[\sum_{n=0}^{S-1}\frac{N!}{(N-n)!\ n!}\left(\frac{\lambda}{\mu}\right)^n + \sum_{n=S}^{N}\frac{N!}{(N-n)!\ S!\ S^{n-S}}\left(\frac{\lambda}{\mu}\right)^n\right]$$
$$\tag{10.54}$$

$$L_q = \sum_{n=S+1}^{N}(n-S)P_n \tag{10.55}$$

$$L_s = \sum_{n=0}^{N}nP_n = \sum_{n=0}^{S}nP_n + \sum_{n=S+1}^{N}nP_n = \sum_{n=0}^{S}nP_n + S\sum_{n=S+1}^{N}P_n + \sum_{n=S+1}^{N}(n-S)P_n$$

$$= \sum_{n=1}^{S}nP_n + S\left(1-\sum_{n=0}^{S}P_n\right) + L_q = L_q + \left[S - \sum_{n=0}^{S}(S-n)P_n\right] = L_q + \frac{\bar{\lambda}}{\mu} \tag{10.56}$$

$$\bar{\lambda} = \mu(L_s - L_q) = \mu\left[S - \sum_{n=0}^{S}(S-n)P_n\right] \tag{10.57}$$

例 10.6 设有一名工人负责照管 6 台自动机床。当机床需要加料、发生故障或刀具磨损时就自动停车,等待工人照管。设平均每台机床两次停车的间隔时间为 1 h,又设每台机床停车时,需要工人平均照管的时间为 0.1 h。以上两项时间均服从负指数分布,试计算该系统的各项指标。

解 该例中,$\frac{\lambda}{\mu} = 0.1, N = 6$,由式(10.48)可知

$$P_1 = \frac{6!}{(6-1)!}(0.1)^1 P_0 = 0.6 P_0$$

$$P_n = \frac{6!}{(6-n)!}(0.1)^n P_0 \quad (2 \leqslant n \leqslant 6)$$

计算过程见表 10-6。

表 10-6

N	等待照管的机床数 $n-1$	P_n/P_0	P_n	$(n-1)P_n$	nP_n
0	0	1.000 00	0.484 5	0	0
1	0	0.600 00	0.290 7	0	0.290 7
2	1	0.300 00	0.145 4	0.145 4	0.290 8
3	2	0.120 00	0.058 2	0.116 4	0.174 6
4	3	0.036 00	0.017 5	0.052 5	0.070 0
5	4	0.007 20	0.003 5	0.014 0	0.017 5
6	5	0.000 72	0.000 3	0.001 5	0.001 8

因为 $\sum_{k=0}^{6} P_k = 1$,由表 10-6 得

$$\frac{1}{P_0} \sum_{k=0}^{6} P_k = 2.063\ 92$$

所以 $$P_0 = 1/2.063\ 92 = 0.484\ 5$$

系统中平均等待照管的机床数为

$$L_q = \sum_{n=1}^{N}(n-1)P_n = 0.329\ 8$$

停车的机床总数(包括正在照管及等待照管数)为

$$L_s = \sum_{n=0}^{N} nP_n = 0.845\ 4$$

如把加料、刀具磨损及故障等原因引起的停车作为正常生产时间的组成部分,则机床因等待工人照管的停工时间占生产时间的比例为

$$\frac{L_q}{N} = \frac{0.329\ 8}{6} = 0.054\ 9$$

工人的忙期为 $$1 - P_0 = 1 - 0.484\ 5 = 0.515\ 5$$

例 10.7 上例中如改为由三个工人共同看管 20 台自动机床,其他各项数据不变,求系统的各项指标。

解 这里 $S = 3, N = 20, \frac{\lambda}{\mu} = 0.1$,仍用表格计算(见表 10-7)。因为当 $n > 12$ 时,P_n

$<0.5×10^{-5}$,所以忽略不计。

表 10-7

n	正照管机床数	等待照管机床数	空闲的工人数	P_n/P_0	P_n	$(n-S)P_n$	nP_n
0	0	0	3	1.0	0.136 26	—	—
1	1	0	2	2.0	0.272 50	—	0.272 50
2	2	0	1	1.9	0.258 88	—	0.517 76
3	3	0	0	1.14	0.155 33	—	0.465 99
4	3	1	0	0.646	0.088 02	0.088 02	0.352 08
5	3	2	0	0.344 5	0.046 94	0.093 88	0.234 70
6	3	3	0	0.172 2	0.023 47	0.070 41	0.140 82
7	3	4	0	0.080 4	0.010 95	0.043 80	0.076 65
8	3	5	0	0.034 8	0.004 75	0.023 75	0.038 80
9	3	6	0	0.013 9	0.001 90	0.011 40	0.017 10
10	3	7	0	0.005 1	0.000 70	0.004 90	0.007 00
11	3	8	0	0.001 7	0.000 23	0.001 84	0.002 53
12	3	9	0	0.000 5	0.000 07	0.000 63	0.000 84

由表 10-7 知,系统中平均等待工人照管的机床数为

$$L_q = \sum_{n=4}^{20}(n-3)P_n = 0.338\ 63$$

停车的机床总数(包括正在照管与等待照管数)为

$$L_s = \sum_{n=0}^{20}nP_n = 2.126\ 77$$

等待工人照管的停车时间占生产时间的比例为

$$\frac{L_q}{N} = \frac{0.338\ 63}{20} = 0.016\ 93$$

工人的平均空闲时间为

$$\frac{1}{3}\sum_{n=0}^{2}(3-n)P_n = \frac{1}{3}(3P_0 + 2P_1 + P_2) = 0.404\ 2$$

工人忙期平均为 $1 - 0.404\ 2 = 0.595\ 8$

将两个例子计算结果列表比较,如表 10-8 所示。

表 10-8

	每个工人平均看管机床数	每台机床等待照管占生产时间的比例	工人平均忙期
一个工人看管 6 台	6	0.054 9	0.515 5
三个工人关合看管 20 台	$6\frac{2}{3}$	0.016 93	0.595 8

由比较可以看出,当三个工人共同看管 20 台时,虽然每个工人的平均看管数增加了,但机床利用率反而提高,这是三名工人间互相协作、减少工人空闲时间得到的结果。当然,要开展协作必须熟悉彼此工作,这就要求工人努力提高技术的熟练运用程度。

10.5 $M/G/1$ 的排队系统

前一节讨论的模型建立在生灭过程的基础上,即假定输入服从泊松分布和服务时间均服从负指数分布的情况。但这样的假定往往与实际情况有较大出入,特别是服务时间服从负指数分布的假定往往出入更大。这一节研究 $M/G/1$ 的排队系统,即输入服从泊松分布,服务时间呈任意分布,且具有单个服务站的排队系统。

10.5.1 嵌入马尔可夫链及基本公式的推导

在处理这类系统时常常应用所谓的"嵌入马尔可夫链"的方法。嵌入马尔可夫链的概念就是将排队系统的状态用某一个顾客到达(或离去)时刻的系统的顾客数 n 来定义,设法找出系统从状态 $n(n=0,1,\cdots)$ 到状态 $n+1$ 的概率转移矩阵,这样就可以将一个非马尔可夫链问题简化为一个离散的马尔可夫链问题,从而求得问题的解。

现作如下假定:

(1) 系统服从输入参数为 λ 的泊松分布;

(2) 对每个顾客的服务时间 t 是具有相同概率分布且相互独立的随机变量,其概率分布函数为 $F(t)$,其期望值和方差分别为

$$E(t)=\int_0^\infty t\,\mathrm{d}F(t)=\frac{1}{\mu}$$
$$\mathrm{Var}(t)=\sigma^2$$

(3) $\lambda < 1/E(t)$ 或 $\rho=\lambda/\mu=\lambda E(t)<1$;

(4) 有一个服务站。

设第 j 个被服务的顾客在时刻 T 离开排队系统,第 $j+1$ 个被服务的顾客在时刻 $T+t$ 离开排队系统,则时刻 $T+t$ 系统内的顾客数取决于 T 时刻系统内的顾客数及在第 $j+1$ 个被服务顾客的服务时间内到达的顾客数。

现作如下假设:

n 为当第 j 个顾客离开系统瞬间系统内的顾客数;

t 为对第 $j+1$ 个顾客的服务时间;

k 为在对第 $j+1$ 个顾客服务这段时间内新到达的顾客数;

n' 为当第 $j+1$ 个顾客离开系统瞬间系统内的顾客数。

当系统处于稳定状态时,有

$$E[n]=E[n'],\quad E[n^2]=E[(n')^2] \tag{10.58}$$

因

$$n'=\begin{cases}k & (n=0)\\ n-1+k & (n>0)\end{cases}$$

令

$$\delta=\begin{cases}0 & (n=0)\\ 1 & (n>0)\end{cases} \tag{10.59}$$

故有

$$n'=n-\delta+k \tag{10.60}$$

对式(10.60)两边取期望值,得

$$E[n']=E[n]-E[\delta]+E[k]$$

由式(10.58)知 $E[n']=E[n]$,故有

$$E[\delta] = E[k] \tag{10.61}$$

对式(10.60)两边平方,得

$$(n')^2 = n^2 + \delta^2 + k^2 + 2nk - 2n\delta - 2k\delta$$

由式(10.59)知

$$\delta^2 = \delta, \quad \delta n = n$$

由此可得

$$(n')^2 = n^2 + k^2 + \delta + 2nk - 2n - 2k\delta \tag{10.62}$$

对式(10.62)两边取期望值,又因 $E[n^2] = E[(n')^2]$,故有

$$0 = E[k^2] + E[\delta] + 2E[n]E[k] - 2E[n] - 2E[k]E[\delta]$$

所以

$$E[n] = \frac{E[k^2] + E[\delta][1 - 2E(k)]}{2[1 - E(k)]} \tag{10.63}$$

因在时间 t 内到达的顾客数服从参数为 λ 的泊松分布,故有

$$E\{k \mid t\} = \lambda t, \quad E\{k^2 \mid t\} = (\lambda t)^2 + \lambda t$$

所以

$$E\{k\} = \int_0^\infty E\{k \mid t\} f(t) \mathrm{d}t = \int_0^\infty \lambda t f(t) \mathrm{d}t = \lambda E\{t\} = \rho \tag{10.64}$$

$$E\{k^2\} = \int_0^\infty E\{k^2 \mid t\} f(t) \mathrm{d}t = \int_0^\infty [(\lambda t)^2 + \lambda t] f(t) \mathrm{d}t$$

$$= \lambda^2 \mathrm{Var}(t) + \lambda^2 E^2(t) + \lambda E(t) = \lambda^2 \sigma^2 + \rho^2 + \rho \tag{10.65}$$

将式(10.64)、式(10.65)代入式(10.63)并简化,得

$$L_s = E(n) = \frac{2\rho - \rho^2 + \lambda^2 \sigma^2}{2(1 - \rho)} \tag{10.66}$$

其他指标的推导如下:

$$L_q = L_s - \rho = \frac{\rho^2 + \lambda^2 \sigma^2}{2(1 - \rho)} \tag{10.67}$$

$$W_q = \frac{L_q}{\lambda} = \frac{\rho^2 + \lambda^2 \sigma^2}{2\lambda(1 - \rho)} \tag{10.68}$$

$$W_s = W_q + \frac{1}{\mu} = \frac{\rho^2 + \lambda^2 \sigma^2}{2\lambda(1 - \rho)} + \frac{1}{\mu} \tag{10.69}$$

从式(10.66)～式(10.69)易看出,在平均服务时间为 $1/\mu$ 的情况下,L_s, L_q, W_q, W_s 均随 ρ^2 的增加而增加,即在对每个顾客的服务时间大体上比较接近的情况下,排队系统的工作指标较好。在服务时间分布偏差很大的情况下,工作指标就差一些。如将式(10.68)改写为

$$W_q = \frac{\rho^2}{2\lambda(1 - \rho)}(1 + \mu^2 \sigma^2) \tag{10.70}$$

在服务时间服从定长分布的情况下,$\sigma^2 = 0$,得

$$W_q = \frac{\rho^2}{2\lambda(1 - \rho)} \tag{10.71}$$

在服务时间服从负指数分布的情况下,由 $\sigma^2 = 1/\mu^2$ 可知

$$W_q = \frac{\rho^2}{\lambda(1 - \rho)} \tag{10.72}$$

由式(10.71)和式(10.72)可以看出,顾客排队等待的平均时间要比定长分布的大一倍,服务机构效率差不多降低一半。

10.5.2 泊松输入和定长服务时间的排队系统

当一个服务机构提供固定服务项目,服务时间偏差很小时,可以近似看作服务时间服从定

长分布。当服务时间服从定长分布时,$\sigma^2 = 0$,代入式(10.66)~式(10.69)得到以下结果:

$$L_s = \frac{2\rho - \rho^2}{2(1-\rho)} \tag{10.73}$$

$$L_q = \frac{\rho^2}{2(1-\rho)} = \frac{\lambda^2}{2\mu(\mu-\lambda)} \tag{10.74}$$

$$W_q = \frac{\rho^2}{2\lambda(1-\rho)} = \frac{\lambda}{2\mu(\mu-\lambda)} \tag{10.75}$$

$$W_s = \frac{\rho^2}{2\lambda(1-\rho)} + \frac{1}{\mu} \tag{10.76}$$

10.5.3　输入服从泊松分布、服务时间服从爱尔朗分布的排队系统

当服务时间服从定长分布时,$\sigma = 0$;当服务时间服从负指数分布时,$\sigma = 1/\mu$。均方差值介于这两者之间($0 < \sigma < 1/\mu$)的一种理论分布称为爱尔朗分布。假定 $T_1, T_2, \cdots, T_k$ 相互独立,且服从相同的负指数分布,其概率密度分别为

$$f(t_i) = k\mu e^{-k_0\mu_0 t_i} \quad (t_i \geqslant 0, i = 1, 2, \cdots, k)$$

则 $T = T_1 + T_2 + \cdots + T_k$ 服从具有参数 $k\mu$ 的爱尔朗分布,即

$$f(t) = \frac{(\mu k)^k}{(k-1)!} t^{k-1} e^{-k\mu t} \quad (t \geqslant 0) \tag{10.77}$$

其中,μ, k 是取正值的参数,k 是正整数。

由此,如果服务机构对顾客进行的服务不是一项,而是按顺序进行的 k 项,又假定其中每一项服务的持续时间都服从相同的负指数分布,则总的服务时间服从爱尔朗分布。

实际上,爱尔朗分布是 Gamma 分布的一种特例。爱尔朗分布的期望值和偏差为

$$E[t] = 1/\mu$$

$$\sigma = 1/(\sqrt{k} \cdot \mu)$$

它具有两个参数 k 与 μ,k 值不同时,可以得到不同的爱尔朗分布(见图 10-8)。当 $k = 1$ 时,爱尔朗分布是负指数分布;当 k 增大时,图形逐渐变得对称;当 $k \geqslant 30$ 时,近似于正态分布;当 $k \to \infty$ 时,是定长分布。所以,爱尔朗分布随 k 的变化处于完全随机型与完全确定型之间。

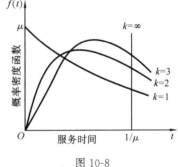

图 10-8

在单个服务站情况下,将 $\sigma^2 = 1/(k\mu^2)$ 代入式(10.66)~式(10.69),得

$$L_q = \frac{\lambda^2/(k\mu^2) + \rho^2}{2(1-\rho)} = \frac{1+k}{2k} \cdot \frac{\lambda^2}{\mu(\mu-\lambda)} \tag{10.78}$$

$$W_q = \frac{1+k}{2k} \cdot \frac{\lambda}{\mu(\mu-\lambda)} \tag{10.79}$$

例 10.8　一装卸队专为来到某码头仓库的货车装卸货物,设货车的到达辆数服从泊松分布,平均每 10 min 一辆,而装卸车的时间则与装卸队的工人数成反比。又设该装卸队每班(8 h)的生产费用为 $20 + 4x$ 元,其中 x 为装卸工人数,货车在码头装卸货物时停留时间的损失为每台 15 元/h。若:(1)装卸时间为常数;(2)装卸时间服从负指数分布,一名装卸工装卸一辆货车平均需时 30 min,试分别确定各应配备多少装卸工人比较经济合理。

解　整个系统的费用等于装卸队费用加上货车等待损失。以 1 h 为例,其费用为

$$C = \frac{20 + 4x}{8} + 15L_s \qquad (10.80)$$

（1）装卸时间为常数时，$\lambda = 6$，$\mu = 2x$，$\rho = \dfrac{3}{x}$，代入式（10.80）得

$$C = \frac{20 + 4x}{8} + 15\left[\frac{\dfrac{6}{x} - \dfrac{9}{x^2}}{2\left(1 - \dfrac{3}{x}\right)}\right] = 2.5 + 0.5x + \frac{45}{2}\left[\frac{2x - 3}{x(x - 3)}\right]$$

令

$$\frac{\mathrm{d}C}{\mathrm{d}x} = 0.5 + \frac{45}{2}\left[\frac{2}{x(x - 3)} - \frac{(2x - 3)^2}{[x(x - 3)]^2}\right] = 0$$

化简得

$$0.5x^4 - 3x^3 - 40.5x^2 + 135x - 202.5 = 0$$

这是一个高次方程，经试算在 $x = 11$ 和 $x = 12$ 之间有一个根。当 $x = 11$ 时，$C = 12.858$；当 $x = 12$ 时，$C = 12.875$，故应配备 11 名装卸工。

（2）装卸时间服从负指数分布时，由式（10.80）得

$$C = \frac{20 + 4x}{8} + 15\left(\frac{\lambda}{\mu - \lambda}\right) = 2.5 + 0.5x + 15\left(\frac{6}{2x - 6}\right)$$

令

$$\frac{\mathrm{d}C}{\mathrm{d}x} = 0.5 - \frac{90}{2} \times \frac{1}{(x - 3)^2} = 0$$

化简得

$$(x - 3)^2 = 90, \quad x \approx 12.5$$

当 $x = 12$ 或 13 时，C 均等于 13.5，故配备 12 名或 13 名装卸工均可。

10.6　服务机构串联的排队系统

这类模型在生产中碰到较多：产品的生产要经过若干工艺阶段，零件的加工要经过好几道工序，在一条流水生产线或装配线上，零件按一定的节拍从上一道工序传到下一道工序，由于工序时间的波动或工序间库存位置的不足，都可能造成生产的混乱或阻塞（见图 10-9），因此在这类模型中，要研究在服务站工序时间波动及库存位置变动情况下，造成生产混乱或阻塞的概率。

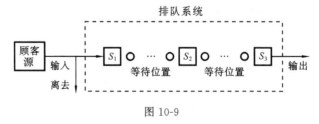

图 10-9

假定顾客的到达服从参数为 λ 的泊松分布，每个服务站对顾客的服务时间服从参数 μ 值相同的负指数分布。简化起见，假定各服务站的服务率相同，各服务站前允许顾客排队等待的位置有三种情况：① 无位置；② 有限的位置；③ 无限的位置。由于第三种情况下每个服务站都相当于一个独立的排队系统，因此只研究前面两种情况。

先研究两个服务站、工序间无排队位置的情况，即顾客在第一个服务站（S_1）服务完毕，第二个服务站（S_2）有空时，立即转入 S_2，否则仍停留在 S_1。这样，第一个服务站 S_1 可能有三种

状态:(1) 无顾客(记 $i=0$);(2) 有一个顾客正得到服务(记 $i=1$);(3) 有一个顾客已服务完毕,但由于第二个服务站无空闲,顾客仍留在第一个服务站(记 $i=b$)。第二个服务站 S_2 有两种状态:(1) 空闲着无顾客(记 $j=0$);(2) 有一个顾客正得到服务(记 $j=1$)。这时整个系统就可能有五种状态: $(0,0)$, $(0,1)$, $(1,0)$, $(1,1)$, $(b,1)$。为了分别找出这五种状态下的概率 P_{ij},画出其生灭过程发生率图(见图 10-10)。

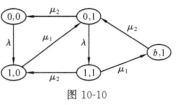

图 10-10

当 $\mu_1=\mu_2=\mu$ 时,写出各状态的平衡方程,即

$$\begin{cases} \mu P_{01}=\lambda P_{00} \\ \mu P_{10}+\mu P_{b1}=(\lambda+\mu)P_{01} \\ \lambda P_{00}+\mu P_{11}=\mu P_{10} \\ \lambda P_{01}=2\mu P_{11} \\ \mu P_{11}=\mu P_{b1} \end{cases}$$

又因为

$$P_{00}+P_{01}+P_{10}+P_{11}+P_{b1}=1$$

求解得

$$\begin{cases} P_{00}=2/H \\ P_{01}=2\rho/H \\ P_{10}=(\rho^2+2\rho)/H \\ P_{11}=P_{b1}=\rho^2/H \end{cases} \tag{10.81}$$

其中

$$H=3\rho^2+4\rho+2 \tag{10.82}$$

由此得到系统中顾客的平均数为

$$L_s=\sum_i\sum_j nP_{ij}=0P_{00}+1P_{01}+1P_{10}+2P_{11}+2P_{b1}=\frac{4\rho+5\rho^2}{H}$$

服务机构的忙期为

$$1-P_{00}=1-2/H$$

顾客的有效输入率为

$$\lambda_{\text{eff}}=\lambda(P_{00}+P_{01})=\left(\frac{2+2\rho}{H}\right)\lambda$$

现在把问题范围扩大一些。假设有两个服务站,中间有一个等待位置。仍用 i 记录第一个服务站 S_1 所处的状态,这时 S_1 仍有三个状态,即 $i=0,1,b$,第二个服务站 S_2 也有三个状态,即 $j=0$(S_2 空闲)、$j=1$(S_2 有一个顾客正得到服务,无顾客等待)、$j=2$(S_2 有一个顾客正得到服务,有一个顾客正在等待)。这时整个系统就可能有七种状态: $(0,0)$, $(0,1)$, $(0,2)$, $(1,0)$, $(1,1)$, $(1,2)$, $(b,2)$。同前面情况类似,画出其生灭过程发生率图,如图 10-11 所示。

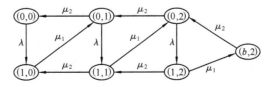

图 10-11

当 $\mu_1 = \mu_2 = \mu$ 时，写出各状态的平衡方程如下。

$$\begin{cases} \mu P_{01} - \lambda P_{00} = 0 \\ \mu P_{02} + \mu P_{10} - (\lambda + \mu) P_{01} = 0 \\ \mu P_{11} + \mu P_{b2} - (\lambda + \mu) P_{02} = 0 \\ \lambda P_{00} + \mu P_{11} - \mu P_{10} = 0 \\ \lambda P_{01} + \mu P_{12} - 2\mu P_{11} = 0 \\ \lambda P_{02} - 2\mu P_{12} = 0 \\ \mu P_{12} - \mu P_{b2} = 0 \end{cases}$$

又因有

$$P_{00} + P_{01} + P_{02} + P_{10} + P_{11} + P_{12} + P_{b2} = 1$$

求解得

$$\begin{cases} P_{00} = \dfrac{\rho + 4}{H_1} \\ P_{01} = (\rho^2 + 4\rho)/H_1 \\ P_{02} = 2\rho^2/H_1 \\ P_{10} = (\rho^3 + 3\rho^2 + 4\rho)/H_1 \\ P_{11} = (\rho^3 + 2\rho^2)/H_1 \\ P_{12} = P_{b2} = \rho^3/H_1 \end{cases} \tag{10.83}$$

其中

$$H_1 = 4\rho^3 + 8\rho^2 + 9\rho + 4 \tag{10.84}$$

系统内顾客的平均数为

$$L_s = 1P_{00} + 1P_{01} + 2P_{02} + 2P_{11} + 3P_{12} + 3P_{b2} = \frac{9\rho^3 + 12\rho^2 + 8\rho}{H_1}$$

系统的忙期为

$$1 - P_{00} = 1 - \frac{\rho + 4}{H_1}$$

顾客的有效输入率为

$$\lambda_{\text{eff}} = \lambda(P_{00} + P_{01} + P_{02}) = \left(\frac{4 + 5\rho + 3\rho^2}{H_1}\right)\lambda$$

10.7　具有优先服务权的排队模型

这类模型的服务规则并不是严格按照顾客到达的先后顺序，如打电报分加急和一般，到医院治病有急诊与普通门诊，在铁路运输中一般是货车让客车、慢车让快车。可见在这类模型中，顾客是有等级的，与较低级别的顾客相比，较高级别的顾客具有优先的服务权。

假定在一个排队系统中，顾客可以划分为 N 个等级，第一级享有最高级别的优先服务权，第 N 级享有最低级别的优先服务权，对具有同一级别优先服务权的顾客，仍按先到先服务的原则。又假定这个系统中每一级别顾客的输入都服从泊松分布，用 $\lambda_i (i = 1, 2, \cdots, N)$ 表示具有第 i 级优先服务权顾客的平均到达率，对任何级别顾客的服务时间均服从负指数分布，且不管哪一级顾客，具有相同的服务率，用 $1/\mu$ 表示每个服务站对任何级别顾客的平均服务时间。假定当一个具有较高级别优先服务权的顾客到来时，正被服务的顾客是一个具有较低级别优先服务权的顾客，则该顾客将被中断服务，回到排队系统中等待重新得到服务。

根据以上假定,具有最高级别优先服务权的顾客来到排队系统中时,除了具有相同最高级别的顾客正得到服务时需要等待外,其余情况下均可立即得到服务。因此,具有第一级优先服务权的顾客在排队系统中得到服务的情况就如同没有其他级别的顾客一样。也因此,10.4.1 小节推导的公式中只要将输入率 λ 换以第一级优先服务权顾客的输入率 λ_1,对具有最高级优先服务权的顾客就完全适用。

再一并考虑享有第一级、第二级两级优先服务权的顾客。由于他们的服务不受其他级别顾客的影响,设 $\overline{W}_{1-2}$ 表示第一级、第二级两级综合在一起的每个顾客在系统中的平均停留时间,则有

$$(\lambda_1 + \lambda_2)\overline{W}_{1-2} = \lambda_1 W_{s1} + \lambda_2 W_{s2}$$

其中,W_{s1},W_{s2} 分别表示享有第一级和第二级优先服务权的每个顾客在系统中的平均停留时间。根据负指数分布的性质知,对由于高一级别顾客到达而中断服务,重新回到队伍中的较低级别顾客的服务时间的概率分布,不因前一段已得到服务及服务了多长时间而有所改变,因此对 $\overline{W}_{1-2}$ 只要将第一级、第二级两级顾客的输入率加在一起,按 10.4.1 小节推导的公式计算。由此得

$$W_{s2} = \frac{\lambda_1 + \lambda_2}{\lambda_2}\overline{W}_{1-2} - \frac{\lambda_1}{\lambda_2}W_{s1} \tag{10.85}$$

同理,可得

$$(\lambda_1 + \lambda_2 + \lambda_3)\overline{W}_{1-2-3} = \lambda_1 W_{s1} + \lambda_2 W_{s2} + \lambda_3 W_{s3}$$

所以

$$W_{s3} = \frac{\lambda_1 + \lambda_2 + \lambda_3}{\lambda_3}\overline{W}_{1-2-3} - \frac{\lambda_1}{\lambda_3}W_{s1} - \frac{\lambda_2}{\lambda_3}W_{s2} \tag{10.86}$$

依次类推,可以求得

$$W_{sN} = \frac{\sum_{i=1}^{N}\lambda_i}{\lambda_N}\overline{W}_{1-N} - \frac{\sum_{i=1}^{N}\lambda_i W_{si}}{\lambda_N} \quad \left(\sum_{i=1}^{N}\lambda_i < S_\mu\right) \tag{10.87}$$

例 10.9 来到某医院门诊部就诊的病人按照参数 $\lambda = 2$(单位:人/h)的泊松流到达,医生对每个病人的服务时间服从负指数分布,$1/\mu = 20$(单位:min)。假如病人中 60% 属于一般病人,30% 属于重症急病患者,10% 是需要抢救的病人。该门诊部的服务规则是先治疗需要抢救的病人,然后治疗重症急病患者,最后治疗一般病人。属同一级别的病人,按到达先后次序进行治疗。当该门诊部分别有一名医生和两名医生就诊时,试分别计算各类病人等待治病的平均等候时间(单位:h)。

解 假设需要抢救的病人属于第一类,重症急病患者属于第二类,一般病人属于第三类,则 $\lambda_1 = 0.2$,$\lambda_2 = 0.6$,$\lambda_3 = 1.2$。

(1) 当有一名医生就诊时,有

$$W_{s1} = \frac{1}{\mu - \lambda_1} = \frac{1}{3 - 0.2} = 0.357$$

$$\overline{W}_{1-2} = \frac{1}{\mu - (\lambda_1 + \lambda_2)} = \frac{1}{3 - 0.8} = 0.454$$

$$\overline{W}_{1-2-3} = \frac{1}{\mu - (\lambda_1 + \lambda_2 + \lambda_3)} = \frac{1}{3 - 2} = 1$$

由此

$$W_{s2} = \frac{0.6 + 0.2}{0.6} \times 0.454 - \frac{0.2}{0.6} \times 0.357 = 0.486$$

$$W_{s3} = \frac{1.2 + 0.6 + 0.2}{1.2} \times 1 - \frac{0.2}{1.2} \times 0.357 - \frac{0.6}{1.2} \times 0.454 = 1.379$$

所以

$$W_{q1} = 0.357 - 0.333 = 0.024$$

$$W_{q2} = 0.486 - 0.333 = 0.153$$

$$W_{q3} = 1.379 - 0.333 = 1.046$$

（2）有两名医生就诊时，有

$$W_s = \left\{ \frac{\left(\frac{\lambda}{\mu}\right)^2 \left(\frac{\lambda}{2\mu}\right)}{2\lambda \left(1 - \frac{\lambda}{2\mu}\right)^2} \middle/ \left[1 + \left(\frac{\lambda}{\mu}\right) + \frac{1}{2}\left(\frac{\lambda}{\mu}\right)^2 \frac{1}{\left(1 - \frac{\lambda}{2\mu}\right)}\right] \right\} + \frac{1}{\mu}$$

$$= \left\{ \frac{\lambda^2}{\mu(2\mu - \lambda)^2} \middle/ \left[1 + \frac{\lambda}{\mu} + \frac{\lambda^2}{\mu(2\mu - \lambda)}\right] \right\} + \frac{1}{\mu}$$

$$W_{s1} = \left\{ \frac{(0.2)^2}{3(6 - 0.2)^2} \middle/ \left[1 + \frac{0.2}{3} + \frac{(0.2)^2}{3(6 - 0.2)}\right] \right\} + \frac{1}{3} = 0.3337$$

$$\overline{W}_{1\text{-}2} = \left\{ \frac{(0.8)^2}{3(6 - 0.8)^2} \middle/ \left[1 + \frac{0.8}{3} + \frac{(0.8)^2}{3(6 - 0.8)}\right] \right\} + \frac{1}{3} = 0.3391$$

$$\overline{W}_{1\text{-}2\text{-}3} = \left\{ \frac{2^2}{3(6 - 2)^2} \middle/ \left[1 + \frac{2}{3} + \frac{(2)^2}{3(6 - 2)}\right] \right\} + \frac{1}{3} = 0.375$$

故

$$W_{s2} = \frac{0.6 + 0.2}{0.6} \times 0.3391 - \frac{0.2}{0.6} \times 0.3337 = 0.341$$

$$W_{s3} = \frac{1.2 + 0.6 + 0.2}{1.2} \times 0.375 - \frac{0.2}{1.2} \times 0.3337 - \frac{0.6}{1.2} \times 0.3391 = 0.3999$$

所以

$$W_{q1} = 0.00037$$

$$W_{q2} = 0.0077$$

$$W_{q3} = 0.0666$$

10.8　排队决策模型

10.8.1　费用模型

排队系统中涉及两类费用，即同服务设施有关的费用及顾客等待的损失费用，其费用模型的出发点是使这两类费用的总和最小。

1. 确定最优服务率 μ

假定顾客的到达服从参数为 λ 的泊松分布，服务设施的平均服务率 μ 服从负指数分布。又作如下假设：

C_1——单位时间内与 μ 值大小有关的费用；

C_2——每名顾客单位等待（含服务）时间的费用。

若用 $\text{TC}(\mu)$ 表示给定 μ 值时顾客等待和服务设施的费用之和，则有

$$\text{TC}(\mu) = C_1\mu + C_2 L \tag{10.88}$$

对形如 $(M/M/1):(\infty/\infty/\text{FCFS})$ 的排队系统，式（10.88）可表示为

$$\text{TC}(\mu) = C_1\mu + C_2 \frac{\lambda}{\mu - \lambda} \tag{10.89}$$

由式(10.89)可求得

$$\mu^* = \lambda + \sqrt{\frac{C_2\lambda}{C_1}} \qquad (10.90)$$

即当 C_1 和 C_2 给定时,系统的最优服务率只与顾客的到达率 λ 有关。

2. 确定最优的服务员数(S)

若用 C_3 表示每聘用一名服务员,系统单位时间开支的费用;$L(S)$ 表示有 S 个服务员时系统中的平均顾客数;$TC(S)$ 表示给定 S 值时,系统中顾客等待费用与服务员开支费用的总和。于是对系统$(M/M/S):(\infty/\infty/FCFS)$,有

$$TC(S) = C_2L(S) + C_3S \qquad (10.91)$$

式(10.91)中,因 S,$L(S)$ 等是离散值,无法用求导方法求得最优解,故只能用比较方法确定。将不同的 S 值代入式(10.91),计算得到

$$TC(S-1) \geqslant TC(S) \quad \text{和} \quad TC(S+1) \geqslant TC(S) \qquad (10.92)$$

式(10.92)中的 S 值即为所求的最优值。

综合式(10.91)、式(10.92),S 的最优值应满足

$$L(S-1) - L(S) \geqslant \frac{C_3}{C_2} \geqslant L(S) - L(S+1) \qquad (10.93)$$

例 10.10 某车间有一个工具维修部,要求维修的工具按泊松流到达,平均每小时 17.5 件。维修部工人每人每小时平均维修 10 件,服从负指数分布。已知每名工人每小时的工资为 6 元,因工具维修使机器停产的损失为每台每小时 30 元。要求确定该维修部的最佳工人数。

解 本例中 $C_2 = 30$,$C_3 = 6$,故 $C_3/C_2 = 0.2$。

分别计算不同 S 值时的 $L(S)$ 值,并计算 $L(S-1) - L(S)$ 的值,见表 10-9。

因 $L(4) - L(5) = 0.073 < 0.2 < 0.375 = L(3) - L(4)$,即该工具维修部的最佳配备方案为 4 名工人。

表 10-9

S	$L(S)$	$L(S-1) - L(S)$
1	∞	—
2	7.467	∞
3	2.217	5.25
4	1.842	0.375
5	1.769	0.073
6	1.754	0.015

10.8.2 意向水平的模型

在实际问题中要估计费用,特别是顾客等待的损失费用是非常困难的,因而产生了一种所谓意向水平的模型。例如,要确定模型中的最佳服务员数 S,往往会涉及互为矛盾的两项指标:

(1)顾客在系统中的平均停留时间 W;

(2)服务员空闲时间的比例 I。

对于这两项指标,决策者可以分别确定其意向的水平 α 和 β,作为上述两项指标的上界

值。满足

$$W \leqslant \alpha, \quad I \leqslant \beta$$

的 S 值即被看作是最佳的服务数。意向水平模型的求解思想可用图 10-12 来表示。从图 10-12 中可以看出，S 可以在某个区间范围内取值。α, β 值定得过低时，有可能出现无可行解的情况，这时可以分别或同时提高 α 和 β 的值。

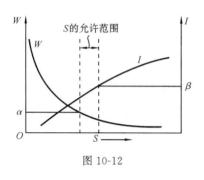

图 10-12

例 10.11　在例 10.10 中，若 $\alpha = 20$ min，$\beta = 0.15$，试重新确定最佳的服务员数。

解　首先对不同的 S 值，计算 W 和 I 的值，如表 10-10 所示。

由表 10-10 可知，当 $W \leqslant \alpha$ 时，最少应配备 3 名工人，而要满足 $I \leqslant \beta$，最多配备 2 名工人。

若考虑到增加一名工人每小时仅增加 6 元工资，而相对每台机器停工损失将减少 $[(25.6 - 7.6)/60] \times 30$ 元 = 9 元，因而应考虑配备 3 名工人。

表 10-10

S	1	2	3	4	5	6
W/min	∞	25.6	7.6	6.3	6.1	6.0
I/(%)	0	12.5	41.7	56.3	65.0	70.8

10.9　LINGO 在排队论中的应用

与排队论模型有关的 LINGO 函数如下。

(1)@peb(load,S)。

该函数的返回值是当到达负荷为 load，系统中有 S 个服务台且允许排队时系统繁忙的概率，也就是顾客等待的概率。

其中，S 是服务台或服务员的个数，load = X/u = RT，其中 R = λ，T = 1/μ，R 是顾客的平均到达率，T 是平均服务时间。在下面的程序中，R 或 λ 是顾客的平均到达率，μ 是顾客的平均被服务数。

(2)@pel(load,S)。

该函数的返回值是当到达负荷为 load，系统中有 S 个服务台且不允许排队时系统损失的概率，也就是顾客得不到服务离开的概率。

(3)@pfs(load,S,K)。

该函数的返回值是当到达负荷为 load，顾客数为 K，平行服务台数量为 S 时，有限源的 Poisson 服务系统等待或返修顾客数的期望值。

例 10.12　以例 10-4 为例求解。

解　程序如下：

```
model:
min = S;
lp = 200;!每小时平均到达电话数;
```

```
u = 20; !服务率;
load = lp/u;
Ps = @ PEL(load,S);    !损失率;
Ps <= 0.05;
lpe = lp* (1-Ps);
L_s = lpe/u;!顾客的平均队长;
eta = L_s/S;    !系统服务台的效率;
@ gin(S);
end
```

运行结果如下：

Objective value:		15.00000
Variable	Value	Reduced Cost
S	15.00000	1.000000
LP	200.0000	0.000000
U	20.00000	0.000000
LOAD	10.00000	0.000000
Ps	0.3649695E-01	0.000000
LPE	192.7006	0.000000
L_S	9.635031	0.000000
ETA	0.6423354	0.000000

即为了使外线接通率达到 95%，外线数量应该不小于 15 条。此时顾客平均等待时长为 9.64 min，顾客损失率为 0.036 5 < 0.05，服务效率为 0.64。

例 10.13 一个车间内有 10 台相同的机器，每台机器运行时每小时能创造 4 元的利润，且平均每小时损坏一次，而一个修理工修复一台机器平均需 0.4 小时，以上时间均服从指数分布。设一名修理工一小时工资为 6 元，试求：

(1) 该车间应设多少名修理工，使总费用为最小；

(2) 若要求不能运转的机器的期望数小于 4 台，则应设多少名修理工；

(3) 若要求损坏机器等待修理的时间少于 4 小时，又应设多少名修理工。

解

(1)LINGO 程序：

```
title queue;  !default;
K = 10;  !10台机器;
R = 1;   !每台机器平均每小时损坏 1 次,那么 lambda 值(单位时间内到达(损坏)的机器数)为多少呢?;
!若刚开始是 10 台,则 lambda = 10* 1,单位时间内到达(损坏)的机器数为 10;
!若刚开始是 a 台,则 lambda = a* 1,单位时间内到达(损坏)的机器数为 a;
T = 0.4;  !平均服务时间,本题中平均维修时间为 0.4h;
!obj;min = 4* L_s + 6* s;!目标函数;
L_s = @pfs(K* T* R, s ,K);  !当达到载荷 load = KS* T 时,平行服务台有 s 个,返回不能运转的机器数的期望值;
!这里不能运转的机器数包括:一部分在等待维修;另一部分在维修;
R_e = R* (K - L_s);  !R_e 表示单位时间内平均进入系统的需要维修的真实机器数,即为 lambda 值;
```

!(K-L_s)表示能运转的机器数目,这些机器可能需要维修;

!那么与R相乘后,就为单位时间内到达的机器数目了;

P = (K-L_S)/K; !仅表示一个指标值,不做考虑;

L_q=L_s-R_e*T; !L_q表示平均等待维修的机器数,R_e*T表示维修的机器数,R_e表示平均时间到达机器数,T 为平均维修时间;

W_s = L_s/R_e; !W_s 表示平均逗留时间,包括等待和维修;

W_q = W_s-T;!W_q表示平均等待时间,只是等待;

Pwork = R_e/s* T; !服务强度,一个指标;

@ gin(s); !s 为整数;

end

运行结果如下:

```
Objective value:                    36.00216
Model Title: queue
Variable        Value          Reduced Cost
K               10.00000       0.000000
R               1.000000       0.000000
T               0.4000000      0.000000
L_S             7.500539       0.000000
S               1.000000       0.000000
R_E             2.499461       0.000000
P               0.2499461      0.000000
L_Q             6.500755       0.000000
W_S             3.000863       0.000000
W_Q             2.600863       0.000000
PWORK           0.9997843      0.000000
```

结果解读(小数点位数取 2 位)如下:

该车间应设1名修理工(S=1),可使总费用最小。达到负荷时,不能运转的机器数的期望值 L_s 约为 7.50,单位时间内平均进入系统的需要维修的机器数 R_E 约为 2.50,平均等待维修的机器数(队伍长度)L_Q 约为 6.50,每台机器的平均逗留时间 W_S 约为 3.00 小时,每台损坏的机器等待维修的时间 W_Q 约为 2.60 小时。

(2)LINGO 程序:

在(1) 中 @gin(s);上面添加:

L_s < 4; !不能运转的机器的期望数小于 4 台;

运行结果如下:

```
Objective value:                    32.58366
Model Title: queue
Variable        Value          Reduced Cost
K               10.00000       0.000000
R               1.000000       0.000000
T               0.4000000      0.000000
L_S             3.645915       0.000000
S               3.000000       0.2700489E-01
R_E             6.354085       0.000000
```

P	0.6354085	0.000000
L_Q	1.104281	0.000000
W_S	0.5737907	0.000000
W_Q	0.1737907	0.000000
PWORK	0.8472114	0.000000

结果解读如下：

当要求不能运转的机器的期望数小于 4 台（L_S 的 Dual Price 为 −4）时，求出不能运转的机器数的期望值 L_S 约为 3.65，需要修理工数量 S＝3。其中，单位时间内平均进入系统的需要维修的机器数 R_E 约为 6.35，平均等待维修的机器数（队伍长度）L_Q 约为 1.10，每台机器的平均逗留时间 W_S 约为 0.57 小时，每台损坏的机器等待维修的时间 W_Q 约为 0.17 小时。

（3）LINGO 程序：

在（1）中的 @gin(s)；上面添加：

```
w_q<4;   !要求损坏机器等待修理的时间少于 4 小时;
```

运行结果如图 10-13 所示，无解。

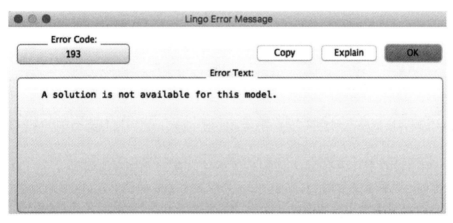

图 10-13

例 10.14 某工厂维修部负责工厂机器的维修保养，机器需要维修的次数服从泊松分布，平均每天 35 次，每次维修保养造成机器停工的损失为 100 元／天，维修时间服从负指数分布，平均维修率为 10 次／（天·人），每增加一个维修人员的成本为 200 元／天，应雇佣几个维修人员才能使总成本最小？

解 我们这里将求解的问题归结为非线性整数规划问题：

$$\min z = c_{\mathbf{w}} s + c'_s L$$

$$\text{s.t.} \begin{cases} P_0 = \left[\sum_{n=0}^{S-1} \dfrac{\rho^n}{n!} + \dfrac{\rho^S}{(S-1)!\,(S-\rho)} \right]^{-1} \\[2mm] c(S,\rho) = \dfrac{\rho^S}{S!\,\left(1 - \dfrac{\rho}{S}\right)} P_0 \\[2mm] L = \dfrac{c(S,\rho)\rho}{S-\rho} + \rho \\[2mm] 4 \leqslant S, \text{且 } S \text{ 为整数} \end{cases}$$

LINGO 程序如下：

```
model:
lamda = 35;
mu = 10;
rho = lamda/mu;
p_wait = @peb(rho,s);
l_q = p_wait* rho/(s-rho);
l_s = l_q+rho;
min = 200* s+100* l_s;
@gin(s);
s > 4;
end
```

求得 $S=5$,即雇佣 5 个维修人员才能使总成本最小,最小成本为 1 438 元。

例 10.13 讲解视频

习 题 10

10.1 顾客按泊松流到达某餐厅,平均每小时 20 人。该餐厅每天上午 11:00 开始营业,试求:

(1) 上午 11:07 餐厅内有 18 人,到 11:12 餐厅内有 20 名顾客的概率;

(2) 当前一名顾客于上午 11:25 到达时,后一名于上午 11:28 至 11:30 间到达的概率。

10.2 某排队系统中有两个服务员,顾客按泊松流到达,平均 1 人/h;服务员对顾客的服务时间服从负指数分布,平均每人 1 h。假如有一名顾客于中午 12 点到达该排队系统,试求:

(1) 下一名顾客分别与下午 1 点前、1 点至 2 点间、2 点后到达的概率;

(2) 下午 1 点前无别的顾客到达时,下一名顾客于 1 点至 2 点间到达的概率;

(3) 在 1 点至 2 点间到达顾客数分别为 0,1 或不少于 2 的概率;

(4) 假定两个服务员于下午 1 点整都为顾客服务,则两个被服务的顾客于下午 2:00 前、1:10 前、1:01 前均未结束服务的概率。

10.3 每周初仓库存有 15 个备件待用。对该备件的需求发生在星期一至星期六之间(星期日仓库不营业),平均每天需求量为 3 件,且服从泊松分布。当仓库内的备件减少到 5 件时,将提出批量为 15 件的订货,并于下周初运到。由于该备件不宜久存,每周末未领走的备件将被报废。试求:

(1) 在第 t $(t=1,2,\cdots,6)$ 天存储量恰好减少到 5 件的概率;

(2) 在第 t $(t=1,2,\cdots,6)$ 天之前提出订货的概率。

10.4 考虑一个顾客输入服从泊松分布、服务时间服从负指数分布的排队系统,试求:

(1) 有一个服务员时,当平均服务时间为 6 s,顾客到达率分别为每分钟 5.0 名、9.0 名、9.9 名时的 L_s,L_q,W_s 和 W_q 的值;

(2) 有两个并联的服务站,对每名顾客的平均服务时间为 12 s,顾客到达率分别为每分钟平均 5.0 名、9.0 名、9.9 名时的 L_s, L_q, W_s 和 W_q 的值。

10.5　工厂的一个工具检测部门,要求检测的工具来自该厂的各个车间,平均 25 件 /h,服从泊松分布。检测每件工具的时间服从负指数分布,平均 2 min/ 件。试求:

(1) 该检测部门空闲的概率;

(2) 一件工具从送达到检测完毕停留时间超过 20 min 的概率;

(3) 等待检测的工具的平均数;

(4) 等待检测的工具在 8 到 10 件间的概率;

(5) 在下列情况下等待检测的工具的平均数:① 检测速度增加 20%;② 送达的检测工具数降低 20%;③ 送达的检测工具数和检测速度均增加 20%。

10.6　某小型家电维修部声称对家电一般维修做到 1 h 内完成,并保证:若顾客停留超过 1 h,修理免费。已知每项修理收费为 10 元,而修理成本为 5.50 元。若需要修理的家电的送达服从泊松分布,平均 6 件 /h,修理每件的时间服从负指数分布,平均每件需 7.5 min。该维修部有一名修理工,问:

(1) 该维修部能否从中做到盈利。

(2) 若维修时间不变,则维修家电送达率为何值时,该维修部的收支达到盈亏平衡。

10.7　某停车场有 10 个停车位置。汽车的到达服从泊松分布,平均 10 辆 /h;每辆汽车停留时间服从负指数分布,平均 10 min。试求:

(1) 停车位置的平均空闲数;

(2) 到达汽车能找到一个空位停车的概率;

(3) 在该场地停车的汽车占总到达数的比例;

(4) 每天(24 h) 在该停车场找不到空闲位置停放的汽车的平均数。

10.8　某理发店有一名理发师,顾客的到达服从泊松分布,平均 4 人 /h,当发现理发店中已有 n 名顾客时,新来的顾客将有一部分不愿等待而离去,离去的概率为 $n/4$ ($n = 0, 1, 2, 3, 4$)。理发师对每名顾客理发时间服从负指数分布,平均 15 min。求:

(1) 画出该排队系统的生灭过程发生率图;

(2) 建立这个系统的状态平衡方程;

(3) 求解上述方程,分别找出理发店中有 n($n = 0, 1, 2, 3, 4$) 名顾客的概率;

(4) 找出那些在店内理发的顾客的平均停留时间。

10.9　一名机工负责 5 台机器的维修。已知每台机器平均 2 h 发生一次故障,服从负指数分布。机工维修速度为 3.2 台 /h,服从泊松分布。试求:

(1) 全部机器处于运行状态的概率;

(2) 等待维修的机器的平均数;

(3) 若该车工负责 6 台机器的维修,其他各项数字不变,则上述(1)、(2) 的结果又如何?

(4) 若希望至少 50% 时间内所有机器能正常运转,求该名机工最多能负责维修的机器数。

10.10　上题中若机工工资为 8 元 /h,每台机器停工损失为 40 元 /h,试确定该机工负责维修的最佳机器数。

10.11　某生产线有 k 个串联的工作站(见图 10-14)。假如第 1 个站的输入服从参数为 λ 的泊松分布,第 i 个站的输出为第 $i+1$ 站的输入。在每个站都有废品发生,第 i 个站的产品合格率为 $100\alpha_i$($0 \leqslant \alpha_i \leqslant 1$)。假定第 i 个站对工件的加工时间服从负指数分布,平均速率为

μ_i。求：

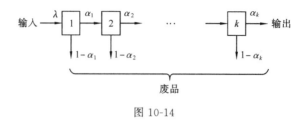

图 10-14

(1) 导出第 i 个站可堆放工件数的一个一般表达式，使在 $\beta\%$ 内满足到达工件堆放的需要；

(2) 若 $\lambda=20$ 件 /h，$\mu_i=30$ 件 /h，$\alpha_i=0.9$（$i=1,2,\cdots,5$），$k=5$，$\beta=95\%$，对由（1）导出的公式给出数字答案。

(3) 由（2）的结果求在时间 T(h) 内所有站产生的废品的期望数。

10.12 一个传送带连接的分装线含两个工作站。由于所装配产品的尺寸较大，每个只能容纳一件产品。要装配的产品按泊松流到达，平均 10 件 /h，工作站 1 和 2 用于装配产品时间服从负指数分布，且平均时间都是 5 min。不能进入该分装线的产品被转送到别的装配线，试求：

(1) 每小时不能进入该分装线的产品数；

(2) 进入该分装线的产品在该系统中的平均停留时间。

10.13 到达只有一名医生的医院的病人分三类：抢救病人、急诊病人、普通病人。抢救病人具有最高优先级，急诊病人具有次优先级。当具有较高优先级的病人到达时，医生将暂停正在被医治的病人的医治为其服务，同一优先级的病人按先到先服务的规则进行医治。已知上述三类病人的到达服从泊松分布，平均 8 h 内分别为 2 人、3 人和 6 人；医生为上述各类病人医治的时间服从负指数分布，其平均医治时间均为 0.5 h。试求：

(1) 这三类病人在系统中的平均停留时间；

(2) 这三类病人的平均队长。

10.14 某车间使用 10 台相同的机器工作，当机器运行时每台可获纯利 4 元 /h。每台机器平均 7 h 出故障一次，每名工人维修一台机器时间平均要 4 h，以上均服从负指数分布。每名维修工人工资为 6 元 /h，试求：

(1) 使总的费用最小的最佳维修工人数；

(2) 使停工维修的机器的期望数值少于 4 台的维修工人数；

(3) 一台机器发生故障得到维修的等待时间平均低于 4 h 时的维修工人数。

附录 A "管理运筹学"软件 3.5 版使用说明

A.1 "管理运筹学"软件 3.5 版简介

"管理运筹学"软件 3.5 版是 3.0 版的升级版,是《管理运筹学(第五版)》(高等教育出版社出版,韩伯棠主编)的随书软件(见附图 A-1)。本附录也来源于该书(有改动),如需进一步学习,请阅读文后参考文献[3]。

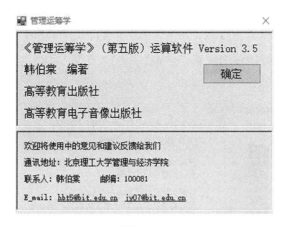

附图 A-1

该软件的模块有:线性规划、运输问题、整数规划(0-1 整数规划问题、混合整数规划问题、纯整数规划问题和指派问题)、目标规划、最短路问题、最小生成树问题、最大流问题、最小费用最大流问题、关键路径问题、存储论、排队论、决策分析、预测、对策论和层次分析法,共 15 个子模块。

该软件只可以作为学习和研究使用,请勿用作其他用途。

A.2 安装和卸载

A.2.1 安装配置要求和注意事项

A.2.1.1 配置要求

操作系统:Windows XP/Vista/7/8/8.1/10 等。
内存:2 GB RAM。

存储空间：需要 32 MB 可用空间。

A.2.1.2　注意事项

（1）本软件适用于 Windows XP/Vista/7/8/8.1/10 等操作系统。

（2）如果您安装了旧版"管理运筹学"软件，请您务必在卸载旧版软件之后，再对新版软件进行安装。

（3）安装软件过程中出现无法写入或更新使用中的文件时，请先关闭所有打开的软件。

（4）安装软件后，部分文件可能会被杀毒软件误认为木马病毒，并对程序文件进行隔离。若出现此类情况，请将杀毒软件设置为免打扰模式或将程序文件设置为可信任文件。

（5）安装时，若出现是否替代旧文件选项，请视情况尽量选择保留新文件。

（6）若无法运行软件，请安装文件中附带的".NET 程序包"。

A.2.2　"管理运筹学"软件 3.5 版的安装

双击"管理运筹学 v3.5.exe"文件即可进行本软件的安装，出现如附图 A-2 所示界面。

单击"浏览"按钮，选择安装路径。

单击"解压"按钮，进行软件的安装。单击"取消"按钮，退出安装。

进度条满后，安装结束。

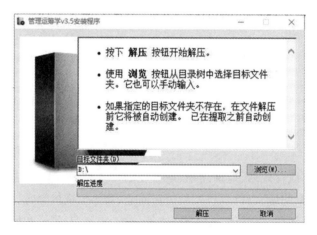

附图 A-2

A.2.3　"管理运筹学"软件 3.5 版运行

系统安装成功以后，在桌面上会生成快捷方式"管理运筹学 v3.5"，双击可打开软件。

然后就会出现"管理运筹学"软件 3.5 版的界面（见附图 A-3）。例如，如果需要解决存储论的问题，只需单击"存储论"按钮即可。

A.2.4　"管理运筹学"3.5 版卸载

打开软件安装路径，右击"管理运筹学 v3.5"文件夹，单击"删除"命令即可顺利卸载"管理运筹学"软件 3.5 版。（请注意，在卸载之前请您先停止"管理运筹学"软件 3.5 版的运行。）

附图 A-3

A.3　软件许可协议

"管理运筹学"软件 3.5 版软件许可协议

本协议是您(个人或单一实体)与北京理工大学管理与经济学院韩伯棠教授(下面简称为"韩伯棠")之间关于"管理运筹学"软件 3.5 版产品的法律协议,其中包含软件开发人韩伯棠对用户的承诺和技术支持的说明,请认真阅读。

"管理运筹学"软件 3.5 版包括计算机软件,并可能包括与之相关的媒体和任何的印刷材料,以及联机的电子文档(下称"软件产品"或"软件")。一旦安装、复制或以其他方式使用本软件产品,即表示同意接受协议各项条件的约束。如果您不同意协议的条件,则不能获得使用本软件产品的权利。

1. 本软件产品受《中华人民共和国著作权法》《世界版权公约》和其他知识产权法及条约的保护,用户获得的只是本软件产品的使用权。

2. 本软件产品的版权归韩伯棠所有,受到版权法及其他知识产权法及条约的保护。

3. 您不得:

* 删除本软件及其他副本上一切关于版权的信息;

* 销售、出租此软件产品的任何部分;

* 私自复制此软件产品的任何部分;

* 对本软件进行反向工程,如反汇编、反编译等。

4. 如果您未遵守本协议的任一条款,韩伯棠有权立即终止本协议,且您必须立即终止使用本软件并销毁本软件产品的所有副本。

这项要求对各种拷贝形式有效。

5. 使用风险:

使用本软件产品由您自己承担风险。在适用法律允许的最大范围内,韩伯棠在任何情况下不为因使用或不能使用本软件产品所发生的特殊的、意外的、直接或间接的损失承担赔偿责任,即使已事先被告知该损害发生的可能性。因此,用户在使用本软件时由于意外事故、操作不当或使用错误所引起的故障甚至损坏,韩伯棠均不承担任何责任。

但是,正版用户在使用本软件时由于意外事故、操作不当或使用错误所引起的故障,可由韩伯棠通过电子邮件帮助正版用户进行恢复、修复等处理。(备注:来信中若未注明软件获取渠道,恕不回复。)

6. 盗版用户:使用盗版的本软件产品的一切后果由使用者自己承担。对于使用盗版的该软件产品对使用者操作系统造成的故障及损害,软件作者不承担任何责任。

7. 补充:若您对本协议内容有任何疑问,可与韩伯棠联系。

联系方式:

联系地址:北京理工大学管理与经济学院

联系人:韩伯棠(教授) 邮编:100081

E-mail:hbt5@bit.edu.cn,jy07@bit.edu.cn

至此,您肯定已详细阅读理解本协议,并同意严格遵守各项条款和条件。

A.4 使 用 指 南

(1) 系统不识别分数,输入数据前请将数据化成小数,输入的数据尽可能化成同一量级;

(2) 线性规划、整数规划和目标规划的多变量、多约束问题,计算的时间可能会较长,请耐心等待;

(3) 最小费用最大流、最小生成树子程序只解决单向网络问题;

(4) 最大流量、最短路径子程序可解决双向网络问题;

(5) 层次分析法(AHP)子程序只解决三层的问题;

(6) 层次分析法(AHP)中的分数请严格参照附表 A-1 对应数据;

附表 A-1 分数转换为小数参照表

1/2	1/3	1/4	1/5	1/6	1/7	1/8	1/9
0.5	0.333 3	0.25	0.2	0.166 7	0.142 9	0.125	0.111 1

(7) 表格中若出现无须数据填入的空白格,请手动填入"0";

(8) 表格中的光标位置可以通过方向键及回车键进行控制。

如果您想退出"管理运筹学"软件 3.5 版,只需要用鼠标单击主窗口的"退出"按钮或者右上角的关闭按钮即可。

A.4.1 线性规划

单击"线性规划"按钮,出现如附图 A-4 所示界面。

您可以根据具体问题来输入变量个数、约束条件个数,求目标函数的极大(max)或者极小(min)值,然后单击"确定"按钮。在价值系数一行填入相应的数字,填写完价值系数,根据问

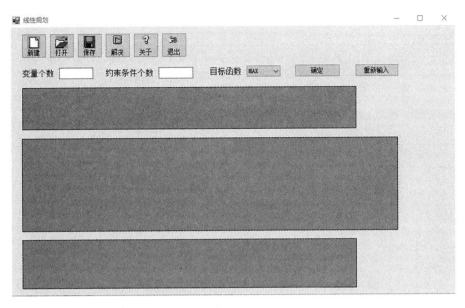

附图 A-4

题填写约束条件,然后根据需要来选择变量的正负号(如果变量非负,就从下拉框中选择"≥ 0";如果变量为负,就从下拉框中选择"≤0";如果变量无正负号要求,就选择"无约束"),结果如附图 A-5 所示。

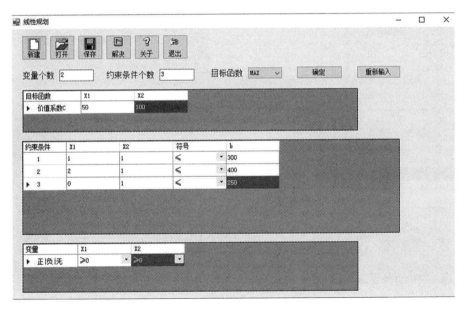

附图 A-5

将所有数据填写好,单击"解决"按钮,出现如附图 A-6 所示界面。单击"开始"→"下一步""上一步",可以查看具体计算过程,如附图 A-7 所示。单击右上角的关闭按钮,弹出计算结果,如附图 A-8 所示。

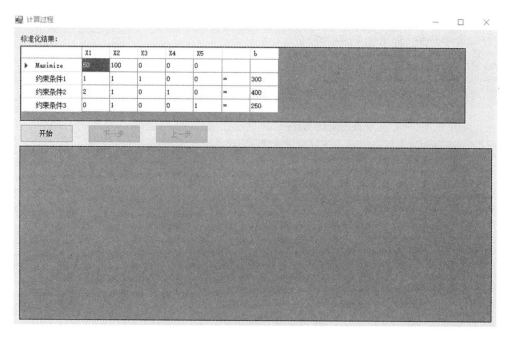

附图 A-6

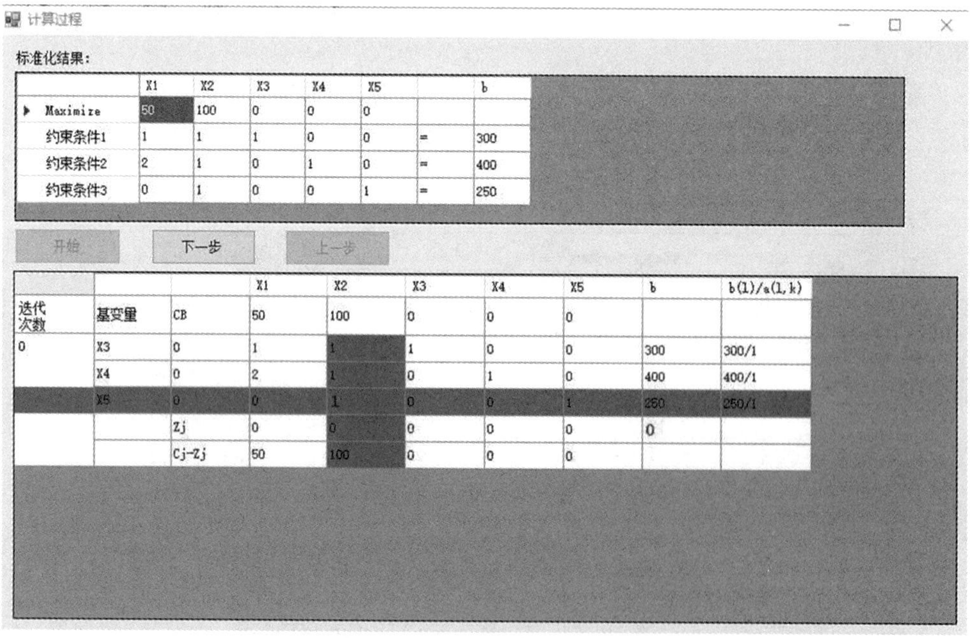

附图 A-7

然后,将窗口关闭,就回到了填写数据的主窗口(见附图 A-4),您可以进行其他问题的操作。例如,您想将刚才的问题保存起来,单击"保存"按钮,选择保存路径和文件名就可以了,如附图 A-9 所示。

假如您需要将已经保存的线性规划文件重新打开,请单击"打开"按钮,选择刚才的文件名字即可,如附图 A-10 所示。

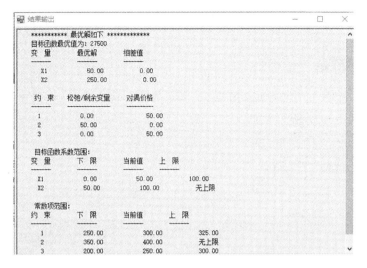

附图 A-8

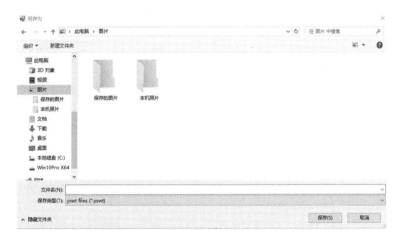

附图 A-9

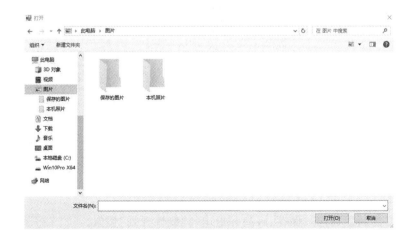

附图 A-10

如果想退出线性规划主窗口,单击"退出"按钮或者单击线性规划主窗口右上角的关闭按钮即可。

A.4.2　运输问题

单击"运输问题"按钮,出现如附图 A-11 所示界面。输入条件后,单击"确定"按钮,并输入数据,出现如附图 A-12 所示界面。

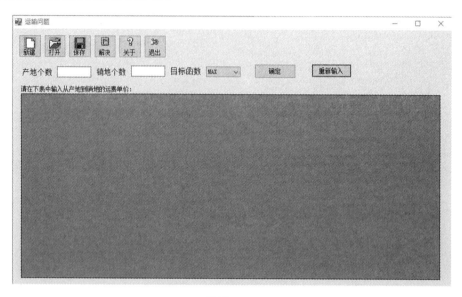

附图 A-11

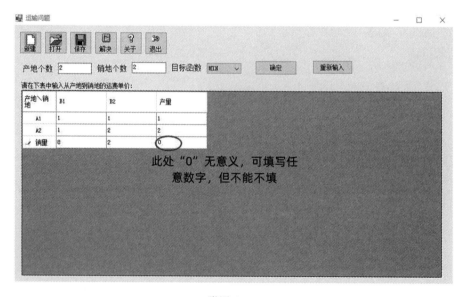

附图 A-12

"运输问题"的新建、打开、保存、解决和退出与"线性规划"类似。

A.4.3 整数规划

单击"整数规划"按钮,出现如附图 A-13 所示界面。您可以根据问题的类型,选择"0-1 整数规划问题""纯整数规划问题""混合整数规划问题""指派问题",或者"返回主菜单"。

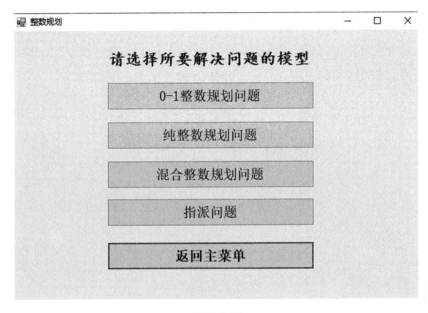

附图 A-13

A.4.3.1 0-1 整数规划问题

单击"0-1 整数规划问题"按钮,出现如附图 A-14 所示界面。

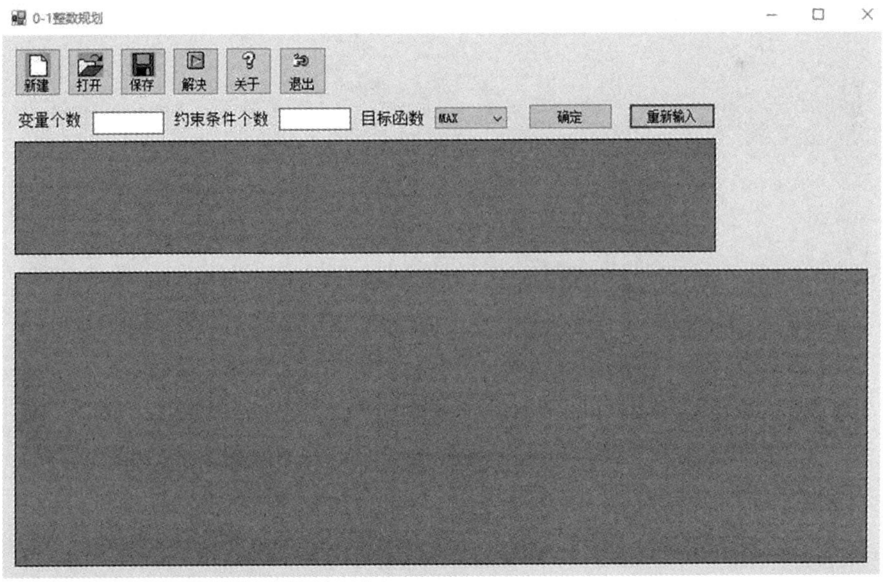

附图 A-14

"0-1 整数规划问题"的新建、打开、保存、解决和退出与"线性规划"类似。

A.4.3.2 纯整数规划问题

"纯整数规划问题"的新建、打开、保存、解决和退出与"0-1 整数规划问题"类似。

A.4.3.3 混合整数规划问题

"混合整数规划问题"的新建、打开、保存、解决和退出与"纯整数规划问题"类似。
注意:在单击"解决"按钮之后,会出现如附图 A-15 所示提示信息。

附图 A-15

A.4.3.4 指派问题

"指派问题"的新建、打开、保存、解决和退出与"运输问题"类似(见附图 A-16)。

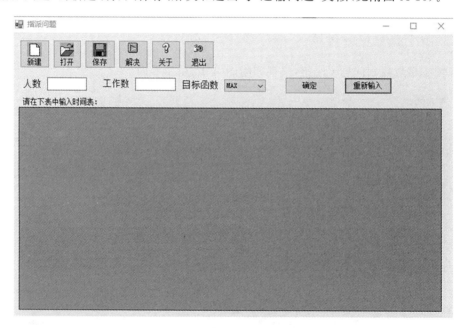

附图 A-16

A.4.4 目标规划

单击"目标规划"按钮,会出现如附图 A-17 所示界面。

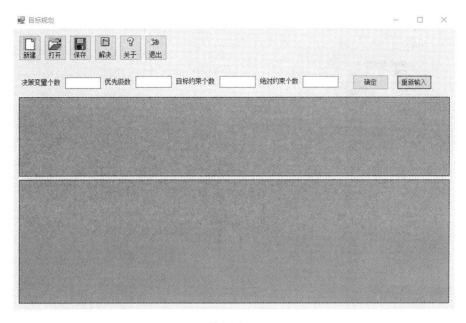

附图 A-17

"目标规划"的新建、打开、保存、解决和退出与"线性规划"类似,只是需要更加细心,例如解决如附图 A-18 所示问题。

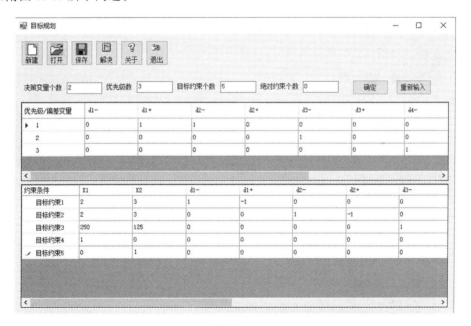

附图 A-18

单击"解决"按钮,出现如附图 A-19 所示界面。

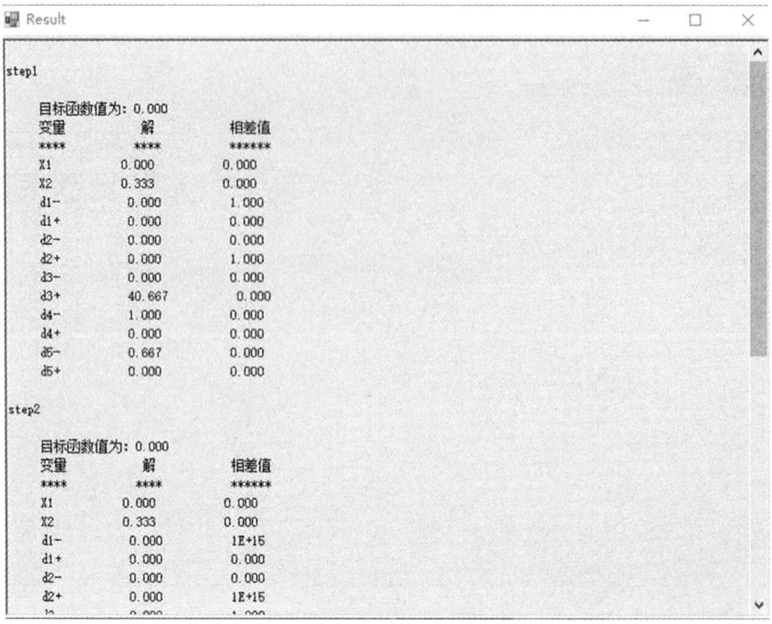

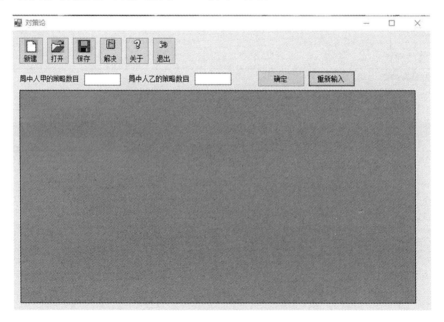

附图 A-19

A.4.5　对策论

单击"对策论"按钮,会出现如附图 A-20 所示画面。

附图 A-20

"对策论"的新建、打开、保存、解决和退出与"线性规划"类似,例如解决如附图 A-21 所示问题。

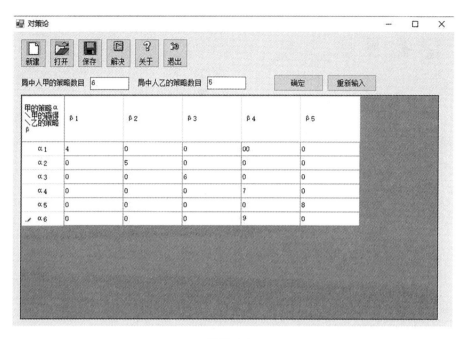

附图 A-21

单击"解决"按钮,出现如附图 A-22 所示界面。

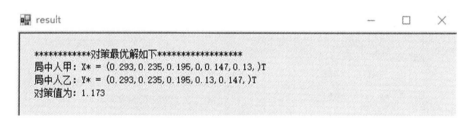

附图 A-22

A.4.6　图与网络

"图与网络"包括"最短路问题""最小生成树问题""最大流问题""最小费用最大流问题""关键路径问题"。其中,"最短路问题""最小生成树问题""最大流问题""最小费用最大流问题"的主界面类似,所以只介绍"最短路问题"和"关键路径问题"。

A.4.6.1　最短路问题

单击"最短路问题"按钮,出现如附图 A-23 所示界面。

依次填入节点数、弧数,单击"确定"按钮,然后依次填入始点、终点和权数,用户在结果输出栏填入始点和终点,选择是有向图还是无向图,所有数据填写完毕,单击"解决"按钮,数据通过校验后,就可以输出结果(见附图 A-24)。

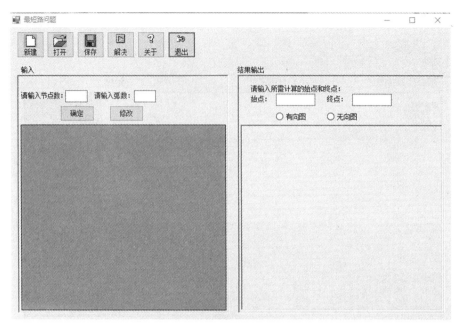

附图 A-23

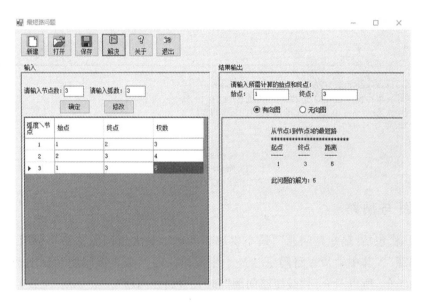

附图 A-24

A.4.6.2 关键路径问题

单击"关键路径问题"按钮,出现如附图 A-25 所示界面。

按照图示,依次填入数据即可。注意,在"输入 2"栏中,紧前工序要输入字母 A~Z,如附图 A-26 所示。

单击"解决"按钮,出现结果,如附图 A-27 所示。

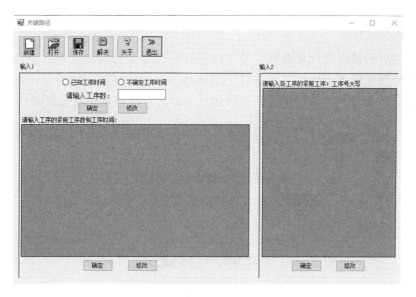

附图 A-25

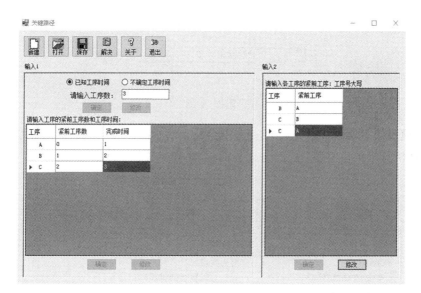

附图 A-26

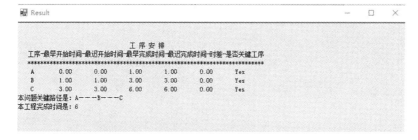

附图 A-27

A.4.7　存储论

存储论包括"经济订货批量模型""经济生产批量模型""允许缺货的经济订货批量模型""允许缺货的经济生产批量模型""经济订货批量折扣模型""随机需求的单一周期存储模型""随机需求的订货批量——再订货点模型""随机需求的定期检查存储量模型"8 个模型（见附图 A-28）。

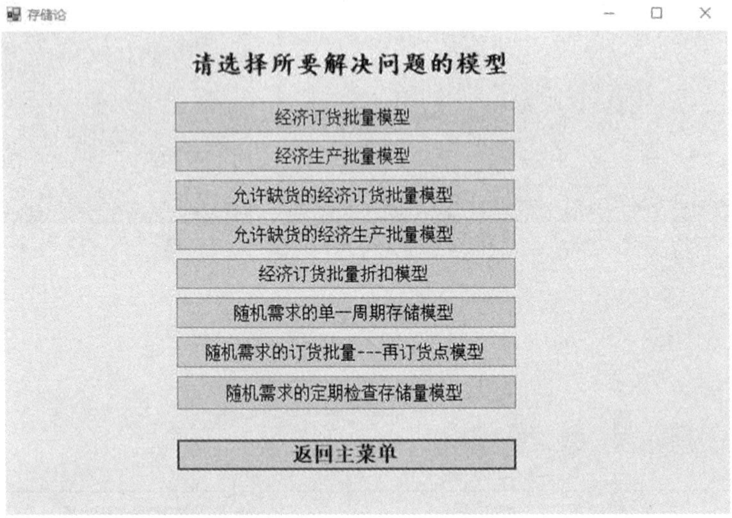

附图 A-28

这 8 个模型的主界面基本类似，这里以"经济订货批量模型"为代表进行介绍。

单击"经济订货批量模型"按钮，进入界面，如附图 A-29 所示。

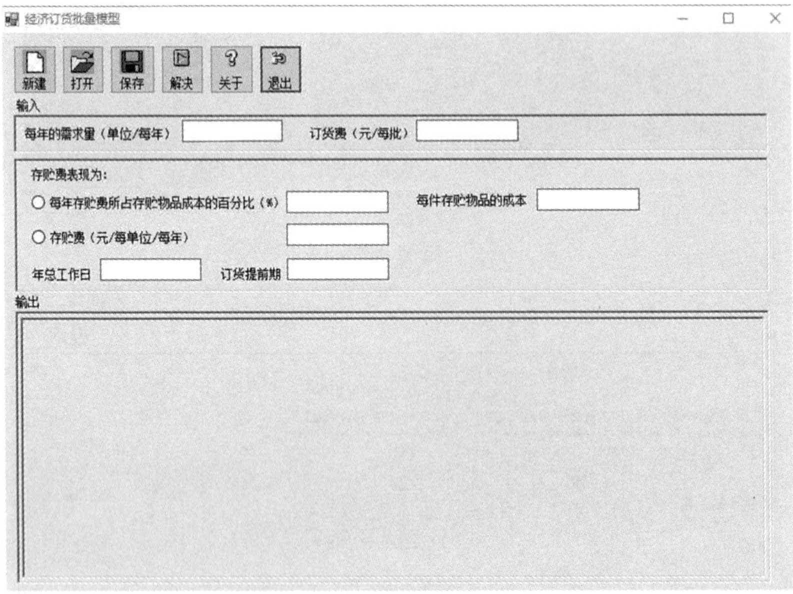

附图 A-29

按照图示，依次填入数据，如附图 A-30 所示。

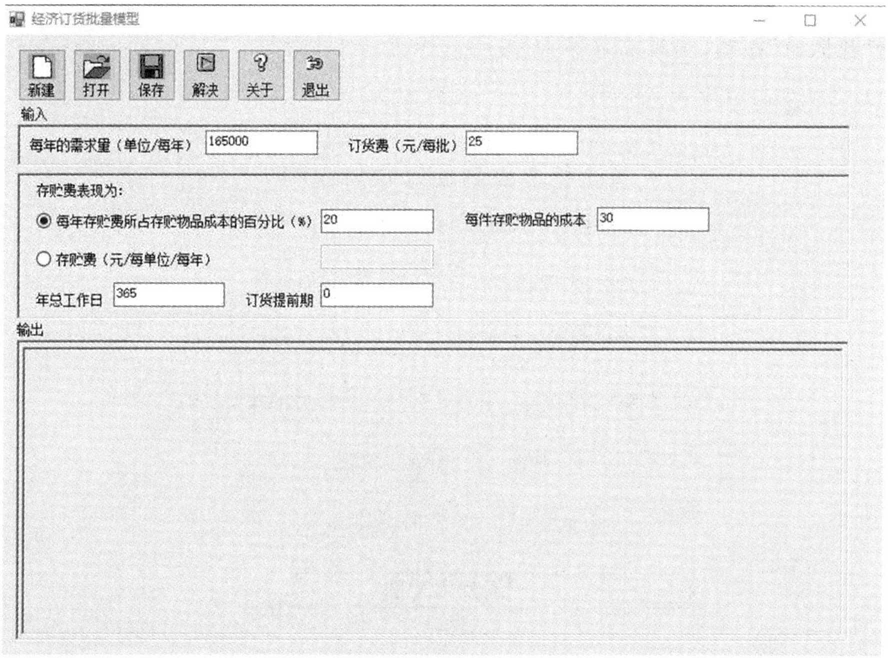

附图 A-30

单击"解决"按钮，出现结果，如附图 A-31 所示。

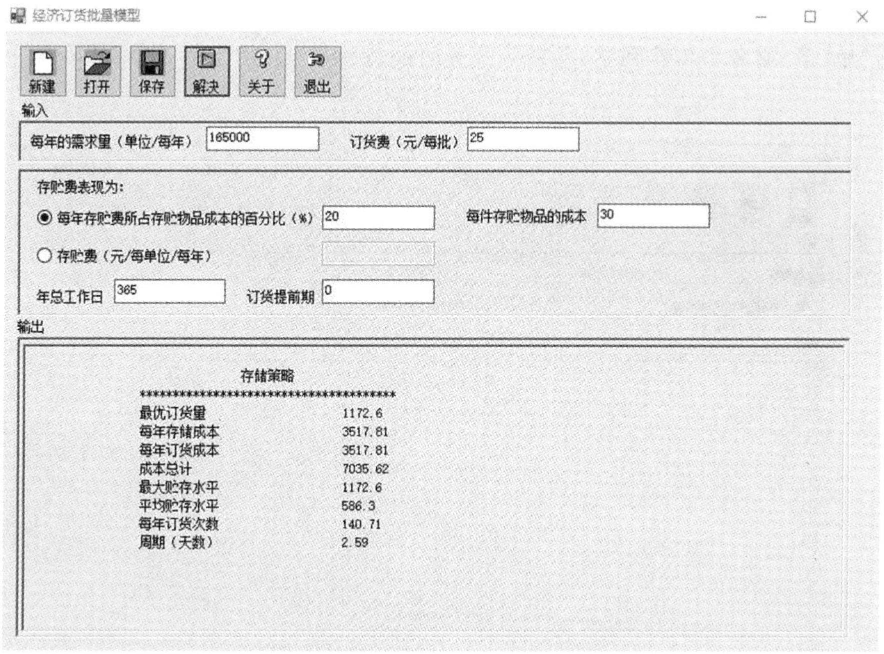

附图 A-31

A.4.8 排队论

单击"排队论"按钮,出现如附图 A-32 所示界面。

附图 A-32

这 6 个模型的主界面基本类似,这里以"单(多)服务台泊松到达、负指数服务时间的排队模型"为例进行介绍。

单击"单(多)服务台泊松到达、负指数服务时间的排队模型"按钮,出现如附图 A-33 所示界面。

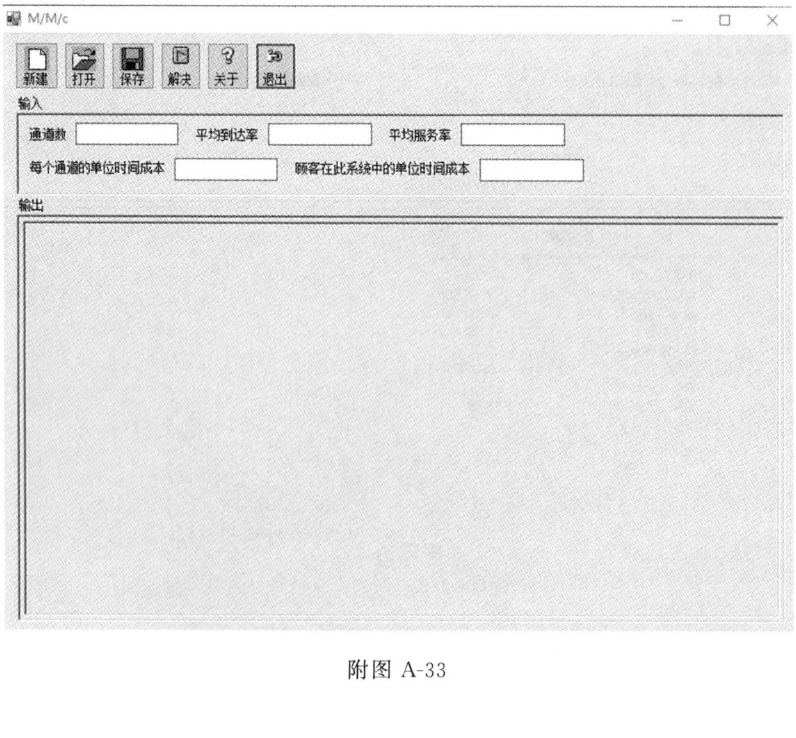

附图 A-33

依次填写图示数据,如附图 A-34 所示。

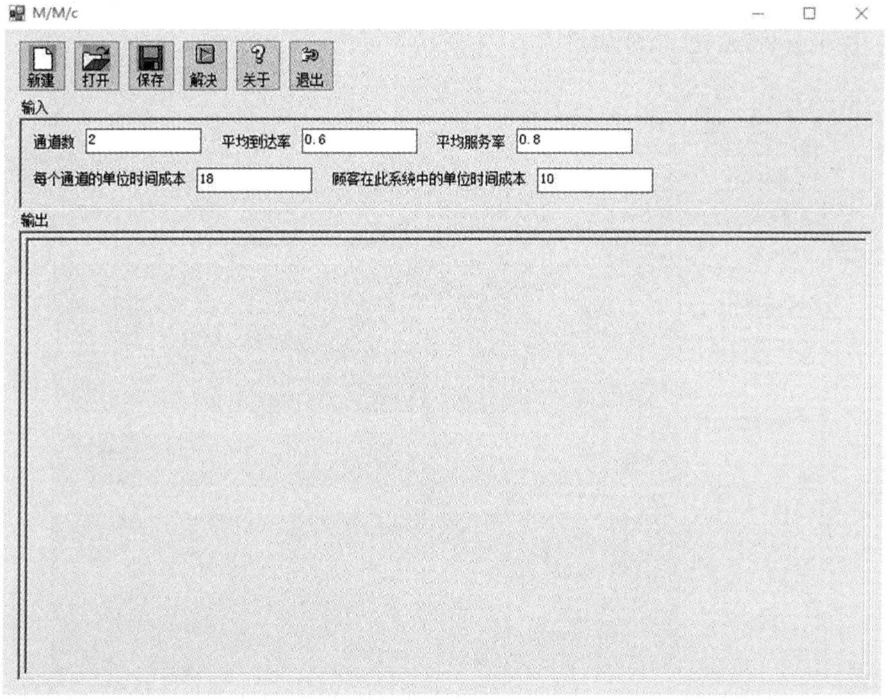

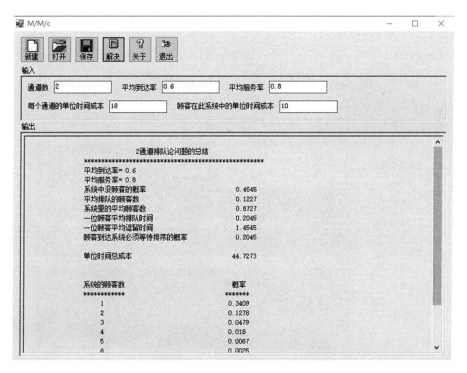

附图 A-34

单击"解决"按钮,便可以解决此排队论问题,结果如附图 A-35 所示。

附图 A-35

A.4.9 决策分析

单击"决策分析"按钮,出现如附图 A-36 所示界面。

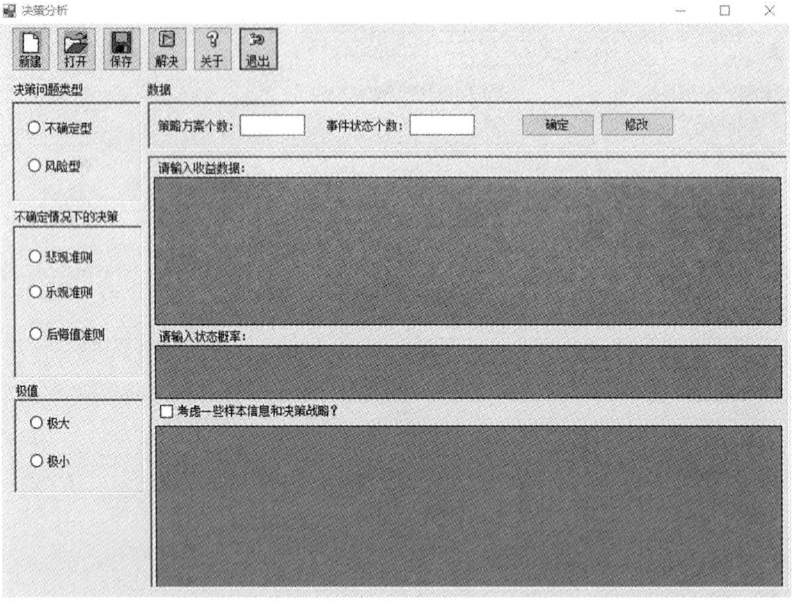

附图 A-36

可以根据问题,依次选择决策问题的类型,如果是"不确定情况下的决策",则选择悲观、乐观、后悔值等准则情况,选择求极大值还是求极小值,然后在"数据"栏中,根据问题类型,输入正确的数据进行求解,如附图 A-37 所示。

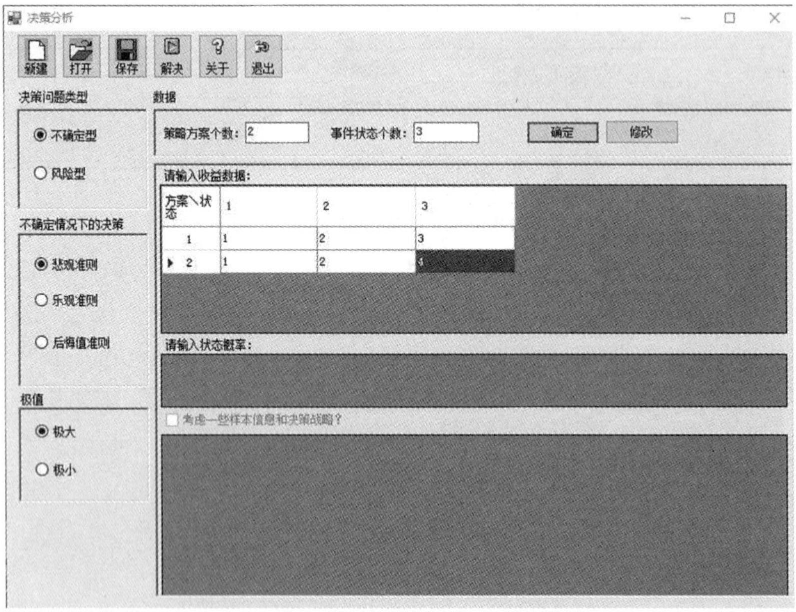

附图 A-37

单击"解决"按钮,结果如附图 A-38 所示。

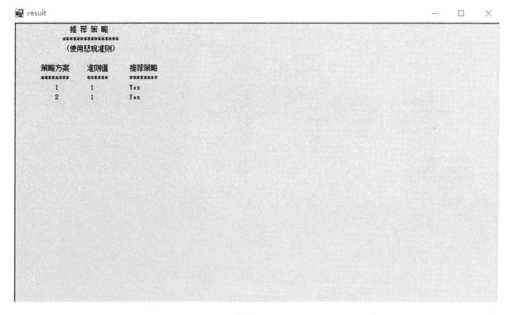

附图 A-38

又如附图 A-39 所示。

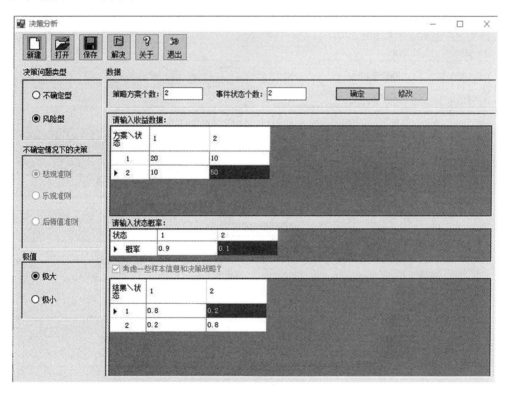

附图 A-39

单击"解决"按钮,结果如附图 A-40 所示。

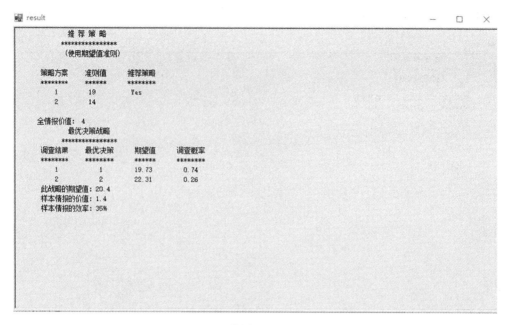

附图 A-40

再如附图 A-41 所示。

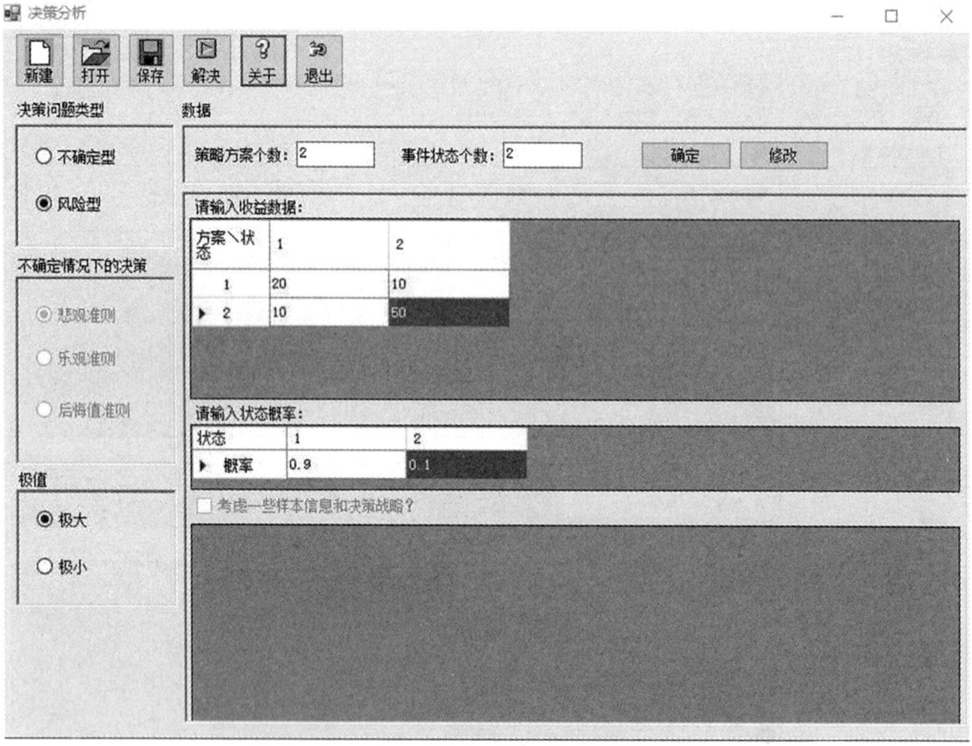

附图 A-41

单击"解决"按钮,结果如附图 A-42 所示。

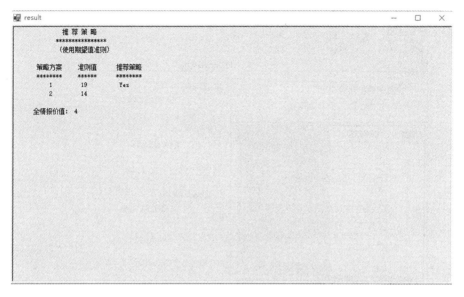

附图 A-42

A.4.10 预测

单击"预测"按钮,出现如附图 A-43 所示界面。

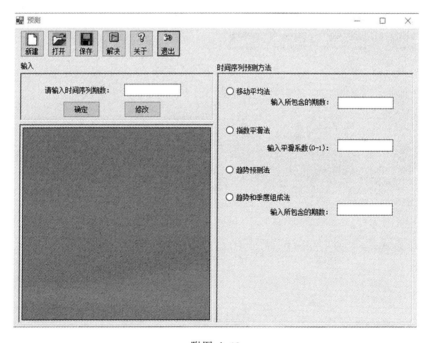

附图 A-43

A.4.10.1 移动平均法

根据问题,依次填入数据即可,如附图 A-44 所示。

单击"解决"按钮,结果如附图 A-45 所示。

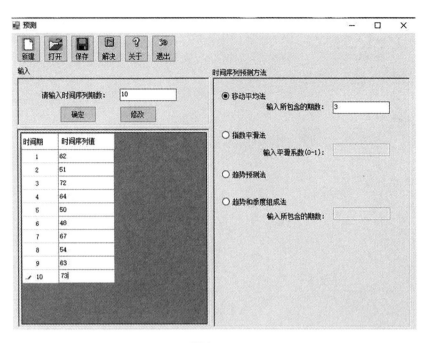

附图 A-44

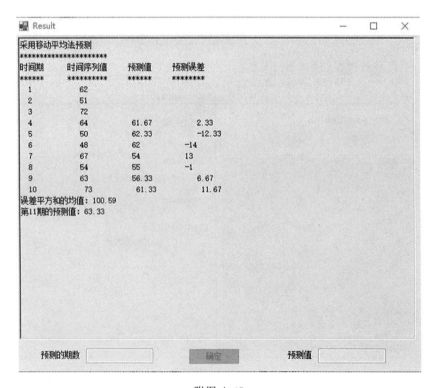

附图 A-45

A.4.10.2 指数平滑法

依次填入数据,如附图 A-46 所示。

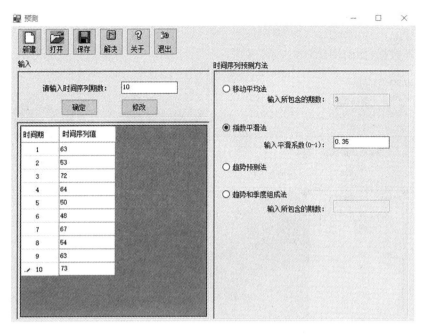

附图 A-46

单击"解决"按钮,结果如附图 A-47 所示。

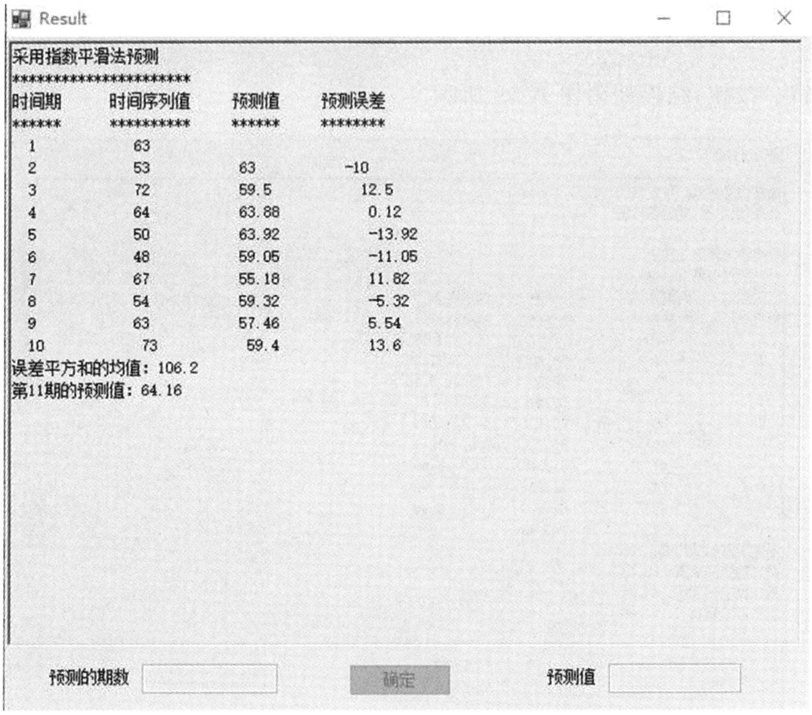

附图 A-47

A.4.10.3　趋势预测法

依次填入数据,如附图 A-48 所示。

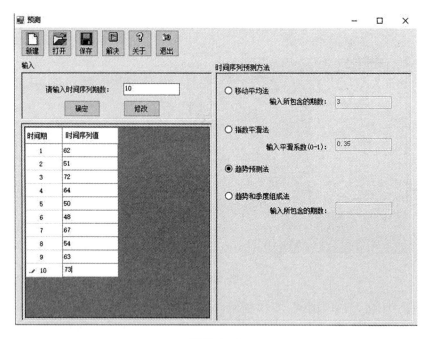

附图 A-48

单击"解决"按钮,结果如附图 A-49 所示。

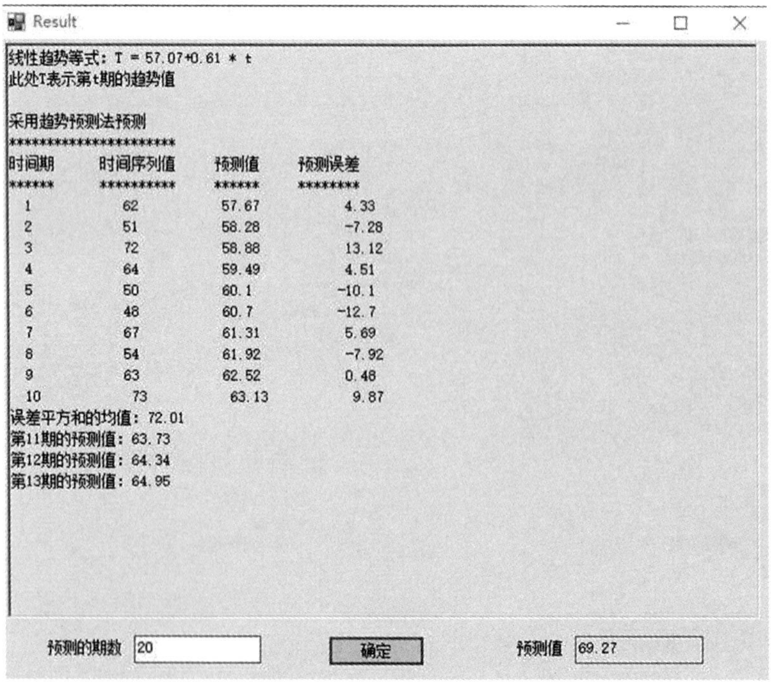

附图 A-49

注意:可以在"预测的期数"中填写正确的期数,单击"确定"按钮,就可以得到预测值。

A.4.10.4　趋势和季度组成法

依次填入数据,如附图 A-50 所示。

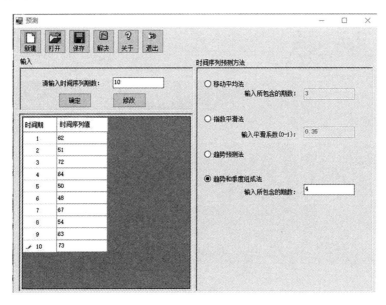

附图 A-50

单击"解决"按钮,结果如附图 A-51 所示。

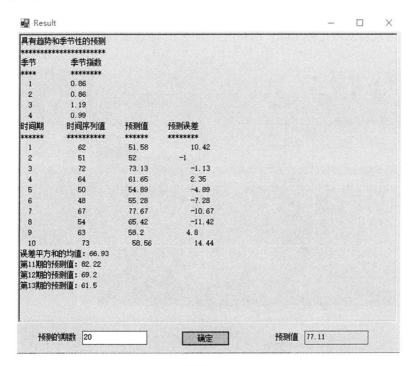

附图 A-51

注意:可以在"预测的期数"中填写正确的期数,单击"确定"按钮,就可以得到预测值。

A.4.11　层次分析法

单击"层次分析法"按钮,出现如附图 A-52 所示界面。

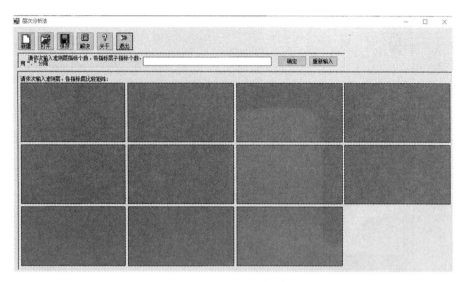

附图 A-52

"层次分析法"的新建、打开、保存、解决和退出与"线性规划"类似。需要注意的是输入数据的格式和分数的小数表示形式(很重要,严格要求)。请参照本附录 A.4"使用指南"第(6)条中的"分数转换为小数参照表"。两两比较矩阵输入后,在"保存"和"解决"时,软件会自动根据"下三角"的数据调整两两比较矩阵。例如解决附图 A-53 所示问题。

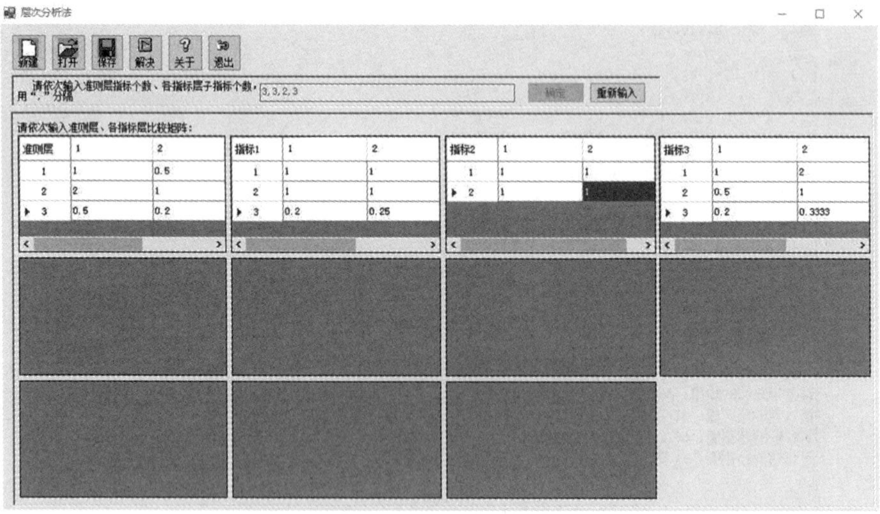

附图 A-53

"3,3,2,3"表示准则层有 3 个指标,第 1 个指标有 3 个子指标,第 2 个指标有 2 个子指标,第 3 个指标有 3 个子指标。(注意:数字间用","分隔,并要严格按照此格式。)

单击"解决"按钮,结果如附图 A-54 所示。

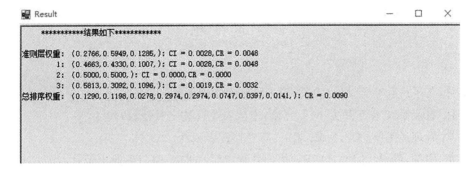

附图 A-54

参 考 文 献

[1] 张衍林,艾平. 运筹学[M].武汉:华中科技大学出版社,2009.

[2] 张衍林.农业系统运筹方法[M].北京:中国农业科技出版社,1996.

[3] 韩伯棠.管理运筹学[M].5 版.北京:高等教育出版社,2020.

[4] 李汉龙,隋英,韩婷. LINGO 基础培训教程[M].北京:国防工业出版社,2021.

[5]《运筹学》教材编写组.运筹学[M].5 版.北京:清华大学出版社,2021.

[6] 胡运权.运筹学教程[M].5 版.北京:清华大学出版社,2018.

[7] 胡运权.运筹学习题集[M].5 版.北京:清华大学出版社,2019.

[8] 袁新生,邵大宏,郁时炼. LINGO 和 Excel 在数学建模中的应用[M].北京:科学出版社,2007.

[9] 司守奎,孙玺菁. LINGO 软件及应用[M].北京:国防工业出版社,2017.

[10] 孙玺菁,司守奎. LINGO 软件及应用习题解答[M].北京:国防工业出版社,2018.

[11] 谢金星,薛毅.优化建模与 LINDO/LINGO 软件[M].北京:清华大学出版社,2005.

[12] 党耀国,朱建军,关叶青.运筹学[M].4 版.北京:科学出版社,2021.

[13] 熊伟.运筹学[M].3 版.北京:机械工业出版社,2014.

[14] 陈立,黄立君.物流运筹学[M].2 版.北京:北京理工大学出版社,2015.

[15] 宋月,韩邦合.数学建模方法[M].西安:西安电子科技大学出版社,2023.

[16] 张伯生.运筹学[M].北京:科学出版社,2008.

[17] 徐玖平,胡知能,王绫.运筹学(I 类)[M].3 版.北京:科学出版社,2007.

[18] 徐玖平,胡知能,王军.运筹学(Ⅱ类)[M].2 版.北京:科学出版社,2008.

[19] 周华任.运筹学解题指导[M].北京:清华大学出版社,2006.

[20] 林健良.运筹学及实验[M].广州:华南理工大学出版社,2005.

[21] 赵则民.运筹学[M].重庆:重庆大学出版社,2002.

[22] 程理民,吴江,张玉林.运筹学模型与方法教程[M].北京:清华大学出版社,2000.

[23] 刘满凤,傅波,聂高辉.运筹学模型与方法教程例题分析与题解[M].北京:清华大学出版社,2001.

[24]《运筹学》教材编写组.运筹学(本科版)[M].4 版.北京:清华大学出版社,2013.

[25] 罗荣桂.运筹学习题详解与考研辅导[M].武汉:华中科技大学出版社,2008.

[26] 吕永波,胡天军,雷黎.系统工程[M].北京:北方交通大学出版社,2003.

[27] 汪应洛.系统工程[M].4 版.北京:机械工业出版社,2008.

[28] 佟春生.系统工程的理论与方法概论[M].北京:国防工业出版社,2005.

[29] FIORE J M. Operational amplifiers and linear integrated circuits：theory and applications [M]. 3rd ed. New York, NY：MeGraw-Hill, 1989.

[30] BERTSIMAS D, TSITSIKLIS J N. Introduction to linear optimization[M]. Belmont, MA：

Athena Scientific,1997.

[31] FINCH B J. Operations now: profitability, processes, performance[M]. 2nd ed. New York, NY: McGraw-Hill/Irwin, 2006.

[32] BAZARAA M S, JARVIS J J, SHERALI H D. Sherali. Linear programming and network flows[M]. 3rd ed. New Jersey : John Wiley & Sons, 2011.

[33] BOYD S,VANDENBERGHE L. Convex optimization[M]. Cambridge:Cambridge University Press,2004

[34] TAHA H A. Operations research: an introduction[M]. 北京:人民邮电出版社，2007.

[35] WINSTON W L. Operations research: mathematical programming[M]. 北京:清华大学出版社，2004.